LE LAROUSSE DES DESSERTS

法式烘焙宝典

[法]皮埃尔·埃尔梅 著

邢彬 译

中国轻工业出版社

图书在版编目（CIP）数据

法式烘焙宝典：甜点大师皮埃尔·埃尔梅750道经典配方 /（法）皮埃尔·埃尔梅著；邢彬译. —北京：中国轻工业出版社，2016.8

ISBN 978-7-5184-0618-0

Ⅰ. ① 法… Ⅱ. ① 埃… ② 邢… Ⅲ. ① 甜食 – 制作 – 法国 Ⅳ. ① TS972.134

中国版本图书馆CIP数据核字（2015）第222851号

责任编辑：高惠京　　责任终审：张乃东　　封面设计：锋尚设计
版式设计：锋尚设计　　责任校对：李　靖　　责任监印：马金路

出版发行：中国轻工业出版社（北京东长安街6号，邮编：100740）
印　　刷：北京顺诚彩色印刷有限公司
经　　销：各地新华书店
版　　次：2016年8月第1版第3次印刷
开　　本：787×1092　1/16　印张：27
字　　数：600千字
书　　号：ISBN 978-7-5184-0618-0　定价：178.00元
著作权合同登记　图字：01-2012-1566
邮购电话：010-65241695　传真：65128352
发行电话：010-85119835　85119793　传真：85113293
网　　址：http：//www.chlip.com.cn
Email：club@chlip.com.cn
如发现图书残缺请直接与我社邮购联系调换
160830S1C103ZBW

前 言

这本《法式烘焙宝典——甜点大师皮埃尔·埃尔梅750道经典配方》自问世以来，从1997年第一版到现在的最新版，一直都为无数美食爱好者所喜爱，因为这本书终于满足了所有狂热的甜点发烧友的愿望。

本书收录了750多道甜点配方，由法国家喻户晓、享有"烘焙界毕加索"之称的皮埃尔·埃尔梅（Pierre Hermé）精心编纂而成。作为打破常规、以创新著称的甜点大师，他仍秉持着对传统经典食谱配方的尊重，这点更加令人钦佩。书中内容包括传统和现代甜点、地方和异国特产，依照种类包括塔、巴伐露、布丁、维也纳面包、糖果等。其中，基本的制作方法以及必不可少且几乎完全不变的技巧在书中占了相当大的篇幅，这些都是法式甜点制作的基础与精髓。

在实用性上，本书希望能够让每一位读者，无论是零基础的烘焙新手还是经验丰富的甜点达人，都能在家成功地制作出满意的蛋糕、甜品和小点心。书中的食谱都标注了难易度，还有精心拍摄的制作步骤图，以及成功制作甜点时必须明确的所有方法和动作。

在日常生活中，人们对甜点有着诸多疑问：如何为甜点搭配饮品？如何挑选优质的食材与配料？甜点中的糖会让人发胖吗？在本书中，这些问题都一一得到解答，并告诉大家既能吃得安全健康而又不必戒掉甜食的重要饮食法则。

另外，书中有20款大师皮埃尔·埃尔梅"心中挚爱"的甜品，在这些独具匠心的作品中，埃尔梅大师巧妙地运用了口感与味道之间的搭配，绵软与松脆、冷与热、酸与苦……让美食爱好者垂涎三尺、欲罢不能。

现在发行的新版本是以全新的版面、图片和插图呈现给亲爱的读者们。

目 录

本书使用说明
Comment ulitiser

第13页至第107页　基本制作方法 Les préparations de base

在220道食谱中，本书首先在第一部分完整地介绍了甜点制作的基本方法：面团、面糊、奶油酱、慕斯、巧克力淋酱、冰激凌、雪葩、水果酱等。

食谱名称 Titre des recettes

食谱在各个章节中按照字母顺序排列。

分量 Proportions

食材的使用量根据已定的容积计算（面团500克，水果酱500毫升等）。

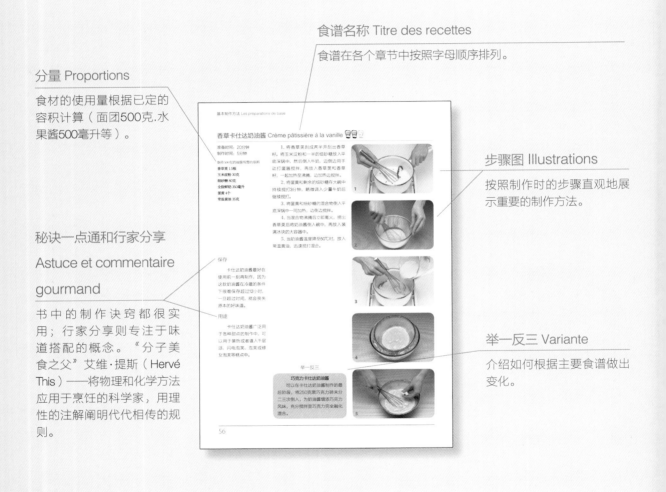

步骤图 Illustrations

按照制作时的步骤直观地展示重要的制作方法。

秘诀一点通和行家分享

Astuce et commentaire

gourmand

书中的制作诀窍都很实用；行家分享则专注于味道搭配的概念。《分子美食之父》艾维·提斯（Hervé This）——将物理和化学方法应用于烹饪的科学家，用理性的注解阐明代代相传的规则。

举一反三 Variante

介绍如何根据主要食谱做出变化。

第355页至第420页　糕点的实际制作 La pratique de la pâtisserie

本书的这个章节包括：

· 容积重量换算表（第356页）；
· 基础用具（第357页至第364页）；
· 选购食材（第365页至第406页）；

书中的其他食谱分为三大部分：

准备时间
Temps de réalisation
包括准备、静置、冷藏以及浸渍的时间。

分量 Proportions
按照人数计算。

制作时间 Cuisson
包括组成甜点基础制作的总体时间。

重量与测量
Poids et mesures
一款甜点制作的成败与精确的原料用量息息相关。考虑到手边没有精确称量工具的制作者的需要，本书采用等量的容积（如1茶匙或1汤匙）表明极少的用量。

难易程度
Degré de difficulté
每道食谱中，使用1~3个厨师帽作为难易程度的标识。

轻食谱
Recette légére
用印章作为标记，并在食谱最后列出每100克该甜点所含热量、蛋白质、碳水化合物和脂肪。

食谱的呈现方式
Déroulé de la recette
食谱的正文按照制作步骤撰写，用数字编码标识。

食材 Ingrédients
根据在食谱中使用顺序排列，在制作甜点期间，如有必要，请参考基本制作方法。

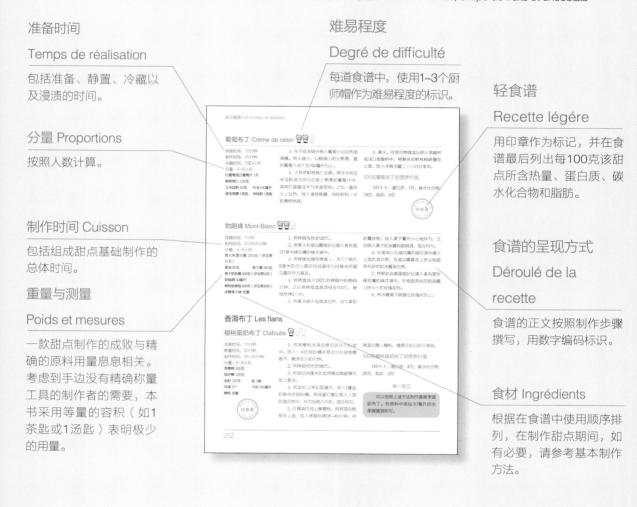

- 营养学与甜点，对于监控与平衡膳食非常有用，不必戒除甜点（第407页至第414页）；
- 烘焙术语，为糕点制作时的常用词汇做出了简单而精确的定义（第415页至第420页）。
第421页至第432页皮埃尔·埃尔梅的"心中挚爱"Les《coups de cœur》de Pierre Hermé，是20道最传统、最经典的法式烘焙代表，图片精美，诱人食欲。

选择与制作甜点 Choisir et réussir un dessert

有了蛋糕、塔、小甜点、特制水果和冰激凌，

在人们可以一顿美餐之后，分享更多的欢乐。

令人着迷的甜点或多或少会带有牵动情感的作用，

与人们孩提时代的记忆有着些许关系，

而品味甜点可以说是享受一个个快乐的瞬间。

从古时候起，人们就喜欢在用餐最后吃甜味的食物。古罗马人、高卢人会将蜂蜜浇在用谷物磨成粉后制成的面饼上，或者用新鲜的水果、果干进行装饰，或者搭配香料一同食用。

要感谢十字军在东方找到了甘蔗，这种《圣经》中所说的"甜芦苇"使制糖发展为商业贸易。从此，糖成为药店里销售的珍贵食品。

到了中世纪末期，糕点师与馅饼、鱼类和奶酪专家公会一起，确定了香梨馅饼、奶油小糕点和巴旦杏仁脆饼干等糕点的专业制作方法，不过，那时还没有所谓的餐后甜点的说法。到了1563年，确定了三种菜品的上菜顺序，最先上桌的前菜，随后是肉或者鱼，以及最后的甜点。

之后，卡特琳·德·梅第奇（Catherine de Médicis）从佛罗伦萨带来了她的糕点师，创造出一款款新颖的甜点。他们以圆形泡芙为基础做出的蛋糕，创造的马卡龙和冰激凌，都成为当时宫廷中喜闻乐见的事，也让人们对甜点越发迷恋。布里亚·萨瓦兰（Brillat-Savarin）曾经说过，自18世纪开始，"宴请"之风在社会各阶层盛行。晚宴通常都会以甜点收尾，"一餐最后

都是由水果、糕点、果酱和奶酪所组成"。巧克力则是在19世纪初首次亮相。之后出现了许多经典的甜点，都是这个时代糕点大师的经典之作：卡勒姆（Carême）的蛋白霜、吉布斯特（Chiboust）的圣奥诺雷、埃斯科菲耶（Escoffier）的蜜桃梅尔芭以及朱利安兄弟（frères Julien）的萨瓦兰蛋糕等。

甜味 Saveure sucrées

从此，甜点的种类大量增加，甜点一词包含的范围也更广泛，从不同类型的糕点、餐后甜点、糖渍水果、冰激凌到各种甜食的搭配组合。人们也盼望着知晓配方后可以在家制作。长期以来，职业糕点师和烹饪世家继承者，都仅仅满足于复制学来的经验与技术。但是，近几年来，甜点大师们开始重新推敲过去那些传统经典的配方，不断创造出口感与味道独特新颖的搭配。

只有一些甜点师传承了那些久负盛名的大师称号，皮埃尔·埃尔梅就是其中之一。对于这位当今甜点界的领军人物，糖不再是最重要的角色，而是成为甜点结构中的一种元素，起到增加风味的作用。通

传统的庆祝方式
——生日蛋糕

现今，在抨击新的生活方式改变某些饮食习惯的同时，我们欣喜地看到，甜点，尤其是糕点，仍然与绝大多数法国人生活中的快乐时光相伴，比如在和家人、朋友的节日或生日聚会上。在庆祝生日时，80%的人仍会选择生日蛋糕，并吹熄上面的蜡烛！

过制作方式的调整和不同食材的搭配，糖会让塔坚实、冰激凌顺滑、马卡龙酥软、松饼松脆，还能突出巧克力中的苦，柑橘中的酸和作料中的香。接下来就是找到用量的平衡，因为一旦超量，糖就会掩盖味道，让与其搭配的食材索然无味。

技巧规则 Les règles du savoir-faire

要成功地制作一道甜点并不需要具备那些著名甜点师的才能或者掌握他们的所有技能。在"动手揉面团"之前，要事先了解不同食材的搭配以及最终的呈现效果，比如色彩和装饰性食材的协调，这其中有很大的发挥空间，但基本的制作方法则是完全明确的。要仔细地挑选食材、精确地称重，并严格按照规定的温度和时间制作。

甜点制作中使用的许多基本食材要常备。应确保配方中所有的搭配食材是高品质的并且绝对新鲜；一定要注意食材的保质期，容易变质的食材，比如鲜奶油和巧克力可以在制作当天再按照需要的分量购买。为了避免高温或受潮，可以将米、面粉等食材放在密闭的容器中保存。对于面粉和淀粉这样容易变质的食材，过了一个月就会脱水变干，很可能就是制作甜品不成功的原因。

选择的水果要确保成熟，尤其是带核水果，制作果酱时也是如此。要仔细阅读标签上其种类及产地的内容，并认真思考食谱中提出的建议方案。对于制作中一定要使用的柑橘类水果果皮，购买未经加工处理过的效果最好。最后，应将购买但还未使用的水果放在原包装中保存。

对于每个食谱而言，严格按照食材的比例制作是最为重要的，因为制作糕点并

不是一件可以即兴发挥的事情，想象力和创造力都有赖于高超的技艺。所以，磅秤和有刻度的容器都是必不可少的用具（第356页的表格也对分量的计算有帮助）。当具备一定的经验后，便可调整食谱中食材的使用比例，比如可以根据水果的酸度增减糖的用量。

烘制是最后的制作阶段，充分了解使用的烤箱关系到大部分甜点最终的成败。应参阅制造商的使用说明书。尽管烤箱的功能日趋完善，然而温度调节器所显示的温度仍有可能与实际温度出现20%~30%的差别。也正因如此，所有食谱中给出的温度仅供参考。可以使用专门的温度计校准烤箱温度：将温度计挂在网架中央，15分钟后比较标示温度和实际温度的数值即可。大部分烤箱都有照明的指示灯，当达到指定温度时会自动熄灭。此外，还可参考本书第363页的烘烤温度对照表。

烹饪的科学与艺术 Science et art culinaire

本书中除了基础食谱以外，还介绍了科学家艾维·提斯对烹饪艺术在物理、化学方面的研究。这门新学科揭示了糕点制作中的部分奥秘，比如为什么蛋清能够打成泡沫状，面团为何需要静置等。

同时，用科学理论解释了世代相传的经验与技法。例如，为了成功制作巧克力淋酱，应该将加热后的鲜奶油缓慢地倒在已经融化的巧克力上，边倒边用打蛋器搅打混合，最终获得呈乳状物，即两种非常微小的液体小滴构成的混合物。此外，还有其他的一些科学解析，特别说明了面团、奶油酱、慕斯和糖的制作。

冷冻食品与糕点

如果有冰柜，就要充分利用其功能。它的好处就是能够将一些水果完整地冷藏或冷冻，还可以保存糖煮果泥或果酱，用于制作酱汁或雪葩。

将红色水果放在盘子里冷冻，再裹上糖衣。杏、樱桃、李子、芒果等水果，可根据具体情况去梗、去皮、去核或切块。

块状、团状或在模具中的塔点面团适宜在未经烘焙时冷冻。因此，像意大利海绵蛋糕等，更便于大量制作。

不同水果其保存期为6~10个月，面团为2个月左右。

可以购买现成的面皮，选择纯黄油制成的，会更加美味可口。此外，还可以购买各种速冻水果。务必要查看保质期并认真阅读使用方法，特别是购买面皮的时候。

甜点的选择 Le choix d'un dessert

甜点的选择并没有规则可循，全凭心情和喜好。本书中有无与伦比的甜点食谱供您选择，同时还有专业人士提供的指导和技巧，无论简单还是精致、经典还是创新，以及速成、传统或异域风味甜点，应有尽有。不管在任何情况和条件下，都要确保整个菜单的和谐。如果是在较为油腻的菜品之后，最好选择口味清爽的甜点，例如以冰激凌为主的甜品，或者是水果沙拉。

选择应季水果，或许可以让心中挚爱的甜品食谱面目一新。可以从书中专门介绍食材的章节中了解水果成熟和盛产的季节。不要忘记还能选择进口水果，可以在甜品中充分发掘和利用其独特的味道。

当选择巧克力口味的甜品时，完全不必担心会出现让人失望的结果，因为几乎人人都爱巧克力。作为来自阿兹特克的神圣饮料，巧克力由西班牙殖民主义者引入欧洲，现在已经完全成为人们喜爱的食物。在可可豆中含有约500种成分，且根据不同的产地搭配组合，会产生风味各异的效果。巧克力作为甜点的首选材料，可以制作出令人赞不绝口的美味蛋糕和甜点，散发出浓郁的香气。同时，巧克力非常百搭，与水果、香料和酒类组合都很适合。

要是希望给座上宾眼前一亮的惊喜，可以选择本书中众多精选的异域风味甜点：提拉米苏、瓦杜奇卡干酪蛋糕等。此外，不要错过品类繁多的法国本土甜点：咕咕霍夫、黄油酥饼、杏仁塔、杏仁奶油千层糕、圣奥诺雷泡芙等，它们都完美地展现了法国各地丰富多彩的甜点烹饪艺术。在圣诞节或三王朝圣节等节日里，也唤起人们对传统饮食尊重，而圣蜡节则是孩子们开始学习糕点制作的好机会。

维也纳面包、英式水果蛋糕、各式新鲜小点心或小饼干拼盘、一人份蛋糕和迷你塔，这些都是喝茶时深受人们喜爱的甜点。在一天美好的下午茶时光里，美妙的甜食实在让人难以割舍。

对于因身体状况而必须控制甜食摄入量的人群来说，本书也提供了清淡却依然美味的"轻食谱"，专门供这些朋友使用。此类甜点当中有些是热量较低的（已标出营养成分），另一些则是用甜味剂代替糖进行制作的。

搭配甜点的饮品 Les boissons pour desserts

长期以来，人们就把某些酒视为专门在品尝甜食时饮用的，称其为"甜点酒"，分为以下几个品类。

香槟以其特殊的气泡广为人知并闻名于世，也是唯一在酒标上既不标明葡萄品种也不标注产区的酒类。香槟的酒标上仅注明"天然干型"或有一定甜度的"半干型"。

"迟摘"甜白葡萄酒是用过度成熟的葡萄酿造而成的，有些甚至是已经达到了"贵腐"状态的葡萄。有益的霉菌使葡萄的糖分更加浓缩，因而发展出更加丰富和特殊的风味。按照产区的不同，这些葡萄酒的名称也不尽相同。在索泰尔纳产区，人们经常会说苏玳和蒙巴济亚克的"贵腐甜酒"；到了卢瓦尔河谷产区的武弗雷和卡-德-绍姆则称之为"甜白酒"；阿尔萨斯产区的一些葡萄酒，如琼瑶浆、雷司令、麝香和托卡依，其葡萄中的糖分较高，因此可以在酒标上注明"粒选贵腐葡萄"的字样。

还有同样称为天然甜酒的"强酿葡萄酒"，即葡萄发酵时中途添加酒精抑制发酵的特殊酿造法，让残留的糖分不再转化为酒精。品尝甜味的同时，酒精浓度却也升高到十六七度，有的甚至高达18度。

在这些酒中，我们看到有博姆-德-维尼斯和所有朗格多克-鲁西永的麝香葡萄酒，其中后者包括里韦萨特、圣-让-德-米内瓦、巴纽尔斯、芳蒂娜、莫里以及拉斯多等。波特酒也采用同样的方式酿造而成，只是若年份不同，其香气和味道会有较大的差别。

最后，这些色泽金黄、陈年、甜度较高的发酵酒中，都有着贵腐甜白葡萄酒的风范，从收获挂藤的酿酒葡萄开始，到装在柳条筐中或铺开在草垫上，需要干燥3个月后再进行压榨，其中最著名的莫过于汝拉的阿布娃酒了。

除非在宴会上，如今人们已经没有用酒来搭配甜点的习惯了。但我们仍可牢记一些经典独到的搭配，比如用桃、杏、黄香李等黄色水果制成的水果塔，既可以和天然的新甜酒搭配，也可以搭配阿尔萨斯或卢瓦尔河谷的迟摘葡萄酿造的甜白葡萄酒，都相当和谐。布丁和奶油与陈年甜酒的搭配令人欢喜。巧克力甜点和天然陈年甜葡萄酒、红葡萄酒一起，能够激发陈年葡萄酒的风味，或简单地搭配香气宜人的咖啡，也是很值得推荐的饮品。

至今备受人们喜爱的干型香槟，与糖放在一起，始终都是失败的组合。因为干型香槟会带来令人不舒服的酸味，所以更适合搭配半干型香槟，微甜反而更好，因为甜点中的糖会中和香槟的甜味，让口中的半干型香槟接近干型香槟的感觉。

对于用来与冰激凌或冰点相搭配的饮品，并没有能够特别增加风味的选择，因为冰冻会失掉部分口感。所以，最终的建议恐怕就是搭配一小杯蒸馏酒或伏特加。其实，一杯沁凉的清水或许就是最好的选择。

至于用来搭配下午时光享用的蛋糕和塔，没有什么比茶更适合的饮品了，这也是广受欢迎的搭配。除了那些味道过于浓郁的茶以外，几乎所有的茶都可以在此时享用：味道纯粹简单的锡兰茶深得人心，带有水果香气、淡淡蜂蜜味道的大吉岭和糕点堪称绝配。此外，还有清香的中国茶，都是不错的选择。

最后，沁凉的清水在餐后永远都深受人们喜爱，也是甜点师最常推荐的饮品之一。无论是苏打水还是蒸馏水，或仅仅是普通的凉白开，不都是享受精致甜点后的最好选择吗？

基本制作方法
Les préparations de base

面团 Les pâtes

　　本书介绍的面团配方非常实用，在许多甜点和糕点的制作中都会用到，为此本章节汇总了各种面团的制作方法。有些面团可以提前制作好，有些甚至可以放在冰箱中冷冻保存，以便让大量制作成为可能。

面团 Les pâtes

油酥面团 Pâte brisée （塔底面团 Pâte à foncer）

准备时间：15分钟
静置时间：2小时

制作500克面团所需的原料
面粉 250克
常温黄油 180克
盐 5克（1茶匙）
细砂糖 5克（1茶匙）
粗麦粉（可酌选）
蛋黄 1个
常温牛奶 50毫升

1. 将滤器放在大碗上过筛所有的面粉，防止面粉结块的情况发生。

2. 将常温黄油用橡皮刮刀在容器中搅拌至柔软且不再成块，直到变成浓稠的膏状为止。

3. 加入盐、细砂糖、蛋黄和牛奶，搅拌至混合物均匀后，再慢慢地倒入过筛的面粉，持续搅拌。

4. 当面糊成形后，就停止揉和面团。将面团在两手间适度压扁后，用保鲜膜包裹起来。

5. 将面团放入4℃的冰箱中静置冷藏至少2小时后，即可使用。

行家分享

　　这款油酥面团和后面介绍的面团的差别就是多加了蛋黄，这样会让面团更加柔软。

　　这款面团里所使用的混合原料的方法，会让烘制后的甜点达到柔软且入口即化的效果。

水油酥面团 Pâte brisée

准备时间：10分钟
静置时间：2小时

制作500克面团所需的原料
常温黄油 190克
盐5克（1茶匙）
新鲜的全脂牛奶或水 50毫升
面粉 250克

1. 将常温黄油切成小块后放入沙拉盆中，用木铲挤压并快速搅拌。

2. 将牛奶或水倒入小碗中，加入盐至溶解，再慢慢将混合物倒在黄油上，且不断用木铲按同一方式搅拌。

3. 将滤器放在大碗上过筛面粉。将筛好的面粉从侧面分几次如雨点般倒在黄油中，混合均匀，但不要过度揉捏。

4. 将混合物倒在操作台上，用掌根推开并用掌心按压。将混合物聚拢，再次重复上述动作直到混合物均匀并逐渐成形，揉成面团后用手轻轻压平。

5. 将面团用保鲜膜裹好，放入4℃的冰箱中静置冷藏2小时，取出后用擀面杖擀开。

必不可少的静置过程

面团在凉爽的环境下静置的过程，会使其醒发松弛，变得柔软的同时也更加筋道有弹性。静置后的面团更容易擀开，并且不会在烘焙的过程中收缩。

水油酥面团可以冷冻吗？

水油酥面团可以冷冻。使用前，先将冷冻的水油酥面团放在冷藏环境下慢慢地解冻，之后不需要再次揉捏，否则会使面团变硬，只要直接用擀面杖擀开即可。

关于面团静置

面粉中含有淀粉颗粒和蛋白质，当长时间用水和面时会形成弹性的网状面筋。在制作面包的面团中，这层面筋网能够有效地阻止二氧化碳气泡，而在其他面团中则会发生收缩。静置的过程使得这些蛋白质胶粒能够慢慢地达到松弛的状态。此外，淀粉颗粒在室温条件下膨胀与聚合的速度较慢，冷藏条件下静置则有助于加速该过程。

——艾维·提斯

法式塔皮面团 Pâte sablée

准备时间：10分钟
静置时间：1小时

制作500克面团所需的原料
香草荚 1根
细砂糖 125克
面粉 250克
常温黄油 125克
鸡蛋 1个

1. 将香草荚用刀剖成两半并用刀尖刮出里面的香草籽，之后将香草籽和细砂糖在碗中混合。将面粉直接在操作台上过筛；将常温黄油切小块，用指尖将其与面粉一起揉搓至细沙状，直到黄油小块消失为止。

2. 在黄油面屑中用手做出一个凹槽，打入鸡蛋并倒入香草籽和细砂糖的混合物。

3. 将所有的材料用指尖轻轻混合，注意不要过度揉捏面团。

4. 用掌根将面团向外推开并用掌心压扁，使面团更加均匀。

5. 将面团揉成团状后小心压扁，用保鲜膜裹好，放入4℃的冰箱中冷藏静置至少1小时，取出后用擀面杖擀开。

秘诀一点通

为了能够用手轻松地揉和面团，最好选择在大理石台面或木制案板上进行操作。

如何制作法式塔皮面团？

以前的烹饪食谱并没有将法式塔皮面团和油酥面团区分，但嵌在模具中的塔皮面团都明显地或多或少带有沙质的感觉。为了获得这样的质感，首先应该用指尖混合所有的原料，形成细沙状，之后不要过度揉捏面团。将鸡蛋、细砂糖混合，细砂糖能够吸收水分，这样就没有水分继续使面筋和淀粉颗粒聚合，以防止面团出现不期望的弹性。

——艾维·提斯

法式肉桂塔皮面团 Pâte sablée cannelle

准备时间：15分钟
静置时间：二三小时

制作500克面团所需的原料
鸡蛋 2个
泡打粉 5克（1茶匙）
低筋面粉 200克
黄油 190克
糖粉 50克
杏仁粉 35克
盐 1克（1小撮）
锡兰肉桂粉 8克（2茶匙）
深咖啡色朗姆酒 10毫升（可酌选）

1. 将鸡蛋在平底深锅中用开水煮熟后，放入冷水中剥去蛋壳并冷却。将蛋黄过筛。

2. 将面粉和泡打粉在大碗中混合。

3. 将黄油切小块，用橡皮刮刀在容器中搅拌均匀。

4. 在黄油中依次加入糖粉、杏仁粉、盐、肉桂粉、朗姆酒（可根据个人喜好决定是否添加）、过筛的蛋黄以及面粉和泡打粉的混合物，将所有材料搅拌均匀，但不要过度揉捏面团。

5. 将面团压扁后用保鲜膜裹好，放入4℃的冰箱冷藏静置二三小时，取出后用擀面杖擀开。

秘诀一点通

因为面团中有过筛的熟蛋黄，所以面团会呈现出非常明显的沙状质感，也更加易碎，需要在进行压扁操作时格外小心。同样，烘烤后从烤盘中取出时，也需要仔细地用硬纸板或刮刀慢慢操作。

油酥饼面团 Pâte à sablés

准备时间：15分钟

制作500克面团所需的原料
香草荚 1/2根
常温黄油 190克
糖粉 75克
盐 1克（1小撮）
蛋清 1个
面粉 225克

1. 用刀将1/2的香草荚从中间剖开成为两半，并用刀尖将里面的香草籽刮出。

2. 将黄油切小块后放在容器中，用橡皮刮刀轻轻挤压后快速搅拌至变软。

3. 在搅拌好的黄油中依次放入糖粉、盐、香草籽、蛋清和面粉，确保每种新放入的原料完全混合均匀。

4. 当面团变均匀时，即刻停止搅拌，以便保持面团沙状的质感。

秘诀一点通

油酥饼面团需要在非常柔软的状态下才能放入装有星形裱花嘴的裱花袋中。若想要用油酥饼面团挤出"W"形状，需要将烤箱预热至170℃，将面团放在铺有烤盘纸的烤盘上烘烤约20分钟。

甜酥面团 Pâte sucrée

准备时间：15分钟
静置时间：2小时

制作500克面团所需的原料
面粉 210克
糖粉 85克
鸡蛋 1个
香草荚 1/2根
常温黄油 125克
杏仁粉 25克
盐 4克（不足1茶匙）

1. 分别将两个滤器放在两个不同的容器上，过筛面粉和糖粉。将鸡蛋打入碗中将1/2根香草荚用刀剖成两半并用刀尖刮出香草籽。

2. 将黄油切小块后放在容器中，用木铲搅拌至柔软，之后依次加入过筛的糖粉、杏仁粉、盐、香草籽、鸡蛋和过筛的面粉，每加入一种新的原料后要进行搅拌，确保所有原料混合均匀。

3. 将材料揉和至团状后压扁，用保鲜膜裹好，放入4℃的冰箱冷藏静置2小时。

举一反三

榛子甜酥面团

可以用榛子粉代替杏仁粉，即可得到口味略显不同并且十分柔软的榛子甜酥面团。

千层派皮 Pâte feuilletée 👨‍🍳👨‍🍳👨‍🍳

准备时间：30分钟

静置时间：10小时

制作1千克面团所需的原料

凉水 200毫升

盐 14克（1汤匙）

常温优质黄油 500克

精制面粉 150克

普通面粉 250克

1. 将凉水和盐倒入量杯中，使盐完全溶解。将75克常温优质黄油放入平底深锅中，隔水加热至融化。将精制面粉和普通面粉分别放入沙拉盆中，依次倒入盐水和融化的黄油，搅拌均匀，但切勿过度。

2. 将用盐水和黄油调和好的面糊揉和成面团，用手压扁后裹上保鲜膜，放入4℃的冰箱冷藏静置2小时。

3. 将剩余的黄油切小块，放入容器中用木铲搅拌至柔软，直到与和好的面团质感相同，擀成方形薄片。当面团充分静置后，在操作台撒上薄面，用擀面杖将面团擀开至2厘米厚，要让中间比四边厚一些。

4. 将面团擀成四周为直角的正方形，将搅拌柔软的黄油放在正方形的面皮中央。

5. 将面皮的四角向内折叠盖在黄油上，成为正方形的起酥面块。

千层派皮

千层派皮的制作方法是让黄油和面团层叠交错。面团在烘烤过程中，一部分水分蒸发，但油脂层的存在阻止了其中的水分蒸发。聚集而成的水蒸气体积膨胀，加大了油脂层的空隙。需要注意的是，为了达到理想的效果，将面块的边缘修饰平整十分关键，即对千层派皮面团进行数次折叠的过程中，若面皮层叠的边缘黏合在一起（通常肉眼很难分辨），就会形成很厚的外壳，进而阻止千层派皮的膨胀分层。

——艾维·提斯

6. 将面块擀成长方形，其中长度是宽度的3倍。

7. 像制作长方形的信封一样，先将面皮折3折，完成千层派皮的第1轮制作，放入冰箱冷藏静置2小时。

8. 将面皮取出后，旋转90°，擀成长和宽与之前一样的长方形，和第一次一样，再折3折，完成千层派皮的第二轮制作。再将面皮再次放入冰箱中冷藏静置至少1小时。重复上述的制作方法，直到面皮完成6轮的制作，并保证每次制作后将面皮放入冰箱冷藏静置2小时。

9. 每轮制作完成后，在面皮上用手指轻压做出记号，记录折叠的轮数。使用前一直将面团放入冰箱冷藏保存。

秘诀一点通

在将面团擀成长方形时，需要在操作台撒上薄面，注意薄面的用量不要太多，因为在将面团旋转的步骤中，面团上不宜有过多的面粉。

省时小贴士

制作千层派皮，每个步骤都需要较长的冷藏静置时间，因此可以一次性多制作一些，将未来要使用的面团提前做好，放入冰箱冷冻保存。

举一反三

咖啡千层派皮

将放在面团中央的黄油准备好。黄油在室温下软化，再倒入约10克的速溶咖啡粉，接着按照千层派皮的制作方法完成即可。

巧克力千层派皮

将准备放在面团中央的黄油与50克可可粉混合，再做成方形薄片，接着裹上保鲜膜，放入冰箱冷藏静置至少2小时。

半千层派皮 Pâte demi-feuilletée

准备时间：20分钟
静置时间：8小时

制作500克面团所需的原料
面粉 250克
盐 5克（1茶匙）
冷冻黄油 250克
水 150毫升

1. 将滤器放在容器上过筛面粉，再倒入盐。

2. 将冷冻黄油切小块的同时再切出几个大块，将面粉和黄油混合，这时大块的黄油不会完全与面粉混合，这样的面团能使成品的口感松脆。

3. 将水慢慢倒入的同时搅拌揉捏面糊至均匀。

4. 将面糊揉和成团，用保鲜膜裹好后放入4℃的冰箱冷藏静置2小时。

5. 取出面团后，按照千层派皮的步骤旋转、擀开并折叠，重复3遍，每遍完成后都要将面团放在阴凉处静置3小时。此款面团可在200℃的烤箱中烘烤，制作成小块的咸味千层派。

反千层派皮 Pâte feuilletée inversée

准备时间：30分钟
静置时间：至少10小时

制作500克面团所需的原料
第一层面团
面粉 60克（30克低筋面粉、30克中筋面粉）
常温黄油 160克
第二层面团
面粉 150克（75克低筋面粉、75克中筋面粉）
盐 5克（1茶匙）
黄油 50克
水 100毫升
酒醋 1/4小匙

1. 将制作第一层面团需要的面粉和常温黄油在容器中混合至团状。将面团用擀面杖擀成2厘米厚的圆形，裹上保鲜膜，放入4℃的冰箱中冷藏静置2小时。

2. 将制作第二层面团的原料在另一个容器中混合，水不要一次性倒入，防止面团过软。当面团匀称后，将其擀成2厘米厚的方形，裹上保鲜膜，放入4℃的冰箱中冷藏静置2小时。

3. 将冷藏后的第一层面团取出，擀成1厘米厚的圆形，接着将第二层面团放在中间，并将外层的圆形面皮向内折叠，直到完全将中间的第二层面团包裹住。用拳头击打面团至变大，然后用擀面杖从中间向四周慢慢擀开，直到擀为长度是宽度3倍的长方形。

4. 从长方形面皮下方的1/4处往中间折叠，再从上方的1/4处向中间折叠，此时长方形派皮两头的宽边相遇，接着将派皮从中间对折，完成"钱夹折叠法"，又可叫做"双重折叠法"。

5. 旋转折叠好的派皮，将折叠的一边放在左侧，略微压平，再裹上保鲜膜，放入冰箱冷藏静置2小时。

6. 将派皮取出，用拳头轻轻地略微压扁，再用擀面杖擀为长度是宽度3倍的长方形，让折叠的一边始终保持在左侧。将擀好的面皮再次折成钱夹状并用保鲜膜裹好，放入冰箱冷藏静置至少2小时。

7. 当使用派皮时，就是这款派皮制作的最后一轮，叫做"单一折叠法"。将面皮擀为长方形，再从下方和上方的1/3处分别向中间折叠，成为正方形，接着用保鲜膜裹好，放入冰箱冷藏静置2小时，换另一面再冷藏静置2小时。

8. 将面皮取出，在擀开之前，将其从操作台上稍稍拉起，再落在掌心，以松弛面团。

9. 将擀好的面皮放在铺有用水润湿的烤盘纸的烤盘上，用餐叉在面皮上戳出小孔，烘烤前再次放入冰箱冷藏静置一二小时。

行家分享

这款折叠派皮之所以称为"反"折叠派皮，是因为在这里的第一层面团是千层派皮，通常包裹在中间的黄油面团，而这里却成为派皮的外层。面团通过双重折叠的步骤后，烘烤时会更加膨松，成为口感焦脆又酥软的千层派皮。

焦糖反千层派皮 Pâte feuilletée inversée caramélisée

准备时间：15分钟
静置时间：1或2小时
烘烤时间：20分钟

制作500克面团所需的原料
反千层派皮 430克（详见第20页）
细砂糖 45克
糖粉 25克

1. 将烤箱预热至230℃。将反千层派皮在操作台上用擀面杖擀成2厘米厚，再裁切成和烤盘相同的大小。将烤盘纸铺在烤盘上，并用蘸湿的毛刷湿润烤盘纸后铺上派皮。将派皮连同烤盘一起放入4℃的冰箱中冷藏静置一二小时。

2. 将细砂糖均匀地撒在派皮上。将烤盘放入预热的烤箱中后，迅速将烤箱的温度调低至190℃，烘烤8分钟，再将网架压在派皮上，避免其过度膨胀，然后继续烘烤5分钟。

3. 将烤盘从烤箱中取出，移除派皮上的网架并盖上一张烤盘纸。取另外一个尺寸相同的烤盘，将两个烤盘扣在一起后反转，放在操作台上，移除上面的烤盘和烤盘纸。

4. 将烤箱预热至250℃。

5. 将糖粉均匀地筛撒在派皮上，再次放入烤箱烘烤8~10分钟，直到糖粉化开、呈金黄色且最后成为焦糖。

行家分享

用这款派皮制作大号或小号千层派再合适不过，焦糖可以避免奶油酱使和好的面皮浸润。

这款焦糖反千层派皮本身就可以是非常精致的小甜点。将其切成小长条或者小方块，可直接与咖啡一起享用，还可以用鲜奶油香缇裱花或者巧克力慕斯作装饰。

维也纳千层派皮 Pâte feuilletée viennoise

准备时间：10分钟
静置时间：7小时

制作500克面团所需的原料
面粉 250克
黄油 265克
盐 4克（不足1茶匙）
细砂糖 5克（1茶匙）
朗姆酒 10毫升（2茶匙，可酌选）
蛋黄 1个
牛奶 50毫升
水 30毫升（2大匙）

1. 将160克面粉、15克黄油、盐、细砂糖和朗姆酒在容器中混合。

2. 将牛奶和蛋黄放入碗中搅打均匀。

3. 将搅打好的牛奶和蛋黄的混合物倒入面糊中，将水一点点倒入，以确保面糊保持一定的硬度。然后将面糊揉成面团，裹上保鲜膜，放入4℃的冰箱中冷藏静置2小时。

4. 将面团取出后擀开。将剩余的250克黄油切小块，放入另一容器中与剩余的面粉混合搅拌，直到成为方形的片，放入擀好的面皮中间。

5. 使用单一折叠法（详见第18页）折叠面皮，再进行2次双重折叠法（见第20页反千层派皮的做法）、1次单一折叠法，每次折叠完成后都要将面皮冷藏静置1小时。完成最终的折叠后，面皮则要冷藏静置2

小时。

行家分享

制作千层派皮时，最好使用干黄油，即用冬季干草料饲养的奶牛的牛奶制成的黄油，通常法国夏朗德省或法国东部所产的黄油质地坚硬，但有时易碎，这种黄油的好处在于融化较慢。

举一反三

开心果反千层派皮
先制作第一层面团。将面粉、黄油和70克含香料和色素的开心果膏混合均匀。然后按照原味反千层派皮的步骤制作（详见第20页），就能做出具有开心果口味的精致反千层派皮。

萨瓦兰面团 Pâte à savarin

准备时间：20分钟
静置时间：30分钟

制作500克面团所需的原料
柠檬皮 1/4个
常温黄油 60克
酵母粉 15克
低筋面粉 160克
天然香草精 2.5克（1/2茶匙）
洋槐蜜 15克（1汤匙）
盐 5克（1茶匙）
鸡蛋 5个

1. 将柠檬皮细细切碎。将常温黄油切成很小的块。

2. 将酵母粉撒入沙拉盆中，依次加入低筋面粉、香草精、洋槐蜜、盐、柠檬皮碎末和一个鸡蛋，用木勺搅拌，再将剩余的鸡蛋一个一个磕入。继续搅拌面糊至面团完全脱离盆壁的状态，加入小块黄油，再次搅拌至面团脱离盆壁且富有弹性、顺滑并光亮。

3. 待面团和匀后停止搅拌，室温下发酵30分钟。

4. 将面团填入模具约一半处，待发酵膨胀至与模具边缘齐平为止。

秘诀一点通

当使用电动打蛋器搅拌面团时，需要使用搅面钩。将低筋面粉、洋槐蜜、柠檬皮碎末和3个鸡蛋依次放入碗中，以中速挡位搅拌至面团脱离碗壁，然后加入剩余的鸡蛋，再次搅拌至面团脱离碗壁，接着加入切成很小块的黄油，继续搅拌至面团完全脱离碗壁为止。

布里欧修面团 Pâte à briochée

准备时间：20分钟
静置时间：至少4小时

制作500克面团所需的原料
酵母粉 5克
面粉 190克
细砂糖 20克
盐 4克（不足1茶匙）
鸡蛋 3个
常温黄油 150克

1. 将酵母粉倒入沙拉盆中，再依次加入面粉、细砂糖和盐并用木勺搅拌混合。将鸡蛋一个一个磕入，每磕一个搅拌均匀后再磕下一个。

2. 将常温黄油切小块，当面糊搅拌成团且脱离沙拉盆壁后，将黄油小块一个个放入，继续搅拌直到面团再次脱离沙拉盆壁为止。

3. 将做好的面团放在容器中，覆上保鲜膜，在温度为22℃处静置3小时，直到面团的体积膨胀至之前的2倍。

4. 用拳头将涨大的面团按压至最初的大小，将发酵过程中产生的二氧化碳挤出。将面团再次放入容器中，覆上保鲜膜，让面团再度发酵膨胀1小时。

5. 再次用拳头将面团压扁，入烤箱烘烤前需要让布里欧修面团再次发酵膨胀。

秘诀一点通

当使用电动打蛋器搅拌面团时，需要使用搅面钩，并将鸡蛋一个一个磕入。

布里欧修式面团 Pâte briochée

准备时间：20分钟
静置时间：至少4小时

制作500克面团所需的原料
酵母粉 10克
全脂牛奶 45毫升（3汤匙）
黄油 80克
面粉 220克
细砂糖 30克
盐 4克（不足1茶匙）
鸡蛋 3个

1. 将酵母粉倒入碗中，与牛奶混合均匀。将黄油切小块。

2. 将面粉、细砂糖、盐和1个鸡蛋依次放入沙拉盆中，用木勺搅拌混合后，放入剩余的2个鸡蛋，再加入小块黄油，将所有材料小心地混合均匀，最后将牛奶酵母粉的混合物倒入盆中，搅拌至面团完全脱离盆壁为止。

3. 将面团放在容器中，按照布里欧修面团的步骤制作即可，静置发酵时间同上。

布里欧修千层派皮 Pâte à brioche feuilletée

准备时间：30分钟

静置时间：3小时

冷冻时间：1小时

制作500克面团所需的原料

精白面粉 250克

酵母粉 20克

细砂糖 15克（1汤匙）

盐 3克（约1/2茶匙）

冰水 100毫升

冷藏鸡蛋1个

全脂奶粉 15克（1汤匙）

冷冻黄油 100克

为什么要使用冷冻食材？

酵母是微生物，即单细胞组成的生物，只会在某些条件下迅速繁殖：例如在有糖分等营养成分的情况下，同时适当的温度不会使酵母休眠或过于干燥。如果将酵母直接与面粉、水、鸡蛋和细砂糖混合，混合物会立刻开始膨胀，面团的稳定性遭到破坏后，派皮在折叠时就无法很好地吸收黄油。此外，将制作完成的面团进行冷冻处理，可降低酵母的活力，同时在酵母的作用下，慢慢变成布里欧修千层派皮。

——艾维·提斯

在操作台上或沙拉盆中倒入面粉，将酵母粉撒在面粉的一侧，将细砂糖和盐撒在另一侧。开始制作时，避免将上述原料混合触碰，因为细砂糖和盐会破坏酵母活力。在面粉的中央挖一个凹槽，依次放入冰水、冷藏鸡蛋和全脂奶粉，再用手指或木勺迅速搅拌并混合所有原料。当面糊均匀后即可停止搅拌。用手揉成面团后裹上保鲜膜，放入冰箱冷冻，使面团迅速降温。

1. 待面团冷却，揉匀后用擀面杖擀为长是宽3倍的长方形。

2. 将冷冻黄油用橡皮刮刀在容器中搅拌至柔软，将其中一半抹在派皮下方2/3处，再将派皮向下方折叠，完成一次单一折叠（详见第18页）。

3. 检查并确保折叠后派皮的每个角都是直角。将派皮冷冻30分钟后再放入4℃的冰箱冷藏1小时。

4. 取出派皮后，再完成一次单一折叠，这次不添加黄油（详见第20页反千层派皮的做法），再用擀面杖将折叠后的派皮擀成长方形。

5. 将剩余的黄油抹在长方形派皮下方2/3处，先将上方未涂抹黄油的派皮向中间折叠，再将下方的派皮折叠覆盖在上面。将派皮放入冰箱冷冻30分钟，再冷藏1小时。布里欧修千层派皮烘烤前，先放入冰箱冷藏发酵1小时30分钟至2小时。

可颂面团 Pâte à croissants

准备时间：20分钟
静置时间：至少4小时
冷冻时间：1小时30分钟

制作500克面团所需的原料
黄油 15克
酵母粉 5克
20℃的水 80~85毫升（五六汤匙）
低筋面粉 210克
盐 4克（不足1茶匙）
细砂糖 30克（2汤匙）
全脂奶粉 5克（1茶匙）
常温黄油 125克

为什么可颂面团需要折叠2次？

做法中进行2次折叠并要用拳头将面团压扁，使之恢复到之前的大小，是为了将发酵中产生的二氧化碳排出。二次擀压面团时，会使酵母再次置于适宜繁殖的环境，同时酵母在接触新鲜面团的时候，也能够再度繁殖，达到几何倍数的递增，即1个酵母变成2个，繁殖产生的每个酵母又各自再进行繁殖等。仅繁殖分裂20次后，每个酵母就会产生超过3万个酵母细胞，使发酵过程顺利进行。

——艾维·提斯

将15克黄油放入小号平底深锅中加热至融化。将酵母粉倒入碗中加水混合。将滤器放在沙拉盆上方过筛面粉，再依次加入盐、细砂糖、全脂奶粉，最后倒入融化的黄油和酵母粉水。

1. 将面糊由外向内用手揉和，一旦面团均匀就停止动作。如果面团过硬，可以再倒入一些水。

2. 将装有面团的沙拉盆盖上保鲜膜，放置于温度为22℃的地方1小时至1小时30分钟，待面团膨胀为之前体积的2倍。

3. 用拳头将面团压扁，排出发酵过程中产生的二氧化碳，使面团回复原本的大小。再度将沙拉盆覆上保鲜膜，放入4℃的冰箱中约1小时，使面团再次发酵膨胀，取出后压扁并冷冻30分钟。

4. 将常温黄油用橡皮刮刀在容器中搅拌至柔软。将面团用擀面杖擀为长度是宽度3倍的长方形，确保每个角都为直角。将一半黄油用手指涂抹在面皮下方2/3处，再完成一次包裹黄油的单一折叠，然后再完成一次无黄油的单一折叠（详见第20页反千层派皮的做法）。放入冰箱冷冻30分钟后再冷藏1小时。

5. 用剩余的黄油涂抹面皮后再次折叠，接着放入冰箱冷冻30分钟后再冷藏1小时。

泡芙面糊 Pâte à choux

准备时间：15分钟

制作500克面糊所需的原料

水 80毫升

全脂鲜奶 100毫升

盐 4克（不足1茶匙）

细砂糖 4克（不足1茶匙）

黄油 75克

面粉 100克

鸡蛋 3个

1. 在平底深锅中倒入水和全脂鲜奶，再倒入盐、细砂糖和黄油，加热至沸腾，其间用木勺搅拌。

2. 将面粉一次性倒入上述材料中，用木铲使劲搅拌至面糊顺滑均匀。待面糊脱离锅壁和锅底时，继续搅拌二三分钟，使面糊变得略微干燥。

3. 将面糊放入沙拉盆中，一个一个磕入鸡蛋，确保每个鸡蛋放入后与面糊充分混合后再磕入下一个。

4. 如图所示，不断搅拌面糊并不时扬起木铲，当面糊下落呈缎带状时，表明面糊已经准备就绪。

5. 将面糊倒入装有裱花嘴的裱花袋中，根据想要制作的形状将面糊挤在烤盘上，如长条状的闪电泡芙。

为什么制作泡芙面糊时需要一个一个磕入鸡蛋？

经过充分搅拌的泡芙面糊会变得膨胀，这是由于搅拌的过程会产生无数细小的气泡，而面糊中的分子在气泡壁的帮助下会更容易从液态变成气态，继而蒸发到空气中。在烘烤的过程中，正是这种蒸汽的形成赋予了泡芙膨胀的形态。

——艾维·提斯

贝奈特面糊 Pâte à beignets

准备时间：5分钟
静置时间：1小时

制作500克面糊所需的原料
酵母粉 9克
面粉 185克
盐 2.5克
细砂糖 4克
黄色啤酒 50毫升
食用油 45毫升
鸡蛋 1个
蛋清 1个
水 150毫升

1. 在容器中撒上酵母粉。
2. 依次放入面粉、盐、细砂糖、黄色啤酒、食用油和鸡蛋，用木勺搅拌均匀。
3. 一点点加水，边加水边搅拌，直到混合物均匀为止。
4. 将面糊静置于20℃的室温环境下约1小时。
5. 即将使用面糊前，将蛋清搅打成坚挺的泡沫状后仔细地与面糊混合。

行家分享

制作过程中可以添加1小匙香草精增加贝奈特面糊的香味，还可以将1/4的面粉用无糖可可粉代替，并按照上述步骤制作巧克力贝奈特面糊。

可丽饼面糊 Pâte à crêpes

准备时间：10分钟
静置时间：至少2小时

制作500克面糊所需的原料
鸡蛋 2个
黄油 10克
面粉 100克
香草荚 1/2根
盐 2.5克（1/2茶匙）
全脂鲜奶 250毫升
水 30毫升（2汤匙）
柑曼怡15毫升（可酌选）

将1/2根香草荚用刀剖成两半后刮出里面的香草籽；将鸡蛋在碗中打散；将黄油在平底深锅中加热至融化。

1. 将面粉在容器上过筛，再倒入香草籽、蛋液和盐。
2. 将全脂鲜奶和水倒入后搅拌均匀。
3. 将融化的黄油倒入，再加入柑曼怡，搅拌均匀。将面糊在20℃的室温环境下静置至少2小时。使用面糊时，倒入额外分量的10毫升水将面糊稀释即可。

举一反三

栗子面可丽饼面糊
用栗子面替代一半的面粉，用威士忌代替柑曼怡，即可做成风味独特、口感细腻的栗子面可丽饼面糊。

松饼面糊 Pâte à gaufres

准备时间：10分钟

制作500克面糊所需的原料
液体鲜奶油 50毫升
全脂鲜奶 200毫升
盐 3克　　　　面粉 75克
黄油 30克　　　鸡蛋 3个
橙花水 5毫升

1. 将液体鲜奶油和一半的全脂鲜奶在平底深锅中加热至沸腾。放凉备用。

2. 将剩余的全脂鲜奶和盐在另一口平底深锅中加热至沸腾，再倒入面粉和黄油，继续加热二三分钟，其间用木勺不断搅拌，制作方法与泡芙面糊相同（详见第25页）。

3. 将上述混合物倒入较大的容器中，将鸡蛋一个一个磕入，再依次倒入煮沸的液体鲜奶油、全脂鲜奶和橙花水，搅拌均匀后，放至冷却。

油炸面糊 Pâte à frire

准备时间：10分钟

制作500克面糊所需的原料
面粉 150克
水磨糯米粉 45克
土豆淀粉 30克
泡打粉 15克（1汤匙）
盐 5克
细砂糖 10克
食用油 45毫升（3汤匙）
水 200毫升

1. 在沙拉盆上分别将面粉、水磨糯米粉和土豆淀粉过筛，再倒入泡打粉、盐和细砂糖，随后将上述所有原料搅拌均匀。

2. 一点一点缓慢地倒入食用油，边倒边用木勺搅拌。

3. 当油与其他原料混合充分后，再一点一点倒入水，直到稀稠度适中且面糊顺滑为止。

秘诀一点通

可以使用多种食用油，例如花生油、橄榄油或芝麻油，还可以将几种油混合，制作出不同用途的油炸面糊。

省时小贴士

也可以在进口食品专卖店里找到现成的油炸贝奈特粉，用水调和即可使用。

蜂蜜香料面包面团 Pâte à pain d'épice

准备时间：15分钟
静置时间：1小时

制作500克面团所需的原料
蜂蜜 250克　　　面粉 250克
香橙皮或柠檬皮 1/4个
泡打粉 5克　　　茴香籽 5克
肉桂（粉）3克
丁香（粉）3克

1. 将蜂蜜加热至沸腾。

2. 将滤器置于容器上过筛面粉，在面粉中央挖出凹槽后倒入煮沸的蜂蜜，用木勺搅拌均匀。

3. 将面糊聚合成团，用干净的茶巾裹好，在20℃的室温环境下静置1小时。

4. 将果皮细细切碎。将泡打粉与面团混合，使劲揉和让面团紧实，再依次混入肉桂（粉）、丁香（粉）和果皮碎末。

5. 如果想要做成小的蜂蜜香料面包，可以将面团切成厚5~8毫米的面块，在表面涂抹上蛋液后，放入170℃的烤箱中烘烤。

顶部酥面末或烤面屑 Pâte à streusel ou à crumble

准备时间：5分钟

制作500克面屑所需的原料
冷冻黄油 125克
细砂糖 125克
盐 2.5克（1/2茶匙）
面粉 125克　　　杏仁粉 125克

1. 将冷冻黄油切成1.5厘米左右的小方块后，与细砂糖、盐和杏仁粉一起放入沙拉盆中，用木勺搅捣成面屑颗粒并形成顶部酥面末。

2. 将面屑撒入盘中，放入4℃的冰箱中冷藏保存。

秘诀一点通

可以用手指将面屑搓开，黄油会因手指的温度而融化，但能让制作的面屑明显变得更加密实。

代糖面团 Les pâte aux édulcorants

油酥面团 Pâte brisée

准备时间：15分钟
静置时间：2小时

制作500克面团所需的原料
面粉 250克
盐 1/2茶匙
甜味剂粉末（阿斯巴甜）3汤匙
黄油 130克
蛋黄 1个
脱脂牛奶 50毫升

1. 将面粉、盐和甜味剂粉末用木勺在大碗中小心地混合均匀。

2. 将黄油切成很小的块，在容器中用木勺搅拌至柔软。

3. 依次加入鸡蛋、脱脂牛奶、面粉、盐和甜味剂的混合物。

4. 将上述材料小心地混合，但不要过度揉捏。如果面团软度不够，可以适当再加入少许牛奶。

5. 揉和好的面团擀开前在阴凉处静置2小时。

甜酥面团 Pâte sucrée

准备时间：15分钟
静置时间：2小时

制作500克面团所需的原料
黄油 100克
盐 1撮
面粉 200克
甜味剂粉末（阿斯巴甜）9汤匙
杏仁粉 40克
鸡蛋 1个

1. 将黄油切成小块，在容器中用木勺搅拌至柔软。

2. 将盐、面粉和甜味剂粉末在大碗中混合均匀。

3. 在黄油中一点一点倒入杏仁粉，混合搅拌均匀后，加入鸡蛋和步骤2的混合物中。

4. 快速地将混合物用木勺或手揉和成团，擀开前在阴凉处静置2小时。

举一反三

可以在盐、面粉和甜味剂粉末的混合物中添加一点香草粉，给面团增加香气。

法式塔皮面团 Pâte sablée

准备时间：15分钟
静置时间：1小时

制作500克面团所需的原料
蛋黄 2个
面粉 200克
盐 1/2茶匙
泡打粉 1/2汤匙
甜味剂粉末（阿斯巴甜）4汤匙
黄油 180克
杏仁粉 35克
朗姆酒 20毫升

1. 将鸡蛋煮熟后剥去蛋壳，将蛋黄用搅拌机搅碎或用餐叉细细压碎。

2. 将面粉、盐、泡打粉和甜味剂粉末在碗中混合均匀。

3. 将黄油在容器中用木勺搅拌至柔软。

4. 依次加入黄油、杏仁粉、蛋黄碎、朗姆酒和步骤2中的混合物，每放一次原料都要搅拌均匀。

5. 当面团变得均匀后，立刻停止搅拌，擀开前在阴凉处静置1小时。

举一反三

只需在原料中添加1汤匙肉桂粉，按照上述步骤即可做出肉桂口味的法式塔皮油酥面团。

蛋糕坯面糊和蛋白霜
Les pâte à biscuits et les meringues

蛋糕坯、达克瓦兹和意大利海绵蛋糕的面糊都采用了轻盈绵软的原料和相同的基本成分，根据原料配比和制作方式的不同，营造出风格各异的口味和质感。

蛋糕坯 Les biscuits

杏仁巧克力无面粉蛋糕坯糊

Pâte à biscuit à l'amande et au chocolat sans farine

准备时间：15分钟

制作500克蛋糕坯糊所需的原料

苦甜巧克力 75克

鸡蛋 4个

蛋黄 1个

杏仁膏 90克

细砂糖 110克

1. 将苦甜巧克力切碎，在40℃的平底深锅中隔水加热至融化，或使用微波炉加热融化。

2. 分离蛋清与蛋黄。

3. 将杏仁膏在容器中搅拌至柔软，和蛋黄一起用"叶片"式手持电动打蛋器混合均匀，然后使用打蛋器继续搅打混合物。

4. 将5个蛋清在大碗中打成泡沫状，在表面覆盖上细砂糖，细砂糖的量较大，之后用手持电动打蛋器持续搅拌，一点一点与蛋清混合。

5. 将融化的巧克力倒入蛋黄中，再倒入打至干性发泡的蛋白霜，将配料用略微舀起的方式混合均匀。

6. 在装有8号或9号圆形裱花嘴的裱花袋中填入面糊，在铺好烤盘纸的烤盘上，从中心向四周螺旋地挤成圆形。

杏仁榛子蛋糕坯面糊 Pâte à biscuit à l'amande et à la noisette

准备时间：20分钟

制作500克面糊所需的原料

杏仁粉 50克

榛子粉 50克

细砂糖 140克

蛋清 6个

糖粉 适量

1. 将杏仁粉、榛子粉和60克细砂糖混合均匀。

2. 将蛋清和80克细砂糖打发至尖端直立的蛋白霜，将上述混合物小心地掺入。

3. 在装有9号裱花嘴的裱花袋中填入面糊，在铺好烤盘纸的烤盘上，从中心向四周螺旋地挤出圆形。

4. 放入烤箱烘烤前，在10分钟左右的间隔内，轻轻地分两次筛上糖粉。

木柴蛋糕坯面糊 Pâte à biscuit pour bûche

准备时间：30分钟

制作500克面糊所需的原料

鸡蛋 4个

杏仁膏 150克

蛋清 1个

面粉 75克

细砂糖 50克

1. 分离蛋清与蛋黄。

2. 将杏仁膏在半圆形不锈钢搅拌碗中搅拌至柔软，小心地依次加入4个蛋黄和2个蛋清。将混合物隔水加热，边加热边搅拌，直到浓稠且温度为手指能摸的程度，即55~60℃。离火后，用手持电动打蛋器持续搅拌至彻底冷却。

3. 将滤器置于容器上过筛面粉。将剩余的3个蛋清打至泡沫状，再小心地倒入细砂糖，持续搅打直到成为尖角直立的蛋白霜。

4. 将打好的蛋清掺入杏仁膏的混合物中，同时混入过筛的面粉。

巧克力木柴蛋糕坯面糊 Pâte à biscuit pour bûche au chocolat

准备时间：20分钟

制作500克面糊所需的原料

黄油 55克

面粉 25克

土豆淀粉 25克

可可粉 25克

鸡蛋 4个

蛋黄 2个

细砂糖 125克

1. 在平底深锅中慢慢地将黄油化开。

2. 将滤器置于容器上分别过筛面粉、土豆淀粉和可可粉。

3. 分离蛋清与蛋黄。将蛋清在大碗中搅打至泡沫状，接着一点点倒入一半的细砂糖，持续打发成尖角直立的蛋白霜。

4. 将6个蛋黄和剩余的细砂糖在容器中打发至发白起泡的浓稠状。

5. 在化开黄油的平底深锅中放入2大匙上述混合物。

6. 将蛋白霜倒入蛋黄中，将木勺以略微上扬舀起的方式进行混合，接着小心地将面粉与可可粉混入，最后倒入化开的黄油。

嘉布遣修士蛋糕坯面糊 Pâte à biscuit capucine

准备时间：15分钟

制作500克面糊所需的原料

整颗榛子 适量

杏仁粉 100克

面粉 25克

细砂糖 220克

蛋清 5个

1. 将榛子放入170℃的烤箱中烤15~20分钟，取出后磨碎。

2. 将杏仁粉、面粉和100克细砂糖在容器中混合。

3. 将蛋清在大碗中打成泡沫，一边搅打一边小心地倒入细砂糖，持续打发成尖角直立的蛋白霜。

4. 将打发的蛋白霜掺入杏仁粉的混合物中。

5. 在装有9号圆形裱花嘴的裱花袋中填入面糊，在铺好烤盘纸的烤盘中，从中心向四周螺旋地挤出圆形，最后撒上榛子碎。

巧克力无面粉蛋糕坯糊 Pâte à biscuit au chocolat sans farine

准备时间：20分钟

制作500克蛋糕坯糊所需的原料

黑巧克力（可可脂含量60%以上）50克

鸡蛋5个

细砂糖200克

1. 将黑巧克力切块，慢慢地在40℃的平底深锅中隔水加热至融化。

2. 分离蛋清和蛋黄。将蛋黄和一半的细砂糖在容器中搅打成发白起泡的浓稠状。

3. 将蛋清在大碗中打成泡沫状，倒入剩余的细砂糖，持续搅打至坚挺且尖角直立的蛋白霜。

4. 将打发的1/3的蛋白霜小心地倒入蛋黄和细砂糖的混合物中，然后加入化开的巧克力，同时用刮刀搅拌均匀。

5. 将剩余的蛋白霜混入，用略微上扬舀起的方式小心地混合。

6. 在装有9号圆形裱花嘴的裱花袋中填入面糊，在铺好烤盘纸的烤盘中，从中心向四周螺旋地挤出圆形。

巧克力黄油无面粉蛋糕坯糊

Pâte à biscuit au chocolat et au beurre sans farine

准备时间：20分钟

制作500克蛋糕坯糊所需的原料

黑巧克力（可可脂含量60%以上）100克

常温黄油85克

可可粉6克（1汤匙）

细砂糖100克

鸡蛋3个

蛋清3个

1. 将巧克力切块，在40℃的小号平底深锅中隔水加热至融化。

2. 将常温黄油切成小块，与可可粉和40克细砂糖一起在容器中搅拌至柔软且颜色变浅。

3. 分离蛋清和蛋黄。

4. 在黄油的混合物中加入3个蛋黄和1个蛋清，然后倒入化开的巧克力。

5. 将剩余的5个蛋清打成泡沫状，一点一点倒入剩余的细砂糖，持续打发至坚挺且尖角直立的蛋白霜，再小心地掺入蛋黄的混合物中。

6. 在装有9号圆形裱花嘴的裱花袋中填入面糊，在铺好烤盘纸的烤盘中，从中心向四周螺旋地挤出圆形。

指形蛋糕坯面糊 Pâte à biscuit à la cuillère

准备时间：10分钟

制作500克面糊所需的原料

面粉80克

鸡蛋4个

蛋黄4个

细砂糖110克

1. 将滤器置于碗上过筛面粉。

2. 分离蛋清和蛋黄。将蛋清在容器中打成泡沫状，接着一点一点倒入50克细砂糖，持续打发成尖角直立的蛋白霜。

3. 将8个蛋黄和剩余的细砂糖在另一个容器中搅打至发白起泡的浓稠状。

4. 在打发的蛋白霜中一点点倒入蛋黄和细砂糖的混合物，以略微上扬舀起的方式用刮刀小心地混合，再一点点倒入面粉，继续按照上扬舀起的方式混合。

5. 制作指形蛋糕坯时，需要使用装有16号圆形裱花嘴的裱花袋，将面糊挤好后筛上糖粉，放入已预热为220℃的烤箱中烤15~18分钟。

行家分享

这款蛋糕坯绵软膨松，适合用来搭配制作以冰冻水果为主的甜点，松软可口，即使水果再湿润也不易断裂。

"布朗尼" 风味蛋糕坯面糊 Pâte à biscuit façon 《brownie》

准备时间：15分钟

制作500克面糊所需的原料

黑巧克力 70克　　黄油 125克
鸡蛋 2个　　　　　细砂糖 150克
过筛的面粉 60克
美国山胡桃 100克

1. 将巧克力切块，慢慢地在40℃的平底深锅中隔水加热至融化，然后放至微温。

2. 将黄油切小块后加热至融化，也放至微温。

3. 将鸡蛋与细砂糖混合后，加入融化后的黄油和巧克力。

4. 将面粉和粗切碎的美国山胡桃混合后倒入之前的混合物中，边倒边用刮刀搅拌。

橄榄油蛋糕坯面糊 Pâte à biscuit à l'huile d'olive

准备时间：15分钟

制作500克面糊所需的原料

面粉 125克　　　　柠檬 1个
黄油 100克　　　　柠檬皮 1/2个
细砂糖 120克　　　鸡蛋 4个
全脂鲜奶 20毫升（4茶匙）
泡打粉 4克（不足1茶匙）
初榨橄榄油 75毫升（5汤匙）

1. 将滤器置于碗上过筛面粉。将柠檬汁挤出。将黄油在小号平底深锅中加热至融化，再放至微温。

2. 将柠檬皮细切碎，在容器中和细砂糖一起混合30秒，直到细砂糖散发出柠檬皮的香味。

3. 将鸡蛋一个一个磕入，搅打至发泡的浓稠状，接着将全脂鲜奶倒入后搅拌均匀。

4. 将面粉、泡打粉、1茶匙柠檬汁、化好的黄油和橄榄油倒入容器中混合，边倒边用刮刀搅拌，每加入一种原料充分混合后再放入下一种。

行家分享

这款蛋糕坯中的橄榄油使蛋糕绵软，烤好的充满柠檬香味的蛋糕，趁微温或在室温下享用最佳。

意大利蛋糕坯面糊 Pâte à biscuit à l'italienne

准备时间：15分钟

制作500克面糊所需的原料

鸡蛋 5个　　　　　糖粉 100克
柠檬1/2个果皮切细碎 果肉榨汁
细砂糖 50克　　　面粉 60克
玉米淀粉 60克

1. 将鸡蛋逐个磕开并分离蛋清和蛋黄。

2. 混合蛋黄和糖粉并持续搅打5分钟至混合物发白，再放入柠檬汁和柠檬皮碎末。

3. 将蛋清和细砂糖在容器中搅打至泡沫状，持续打发至坚挺且尖角直立的蛋白霜，将其倒入蛋黄、细砂糖和柠檬的混合物中，搅拌均匀。

4. 将面粉和玉米淀粉混合后过筛，倒入上述混合好的原料中搅拌均匀。

日式蛋糕坯面糊 Pâte à biscuit à la japonaise

准备时间：10分钟

制作300克面糊所需的原料

榛子粉 125克　　　糖粉 125克
面粉 20克　　　　 蛋清 6个
细砂糖 25克

1. 将榛子粉、糖粉和面粉在容器中混合均匀。

2. 将蛋清在大碗中打成泡沫状，再逐渐少量地倒入细砂糖并打发成尖角直立的蛋白霜，再小心地掺入榛子粉、糖粉和面粉的混合物中。

3. 在装有7号圆形裱花嘴的裱花袋中填入面糊，在铺好烤盘纸的烤盘中，从中心向四周螺旋地挤出圆形。

杏仁海绵蛋糕坯面糊 Pâte à biscuit Joconde

准备时间：25分钟

制作500克面糊所需的原料

低筋面粉30克

黄油20克

杏仁粉100克

糖粉100克

鸡蛋3个

蛋清3个

细砂糖15克

1. 将滤器置于碗上过筛面粉。将黄油在小号平底深锅中加热至融化，放凉。将杏仁粉和糖粉在沙拉盆中混合，分别打入2个鸡蛋。

2. 将上述原料手动搅拌或使用手持电动打蛋器搅打至面糊黏稠，搅拌时将空气混入，使面糊颜色变浅。面糊在搅打的过程中体积膨胀为原来的2倍并呈现浓稠状，此时加入剩余的鸡蛋，再持续搅打5分钟。

3. 倒入少量化开并放凉的黄油，搅拌均匀后再加入剩余的黄油。

4. 将蛋清打成泡沫状，接着一点一点倒入细砂糖，持续搅打成尖角直立的蛋白霜。将一些面糊倒入打好的蛋白霜中，之后将剩余的面糊和蛋白霜混合，用略微上扬舀起的方式用刮刀混合，之后倒入面粉但不要搅拌。

5. 将面糊用抹刀均匀地涂抹在铺有烤盘纸的烤盘中，一直涂至贴近烤盘的边沿，将面糊抹平约3毫米厚。

行家分享

这款海绵蛋糕烤好后，根据不同的做法，可将蛋糕坯浸泡糖浆，达到入口即化的状态。将其用保鲜膜裹好后冷冻，可以很好地较长时间保存。

秘诀一点通

需要注意的是，当蛋白霜打发后需要立即与其他原料混合并烘烤，否则时间久面糊会丧失膨胀和密实感。

如何搅打制作蛋糕坯面糊？

搅打的关键就是将空气混入原料中，这是蛋糕坯成功与否的重要步骤，需要制作者有足够的耐心持续搅打，将空气混入，使面糊达到完全膨胀的状态，否则只会是扁平状。如果想购买一部手持电动打蛋器，要仔细地确认打蛋器的电线是否灵活可倾斜。事实证明，垂直的电线使用起来的效果不好，因为打起面糊来，手持的方式不够舒适便利。

——艾维·提斯

开心果杏仁海绵蛋糕坯面糊 Pâte à biscuit Joconde à la pistache

准备时间：15分钟

制作500克面糊所需的原料

面粉 30克	黄油 20克
杏仁粉 100克	糖粉 100克
鸡蛋 3个	蛋清 3个
细砂糖 15克	
调味开心果膏 25克	

1. 将滤器置于碗上过筛面粉。

2. 将黄油在小号平底深锅中加热至融化，放凉备用。

3. 将杏仁粉和糖粉在容器中混合，分别加入2个鸡蛋，再放入调味开心果膏。

4. 然后严格按照杏仁海绵蛋糕坯面糊的步骤制作（详见第33页），完全按照规定的原料混合方法制作面糊，避免松散。

核桃蛋糕坯面糊 Pâte à biscuit aux noix

准备时间：10分钟

制作500克面糊所需的原料

面粉 30克

磨碎的核桃 100克

杏仁粉 50克	糖粉 90克

深褐色红糖 60克

冷藏的蛋清液 5个（详见第374页）

1. 将滤器置于容器上过筛面粉，接着依次加入磨碎的核桃、杏仁粉和糖粉，混合均匀。

2. 将蛋清液搅打成泡沫状，一点点加入红糖并打发成尖角直立的蛋白霜。

3. 将打发的蛋白霜立刻与步骤1的原料混合。

秘诀一点通

需要注意的是，当蛋白霜打发后需要立刻与其他原料混合并烘烤，否则时间久面糊会丧失膨胀和密实感。

蛋糕卷面糊 Pâte à biscuit à rouler

准备时间：10分钟

制作500克面糊所需的原料

鸡蛋 6个

面粉 75克

细砂糖 150克

1. 分离蛋清和蛋黄。将滤器置于碗上过筛面粉。

2. 将6个蛋黄、3个蛋清和一半细砂糖在容器中使劲搅打至发白起泡的浓稠状。

3. 将剩余的3个蛋清打成泡沫状，一点点加入剩余的细砂糖，用手持电动打蛋器或手动打蛋器持续搅打成尖角直立的蛋白霜。

4. 将蛋白霜掺入蛋黄的混合物中，用略微上扬舀起的方式用刮刀混合。

5. 一次性倒入过筛的面粉，混合均匀。

巧克力蛋糕卷面糊 Pâte à biscuit à rouler au chocolat

准备时间：15分钟

制作500克面糊所需的原料

黄油 55克	面粉 25克
土豆淀粉 25克	可可粉 30克
鸡蛋 4个	蛋黄 2个
细砂糖 120克	

1. 将黄油在小号的平底深锅中加热至融化，放至微温。

2. 将滤器置于碗上依次过筛面粉、土豆淀粉和可可粉。

3. 分离蛋清和蛋黄。将6个蛋黄和一半细砂糖搅打至发白起泡的浓稠状。

4. 将蛋清搅打至泡沫状，一点点加入剩余的细砂糖，用手持电动打蛋器或手动打蛋器持续打发成尖角直立的蛋白霜。

5. 将一部分蛋黄与细砂糖的混合物与化开的黄油混合。

6. 将上面的原料倒入剩余的蛋黄和细砂糖的混合物中，再掺入蛋白霜，再一边倒入面粉、土豆淀粉和可可粉，一边用略微上扬舀起的方式混合。

达克瓦兹杏仁面糊 Pâte à dacquoise à l'amande

准备时间：25分钟

制作500克面糊所需的原料

糖粉 150克

杏仁粉 135克

蛋清 5个

细砂糖 50克

1. 将糖粉和杏仁粉混合后，在烤盘纸上方使用滤器过筛。

2. 将蛋清用手持电动打蛋器在容器中打发，将细砂糖分3次加入，避免蛋白霜变成小颗粒的松散状，持续打发成尖角直立的蛋白霜。

3. 大量倒入糖粉和杏仁粉的混合物，采用略微上扬舀起的方式用刮刀混合，不要搅拌。

4. 在装有9号或10号圆形裱花嘴的裱花袋中填入面糊，在铺好烤盘纸的烤盘上，从中心向四周分别螺旋地挤出2个圆形。

5. 放入烤箱烘烤前，在达克瓦兹面糊圆盘上筛撒糖粉，间隔15分钟后再筛一次，烘烤后糖粉会在圆盘上形成小珠子（详见第40页）。

秘诀一点通

制作蛋白霜时，糕点师喜欢使用冷藏的蛋清液（详见第374页），也就是经过冷藏保存3天的蛋清，这么做可以让搅打时混入蛋白霜中的空气存留时间更长。

行家分享

达克瓦兹在制作完成后的24小时内口味最好，搭配慕斯林奶油可以变化出不同的风味。

如何预防蛋清打发的蛋白霜颗粒化？

蛋白霜颗粒化是蛋清过度打发出现的状况，即蛋清中的水分被打出，蛋白霜松散并形成颗粒（"颗粒化"一词由此而来），导致这种现象出现的原因是持续打发的过程会最终产生某种类似"烘干"的效果，这是需要杜绝的。补救办法：使用冷藏后的蛋清液，用打蛋器低速搅拌，将细砂糖分3次放入。如果想更好地了解细砂糖在其中起到的作用，可以将加入细砂糖打发成尖角直立的蛋白霜，与不放细砂糖打发的蛋白霜进行比较，就可以知道其中的差别。有细砂糖的蛋白霜，细砂糖与蛋清由细小的气泡紧密结合在一起，不必过度用力搅拌，即能打发成为与无糖蛋白霜一样的密实质感。这就是放入细砂糖的好处，可以防止蛋白霜因过度搅打出现颗粒化现象。

——艾维·提斯

达克瓦兹榛子面糊 Pâte à dacquoise aux noisettes

准备时间：25分钟

制作500克面糊所需的原料
糖粉 150克
榛子粉 135克
冷藏蛋清液（详见第374页）5个
细砂糖 50克
烘焙过的榛子 适量

1. 将滤器置于容器上依次将糖粉和榛子粉过筛。

2. 将蛋清液打至泡沫状，将细砂糖一点一点放入，持续打发成尖角直立的蛋白霜。

3. 将榛子粉小心地混入，采用略微上扬舀起的方式用刮刀混合。

4. 在装有9号圆形裱花嘴的裱花袋中填入面糊，在铺好烤盘纸的烤盘中将面糊挤成圆形，将烘烤后的榛子撒在上面。

达克瓦兹椰子面糊 Pâte à dacquoise à la noix de coco

准备时间：20分钟

制作500克面糊所需的原料
糖粉 150克
杏仁粉 40克
椰蓉 100克
蛋清 5个
细砂糖 50克

1. 将滤器置于容器上依次过筛糖粉和杏仁粉，再加入椰蓉。

2. 将蛋清打成泡沫状，将细砂糖一点一点加入，持续将蛋清打发成尖角直立的蛋白霜，小心地将之前的混合物掺入，采用略微上扬舀起的方式用刮刀混合。

3. 在装有9号圆形裱花嘴的裱花袋中填入面糊，在铺好烤盘纸的烤盘中将面糊挤成圆形。

达克瓦兹开心果面糊 Pâte à dacquoise à la pistache

准备时间：20分钟

制作500克面糊所需的原料
开心果 25克   杏仁粉 115克
糖粉 135克   蛋清 5个
细砂糖 50克
着色调味开心果膏 20克

1. 去掉开心果的外壳，放入170℃的烤箱中烘烤10~15分钟，取出后磨碎。

2. 一起过筛杏仁粉和糖粉，再倒入磨碎的开心果。

3. 将蛋清打成泡沫状，一点一点倒入细砂糖。

4. 在碗中倒入着色调味开心果膏，之后加入1/5的蛋白霜，用打蛋器充分混合。

5. 将上面的混合物掺入剩余的蛋白霜中，再将大量的杏仁粉混合物掺入开心果蛋白霜的混合物中，采用略微上扬舀起的方式小心地混合。

达克瓦兹杏仁巧克力面糊 Pâte à dacquoise au praliné

准备时间：20分钟

制作500克面糊所需的原料
整颗榛子磨成的粉末 125克
面粉 125克
烘烤后磨碎的榛子 30克
冷藏的蛋清液 5个（详见第374页）
细砂糖 45克
榛子酱 20克

1. 依次将榛子粉和糖粉在容器上过筛，加入磨碎的榛子。

2. 将冷藏的蛋清液打成泡沫状，将细砂糖一点一点加入后持续打发成尖角直立的蛋白霜。

3. 将1/5的蛋白霜与榛子酱混合均匀，使榛子酱变得柔软。

4. 在上面的混合物中倒入剩余的蛋白霜，采用略微上扬舀起的方式混合。

5. 在装有9号圆形裱花嘴的裱花袋中填入面糊，在铺好烤盘纸的烤盘中将面糊挤成圆形。

意大利海绵蛋糕面糊 Pâte à génoise

准备时间：30分钟

制作500克面糊所需的原料
面粉 140克
黄油 40克
鸡蛋 4个
细砂糖 140克

1. 将筛网置于碗上过筛面粉；将黄油慢慢地在小号的平底深锅中加热，保留泡沫，放至微温。在半圆搅拌碗中打入鸡蛋，将细砂糖大量倒入，边倒边搅拌。在微滚的隔水加热的容器中放入半圆搅拌碗，再搅打鸡蛋。

2. 将混合物持续搅打至浓稠，且温度为手指放上去能够承受的55~60℃。

3. 将装有混合物的半圆搅拌碗从隔水加热的容器中取出，用手持电动打蛋器持续搅打混合物直到完全冷却。

4. 从混合物中舀出2大匙倒入小碗中，再倒入已经化开并保持微温的黄油。

5. 将大量的面粉倒入半圆搅拌碗中，采用略微上扬舀起的方式混合，再小心地将小碗中的混合物掺入，缓慢轻柔地搅拌均匀。

秘诀一点通

这款意大利海绵蛋糕口感异常绵软蓬松，待烘烤完成并冷却后，可以用保鲜膜裹好，放入冰箱冷冻保存。

蛋清是如何打发成蛋白霜的？

蛋清主要由水和蛋白质构成，而蛋白质是由类似于互相折拢的弹性球状分子组成，这类分子中的一部分可以溶于水，不溶于水的部分则深藏在球状分子的中心。当蛋清逐渐打发成泡沫状时，球状分子会展开，此时气泡会进入内部，而不溶于水的蛋白质则会自动避开水分直接与气泡结合。气泡因为得到蛋白质的包裹，形成较为稳定的保护层，并继续搜集水中的气体。

——艾维·提斯

意大利杏仁风味海绵蛋糕面糊 Pâte à génoise à l'amande

准备时间：15分钟

制作500克面糊所需的原料
黄油 40克
杏仁膏（杏仁粉含量50%以上）
75克
细砂糖 60克
蛋黄 2个
鸡蛋 4个
面粉 125克

1. 将黄油慢慢地在平底深锅中加热，放至微温。

2. 将杏仁膏和细砂糖用手持打蛋器在半圆搅拌碗中搅打至沙状。

3. 将蛋黄一个一个加入，再放入鸡蛋，混合搅拌均匀。

4. 在微滚的隔水加热的容器中放入半圆搅拌碗，将其中的混合物搅打至发白起泡的浓稠状。

5. 在小碗中将一部分步骤4中的混合物与化开并保持微温的黄油混合。

6. 在半圆搅拌碗中大量地倒入面粉，将小碗中的混合物倒入，采用略微上扬舀起的方式用刮刀小心地混合。

行家分享

这款意大利杏仁风味海绵蛋糕面糊比起传统的海绵蛋糕面糊口味更加丰富美味。

举一反三

意大利咖啡风味海绵蛋糕面糊
保持之前所有的原料不变，最后加入用少量水溶解的5克速溶咖啡，即可得到具有咖啡香味的面糊。

意大利巧克力风味海绵蛋糕面糊 Pâte à génoise au chocolat

准备时间：15分钟

制作500克面糊所需的原料
黄油 40克
可可粉 20克
细砂糖 140克
蛋黄 2个
鸡蛋 4个
面粉 120克
土豆淀粉 20克

1. 将黄油在小号的平底深锅中加热至融化，放至微温。

2. 将可可粉和细砂糖在半圆搅拌碗中混合均匀。

3. 将蛋黄一个一个加入，再磕入鸡蛋，搅拌均匀。

4. 在微滚的隔水加热的容器中放入半圆搅拌碗，将混合物搅打至发白起泡的浓稠状。

5. 从混合物中舀出2汤匙到小碗中，再将化开并微温的黄油倒入小碗。

6. 一起过筛面粉和土豆淀粉，将其大量地倒入半圆搅拌碗中，然后将小碗中的混合物倒入，采用略微上扬舀起的方式用刮刀混合。

蒙吉面糊 Pâte à manqué

准备时间：15分钟

制作500克面糊所需的原料
面粉 100克
黄油 70克
鸡蛋 4个
细砂糖 140克
香草糖 1/2袋
朗姆酒 15毫升（1汤匙，可酌选）
盐 3克（1/2茶匙）

1. 将滤器置于大碗上过筛面粉。

2. 将黄油慢慢地在小号平底深锅中加热至融化，不要让黄油变色，化开后放至微温。

3. 分离蛋清和蛋黄，将蛋清放入碗中。

4. 将蛋黄、细砂糖和香草糖在容器中使劲搅打至发白起泡的浓稠状。

5. 在混合物中加入大量的面粉、化开的黄油，可以根据喜好选择性地加入朗姆酒。小心地搅拌，让原料充分混合。

6. 将蛋清和盐在碗中搅打成坚挺状，再小心地与面糊混合。

7. 可以依据个人的喜好为此款面糊添加香味。

行家分享

可以使用磨碎的榛子、葡萄干、糖渍水果、茴香、利口酒和其他酒类为这款面糊增添风味。

普罗格雷面糊 Pâte à progrès

准备时间：15分钟

制作500克面糊所需的原料

榛子粉75克

生杏仁粉35克

白杏仁粉40克

糖粉160克

面粉10克

蛋清6个

盐2克（1小撮）

1. 将榛子粉、杏仁粉、糖粉和面粉在容器中混合。

2. 将蛋清和盐在碗中用手持电动打蛋器搅打成泡沫状。

3. 将蛋白霜放入容器中，掺入杏仁粉、榛子粉、糖粉和面粉的混合物中，采用略微上扬舀起的方式用刮刀或木勺混合。

4. 在装有9号圆形裱花嘴的裱花袋中填入面糊，在铺好烤盘纸的烤盘中将面糊挤成圆形。

行家分享

这款面糊可以制作多款蛋糕，可以用添加香料的奶油进行装饰。

杏仁胜利面糊 Pâte à succès à l'amande

准备时间：15分钟

制作500克面糊所需的原料

杏仁粉85克

糖粉85克

蛋清6个

细砂糖160克

杏仁碎片适量（可酌选）

1. 将杏仁粉和糖粉混合，将滤器置于容器上过筛。

2. 将蛋清和一部分细砂糖用手持电动打蛋器搅打成泡沫状，待体积完全膨胀时，将剩余的细砂糖一次性倒入，持续搅打1分钟成为尖角直立的蛋白霜后，关闭打蛋器。

3. 在蛋白霜中掺入杏仁粉和糖粉的混合物，还可以加入杏仁碎片。

4. 在装有9号圆形裱花嘴的裱花袋中填入面糊，在铺好烤盘纸的烤盘中将面糊挤成圆形。

举一反三

榛子胜利面糊

可以用榛子粉替代杏仁粉，制作出榛子风味的胜利面糊。

蛋白霜 Les meringues

法式蛋白霜 Meringue française

准备时间：5分钟

制作500克蛋白霜所需的原料
蛋清 5个
细砂糖 340克
天然香草精 1茶匙

1. 将鸡蛋逐个磕开，将分离出来的蛋清放入一边的沙拉盆中，注意不要在蛋清中掺入任何蛋黄，以免不好打发。将蛋清用手持电动打蛋器打出泡沫，之后一点一点放入170克细砂糖。

2. 当蛋清打发至原先体积的2倍时，倒入85克细砂糖和天然香草精，继续搅打蛋清至坚挺且顺滑光亮。

3. 将剩余的细砂糖大量倒入，完全混合均匀后，蛋白霜应保持坚挺且黏附在搅拌头上。

4. 在装有圆形裱花嘴的裱花袋中填入蛋白霜，在烤盘中抹上黄油并撒上薄面，将蛋白霜挤成想要制作的形状。

秘诀一点通

如果想在蛋白霜表面增加"小珠子"的效果，也就是用一些金黄色的小颗粒来增加视觉和味觉上的享受，可以在蛋白霜表面筛上糖粉，先撒上薄薄的一层后，准备烘烤前再筛上一遍即可。

行家分享

通常采说，传统的法式蛋白霜中的糖是由一半细砂糖和一半糖粉制作而成的。完全使用细砂糖会使蛋白霜略微带有焦糖味，同时质感酥松绵软，还可消除让人不舒服的干涩余味。若有干涩的味道，主要是因为糖粉中通常添加的淀粉。

意大利蛋白霜 Meringue italienne 👨‍🍳👨‍🍳👨‍🍳

准备时间：10分钟

制作500克蛋白霜所需的原料
水85毫升
细砂糖280毫升
蛋清5个

1. 将水和细砂糖在平底深锅中加热至沸腾，并使用湿润的毛刷不时轻拭锅壁。加热至"大球"状态（详见第67页）。

2. 将蛋清在大碗中用手持电动打蛋器搅打至"鸟嘴"的泡沫状，即尖角带钩不要过于坚挺直立。将打蛋器调整为中速挡，在蛋白霜中倒入熬好的糖浆，持续打发至略微冷却。

3. 在装有圆形裱花嘴的裱花袋中填入蛋白霜，在蛋糕坯上挤出想要的形状即可。

行家分享

意大利蛋白霜能够使蛋白霜或者慕斯更加轻盈，可以用来制作雪糕、法式奶油霜、雪葩和舒芙蕾冻糕，还可以制作迷你花式小点心。

瑞士蛋白霜 Meringue Suisse 👨‍🍳👨‍🍳👨‍🍳

准备时间：10分钟

制作500克蛋白霜所需的原料
蛋清6个
糖粉340克

1. 在半圆搅拌碗中倒入蛋清和糖粉，再将搅拌碗放入40℃隔水加热的容器中，接着搅打其中的混合物直至浓稠，且温度为手指触摸能够承受的55~60℃。

2. 将混合物从隔水加热的容器中取出，迅速搅打至坚挺。

3. 可以根据喜好添加风味或颜色。

行家分享

要为这款蛋白霜增添风味，可以添加1茶匙的香草精、1茶匙的橙花水或者一些柠檬皮。

举一反三

蛋白霜的烘烤

将烤箱预热至110~120℃，放入需要烘烤的蛋白霜，烤箱门留缝。用裱花袋制作的小号蛋白霜需要烘烤大约40分钟，大号的蛋白霜圆盘则需要烘烤1小时30分钟。

奶油酱和慕斯
Les crèmes et les mousses

奶油酱在甜点的制作中扮演着至关重要的作用。一部分奶油酱可以做好后冷藏保存，另一些则需要在使用前的最后一刻进行制作。慕斯则是口感最为轻盈、美味和顺滑的甜点。

奶油酱 Les crèmes

杏仁奶油酱 Crème amandine

准备时间：10分钟

制作500克奶油酱所需的原料
常温黄油 120克
杏仁粉 100克
卡仕达奶油酱 150克（详见第56页）
意大利蛋白霜 110克（详见第41页）

1. 首先制作卡仕达奶油酱，做好后将碗盖好置于阴凉处备用。

2. 制作意大利蛋白霜，做好后置于冰箱底层备用。

3. 将黄油切小块后放在容器中。

4. 快速用刮刀、手动打蛋器或者手持电动打蛋器将黄油搅打至柔软且颜色变浅。将杏仁粉一点一点倒入，再根据个人口味添加水果酒，然后持续搅拌。

5. 在混合物中倒入卡仕达奶油酱和意大利蛋白霜。

行家分享

可以在奶油酱中加入1汤匙杏味蒸馏酒或樱桃酒增添风味。杏仁奶油酱可以填入达克瓦兹中。可以根据第138页的咖啡达克瓦兹的食谱为基础，使用这款杏仁奶油酱代替食谱中的法式奶油霜，用草莓或覆盆子在蛋糕上进行装饰。

英式香草奶油酱 Crème anglaise à la vanille

准备时间：15分钟
制作时间：5分钟

制作500克奶油酱所需的原料

香草荚 2根
全脂鲜奶 150毫升
鲜奶油 200毫升
蛋黄 4个
细砂糖 85克

1. 将香草荚用刀剖成两半后刮出香草籽。在平底深锅中放入剖开的香草荚和香草籽，再将全脂鲜奶和鲜奶油倒入，加热至沸腾，浸泡10分钟后过滤。

2. 将蛋黄和细砂糖在大碗中搅打3分钟，再缓慢地倒入香草牛奶，边倒边搅拌。

3. 将混合物再次倒回平底深锅中，中火熬煮，用刮刀或木勺不停搅拌至温度达到83℃，注意不要让奶油酱沸腾。离火后，慢慢地搅拌奶油酱至非常顺滑。奶油酱表层变稠，此时用手指划过勺背会留下清晰的一道痕迹。

4. 将滤器置于大碗上过滤奶油酱。

5. 将装有奶油酱的大碗立刻放入装满冰块的容器中，让奶油酱降温，同时便于保存。让奶油酱不断冷却，期间时常搅拌，然后放入4℃的冰箱中冷藏24小时。

如何防止英式香草奶油酱结块？

显微镜的出现揭开了英式奶油酱的面纱。当奶油酱加热时，鸡蛋会逐渐凝结成肉眼看不见的小块。加热时间越长，结块就越多。这里我们所说的是要避免看得见的块，即由若干小块凝结而成的结块。加热过程中水分的流失，使得结块越来越多。究竟应该用怎样的温度来熬煮英式奶油酱呢？答案是68℃以上，这个温度是蛋黄凝固的温度，同时让温度保持在让水沸腾的100℃以下。

——艾维·提斯

举一反三

英式凝胶奶油酱

在装有冰水的容器中将四五片明胶浸软，取出后挤干水分，放入保持微温的英式奶油酱中，持续搅拌至彻底冷却。这款500克经过搅打的鲜奶油并依据个人口味制作的奶油酱，尤其适合制作巴伐露和俄罗斯夏洛特。

巴伐露奶油酱 Crème bavaroise

准备时间：10分钟

制作500克奶油酱所需的原料
明胶 2片
英式奶油酱 250克（详见第43页）
打发鲜奶油 250克（详见第51页）

1. 在装有充足冷水的大碗中将明胶浸软，取出后挤干水分。另取一个容器制作英式奶油酱，将奶油酱过滤在一个碗中，再趁奶油酱温热，将明胶加入，充分搅拌至明胶彻底溶解。

2. 在装满冰块的容器中放入盛有英式奶油酱的碗，持续搅拌至奶油酱浓稠且温度为20℃。

3. 若要选择浓奶油，不如使用液体奶油打发后的鲜奶油，采用略微上扬舀起的方式用刮刀混合，做好后立即使用。

明胶为什么要浸水？

如果直接将明胶放入温热的材料中，就会形成无法化开的凝块。这是由于明胶在热水的作用下变成凝胶，阻止了水分进一步向明胶内部渗透。与此相反，明胶在冷水中，其外层不会形成凝结的保护层，使得水分能够逐渐不断地向内扩散，最终让整片明胶完全软化。

——艾维·提斯

肉桂焦糖巴伐露奶油酱 Crème bavaroise à la cannelle caramélisée

准备时间：20分钟
制作时间：5分钟

制作500克奶油酱所需的原料
细砂糖 50克
锡兰肉桂 1根
全脂鲜奶 200毫升
明胶 2片
蛋黄 3个
打发鲜奶油 200克（详见第51页）

1. 将一半的细砂糖在平底深锅中慢慢地熬煮至融化，加入磨碎的肉桂，小火熬煮至焦糖化。

2. 立即将全脂鲜奶倒入平底深锅中阻止细砂糖进一步焦化，之后将混合物加热至沸腾，将滤器置于碗上过滤。

3. 将明胶放入冷水中浸软，取出后挤干水分。

4. 将蛋黄、剩余的细砂糖和肉桂甜牛奶倒入另一口平底深锅中熬煮，制作方法与英式奶油酱相同（详见第43页）。

5. 在奶油酱中加入明胶，搅拌至完全溶解。

6. 将筛网置于容器上过滤奶油酱，再将其放入装满冰块的容器中，期间时常搅拌，直到奶油酱浓稠且温度降至20℃。

7. 将打发的鲜奶油掺入奶油酱，小心地采用略微上扬舀起的方式混合。制作完成后立即使用。

行家分享

这款奶油酱可以和水煮蜜桃搭配，制作甜点夏洛特。

杏仁乳巴伐露奶油酱 Crème bavaroise au lait d'amande

准备时间：15分钟
制作时间：5分钟

制作500克奶油酱所需的原料
杏仁牛奶200克（详见第55页）
蛋黄4个
明胶3片
苦杏仁精1滴
打发鲜奶油250克（详见第51页）

1. 制作前夜，将杏仁牛奶提前做好后滴入一滴苦杏仁精。

2. 将明胶在装有冷水的容器中浸软，取出后挤干水分。

3. 将蛋黄和杏仁牛奶在平底深锅中熬煮，制作方法与英式奶油酱相同（详见第43页）。

4. 趁奶油酱温热时加入明胶，搅拌至溶解，再滴入苦杏仁精。在装满冰块的容器中放入平底深锅，使奶油酱浓稠且温度降至20℃。

5. 掺入打发的鲜奶油，小心地采用略微上扬舀起的方式混合。制作完成后立即使用。

蜂蜜香料面包巴伐露奶油酱 Crème bavaroise au pain d'épice

准备时间：15分钟
制作时间：5分钟

制作500克奶油酱所需的原料
全脂鲜奶150毫升
蜂蜜香料面包的香料1克（1小撮）
栗树或冷杉蜂蜜15克
明胶3片
柔软的蜂蜜香料面包65克
蛋黄3个
打发鲜奶油200克（详见第51页）

1. 将全脂鲜奶在平底深锅中加热至沸腾，再加入香料和一半的蜂蜜，浸泡15分钟后过滤，制作出香料蜂蜜牛奶。

2. 用充足的冷水将明胶浸软，取出后挤干水分。

3. 将蜂蜜香料面包切小丁后和香料蜂蜜牛奶一起放入大碗中，用手持电动打蛋器搅打至均匀。

4. 将蛋黄、剩余的蜂蜜和蜂蜜香料面包牛奶放入平底深锅中熬煮，制作方法与英式奶油酱相同（详见第43页）。

5. 趁奶油酱温热时加入明胶，搅拌至溶解。在装满冰块的容器中放入平底深锅，使奶油酱浓稠且温度降至20℃。

6. 将打发的鲜奶油掺入，小心地采用略微上扬舀起的方式进行混合。制作完成后立即使用。

行家分享

不同的地区，蜂蜜香料面包中会出现以下多种香料：八角、肉桂、小豆蔻、丁香、芫荽、橙皮或研磨的干燥柠檬皮、拉维纪草、肉豆蔻、紫罗兰根。不同的糕点师都会有自己专属的秘方。

玫瑰巴伐露奶油酱 Crème bavaroise aux pétales de rose

准备时间：15分钟
制作时间：5分钟

制作500克奶油酱所需的原料
玫瑰花1朵
全脂鲜奶200毫升
玫瑰糖浆20毫升（足量的1汤匙）
明胶2片
蛋黄3个
细砂糖20克
打发鲜奶油250克（详见第51页）

1. 将玫瑰花的花瓣小心地摘下后切碎。将全脂鲜奶倒入平底深锅中加热至沸腾。放入切碎的玫瑰花瓣和玫瑰糖浆，浸泡15分钟后过滤。

2. 在装有冷水的大碗中放入明胶浸软，取出后挤干水分。

3. 将蛋黄、细砂糖和玫瑰牛奶倒入平底深锅中熬煮，制作方法与英式奶油酱相同（详见第43页）。

4. 趁奶油酱温热时加入明胶，搅拌至溶解。在装满冰块的容器中放入平底深锅，使奶油酱浓稠且温度降至20℃。

5. 小心地混合打发的鲜奶油。制作完成后立即使用。

行家分享

可以在食品专卖店中买到口味细腻的玫瑰糖浆。

橙香大米巴伐露奶油酱 Crème bavaroise de riz à l'orange

准备时间：15分钟
制作时间：5分钟

制作500克奶油酱所需的原料
橙皮 1/2个
全脂鲜奶 500毫升
圆粒米 50克
细砂糖 30克
明胶 2片
蛋黄 2个
鲜奶油 125克

1. 将橙皮细细切碎。

2. 将80毫升全脂鲜奶、圆粒米、橙皮碎末和10克细砂糖放入平底深锅中，中火加热直到大米将全部的液体吸收为止，在滤器中持续搅拌5分钟直到冷却。

3. 使用充足的冷水将明胶浸软，取出后挤干水分。

4. 将蛋黄、剩余的细砂糖、全脂鲜奶和明胶放入另一只平底深锅中熬煮，制作方法与英式奶油酱相同（详见第43页）。

5. 将做好的橙香大米倒入装有混合物的平底深锅中，再立刻放入装满冰块的容器中，使奶油酱浓稠且温度降至20℃。

6. 将打发的鲜奶油掺入，小心地采用略微上扬舀起的方式混合。制作完成后立即使用。

行家分享

这里分享一款易学易做的甜点：在巴巴蛋糕的模具中倒入奶油酱，之后放入冰箱冷藏二三小时至奶油酱凝固，取出后与杏泥或覆盆子果酱搭配享用。

香草巴伐露奶油酱 Crème bavaroise à la vanille

准备时间：15分钟
制作时间：5分钟

制作500克奶油酱所需的原料
浸泡
香草荚 1/2根
全脂鲜奶 200毫升
天然香草精 15毫升（1汤匙）
奶油酱
明胶 3片
蛋黄 2个
细砂糖 50克
打发鲜奶油 220克（详见第51页）

1. 将半根香草荚用刀剖成两半后刮出香草籽。

2. 将全脂鲜奶、香草荚、香草籽和天然香草精放入平底深锅中熬煮至沸腾。置于阴凉处浸泡几小时后过滤。

3. 用充足的冷水将明胶浸软，取出后挤干水分。

4. 将蛋黄、细砂糖和香草牛奶放入平底深锅中熬煮，制作方法与英式奶油酱相同（详见第43页）。

5. 趁奶油酱温热时加入明胶，搅拌至溶解。在装满冰块的容器中放入平底深锅，使奶油酱浓稠且温度降至20℃。

6. 将打发的鲜奶油掺入，小心地采用略微上扬舀起的方式混合。制作完成后立即使用。

举一反三

藏红花蜂蜜巴伐露奶油酱
可以按照上述步骤，不使用香草并且将15%的细砂糖用蜂蜜代替，再放入1小撮藏红花雌蕊。

英式奶油霜 Crème au beurre à l'anglaise

准备时间：25分钟
制作时间：5分钟

制作500克奶油霜所需的原料
蛋黄 2个
细砂糖 60克
全脂鲜奶 70毫升
冷冻或常温黄油 250克
意大利蛋白霜 120克（详见第41页）

1. 将蛋黄、细砂糖和牛奶放入平底深锅中熬煮，制作方法与英式奶油酱相同（详见第43页），区别在于没有放香草。

2. 待奶油酱熬煮至即将沸腾时，使用手持电动打蛋器中速搅打至彻底冷却。

3. 将黄油放入容器中，搅打至柔软且颜色变浅，倒入冷却后的奶油酱，混合均匀。

4. 最后将意大利蛋白霜掺入，小心地采用略微上扬舀起的方式混合。

法式奶油霜 Crème au beurre

准备时间： 20分钟
制作时间： 5分钟

制作500克奶油霜所需的原料
软黄油 250克
水 50毫升
细砂糖 140克
鸡蛋 2个
蛋黄 2个

1. 将黄油在大碗中用木铲搅拌成膏状。

2. 在小号平底深锅中倒入水，之后加入细砂糖，小火加热至沸腾，期间用湿润的平刷轻拭锅壁内缘。将糖浆熬煮至"小球"状态，即糖果温度计达到120℃。

3. 在容器中放入鸡蛋和蛋黄，使用手持电动打蛋器搅打至发白起泡的浓稠状。

4. 将熬好的糖浆，一点一点倒入蛋液中，保持低速搅拌的状态持续搅打至混合物完全冷却。如果拥有家用食品加工器，能更快地使混合物冷却。

5. 将黄油掺入，持续搅打至奶油酱顺滑匀称，再放入冰箱冷藏保存。

储存

此款奶油霜可以装在密封的玻璃容器中放入冰箱冷藏保存3周。

用途

法式奶油霜可以挤在摩卡咖啡、俄罗斯蛋糕、圣诞木柴蛋糕、蛋糕卷和一些迷你的花式小点上。此外，还可以用于装饰甜点。

行家分享

可以使用20毫升（足量的1汤匙）白兰地、君度橙酒、柑曼怡、樱桃酒或杏味朗姆酒、10克用水混合的速溶咖啡或者1汤匙调味开心果膏为这款奶油霜增香提味。

为什么要用湿润的毛刷轻拭平底深锅内壁？

使用湿润的毛刷可以防止产生令人不喜欢的"堆积"现象：当平底深锅中的水分逐渐变少时，急剧增加的糖的晶体会带来瞬间的凝结。所以，熬煮糖浆时，不断受热的锅壁就很有可能堆积结晶的糖，这些结块还可能再次掉入糖浆中。因此，使用湿润的毛刷轻拭锅壁可以防止这种情况的发生。

——艾维·提斯

咖啡奶油酱 Crème au café

准备时间：25分钟
制作时间：5分钟

制作500克奶油酱所需的原料
全脂鲜奶 300毫升
咖啡粉 10克
蛋黄 4个
细砂糖 75克
常温黄油 30克
鲜奶油香缇75克（详见第49页）

1. 在平底深锅中倒入全脂鲜奶和咖啡粉，加热至沸腾，浸泡30分钟后过滤。

2. 将蛋黄和细砂糖在大碗中持续搅打3分钟，一点一点倒入咖啡牛奶，边倒边用打蛋器搅拌。

3. 在平底深锅中倒入奶油酱，中火熬煮，期间不停用木勺搅拌，注意避免沸腾。

4. 将平底深锅放入装满冰块的容器中，使奶油酱降温至50℃。

5. 将黄油切成很小的块后放入奶油酱中，用木勺搅拌至融化，再让混合物彻底冷却。

6. 最后将鲜奶油香缇掺入，小心地将木勺以略微上扬舀起的方式混合。

行家分享

可以调入少许茴香利口酒为奶油酱提味增香。

焦糖奶油酱 Crème au caramel

准备时间：20分钟
制作时间：5分钟

制作500克奶油酱所需的原料
意大利蛋白霜125克（详见第41页）
细砂糖 125克
鲜奶油 125克
黄油 125克

1. 制作意大利蛋白霜，做好后装入带盖的容器中，放入冰箱底层冷藏备用。

2. 将细砂糖倒入平底深锅中熬煮至慢慢焦糖化，然后倒入鲜奶油降温以阻止进一步焦化。放凉备用。

3. 将黄油放入容器中搅打至柔软且颜色变浅，再倒入焦糖奶油，持续搅拌至混合物达到20℃的室温。

4. 将意大利蛋白霜掺入，小心地将木勺以略微上扬舀起的方式混合。

牛奶巧克力鲜奶油香缇 Crème Chantilly au chocolat au lait

准备时间：20分钟
冷藏时间：12小时

制作500克鲜奶油香缇所需的原料
牛奶巧克力 150克
鲜奶油 350克

1. 将巧克力细切碎或擦成碎末后放在容器中。

2. 将鲜奶油倒入平底深锅中加热至沸腾，小心地浇在巧克力碎末上。

3. 将容器中的混合物快速搅打，然后浸泡在装有冰块的大容器中持续搅打。

4. 将做好的牛奶巧克力鲜奶油香缇放入4℃的冰箱冷藏静置12小时，使用前再次搅打。

秘诀一点通

制作这款鲜奶油香缇的关键点在于，一定要选择高品质且可可脂含量为35%以上的牛奶巧克力。

鲜奶油香缇 Crème Chantilly

准备时间：10分钟

制作500克鲜奶油香缇所需的
原料
巴氏灭菌鲜奶油500毫升
细砂糖30克

1. 将鲜奶油放入冰箱中至少2小时，且冰箱温度必须为4℃。取出后倒入半圆形搅拌碗中，再浸泡在装满冰块的大容器中。

2. 用手持打蛋器使劲搅打，或者使用小型的手持电动打蛋器以中速打发。当鲜奶油打发至泡沫状且开始膨胀时大量倒入细砂糖。

3. 持续搅打至鲜奶油香缇坚挺后停止。如果继续搅拌会使鲜奶油香缇瀣掉变成像化黄油一样的状态。

保存

鲜奶油香缇最多在冰箱中冷藏保存几小时。

行家分享

如果想制作出口味清淡的鲜奶油香缇，可以在制作的最后加入蛋清。这样需要立刻食用。

黑巧克力鲜奶油香缇 Crème Chantilly au chocolat noir

准备时间：20分钟
冷藏时间：8小时

制作500克鲜奶油香缇所需的
原料
苦甜巧克力110克
全脂鲜奶60毫升
鲜奶油300毫升
细砂糖25克

1. 将巧克力细细切碎或擦成碎末，在40℃的容器中隔水加热至融化。

2. 将全脂鲜奶倒入平底深锅中加热至沸腾，再浇在融化的巧克力上，混合均匀。

3. 将混合物放至50℃的微温状态。

4. 将鲜奶油和细砂糖一起搅打，然后慢慢地倒入巧克力的混合物中。

5. 将做好的奶油酱放入4℃的冰箱中冷藏静置8小时，取出后持续打发做成黑巧克力鲜奶油香缇。

举一反三

调味鲜奶油香缇

在制作花式甜点时，可以在制作500克鲜奶油香缇的鲜奶油中加入香料，使味道有反差或增加和谐度。将用于调味的香料浸泡在鲜奶油中15分钟，例如30克咖啡粉、30克新鲜薄荷叶、三四根剖成两半并刮出籽的香草荚、1根肉桂、八角、苦杏仁精、橙皮或柠檬皮等，此外，还可以添加60克开心果膏。

吉布斯特奶油霜 Crème Chiboust

准备时间：25分钟
制作时间：5分钟

制作500克奶油霜所需的原料
鸡蛋 4个
蛋清 1个
细砂糖 50克
玉米淀粉 20克
全脂鲜奶 300毫升
明胶 2片

1. 将鸡蛋磕开，分离蛋清和蛋黄。将蛋黄、20克细砂糖、玉米淀粉和全脂鲜奶混合，制做成卡仕达奶油酱（详见第56页）。

2. 用充足的冷水将明胶浸软，取出后挤干水分，倒入温热的卡仕达奶油酱中，充分搅拌至明胶完全溶解，离火备用。

3. 将5个蛋清搅打成泡沫状，将剩余的细砂糖一点点倒入，持续搅打成尖角直立的蛋白霜。

4. 将1/4的蛋白霜掺入卡仕达奶油酱中。

5. 将上述混合物倒入剩余的蛋白霜中，边倒边用打蛋器小心地搅拌，做好后立刻使用。

保存

吉布斯特奶油霜要在混合物制作完成后立即使用，填有这种奶油霜的糕点也必须在24小时内享用。

用途

吉布斯特奶油霜常常用来与水果塔点进行搭配，还会用在一些餐后甜点中。

如何让明胶起作用？

明胶主要由陆生动物的皮肤、肌腱和骨头以及海洋生物骨骼中的长分子构成，并经过三股牢固的纤维螺旋缠绕而成。当明胶受热时，分子因加热在水中扩散，并且只要分子保持热度，就会迅速向周围游移。但是，当明胶遇冷时，分子间产生的聚合力会远远大于扩散的力量。三股螺旋的纤维经过重塑，使明胶分子聚合成一大张凝结水分的网，就像蜘蛛在房间结成的网，令粘在上面的飞虫动弹不得。

——艾维·提斯

薰衣草巧克力奶油酱 Crème au chocolat à la lavande

准备时间：10分钟
制作时间：5分钟

制作500克奶油酱所需的原料
巧克力 125克
鲜奶油 150毫升
全脂鲜奶 150毫升
切碎的干燥薰衣草 1克（1小撮）
明胶 1片　　　蛋黄 2个
细砂糖 30克

1. 将巧克力在40℃的平底深锅中隔水加热至慢慢融化。

2. 将鲜奶油和全脂鲜奶倒入另一口平底深锅中加热至沸腾，接着放入薰衣草，加盖浸泡10分钟后过滤。在充足的冷水中将明胶浸软，取出后挤干水分。

3. 将蛋黄、细砂糖和薰衣草牛奶倒入平底深锅中熬煮，制作方法与英式奶油酱相同（详见第43页）。

4. 趁热放入明胶后不停搅拌，使明胶彻底溶解，之后将巧克力分三四次放入，小心地用刮刀以略微上扬舀起的方式混合。

柠檬奶油酱 Crème au citron

准备时间：20分钟
制作时间：5分钟

制作500克奶油酱所需的原料
柠檬 3个
鸡蛋 2个
细砂糖 135克
常温黄油 165克

1. 将柠檬皮削去后细切碎。将柠檬榨汁，榨出100毫升果汁。

2. 将鸡蛋、细砂糖、柠檬皮碎末和柠檬汁放入搅拌碗中，再隔水加热至82~83℃的即将沸腾状态，期间时常搅拌。

3. 将筛网置于容器上过滤混合物，之后迅速放入装满冰块的容器中，持续搅拌使混合物的温度降至手指摸上去能够承受的55~60℃的微温状态。将黄油切成极小的块后放入混合物中，用打蛋器搅打至顺滑。

4. 将奶油酱持续搅拌10分钟至完全混合均匀，使用电动打蛋器最佳。

5. 将奶油酱放入4℃的冰箱中冷藏静置2小时后即可使用。

外交官奶油酱 Crème diplomate

准备时间：10分钟
制作时间：5分钟

制作500克奶油酱所需原料
香草荚 1/2根
全脂鲜奶 350毫升
鸡蛋 3个　　　细砂糖 80克

1. 将半根香草荚剖成两半后刮出香草籽。

2. 在大号平底深锅中放入全脂鲜奶、剖开的香草荚和香草籽，加热至沸腾，浸泡30分钟后过滤，放凉备用。

3. 将鸡蛋和细砂糖在容器中用打蛋器搅打。

4. 将蛋液倒入放凉的香草牛奶中，入冰箱冷藏保存。

打发鲜奶油 Crème fouettée

准备时间：5分钟

制作500克奶油酱所需的原料
巴氏杀菌鲜奶油 400毫升
全脂鲜奶 100毫升

1. 将巴氏杀菌鲜奶油和全脂牛奶放入冰箱中冷藏存放至少2小时，温度必须为4℃。

2. 从冰箱中取出后，分别倒入搅拌碗中，然后放入装满冰块的大容器中搅打均匀。

3. 将混合物使用手持打蛋器使劲搅打，如果使用小型电动打蛋器，则用中速打发。

4. 当混合物搅打至坚挺时立刻停止，如果继续搅拌，则会使鲜奶油潲掉变成像化黄油一样的状态。

行家分享

制作打发鲜奶油时，最好选择液状鲜奶油，制作起来会比浓奶油顺滑。

法兰奇巴尼奶油霜 Crème au frangipane
（杏仁奶油酱 crème à l'amande）

准备时间：15分钟

制作500克奶油酱所需的原料
常温黄油 100克
糖粉 100克
杏仁粉 100克
玉米淀粉 1茶匙
鸡蛋 2个
苦杏仁精 1滴
卡仕达奶油酱 125克（详见第56
页）

1. 将黄油切成小块后放入容器中，用橡皮刮刀搅拌至柔软但不要起泡。

2. 在软化的黄油中依次放入糖粉、杏仁粉、玉米淀粉、鸡蛋和苦杏仁精，用电动打蛋器以低速搅打。

3. 将提前做好的卡仕达奶油酱掺入混合物中，搅拌均匀。

4. 如果不立刻使用，可以在容器上覆盖保鲜膜，将奶油酱放在阴凉处保存。

秘诀一点通

这款杏仁奶油酱的制作过程绝对不能出现起泡的状态，否则会在烘烤的过程中膨胀起来，而之后又会因为接触到空气而塌陷走样。

行家分享

为了给这款杏仁奶油酱增加香气和味道，需要滴入苦杏仁精，但需要严格按照剂量只能滴入1滴，如果放多了，会导致奶油酱过于苦涩而不能食用。

白奶酪奶油酱 Crème au fromage blanc

准备时间：15分钟
制作时间：5分钟

制作500克奶油酱所需的原料
水 200毫升
细砂糖 60克
明胶 2片
经搅打且脂肪含量为40%的白奶
酪 200克
蛋黄 2个
打发鲜奶油 230克（详见第51页）

1. 将水和细砂糖倒入平底深锅中加热至沸腾，持续加热至糖果温度计达到120℃且呈现"小球"状态（详见第67页）。

2. 在盛有充足冷水的大容器中将明胶浸软，取出后挤干水分。将明胶放入隔水加热的平底深锅中融化。

3. 将熬好的糖浆浇在装有蛋黄的容器中，持续搅打至混合物完全冷却。

4. 在一半分量的白奶酪中放入融化的明胶，然后依次加入剩余的白奶酪、打发的鲜奶油和蛋黄糖浆的混合物，小心地用略微上扬舀起的方式混合。

百香果奶油酱 Crème au fruit de la Passion

准备时间：20分钟
制作时间：5分钟

制作500克奶油酱所需的原料
百香果 300克
柠檬 1个
鸡蛋 2个
细砂糖 110克
黄油 180克

1. 将百香果去壳、去核后切小块，再用电动打蛋器或果蔬榨汁机搅打成果泥。将滤器置于容器上过滤，得到100毫升百香果汁。将柠檬榨汁。

2. 将鸡蛋、细砂糖、百香果汁和10毫升（2茶匙）柠檬汁依次放入平底深锅中。

3. 将混合物隔水加热至浓稠。

4. 离火后，放至55℃的微温状态，这是用手指触摸可以承受的温度。将黄油切小块后放入混合物中。

5. 将混合物用电动打蛋器持续搅打10分钟，再将奶油酱放入4℃的冰箱中冷藏数小时，待奶油酱完全冷却。

柑曼怡大使奶油酱 Crème au Grand Marnier ambassadeur

准备时间：10分钟

制作500克奶油酱所需的原料
明胶1片
柑曼怡 15毫升（1汤匙）
卡仕达奶油酱 250克（详见第56页）
糖渍水果 75克
鲜奶油香缇 225克（详见第49页）

1. 在盛有充足冷水的容器中将明胶浸软，取出后挤干水分。

2. 将柑曼怡在平底深锅中隔水加热，并放入明胶使其融化。加入提前做好的1/4的卡仕达奶油酱，混合均匀后，将剩余的卡仕达奶油酱和糖渍水果倒入混合物中。

3. 最后在混合物中加入鲜奶油香缇，

小心地用刮刀用略微上扬舀起的方式混合。

行家分享

可以将奶油酱用浸泡过热水的汤匙做成梭形，在上面淋红色水果酱或者英式香草奶油酱，搭配草莓雪葩一同享用。

栗子奶油酱 Crème au marron

准备时间：10分钟

制作500克奶油酱所需的原料
常温黄油 125克
栗子酱 250克
鲜奶油 150毫升
朗姆酒 30毫升（2汤匙）

1. 将常温黄油在容器中用刮刀搅拌至柔软的膏状。

2. 将栗子酱倒入，混合均匀。

3. 将鲜奶油加热至沸腾，再将鲜奶油和栗子酱的混合物倒入，搅拌均匀，最后添加朗姆酒和4茶匙（20毫升）水（原料表

以外）。

行家分享

可以用少量的糖栗子碎让这款奶油酱更加丰富。

马斯卡普尼干酪奶油酱 Crème au mascarpone

准备时间：10分钟

制作500克奶油酱所需的原料
马斯卡普尼干酪 400克
全脂鲜奶 100毫升
香草粉 1克（1小撮）

1. 将马斯卡普尼干酪切成小块。

2. 在容器中放入马斯卡普尼干酪、全脂鲜奶和香草粉，用打蛋器搅拌至完全混合。

3. 将奶油酱放入冰箱中冷藏数小时后

使用。

行家分享

这款奶油酱可以搭配草莓或者覆盆子，也可以在水果沙拉中使用。

千层派奶油酱 Crème à mille-feuille

准备时间：10分钟

制作500克奶油酱所需的原料
鲜奶油 100毫升
细砂糖 10克（2茶匙）
卡仕达奶油酱 400克（详见第56页）

1. 将鲜奶油放入4℃的冰箱中冷藏至少2小时，确保鲜奶油必须非常凉。

2. 制作鲜奶油香缇（详见第49页），将鲜奶油在大碗中打发至坚挺，之后倒入细砂糖继续搅打至均匀。

3. 将事先做好的卡仕达奶油酱倒入容器中，然后倒入鲜奶油香缇，小心地用刮刀以略微上扬舀起的方式混合均匀，再立刻使用。

杏仁慕斯林奶油酱 Crème mousseline à l'amande

准备时间：15分钟

制作500克奶油酱所需的原料
黄油 150克
杏仁粉 125克
卡仕达奶油酱 190克（详见第56页）
意大利蛋白霜 140克（详见第41页）

1. 将黄油切成极小的块后放入大容器中。

2. 将黄油用电动打蛋器搅打至柔软且颜色变浅。

3. 在柔软的黄油中倒入杏仁粉，持续搅拌。

4. 依次混入卡仕达奶油酱和意大利蛋白霜，手动搅打混合后立刻使用。

行家分享

可以在这款奶油酱中放入30毫升（2汤匙）樱桃蒸馏酒增香提味。

美味可口的甜点还可以用深褐色的朗姆酒浸泡3层海绵蛋糕后，在中间填入奶油酱并放上菠萝片，最后用青柠檬皮点缀即可。

覆盆子慕斯林奶油酱 Crème mousseline à la framboise

准备时间：10分钟

制作500克奶油酱所需的原料
法式奶油霜 320克（详见第47页）
卡仕达奶油酱 150克（详见第56页）
覆盆子蒸馏酒 30毫升（2汤匙）

1. 将法式奶油霜用电动打蛋器在半圆搅拌碗中搅打至柔软且颜色变浅，不过切勿使其发热。

2. 将卡仕达奶油酱用手持打蛋器在沙拉盆中搅打至顺滑，不要使其凝固，之后调入覆盆子蒸馏酒后混合均匀。

3. 将覆盆子蒸馏酒卡仕达奶油酱倒入法式奶油霜中，小心地用木勺以略微上扬舀起的方式混合。完成后立刻使用。

秘诀一点通

这款奶油酱成功的秘诀就是：法式奶油霜和卡仕达奶油酱在使用时应保持相同的温度。

行家分享

慕斯林奶油酱一经制作完毕，必须全部用完。

油脂怎样溶于液体的？

慕斯林奶油酱是由卡仕达奶油酱中的水、搅拌时混入的气体和油脂组成的。但是，油脂是不溶于水的。这里多亏了奶油酱中可以溶解于水的蛋白分子，溶水后成为酪素，这种物质将混合物中的细小气泡和小水珠包裹起来。

——艾维·提斯

香槟利口酒慕斯林奶油酱 Crème mousseline à la liqueur de Champagne

准备时间：10分钟

制作500克奶油酱所需的原料
常温黄油 140克
卡仕达奶油酱 240克（详见第56页）
香槟利口酒 30毫升（2汤匙）
意大利蛋白霜 80克（详见第41页）

1. 将常温黄油切成极小的块后放入容器中，用电动打蛋器搅打至柔软且颜色变浅。

2. 将卡仕达奶油酱和香槟利口酒倒入黄油中，混合均匀。

3. 将意大利蛋白霜用打蛋器拌入，小心地以略微上扬舀起的方式混合。做好后立即使用。

秘诀一点通

如果使用刚从冰箱中取出的卡仕达奶油酱，通常会是凝固的状态，所以在调入利口酒之前，务必用手动打蛋器先搅打至顺滑。

香草慕斯林奶油酱 Crème mousseline à la vanille

准备时间：15分钟

制作500克奶油酱所需的原料
明胶 2片
卡仕达奶油酱 100克（详见第56页）
香草精 5克（1茶匙）
打发鲜奶油 400克（详见第51页）

1. 在装有充足冷水的容器中将明胶浸软，取出后挤干水分。之后再慢慢地在平底深锅中隔水加热至融化，温度不要超过25℃。

2. 在提前做好的1/4卡仕达奶油酱中调入香草精，混合均匀。如果发现混合物出现凝固的迹象，可以略微加热。

3. 将剩余的卡仕达奶油酱和打发的鲜奶油掺入混合物，小心地以略微上扬舀起的方式混合。完成后立即使用。

香橙奶油酱 Crème à l'orange

准备时间：15分钟
制作时间：5分钟

制作500克奶油酱所需的原料
橙皮 1/5个
柠檬皮 1/4个
橙子 1个
鸡蛋 2个
细砂糖 120克
常温黄油 170克

1. 将橙皮和柠檬皮细细切碎。将橙子榨汁后得到100毫升橙汁。

2. 将鸡蛋、细砂糖、橙皮和柠檬皮碎末以及橙汁放入半圆搅拌碗中混合，隔水加热至浓稠。

3. 将滤器置于容器上过滤，之后用电动打蛋器搅打混合物。

4. 将黄油切成极小的块，放入混合物中持续搅打三四分钟。

杏仁牛奶 Lait d'amande

准备时间：10分钟
冷藏时间：至少12小时

制作500克杏仁牛奶所需的原料
水 250毫升
细砂糖 100克
杏仁粉 170克
纯樱桃酒 10毫升（不足1汤匙）
苦杏仁精 1滴

1. 将水和细砂糖在平底深锅中加热至沸腾，离火备用。

2. 在糖水中倒入杏仁粉和纯樱桃酒，混合均匀。用电动打蛋器搅打温热的混合物，再将滤器置于容器上过滤。

3. 将混合物放入冰箱冷藏静置至少12小时。

4. 次日，将混合物在使用前滴入1滴苦杏仁精。但切勿过量，否则会导致味道过于苦涩而无法食用。

香草卡仕达奶油酱 Crème pâtissière à la vanille

准备时间：20分钟
制作时间：5分钟

制作500克奶油酱所需的原料
香草荚 1.5根
玉米淀粉 30克
细砂糖 80克
全脂鲜奶 350毫升
蛋黄 4个
常温黄油 35克

保存

卡仕达奶油酱最好在使用前一刻再制作，因为这款奶油酱在冷藏的条件下很难保存超过12小时，一旦超过时间，就会丧失原本的好味道。

用途

卡仕达奶油酱广泛用于各种甜点的制作中，可以用于装饰或者填入千层派、闪电泡芙、泡芙或修女泡芙等糕点中。

1. 将香草荚剖成两半并刮出香草籽。将玉米淀粉和一半的细砂糖放入平底深锅中，然后倒入牛奶，边倒边用手动打蛋器搅拌，再放入香草荚和香草籽，一起加热至沸腾，边加热边搅拌。

2. 将蛋黄和剩余的细砂糖在大碗中持续搅打3分钟，略微调入少量牛奶后继续搅打。

3. 将蛋黄和细砂糖的混合物倒入平底深锅中一同加热，边倒边搅拌。

4. 当混合物沸腾后立即离火，捞出香草荚后将奶油酱倒入碗中，再放入装满冰块的大容器中。

5. 当奶油酱温度降至50℃时，放入常温黄油，迅速搅打混合。

举一反三

巧克力卡仕达奶油酱

可以在卡仕达奶油酱制作的最后阶段，将250克黑巧克力碎末分二三次倒入，为奶油酱增添巧克力风味，充分搅拌至巧克力完全融化混合。

慕斯 Les mousses

鲜杏慕斯 Mousse à l'abricot

准备时间：15分钟

制作500克慕斯所需的原料
熟透的鲜杏 400克
明胶 3片
柠檬汁 10毫升（不足1汤匙）
意大利蛋白霜 120克（详见第41页）
打发鲜奶油 150克（详见第51页）

1. 将鲜杏去核后切块，放入果蔬榨汁机中做成250克杏泥。将滤器置于容器上过滤。

2. 在充足的冷水中将明胶浸软，取出后挤干水分。

3. 将明胶慢慢地在平底深锅中隔水加热至融化，然后放入添加了柠檬汁的50克杏泥。

4. 在剩余的杏泥中加入步骤3的混合物，使劲搅打，但要注意温度不超过15℃，确保材料在制作过程中始终保持紧实的质感。

5. 将完全冷却的意大利蛋白霜掺入，再放入打发的鲜奶油，小心地以略微上扬舀起的方式混合。

香蕉慕斯 Mousse à la banane

准备时间：15分钟

制作500克慕斯所需的原料
香蕉400克
柠檬 1个
明胶 2片
意大利蛋白霜 75克（详见第41页）
打发鲜奶油 160克（详见第51页）
肉豆蔻粉 1撮（可酌选）

1. 将香蕉剥皮后切成小块，放入果蔬榨汁机中做成250克香蕉泥。将柠檬榨汁。

2. 在充足的冷水中将明胶浸软，取出后挤干水分。

3. 将明胶慢慢地在平底深锅中隔水加热至融化，再放入添加了1汤匙足量柠檬汁的50克香蕉泥。

4. 在剩余的香蕉泥中加入步骤3的混合物，使劲搅打，但要注意温度不超过15℃，确保材料在制作过程中始终保持紧实的质感。

5. 掺入完全冷却的意大利蛋白霜，然后放入打发的鲜奶油，可根据口味选择性添加肉豆蔻粉，小心地以略微上扬舀起的方式进行混合。

行家分享

添加肉豆蔻粉可以适当地提升香蕉的味道。

焦糖慕斯 Mousse au caramel

准备时间：15分钟

制作500克慕斯所需的原料
明胶 3片
蛋黄 2个
浓度1.2624的糖浆 40毫升（将20毫升水加热至沸腾后放入25克糖）
慕斯用焦糖 190克（详见第69页）
打发鲜奶油 240克（详见第51页）

1. 在充足的冷水中将明胶浸软，取出后挤干水分。

2. 将蛋黄和糖浆放入小号平底深锅中混合均匀。

3. 将蛋黄糖浆以40℃隔水加热至浓稠，之后以高速用电动打蛋器搅打至完全冷却。

4. 将明胶以40℃隔水加热至融化，先放入一些冷却的蛋黄糖浆，之后将剩余的部分全部放入，待混合物降至20~22℃的室温温度为止。

5. 在混合物中依次放入慕斯用焦糖和打发的鲜奶油，搅拌均匀。

秘诀一点通

在混合的最后阶段，必须确保慕斯是微温或冷却的状态，否则慕斯很容易松散。

巧克力慕斯 Mousse au chocolat

准备时间：15分钟

制作500克慕斯所需的原料

黑巧克力 180克

全脂鲜奶 20毫升（1汤匙足量）

鲜奶油 100毫升

黄油 20克

鸡蛋 3个

细砂糖 15克

1. 将黑巧克力在木质砧板上用刀细细切碎，放入大碗中。将全脂鲜奶和鲜奶油加热至沸腾。

2. 将加热后的液体浇在巧克力碎末上，持续用手动打蛋器搅拌一二分钟至混合物的温度成为40℃的巧克力淋酱。

3. 将黄油切成极小的块，放入巧克力的混合物中，边放边搅拌。

4. 分离蛋清和蛋黄。将蛋清和细砂糖用电动打蛋器打发至泡沫状的蛋白霜，在关闭打蛋器的几秒钟前放入蛋黄。

5. 在巧克力淋酱中混入1/5打发的蛋白霜，再将混合物倒入剩余的蛋白霜中，小心地以略微上扬舀起的方式混合，然后放入冰箱冷藏保存。

保存

巧克力慕斯冷藏保存不宜超过24小时。

秘诀一点通

为了做出完全起泡的奶油酱慕斯，蛋清必须搅打成坚挺的尖角直立的蛋白霜，轻轻地与巧克力淋酱混合后，以略微上扬舀起的方式用橡皮刮刀混合。

巧克力的乳化

鲜奶油和牛奶一样都是由水中分散的极细小的小滴构成。当对牛奶和鲜奶油的混合物加热时，部分水分开始蒸发，但仍然可以保留足够的所谓"乳化剂"的结构。当在巧克力淋酱中倒入这种"乳化剂"时，巧克力开始慢慢地融化，其中的可可脂会在乳化剂的作用下，在水中分散成小滴，继而形成由牛奶、鲜奶油和巧克力构成的巧克力奶油酱。它与蛋黄酱（小油滴分散在蛋黄和醋水中）、法式贝纳斯酱（融化的奶油小滴分散在鸡蛋和醋水中）、奶油酱（油脂小滴分散在牛奶中）或者干酪火锅（干酪油脂小滴分散在酒中）的原理类似。

——艾维·提斯

黄油巧克力慕斯 Mousse au chocolat au beurre

准备时间：15分钟
制作时间：5分钟

制作500克慕斯所需的原料
苦甜巧克力 165克
黄油 165克
鸡蛋 2个
蛋清 2个
细砂糖 10克（2茶匙）

1. 将巧克力细细切碎或擦成碎末。慢慢地在小号的平底深锅中隔水加热至融化，离火后放至40~45℃的微温状态。

2. 将黄油切成小块后放入碗中，搅打至柔软且颜色变浅，之后分2次与巧克力混合，搅拌均匀。

3. 分离蛋清和蛋黄。将4个蛋清和细砂糖在容器中打发成尖角直立的蛋白霜。

4. 将蛋白霜与蛋黄混合至均匀。

5. 最后将巧克力倒入上面的混合物中，小心地以略微上扬舀起的方式进行混合。

白巧克力慕斯 Mousse au chocolat blanc

准备时间：10分钟

制作500克慕斯所需的原料
鲜奶油 380毫升
白巧克力 120克

1. 将330毫升鲜奶油倒入碗中后打发，剩余的鲜奶油备用。

2. 将巧克力切碎后，慢慢地在小号平底深锅中隔水加热至融化，温度为35℃。

3. 将剩余的50毫升鲜奶油加热至沸腾，倒入融化的巧克力，然后先掺入1/4打发的鲜奶油，再将剩余的鲜奶油全部倒入，小心地用橡皮刮刀以略微上扬舀起的方式混合。

行家分享

这款白巧克力慕斯可以立即使用，或者将其放入杯子中凝固，之后与红色水果酱一同享用。

焦糖巧克力慕斯 Mousse au chocolat au caramel

准备时间：15分钟

制作500克慕斯所需的原料
细砂糖 90克
半盐黄油 30克
鲜奶油 60毫升
半甜巧克力 85克
打发鲜奶油 230克（详见第51页）

1. 将细砂糖倒入厚底的平底深锅中熬成金黄色的焦糖。

2. 在焦糖中倒入半盐黄油和鲜奶油降温，阻止进一步焦糖化。

3. 将巧克力细细切碎或擦成碎末，一边慢慢地撒在混合物中，一边搅拌。

4. 再次将装有混合物的平底深锅略微加热至45℃，接着掺入打发的鲜奶油，小心地用橡皮刮刀以略微上扬舀起的方式混合。

桑葚巧克力慕斯 Mousse au chocolat à mûre

准备时间：15分钟

制作500克慕斯所需的原料
鲜奶油 90毫升
明胶 1片
桑葚泥 150克
苦甜巧克力 100克
打发鲜奶油 300克（详见第51页）

1. 将鲜奶油加热至沸腾，之后放凉备用。

2. 将明胶在冷水中浸软，取出后挤干水分。

3. 将明胶慢慢地在平底深锅中隔水加热至融化，之后加入桑葚泥，搅拌均匀。

4. 将巧克力细细切碎或擦成碎末，和鲜奶油一起在平底深锅中慢慢地隔水加热至融化，温度为45℃。

5. 在巧克力鲜奶油中倒入明胶桑葚泥和打发的鲜奶油，小心地用橡皮刮刀以略微上扬舀起的方式混合。

香橙巧克力慕斯 Mousse au chocolat à l'orange

准备时间：10分钟

制作500克慕斯所需的原料
鲜奶油 80毫升
橙皮 1/4个
半甜巧克力 175克（可可脂含量不少于60%）
鸡蛋 2个
蛋清 4个
细砂糖 15克

1. 将鲜奶油加热至沸腾，放凉备用。
2. 将橙皮细细切碎。将巧克力细细切碎或擦成碎末。
3. 在平底深锅中倒入鲜奶油和橙皮碎末，慢慢地隔水加热至融化，温度为45℃。
4. 分离蛋清和蛋黄。将6个蛋清和细砂糖一起打发成尖角直立的蛋白霜。在蛋黄中先混入1/4打发的蛋白霜，之后再将剩余的蛋白霜全部倒入，混合均匀。
5. 最后在混合物中放入巧克力碎，小心地用橡皮刮刀以略微上扬舀起的方式混合。

黄柠檬慕斯 Mousse au citron jaune

准备时间：10分钟

制作500克慕斯所需的原料
柠檬奶油酱 220克（详见第51页）
黄柠檬 1个
明胶 3片
意大利蛋白霜 70克（详见第41页）
打发鲜奶油 180克（详见第51页）

1. 将柠檬奶油酱提前2小时做好。
2. 将柠檬皮取下后细细切碎。
3. 将柠檬榨汁后得到30毫升（2汤匙）柠檬汁。
4. 在装有充足冷水的容器中将明胶浸软，取出后挤干水分。在容器中放入柠檬皮碎末。
5. 将明胶柠檬皮的混合物倒入提前做好的柠檬奶油酱中，边倒边搅拌，使明胶完全溶解。
6. 依次放入意大利蛋白霜和打发的鲜奶油，小心地用刮刀以略微上扬舀起的方式混合。

青柠檬慕斯 Mousse au citron vert

准备时间：10分钟

制作500克慕斯所需的原料
青柠檬 250克
明胶 4片
意大利蛋白霜 190克（详见第41页）
打发鲜奶油 200克（详见第51页）

1. 将青柠檬去皮、去子，将果肉放入果蔬榨汁机中做成110克青柠檬泥。
2. 在装有充足冷水的容器中将明胶浸软，取出后挤干水分。
3. 将明胶慢慢地在平底深锅中隔水加热至融化，温度为40℃。
4. 先在明胶中放入一部分青柠檬泥，之后将混合物全部倒入剩余的果泥中，边倒边用手动或电动打蛋器搅打。搅打过程中不时留意混合物的温度，不能超过15℃。
5. 将提前做好并彻底冷却的意大利蛋白霜掺入，然后倒入打发的鲜奶油，小心地用刮刀以略微上扬舀起的方式混合。

行家分享

青柠檬果皮具有十分细腻清爽的香气，所以可以在果泥中添加一些果皮为慕斯增香提味，这样制作时要使用表皮未经处理的青柠檬。

覆盆子慕斯 Mousse à la framboise

准备时间：20分钟

制作500克慕斯所需的原料

覆盆子350克

柠檬1个

明胶4片

意大利蛋白霜120克（详见第41页）

鲜奶油160毫升

1. 将滤器置于沙拉盆上，将覆盆子用刮刀压碎后过滤得到200克覆盆子泥。将柠檬榨汁。

2. 在装有充足冷水的容器中将明胶浸软，取出后挤干水分。将明胶慢慢地在平底深锅中隔水加热至融化，倒入1/4覆盆子泥，混合均匀后再次加热至40℃。将加热后的混合物在装有剩余的覆盆子泥的容器上方过滤，仔细地按压避免明胶结块。

3. 将鲜奶油倒入碗中，将碗放入装满冰块的容器中，用手持打蛋器使劲搅打。

4. 将柠檬汁倒入覆盆子明胶的混合物中，再掺入意大利蛋白霜。

5. 最后将打发的鲜奶油倒入混合物中。完成后立刻使用。

省时小贴士

如果覆盆子不应季，或者没有时间自制覆盆子泥，可以购买急冻的高质量的现成产品。

举一反三

草莓慕斯

可以根据以上步骤制作出同样美味的草莓慕斯，因为草莓比覆盆子甜，所以制作时可以多加一些柠檬汁。

为什么覆盆子泥不能过度加热？

曾经有天试着加热覆盆子泥，迷人的芳香飘散在厨房中，不过香气很快就消散了，也没能存留在果泥中。覆盆子熬制后有香味，但不是那种新鲜时候的芳香。为了让明胶能够溶解于覆盆子果泥中，必须加热果泥，然而若想保留住新鲜覆盆子的芳香，就不能过度加热。物理学家找出了明胶溶解时必须达到的最低温度为36℃。高于这个温度，明胶分子就会在水中分解；低于该温度，明胶则会凝结。虽然上限不明确，但加热至50℃是没有风险的。

——艾维·提斯

白奶酪慕斯 Mousse au fromage blanc

准备时间：10分钟

制作500克慕斯所需的原料

明胶 6片

白奶酪 350克

打发鲜奶油 150克（详见第51页）

1. 在装有充足冷水的容器中将明胶浸软，取出后挤干水分。

2. 将明胶放入平底深锅中隔水加热至融化。

3. 先在明胶中倒入1/4的白奶酪，使劲搅打后加入剩余的白奶酪。

4. 最后放入提前做好的打发的鲜奶油，小心地用橡皮刮刀以略微上扬舀起的方式混合。

行家分享

制作这款慕斯，最好选用脂肪含量为40%的白奶酪。

百香果慕斯 Mousse au fruit de la Passion

准备时间：10分钟

制作500克慕斯所需的原料

杏 100克

百香果 180克

明胶 3片

意大利蛋白霜 140克（详见第41页）

打发鲜奶油 180克（详见第51页）

1. 将杏和百香果用电动打蛋器或果蔬榨汁机分别做成果泥。

2. 在装有充足冷水的容器中将明胶浸软，取出后挤干水分。

3. 将明胶放入杏泥中慢慢地融化。

4. 将明胶杏泥放入百香果泥中，直到温度降低至18℃。

5. 在果泥的混合物中依次放入意大利蛋白霜和打发的鲜奶油，小心地用橡皮刮刀以略微上扬舀起的方式混合。

芒果慕斯 Mousse à la mangue

准备时间：10分钟

制作500克慕斯所需的原料

芒果 300克

柠檬 1个

明胶 3片

意大利蛋白霜 125克（详见第41页）

打发鲜奶油 180克（详见第51页）

1. 将芒果去皮、去核，将果肉放入电动打蛋器或果蔬榨汁机中做出180克芒果泥。

2. 将滤器置于容器上过滤芒果泥，仔细地用木勺挤压。

3. 在果泥中添加15毫升（1汤匙）柠檬汁。

4. 在装有充足冷水的容器中将明胶浸软，取出后挤干水分。将明胶放入平底深锅中隔水加热至融化。

5. 在明胶中放入一部分芒果泥，然后将混合物全部倒入装有剩余芒果泥的容器中。

6. 将上述混合物使劲搅打，搅打过程中留意不要让温度超过15℃，以便食材保持一定的坚实度。

7. 在混合物中倒入提前做好并完全冷却的意大利蛋白霜。

8. 最后将打发的鲜奶油掺入，小心地用橡皮刮刀以略微上扬舀起的方式混合。

行家分享

在进口水果专卖店可以常年买到芒果，但以冬季和春季的芒果品质最佳。

栗子慕斯 Mousse au marron

准备时间：10分钟

制作500克慕斯所需的原料
明胶 1.5片
常温黄油 35克
栗子酱 140克
栗子奶油酱 135克（详见第53页）
纯麦芽威士忌 15毫升（可酌选）
鲜奶油 170毫升

1. 在装有充足冷水的容器中将明胶浸软，取出后挤干水分。

2. 将常温黄油在容器中搅打至柔软且颜色变浅。

3. 在黄油中倒入栗子酱和栗子奶油酱。

4. 将纯麦芽威士忌倒入小号平底深锅中加热，放入明胶使其慢慢地融化，搅拌均匀后倒入黄油、栗子酱和栗子奶油酱的混合物中。

5. 最后将鲜奶油掺入，小心地用刮刀以略微上扬舀起的方式混合。

行家分享

这款慕斯做好后可以立刻品尝，也可以放在大杯子中凝固后与英式奶油酱和饼干点心一起享用。

鲜薄荷慕斯 Mousse à la menthe fraîche

准备时间：20分钟

制作500克慕斯所需的原料
明胶 2片
新鲜薄荷叶 10片
水 30毫升（2汤匙）
细砂糖 80克
蛋黄 5个
新鲜的薄荷糖浆 10毫升（1汤匙）
打发鲜奶油 270克（详见第51页）

1. 在装有充足冷水的容器中将明胶中浸软，取出后挤干水分。

2. 将新鲜的薄荷叶细细切碎。

3. 将水和细砂糖在平底深锅中加热至沸腾，放入新鲜的薄荷叶，敞开盖浸泡15~20分钟。

4. 将薄荷叶捞出后用电动打蛋器搅碎。

5. 将蛋黄和新鲜薄荷糖浆放入另一口平底深锅中隔水加热至混合物呈现浓稠的膏状。

6. 将膏状的混合物倒入容器中搅拌至彻底冷却。

7. 将明胶慢慢地隔水加热至融化，倒入一部分上面的膏状混合物，边倒边搅拌，之后放入打碎的薄荷叶，最后倒入剩余的膏状混合物，持续使劲搅打。

8. 最后在混合物中掺入提前打发的鲜奶油，小心地用橡皮刮刀以略微上扬舀起的方式混合。做好后立刻使用。

椰子慕斯 Mousse à la noix de coco

准备时间：15分钟

制作500克慕斯所需的原料
明胶 2片
椰子泥 190克
罐装无糖椰奶 20克
意大利蛋白霜 100克（详见第41页）
打发鲜奶油 190克（详见第51页）

1. 在装有充足冷水的容器中将明胶浸软，取出后挤干水分。

2. 将椰子泥和椰奶在容器中混合。

3. 将明胶慢慢地隔水加热至融化，之后倒入椰子的混合物中。

4. 将混合物搅拌均匀，让明胶彻底溶化。

5. 在混合物中依次倒入事先做好的意大利蛋白霜和打发的鲜奶油，小心地用橡皮刮刀以略微上扬舀起的方式混合。

行家分享

可以将这款慕斯倒入小号的舒芙蕾模具中，铺上一层草莓或覆盆子，或者搭配百香果果酱一同享用。

巧克力萨芭雍慕斯 Mousse sabayon au chocolat

准备时间：35分钟
制作时间：5分钟

制作500克慕斯所需的原料
涂层巧克力 120克
蛋黄 3个
细砂糖 40克
鲜奶油 300毫升

1. 将巧克力切碎后放入小号的平底深锅中慢慢地隔水加热至融化，温度为40℃。将蛋黄和细砂糖在半圆搅拌碗中混合，之后倒入50毫升的鲜奶油，边倒边搅打。

2. 在微滚的水中放入半圆搅拌碗隔水加热，持续搅打至混合物如同蛋黄酱般浓稠，此时将搅拌碗从隔水加热的容器中取出，用手动打蛋器或电动打蛋器持续搅打至完全冷却。

3. 在碗中倒入剩余的完全冷却的鲜奶油，放入装满冰块的容器中，用手动打蛋器使劲搅打，如果使用电动打蛋器则使用中速挡位搅打，当鲜奶油凝固后立即停止。

4. 在融化的巧克力中掺入1/4打发的鲜奶油，用力搅打防止结块。

5. 在巧克力的混合物中慢慢地放入萨芭雍酱（将蛋黄、细砂糖和奶油熬好后冷却），小心地用橡皮刮刀掺入剩余的打发鲜奶油。

举一反三

巧克力香缇

　　最为常见的巧克力慕斯，是由融化的巧克力与打发成尖角直立的蛋白霜或打发的鲜奶油制作而成。但可知道巧克力本身也能打发成慕斯吗？将任何液体，如橙汁、咖啡、薄荷茶等200毫升和225克即食巧克力慢慢加热至融化，就可得到像奶油酱一样的巧克力酱汁，奶油酱是牛奶水中的油脂乳化剂。将巧克力酱汁搅打至冷却，最初会出现易破的大气泡，随着体积不断膨胀，混合物会忽然变稀，类似于鲜奶油香缇的质感，此时就做成了用巧克力打发的慕斯，而不是将巧克力作为配料做成的慕斯，也就是"巧克力香缇"。

——艾维·提斯

双重巧克力萨芭雍慕斯 Mousse sabayon aux deux chocolats

准备时间：20分钟
制作时间：5分钟

制作500克慕斯所需的原料
明胶 1片
水 15毫升（1汤匙）
细砂糖 50克
鸡蛋 1个
蛋黄 2个
苦甜巧克力 80克
半甜巧克力 60克
打发鲜奶油 200克（详见第51页）

1. 在装有充足冷水的容器中将明胶浸软，取出后挤干水分。

2. 将水和细砂糖倒入厚底的平底深锅中加热至130℃的"大球"状态。

3. 将鸡蛋和蛋黄在容器中搅打至柔软且颜色变浅，倒入熬好的糖和浸软的明胶，混合均匀。

4. 将混合物持续搅打至完全冷却。

5. 分别将两种巧克力慢慢地隔水加热或用微波炉加热至融化，温度为40℃，依

次混入1/4打发的鲜奶油、剩余的鲜奶油和搅打至冷却的混合物，小心地用橡皮刮刀拌匀。做好后立刻使用。

举一反三

柠檬巧克力慕斯
可以将1个柠檬的果皮细细切碎后与融化的巧克力混合，为巧克力慕斯增香提味。

伯爵茶慕斯 Mousse au thé earl grey

准备时间：10分钟

制作500克慕斯所需的原料
水 100毫升
伯爵茶叶 10克
明胶 4片
意大利蛋白霜 175克（详见第41页）
打发鲜奶油 220克（详见第51页）

1. 将水在平底深锅中烧开，放入茶叶浸泡后过滤，注意浸泡不要超过4分钟。

2. 在装有充足冷水的容器中将明胶浸软，取出后挤干水分。将明胶慢慢地隔水加热至融化，之后倒入茶汤中，边倒边搅

拌至明胶彻底溶解。

3. 依次在明胶茶汤中掺入意大利蛋白霜和打发的鲜奶油，小心地用橡皮刮刀以略微上扬舀起的方式混合。

西班牙牛轧糖慕斯 Mousse au turrón de Jijona

准备时间：25分钟

制作500克慕斯所需的原料
明胶 1片
蛋黄 3个
浓度1.2624的糖浆 40毫升
西班牙牛轧糖膏 165克
打发鲜奶油 350克（详见第51页）

1. 在装有充足冷水的容器中将明胶浸软，取出后挤干水分。

2. 制作炸弹面糊（详见第84页）。在平底深锅中放入蛋黄和糖浆，隔水加热时持续搅打。

3. 离火后将混合物用电动打蛋器快速搅打至冷却，面糊搅打后起泡且十分膨胀。

4. 将明胶溶解于少量面糊中，之后将混合物倒入剩余的面糊中。

5. 将一部分打发的鲜奶油倒入西班牙牛轧糖膏中，之后倒入剩余的打发鲜奶油。

6. 将上面的混合物掺入面糊中，小心地用刮刀以略微上扬舀起的方式混合。

秘诀一点通

如果没有西班牙牛轧糖膏，可以用橡皮刮刀将糖搅拌成膏状。

糖和巧克力
Le sucre et le chocolat

糖是制作甜点、蛋糕、点心、果酱和糖果的基本原料。糖还可以用于制作镜面和镜面果胶以及作为装饰。巧克力则是制作糕点和糖果最为常用的口味。

糖 Le sucre

糖在温度不断升高的时候更容易在水中溶解。比如说，在19℃时，1升水可以溶解2千克糖，而当温度达到100℃时，1升水则可以溶解近5千克糖。在没有水进行熬制时，糖会在大约160℃的时候开始融化，在170℃开始慢慢变成焦糖，而当温度接近190℃时，糖就会烧焦。

熬煮糖时最好循序渐进。最好选择单柄厚底小平底锅，也可以选择没有镀锡的铜质或不锈钢材质的锅具，使用后彻底清洗，不过不要使用除垢剂或者抛光剂。

制作时最好选用精炼白糖，因其纯度较高，所以结晶的可能性较低。此外，也可以选用方糖或糖粉。熬制前应先将糖略微蘸湿，至少用300克水来溶解1千克糖。

开始熬糖时务必使用小火，之后随着糖开始融化开始加温，仔细留意观察，因为熬糖的每个阶段很接近，且每个不同的阶段都对应着独特的用途。

熬糖时可以使用糖浆比重计或者糖果温度计掌控制作过程，也可以用手指进行测试，原理是可以通过糖的物理属性来判断其当时所达到的温度（详见第68页）。

熬糖的各个阶段 Les étapes de la caisson du sucre

镜面 NAPPÉ（100℃）。糖浆，完全透明，开始沸腾；当漏勺迅速浸入时，会在其表面延展成镜面。

用途 巴巴蛋糕、糖浆水果、萨瓦兰蛋糕。

细线 PETIT FILÉ（103~105℃）。达到该温度时，糖浆更加浓稠。取一把汤匙浸泡于冷水中，取出后迅速放入糖浆中舀起，用手指捏取一点糖浆，指间会形成二三毫米的细丝且极易折断。

用途 糖渍水果、杏仁糖膏。

粗线或拔丝 GRAND FILÉ OU LISSE（106~110℃）。糖在指尖形成更加结实、可以拉起5毫米长的丝线状。

用途 镜面、所有标注"糖浆"字样而无其他明确说明的食谱。

小珠 PETIT PERLÉ（110~112℃）。糖浆表面覆盖着圆形的气泡，用汤匙舀起糖浆，捏一点在指尖，会出现宽而结实的线。

用途 翻糖、牛轧糖。

大珠或鼓泡 GRAND PERLÉ OU SOUFFLÉ（113~115℃）。糖浆在指尖可拉抻为2厘米的丝；如果垂下成为弯曲的捻状（超过1℃），称其为"猪尾巴"。当将漏勺浸入糖浆后从上面吹起，会在另一边鼓起气泡。

用途 糖衣水果、镜面、冰糖栗子、果酱用糖浆。

小球 PETIT BOULÉ（116~125℃）。将1滴糖浆滴入冷水中形成柔软的小球；气泡在漏勺中消失。

用途 法式奶油霜、焦糖软糖、果酱、果胶、意大利蛋白霜、牛轧糖。

大球 GRAND BOULÉ（126~135℃）。糖浆滴入冷水中后形成较硬的球，如雪花般的絮状物在漏勺中消失。

用途 焦糖、果酱、糖的装饰、意大利蛋白霜。

小碎裂 PETIT CASSÉ（136~140℃）。糖浆浸入冷水后立即变硬，仍粘牙，这个阶段的糖不可使用。

大碎裂 GRAND CASSÉ（146~155℃）。糖浆浸入冷水后变硬、易碎且无黏性；糖浆在锅壁形成明亮的浅金黄色。

用途 棉花糖、煮糖糖果、拉丝糖装饰、糖花、吹糖。

浅色焦糖 CARAMEL CLAIR（156~165℃）。糖浆中几乎没有水分后变成麦芽糖，接着变成焦糖，从一开始的黄色逐渐变成金黄色再到褐色。

用途 可以为点心和布丁、糖果、牛轧糖、模型焦糖、天使的发丝、镜面等添加香气。

褐色或深色的焦糖 CARAMEL BRUN OU FONCÉ（166~175℃）。此时的糖呈现出褐色且没有甜味；应该在制作以深色焦糖为基础的甜点中放糖。

用途 这是糖熬煮时碳化前的最后阶段，这种深色的焦糖特别适合作为酱汁或为清汤着色。

为什么有时候糖浆会结块？

当小火熬制糖浆时，水分不断蒸发。如果此时再倒入一些糖，则会使水分变得更少，而糖则会结晶凝块。因此，在熬制焦糖时，需要尽可能避免搅拌糖浆。如果在锅壁内产生结晶且蒸发速度很快时，这些结块就会再度掉落在糖浆中，进而造成堆积。为了避免这种现象的出现，在熬糖的全过程中建议使用蘸湿的毛刷轻拭锅壁。

——艾维·提斯

熬糖 Cuisson du sucre

秘诀一点通

当糖熬至"大碎裂"的阶段后继续加热熬煮，将会成为浅色的焦糖，之后就是褐色或深色的焦糖。

熬糖时最为稳妥的监测温度的方法就是利用糖浆比重计或者糖果温度计（最高刻度200℃）。尽管如此，专业人员仍然经常用手指来测试糖浆的温度，特别是在熬制少量糖浆的时候。将手指浸入盛有冰水的碗中，用蘸湿的大拇指和食指捏取一点糖浆，之后立即将糖浆浸入冷水中。抬起手指检测糖的浓稠度和硬度。用手检测的方法只可以进行到"大碎裂"这个阶段，之后的阶段则会对手造成烫伤的危险。

1. 将手指抬起，糖浆可以拉出丝来，这时称之为"丝线"（FILÉ）阶段。

2. 当指尖的糖浆成为扁而软的小珠子，这时就到了"小球"（PETIT BOULÉ）阶段。

3. 当指尖的糖浆不再塌陷而成为球状时，这时就到了"大球"（GRAND BOULÉ）阶段。

4. 当糖在两手的指间弯曲时仍保持柔软，这时就到了"小碎裂"（PETIT CASSÉ）阶段。

5. 当糖在两手的指间被轻易折断时，就到了"大碎裂"（GRAND CASSÉ）的阶段。

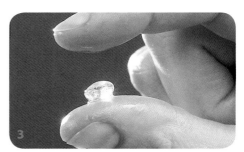

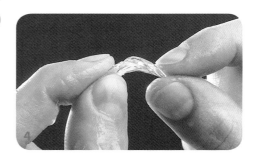

焦糖 Caramel 🎩🎩🎩

制作时间：10分钟

制作500克焦糖所需的原料
结晶糖450克
水 60毫升（4汤匙）

1. 将水和糖在厚底或铜质单柄小平底深锅中混合并加热，期间不时用湿润的毛刷轻拭锅内壁避免产生瞬时结晶。事实上，在熬制焦糖的过程中，平底深锅的内壁很有可能堆积上结晶的糖块而最终再次掉落在糖浆中。

2. 糖浆一旦开始沸腾就再次用湿润的毛刷擦拭锅的内壁，不时将刮勺浸入糖浆中观察焦糖的颜色。

3. 根据不同焦糖的用途选择停止熬煮的时间，褐色或深色焦糖可以用来在制作和调配过程中增添香气。

慕斯用焦糖 Caramel pour mousse 🎩🎩🎩

制作时间：10分钟

制作500克焦糖所需的原料
葡萄糖 100克　　细砂糖 130克
半盐黄油 25克
打发鲜奶油 250毫升（详见第51页）

1. 将葡萄糖慢慢地在平底深锅中加热至融化，但不要沸腾。

2. 将细砂糖倒入锅中，熬至变成金黄色的焦糖。

3. 然后立刻停止熬煮，分别将半盐黄油和打发的鲜奶油倒入，再次加热至沸腾，此时温度为103℃。

4. 待焦糖彻底冷却之后再用。

镜面用焦糖 Caramel à napper 🎩🎩🎩

制作时间：10分钟

制作500克焦糖所需的原料
鲜奶油 200毫升
细砂糖 250克
半盐黄油 50克

1. 将鲜奶油倒入小号平底深锅中加热至沸腾，放凉备用。

2. 将细砂糖一点一点倒入另一口平底深锅中，中火熬煮成为金黄色的焦糖。之后立刻停止加热，分别放入半盐黄油和放凉的鲜奶油，再次加热至沸腾。待焦糖彻底冷却后再用。

酱汁用焦糖 Caramel à sauce

制作时间：10分钟

制作500克焦糖所需的原料

细砂糖350克

水150毫升

1. 将细砂糖倒入平底深锅中熬煮，倒入少量水，小火加热使糖浆熬制成琥珀般深红色的焦糖。

2. 将剩余的水倒入锅中，用较大的火加热至沸腾。

3. 当焦糖呈现出漂亮的颜色时离火。

在模型中上焦糖 Caraméliser un moule

1. 在平底深锅中制作镜面用焦糖（详见第69页），不要放凉。

2. 将焦糖趁热倒入用于隔水加热的烘烤面团的模具中。

3. 快速转动模具至焦糖不再流动且模具底部和四周都覆盖上薄厚均匀的一层焦糖。

焦糖鸟巢 Cage en caramel

准备时间：10分钟

用焦糖丝线制作成独特的鸟巢，可以用于装饰冰激凌、煮水果或者奶油风味的甜点。尽可能在临使用前制作，因为做好后的鸟巢一二小时就会变软。上甜品前始终置于干燥通风处保存。

1. 制作液体焦糖。将不锈钢长柄大汤勺的勺背涂少量的油。将餐叉浸入焦糖中，取出后置于汤勺上来回移动并让焦糖流动起来。

2. 朝另一个方向，让焦糖丝线相互交错形成密实的网格状。

3. 当网格足够密实，用剪刀将突出的部分修剪齐整，稍微掀起鸟巢使之脱离汤勺，操作时尽量小心以免折断。

为何焦糖鸟巢会变软？

因为焦糖中不再含有水分，所以会再度吸收存在于室内空气中的湿气。同理，不要在酥皮的外面罩上钟形器皿，因为钟形罩会聚集热气，并将形成的湿气滴在酥皮上。

——艾维·提斯

简单的焦糖装饰 Décors simples en caramel

准备时间：15分钟

制作焦糖（详见第69页）。当焦糖呈现出金褐色时，将盛放焦糖的平底深锅浸入装满冷水的容器中。

1. 将烤盘纸铺在烤盘上。将汤匙浸入热焦糖中，取出后置于烤盘纸上方，焦糖会以丝线状滴落，根据自己的想法做出想要的形状。

2. 还可以将烤盘纸制作成圆锥形纸袋，剪掉尖端后成为裱花袋，挤出想要的装饰形状。当焦糖凝固后，小心地从烤盘纸上取下来。

翻糖 Fondant

准备时间：10分钟
制作时间：5分钟

制作500克翻糖所需的原料
方糖 450克
葡萄糖 20克
水 30毫升（2汤匙）

翻糖是白色、柔软且质感匀称的糖膏，适用于制作糖果或作为巧克力和糖果的填馅；可以经过着色和调味后使用。

在翻糖中加入少量的水、淡糖浆或者酒精后，隔水加热至融化，可以作为小杏仁饼、干燥或新鲜水果以及樱桃蒸馏酒的糖衣。

在糕点制作中会用到原味或各种风味翻糖，例如巧克力味、咖啡味、草莓味、柠檬味和橙子味。此外，翻糖还可以用来作为泡芙、闪电泡芙、千层派和修女泡芙的脆皮。

1. 将水、方糖和葡萄糖倒入厚底的平底深锅中大火加热至糖浆的"小球"阶段时离火，此时温度为121℃。

2. 将糖浆倒在完全冷却并涂过油的大理石石板或操作台上，稍微降温。

3. 将糖浆用抹刀使劲搅拌，并反复延展聚拢数次，直到质地顺滑匀称且呈现出白色。

4. 将翻糖放入密封或覆盖保鲜膜的容器中，在4℃的冰箱中冷藏保存。

行家分享

现成的甜点用翻糖可以在烘焙专卖店中买到。

翻糖镜面 Glaçage au fondant

准备时间：5分钟

制作500克翻糖镜面所需的原料
翻糖（详见第71页）或现成的
甜点用翻糖 400克
浓度1.2624的糖浆 100毫升

将翻糖揉捏至柔软，在平底深锅中慢慢地隔水加热至融化，温度不超过34℃，最后倒入糖浆，搅拌均匀。

1. 将准备浇上镜面的蛋糕放在甜点制作专用的网架上。将略微放凉的翻糖均匀地淋在蛋糕上。

2. 将翻糖用抹刀整平，薄薄地铺上一层。待多余的翻糖沥干凝固为止。

3. 将流淌在蛋糕下方的翻糖用抹刀向内整平。

举一反三

风味翻糖镜面
可以在翻糖镜面中添加20~30克咖啡精，或者 25克可可粉和另外30毫升（2汤匙）糖浆为这款翻糖镜面增香提味。

蛋白糖霜 Glace royale

准备时间：5分钟

制作500克蛋白糖霜所需的原料
柠檬 1个
糖粉 450克
蛋清 2个

1. 将柠檬榨汁。在容器中放入糖粉、蛋清和少量柠檬汁。

2. 将容器中的混合物用打蛋器搅打至发白顺滑。做好后立刻为蛋糕上镜面，室温下或置于敞开门的微温烤箱中凝固晾干。

行家分享

要想制作出好玩的装饰，可以制作500克蛋白糖霜时多放一些蛋清，就会得到质地更加柔软的糖霜。在里面放入1

片明胶使其完全溶解，就得到了可以用来覆盖人工饰品和蛋糕支架的糖霜，干燥后即可上色或直接装饰。

举一反三

风味蛋白糖霜
可以根据个人喜好为这款蛋白糖霜增香或着色，或者既添香也上色，创造出多种多样的蛋白糖霜。

气泡糖 Sucre bullé 👨‍🍳👨‍🍳👨‍🍳

准备时间：20分钟

制作500克气泡糖所需的原料
糖浆 500克（详见本页做法）

按下面的方法制作糖浆。将烤盘纸或硅油纸铺在烤盘中，撒上少量90℃的酒精。

1. 将熬制的无色或上色糖浆倒在烤盘纸中央，用抹刀小心地抹平，此时在烤盘纸上的酒精的作用下糖浆会开始起泡。

2. 趁糖温热柔软时，将烤盘纸揉搓成想要的形状，之后保持形状并冷却，再将烤盘纸略微掀起，此时糖开始逐渐变硬。

3. 当糖完全变硬后，小心地将糖与纸分离。

为什么酒精能让糖浆起泡？

酒精在78℃时就会沸腾，当在酒精上覆盖糖浆后，温度迅速升高，酒精开始蒸发，进而使糖浆产生起泡。

——艾维·提斯

糖浆 Sucre cuit 👨‍🍳👨‍🍳👨‍🍳

准备时间：10分钟

制作500克糖浆所需的原料
细砂糖 300克
水 100毫升
葡萄糖 100克

这款糖浆可用于糖果、糖片、棒棒糖、棉花糖的制作。然而最为常用的还是作为气泡糖、丝线糖、吹糖和拉糖等装饰性糖的基础材料。

1. 将水、细砂糖和葡萄糖在平底深锅中先用小火熬煮，之后加热至沸腾。当糖溶解后开始升温，留意观察直到熬至"大碎裂"（146~155℃）的阶段。

2. 待糖浆略微冷却后使用。

秘诀一点通

熬制糖浆时添加100克葡萄糖可以避免结晶现象的产生。

丝线糖（Sucre filé）（天使的发丝 cheveux d'ange）👨‍🍳👨‍🍳👨‍🍳

准备时间：10分钟

制作500克丝线糖所需的原料
糖浆 500克（详见第73页）

天使的发丝可以作为冰激凌和组合式塔状甜点的精致装饰物。因其极不耐热耐潮，所以需要在临近装饰甜品时制作。

1.将糖浆熬好。将盛放糖浆的平底深锅浸泡在装满冷水的容器中，阻止糖浆继续熬煮和上色。将餐叉或去除底部弧形部分只剩分叉的打蛋器浸入糖浆中，取出后抬高工具，在擀面杖上反复缠绕。

2.小心地略微拉起尚未变黏的丝线糖。

3.可以将丝线糖卷起，或在大理石操作台上展开成薄网，或做成小塑像的长裙，还可以做成其他不同的装饰品。

岩石糖 Sucre rocher 👨‍🍳👨‍🍳👨‍🍳

准备时间：5分钟
制作时间：10分钟

制作500克岩石糖所需的原料
细砂糖 400克
水 100毫升
蛋白糖霜 1汤匙（详见第72页）

1.在厚平底深锅中放入水和细砂糖，熬至"大碎裂"阶段（146~150℃）。

2.如有需要可以让糖浆上色。将蛋白糖霜混入，在其作用下糖浆会上下起伏。再倒入少量酒或柠檬汁，混合物会出现更多的小孔。

3.可以用这款岩石糖仿造建筑的底座。

吹糖 Sucre soufflé 👨‍🍳👨‍🍳👨‍🍳

准备时间：20分钟

制作500克吹糖所需的原料
细砂糖 350克
水 150毫升

1.把糖浆做成拉糖（详见第75页）。

2.将拉糖倒入梨形的吹糖模具中，浇注到需要装饰的地方。在风扇前制作吹糖，冷却后可获得均匀的效果。

秘诀一点通

吹糖可以根据需要进行着色处理。

拉糖 Sucre tire 👨‍🍳👨‍🍳👨‍🍳

准备时间：15分钟

制作500克拉糖所需的原料
糖浆 500克（详见第73页）

拉糖只用于装饰，常做成花朵或者缎带的形状，烘焙专卖店就可以轻松地买到现成的拉糖。

1. 将糖浆熬好（详见第73页），可根据需要着色，然后倒在涂抹了少许玉米油的大理石操作台上。

2. 从糖的边缘向内折叠至不断加厚。

3. 将糖聚拢成球状后，揉搓成短小的香肠形。

4. 当糖差不多不能再摊开时，将糖拉长后折叠，反复折叠15~20次，使糖呈现出缎子般顺滑光亮的质感。然后将糖的球状物在硫化纸上再次做成香肠形。

5. 将用手扯出的舌状物剪下来，可以做成花朵、阿拉伯花饰、树叶和缎带等装饰物。

秘诀一点通

制作拉糖时，最好选择在干燥且温暖的房间中进行。此外，用于制作的糖温度较高，建议带上橡胶手套再进行操作。

制作拉糖时，最好在糖浆中滴入5滴水和酒石酸（药店有售）的混合物。如果要给糖浆上色，请在温度为130℃，即糖浆熬好之前，倒入液体染色剂。

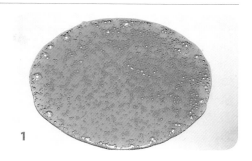

1

2

3

4

5

糖片Pastillage 🎩🎩🎩

准备时间： 20分钟

制作500克糖片所需的原料
明胶 2片
白醋 100毫升
糖粉 400克

秘诀一点通

当糖膏开始浓稠时，可以在混合的最后阶段添加染色剂。

糖片可以用于制作类似于雕刻的装饰小件，有的糕点师甚至用它来画画。将明胶在盛有冷水的容器中浸软，取出后挤干水分。将明胶放入碗中隔水加热或用微波炉加热至融化。然后倒入白醋。

1. 将融化的明胶和糖粉在容器中用手或打蛋器混合，混合物很快就会变硬。在操作台撒上薄面，将糖片用手掌压扁，尽可能揉搓均匀。

2. 将糖片一点一点用擀面杖擀开，因为其干燥得很快。

3. 将糖片用刀尖裁切出希望的形状后放入纸盒或模具中。

4. 也可以将糖片放入圆形、半圆形、星形、叶片等不同花样的小模具中。

巧克力 Le chocolat

巧克力会在接近30℃时融化。巧克力不能直接加热，而是应该隔水加热或者使用功率在600瓦以下的微波炉加热。

装饰用巧克力需要完美地保持其光亮、顺滑和稳定性。因此需对巧克力进行"调温"操作，即牛奶巧克力需达到45~50℃，黑巧克力为50~55℃，然后将隔水加热的平底深锅放入盛满冰块的容器中，同时搅拌巧克力直到温度下降至28℃，再根据不同的巧克力，再次加热至29~30℃或者30~31℃。

融化的巧克力同调温巧克力一样，都较难溶于液体中，并且会产生浓稠而坚硬的块。所以，如果想为巧克力增香提味，就应该事先制作巧克力淋酱（详见第79页）。

巧克力装饰 Décors en chocolat

将1块大理石板或不锈钢板放入冰箱冷冻1小时。取出后将调温巧克力涂抹开，即可制作出不同种类的装饰。

巧克力木纹 Bois en chocolat

在带有波纹的塑料板上涂抹一层巧克力，可以创造出木纹效果。

巧克力雪茄 Cigarettes en chocolat

将巧克力用批刀搓起，然后卷成雪茄状。

巧克力圆锥 Cône en chocolat

制作圆锥形纸袋，将调温巧克力倒入后，将纸袋反扣在大理石板上，放凉后脱模。

巧克力刨花 Copeau en chocolat

将巧克力涂层裁切成菱形，之后用批刀朝自己的方向刮起巧克力。

巧克力扇形 Éventails en chocolat

按照巧克力刨花的方法制作，区别是需将一根手指按压在刀面的一侧。

巧克力卷 Rouleaux en chocolat

将凝固但仍保持柔软的巧克力用锯齿刮刀搓起。

大理石巧克力 Chocolat marbré

准备时间：5分钟

制作250克巧克力所需的原料
白巧克力或牛奶巧克力 125克
半甜黑巧克力 125克

1. 分别对两种巧克力调温。

2. 将调温巧克力铺在极凉的操作台上，然后再铺上另外一种，小心地用汤匙或餐叉混合，制作出大理石花纹的效果。

行家分享

可以用大理石巧克力作为装饰，比如与甜点搭配在一起装盘。

喷雾巧克力 Chocolat pulvérisé

准备时间：5分钟

制作250克喷雾巧克力所需的原料

巧克力 175克

可可黄油 75克

1. 将希望装饰的蛋糕放入冰箱冷冻至最后一刻取出。

2. 将巧克力和可可黄油在40℃的温度下融化。

3. 将置于温热处的喷枪填入混合物。

4. 在蛋糕上方摆放选择的纸板形状，将巧克力用喷枪喷在上面。

5. 将纸板拿开，蛋糕上就会露出一层天鹅绒般的巧克力图案。

巧克力镜面 Glaçage au chocolat

准备时间：15分钟

制作250克巧克力镜面所需的原料

半甜黑巧克力 80克

法式发酵酸奶油 80毫升

软化的黄油 15克

巧克力酱 80克（详见第104页）

1. 将巧克力在碗中细细切碎或擦成碎末。将法式发酵酸奶油在平底深锅中加热至沸腾。离火后，将巧克力一点一点掺入。

2. 小心地将混合物从容器中央开始以小同心圆画圈圈的方式搅拌。

3. 待混合物的温度降至60℃以下时，倒入切成小块的软化黄油和事先做好的巧克力酱，边倒边搅拌均匀。

秘诀一点通

这款巧克力镜面适合在35~40℃时使用，在蛋糕上多浇注一些巧克力，涂抹会更加容易。此外，这款巧克力镜面极易凝固的同时还能很好地保持光泽。

巧克力淋酱 Les ganaches

巧克力淋酱是由巧克力、法式发酵酸奶油和黄油混合制作而成，可以做蛋糕的馅料，以及为蛋糕浇注果胶和镜面的材料。巧克力淋酱应该即做即用。此外，还可以使用烈酒、利口酒、咖啡和肉桂等为其增香提味。

巧克力淋酱 Ganache au chocolat

准备时间：10分钟

制作500克巧克力淋酱所需的原料
半甜黑巧克力 300克
法式发酵酸奶油 250毫升
研磨咖啡粉 10克

1. 将巧克力用刀在木板上切碎，或者在容器中擦成碎末。

2. 将200毫升法式发酵酸奶油在平底深锅中加热至沸腾，另外50毫升预留，在接下来的步骤中使用。

3. 将法式发酵酸奶油离火后倒入研磨咖啡粉，浸泡大约30分钟后过滤。酸奶油的分量会因此相应变少，大约只剩下160毫升，此时倒入预留的50毫升补充至开始的分量，约200毫升。再度加热。

4. 最后，将巧克力一点一点倒入，小心地从锅的中央以画小同心圆的方式用刮勺向外搅拌混合。

秘诀一点通

切勿过度搅打巧克力淋酱，因为空气的大量混入不利于巧克力淋酱的保存。

行家分享

可以将250克巧克力以小火加热融化后做成原味巧克力淋酱。之后加入70克搅打至柔软的黄油和250毫升法式发酵酸奶油。

焦糖巧克力淋酱 Ganache au caramel

准备时间：20分钟

制作500克巧克力淋酱所需的原料
半甜黑巧克力 115克
牛奶巧克力 85克
结晶糖 85克
半盐黄油 15克
法式发酵酸奶油 100毫升

1. 分别将两种巧克力细细切碎或擦成碎末后倒入半圆搅拌碗中。

2. 将糖一点点倒入厚底的平底深锅中熬煮，待焦糖刚开始起泡就将半盐黄油和法式发酵酸奶油倒入。

3. 将上述混合物加热至沸腾，将其中的一半浇在巧克力碎末上，之后小心地从锅的中央以画小同心圆的方式用刮勺向外搅拌混合。将剩余的液体混合物分2次倒入，并用同样的方法搅拌。

白巧克力淋酱 Ganache au chocolat blanc

准备时间：15分钟

制作500克白巧克力淋酱所需的原料
白巧克力 300克
法式发酵酸奶油 150毫升
可可黄油或植物油脂 50克

1. 将白巧克力细细切碎或者在容器中擦成碎末。

2. 将法式发酵酸奶油在平底深锅中加热至沸腾。

3. 离火后将巧克力碎末一点一点倒入，并小心地从锅的中央以画小同心圆的方式向外用刮勺搅拌混合。

4. 待混合物的温度降至60℃以下时，采用和上面相同的方法将所选的植物油脂混合拌匀。

牛奶巧克力淋酱 Ganache au chocolat au lait

准备时间：20分钟

制作500克牛奶巧克力淋酱所需的原料
牛奶巧克力 300克
鲜奶油 150毫升
葡萄糖 10克
常温黄油 50克

1. 将牛奶巧克力细细切碎或擦成粉末后放入半圆搅拌碗中。

2. 将鲜奶油倒入平底深锅中加热至沸腾，之后放入葡萄糖。

3. 将煮沸的一半葡萄糖鲜奶油倒入巧克力碎末中，小心地从容器中央以画小同心圆的方式向外搅拌混合。

4. 将剩余的鲜奶油分2次掺入，并采用和上面相同的方法进行搅拌。

5. 待混合物略微冷却至60℃以下，将切成小块的黄油拌入，同时轻轻地用刮勺搅拌。

柠檬巧克力淋酱 Ganache au citron

准备时间：20分钟

制作500克柠檬巧克力淋酱所需的原料
半甜黑巧克力 80克
苦甜黑巧克力 190克
细细切碎的柠檬皮碎末 1/5个
法式发酵酸奶油 200毫升
软化的黄油 50克

1. 分别将两种巧克力细细切碎或擦成碎末后放入半圆搅拌碗中，倒入柠檬皮搅拌均匀。

2. 将法式发酵酸奶油倒入平底深锅中加热至沸腾。

3. 在巧克力碎末中倒入一半烧开的法式发酵酸奶油，从锅的中央小心地以画小同心圆的方法向外混合搅拌。将剩余的酸奶油分2次倒入并按同样的方式进行搅拌。

4. 将软化的黄油切小块。

5. 待混合物的温度降至60℃以下时，倒入黄油小块，轻轻地搅拌混合。

秘诀一点通

为了再次利用剩余的巧克力淋酱，可将法式发酵酸奶油添加到剩余的巧克力淋酱中，每100克巧克力淋酱添加100毫升酸奶油。在将所有酸奶油混入巧克力淋酱前，不要让加热温度超过35℃。

覆盆子巧克力淋酱 Ganache à la framboise

准备时间：20分钟

制作500克覆盆子巧克力淋酱所
需的原料
半甜巧克力 240克
法式发酵酸奶油 100毫升
覆盆子泥 100克
细砂糖 20克
覆盆子利口酒或覆盆子奶油酱
10毫升
软化的黄油 30克

将巧克力细细切碎或擦成碎末后放入半圆搅拌碗中。分别将法式发酵酸奶油和覆盆子泥在2个平底深锅中加热至沸腾。

1. 在巧克力碎末上浇上一半烧开的酸奶油，从搅拌碗的中央小心地以画小同心圆的方式向外混合搅拌。

2. 依次将剩余的酸奶油、覆盆子果泥、细砂糖和覆盆子利口酒（或覆盆子奶油酱）倒入，并按照之前的方法进行混合。

3. 将软化的黄油切成极小的块。待混合物的温度降至60℃以下时，将黄油小块放入并用打蛋器搅拌均匀。

百香果巧克力淋酱 Ganache au fruit de la Passion

准备时间：20分钟

制作500克百香果巧克力淋酱所
需的原料
牛奶巧克力 320克
百香果泥 125克（五六个）
葡萄糖 15克
软化的黄油 50克

1. 将巧克力细细切碎或擦成碎末后放入半圆搅拌碗中。

2. 将百香果泥倒入平底深锅中加热至沸腾，倒入葡萄糖令其完全溶解。

3. 在巧克力碎末中一点一点倒入煮沸的百香果泥，小心地从搅拌碗中央以画小同心圆的方式向外搅拌混合。

4. 将软化的黄油切小块。

5. 待混合物的温度降至60℃以下时，倒入小块黄油并用刮勺轻柔地搅拌。

行家分享

要想为原味巧克力淋酱增加风味，可在平底深锅中放入2克浸泡过水果泥的姜丝或姜末。

薰衣草巧克力淋酱 Ganache à la lavande

准备时间：20分钟

制作500克薰衣草巧克力淋酱所需的原料

黑巧克力 300克

法式发酵酸奶油 250毫升

干燥的薰衣草 1茶匙

细砂糖 30克

软化的黄油 125克

1. 将巧克力细细切碎或擦成碎末后放入半圆搅拌碗中。

2. 将法式发酵酸奶油在平底深锅中加热至沸腾，放入干燥的薰衣草和细砂糖后浸泡15~20分钟，过滤。

3. 再次将混合物加热至沸腾，并将烧开的一半混合物倒入巧克力碎末中，轻柔地用刮勺搅拌混合，但不要将空气混入。

4. 将剩余酸奶油和薰衣草的混合物倒入，按照之前的方法混合。

5. 待混合物的温度降至60℃以下时，放入切成小块的黄油，轻柔地拌匀。

装饰用巧克力淋酱 Ganache pour masquage

准备时间：15分钟

制作500克装饰用巧克力淋酱所需的原料

即食巧克力 250克

过筛的可可粉 15克

法式发酵酸奶油 250毫升

1. 将即食巧克力细细切碎或擦成碎末，与过筛的可可粉一起倒入半圆搅拌碗中。

2. 将法式发酵酸奶油加热至沸腾。

3. 将酸奶油慢慢地倒在巧克力可可粉中，边倒边用电动打蛋器低速搅打混合。

4. 用漏斗形筛网过滤混合物，滤掉残留的巧克力颗粒。

行家分享

这款巧克力淋酱具有理想的质感，非常适合装饰蛋糕时使用。

蜂蜜巧克力淋酱 Ganache au miel

准备时间：20分钟

制作400克蜂蜜巧克力淋酱所需的原料

半甜黑巧克力 100克

牛奶巧克力 100克

法式发酵酸奶油 110克

蜂蜜 75克

软化的黄油 20克

1. 分别将两种巧克力细细切碎或擦成碎末后放入半圆搅拌碗中。

2. 将法式发酵酸奶油倒入平底深锅中加热至沸腾，之后倒入蜂蜜。

3. 在巧克力中倒入一半烧开的混合物，从搅拌碗中央起，小心地月刮勺以画小同心圆的方式向外搅拌混合。

4. 将剩余的酸奶油蜂蜜倒入后，按照上述方式进行混合。

5. 待混合物的温度降至60℃以下时，放入切成小块的黄油，轻柔地拌匀。

开心果巧克力淋酱 Ganache à la pistache

准备时间：20分钟

制作500克开心果巧克力淋酱所需的原料

白巧克力 400克

法式发酵酸奶油 200毫升

着色的开心果膏 180克

1. 将巧克力细细切碎或擦成碎末后放入半圆搅拌碗中。

2. 将法式发酵酸奶油和着色的开心果膏倒入平底深锅中加热至沸腾。

3. 在巧克力碎末中倒入一半烧开的混合物，从搅拌碗中央起，小心地用刮勺以画小同心圆的方式向外搅拌混合。

4. 将剩余的酸奶油开心果酱倒入后按照上面的方法拌匀。

茶香巧克力淋酱 Ganache au thé

准备时间：20分钟

制作500克茶香巧克力淋酱所需
的原料
不太苦的黑巧克力 200克
牛奶巧克力 80克
中国茶 5克
煮沸的鲜奶油 250毫升
法式发酵酸奶油 150毫升
软化的黄油 30克

1．分别将两种巧克力细细切碎或擦成
碎末后放入半圆搅拌碗中。

2．在煮沸的200毫升鲜奶油中放入中
国茶，浸泡4分钟后过滤，得到大约160
毫升的鲜奶油，此时用预留的50毫升鲜奶
油补充至最初的约200毫升的分量，再次
加热。

3．将150毫升的法式发酵酸奶油加热
至沸腾后倒入茶味鲜奶油中。

4．在巧克力碎末中倒入一半的上述混
合物，从搅拌碗中央起，小心地用刮勺以
画小同心圆的方式向外搅拌混合。

5．将步骤3中剩余的混合物分2次掺入
巧克力的混合物中，按照上面的方法进行
混合。

6．待混合物的温度降至60℃时，放入
切成小块的黄油，轻柔地拌匀。

三香巧克力淋酱 Ganache aux trois épices

准备时间：20分钟

制作500克三香巧克力淋酱所需
的原料
黑巧克力 150克
牛奶巧克力 150克
法式发酵酸奶油 250毫升
细砂糖 30克
肉桂 1根
黑胡椒粒 四五颗
牙买加多香果粒 三四颗
软化的黄油 125克

1．分别将两种巧克力细细切碎或擦成
碎末后放入半圆搅拌碗中。

2．将法式发酵酸奶油倒入平底深锅
中加热至沸腾，接着依次放入细砂糖、掰
碎的肉桂、磨碎的黑胡椒和多香果，浸泡
15~20分钟后过滤。

3．将混合物再次加热至沸腾，之后

将一半倒入巧克力碎末中，从搅拌碗中央
起，小心地以画小同心圆的方式用刮勺搅
拌混合。

4．将剩余的一半混合物倒入后按照上
面的方式搅拌混合。

5．待混合物的温度降至60℃以下时，
放入切成小块的黄油，轻柔地拌匀。

威士忌巧克力淋酱 Ganache au whisky

准备时间：15分钟

制作500克威士忌巧克力淋酱所
需的原料
黑巧克力 250克
牛奶巧克力 65克
法式发酵酸奶油 80毫升
未经火烧的木桶中储存的威士
忌 100 毫升

1．分别将两种巧克力细细切碎或擦成
碎末后放入半圆搅拌碗中。

2．将法式发酵酸奶油倒入平底深锅中
加热至沸腾。

3．离火后慢慢地将煮沸的酸奶油倒入
巧克力和威士忌的混合物中。从搅拌碗中
央起，小心地以画小同心圆的方式用刮勺
向外搅拌混合。

冰激凌、雪葩和冰沙
Les glaces, sorbets et granités

这些冰品以水果为主，以烈酒或利口酒增香提味，是经巴氏杀菌处理的混合物。冰激凌中含有奶油酱、牛奶，偶尔还会放入鸡蛋；雪葩含有糖浆；冰沙则是由少量糖或提香的水果糖浆制作而成。

炸弹面糊 Appareil à bombe 👨‍🍳👨‍🍳👨‍🍳

准备时间：10分钟
制作时间：5分钟

制作1千克面糊所需的原料
蛋黄10个
浓度为1.406的糖浆300毫升
（150毫升水烧开后放入160克糖）
打发鲜奶油500毫升（详见第51页）

1. 在平底深锅中放入蛋黄和糖浆，隔水加热时搅打混合。

2. 离火后将混合物搅打至彻底冷却并起泡，小心地放入打发的鲜奶油。

行家分享

可以根据个人喜好添加朗姆酒、樱桃酒、马鞭草、龙胆草、草莓、巧克力、开心果、香草等增香提味。可将做好的成品放入不锈钢食品盒中保存。

在模具内加上冰激凌涂层 Chemiser un moule de glace

1. 将炸弹模具放入冰箱冷冻1小时。在模具底部用抹刀放入冰激凌以去除气泡，之后顺着内壁往上涂抹。

2. 确保冰激凌涂层薄厚均匀，最后沿着模具的上缘整平，形成清晰齐整的边缘。

秘诀一点通

在模具内加上冰激凌涂层时，要想防止脱模时内壁上残留冰激凌，可以在模具内铺上硫化纸作为衬底。

冰激凌 Les glaces

杏仁冰激凌 Glace aux amandes

准备时间：20分钟

制作1千克冰激凌所需的原料
甜杏仁 70克
全脂鲜奶 500毫升
蛋黄 4个
细砂糖 150克
剖开并刮出籽的香草荚 1根

1. 用170℃烘烤甜杏仁15~20分钟。
2. 待杏仁冷却后在木板上细细切碎。
3. 将全脂鲜奶烧开后掺入烘烤并切碎的杏仁。
4. 将蛋黄和细砂糖倒入平底深锅中

略微搅打后，倒入杏仁牛奶中。
5. 再次将平底深锅加热至材料混合均匀。
6. 过滤上述混合物，放入剖开的香草荚和香草籽，浸泡约30分钟。
7. 冷冻保存。

阿马尼亚克冰激凌 Glace à l'armagnac

准备时间：20分钟

制作1千克冰激凌所需的原料
牛奶 150毫升
法式发酵酸奶油 500毫升
蛋黄 7个
细砂糖 125克
阿马尼亚克烧酒 30克

1. 将牛奶和法式发酵酸奶油倒入平底深锅中加热至沸腾。
2. 将蛋黄和细砂糖倒入另一口平底深锅中使劲搅打。
3. 将牛奶和酸奶油的混合物与蛋黄和细砂糖的混合物放在一起，采用和

英式奶油酱相同的方式进行熬煮（详见第43页），不断地搅拌直到83℃，切勿煮沸。
4. 放入装满冰块的容器中彻底冷却。
5. 将混合物调入阿马尼亚克烧酒后冷冻。

咖啡冰激凌 Glace au café

准备时间：15分钟

制作1千克冰激凌所需的原料
全脂鲜奶 500毫升
速溶咖啡 3汤匙
蛋黄 6个
细砂糖 200克
鲜奶油香缇 200毫升（详见第49页）

1. 将全脂鲜奶油倒入平底锅中加热至沸腾，加入速溶咖啡后过滤。

2. 将蛋黄和细砂糖在另一口平底深锅中略微搅打，倒入烧开的牛奶咖啡，采用和英式奶油酱相同的方式（详见第43页），熬煮至83℃，切勿煮沸。

3. 将混合物在装满冰块的容器中彻底冷却，接着放入鲜奶油香缇，以略微上扬舀起的方式小心地混合。

4. 冷冻保存。

行家分享

可以使用浸泡过利口酒的咖啡豆装饰冰激凌。

焦糖冰激凌 Glace au caramel

准备时间：25分钟

制作1千克冰激凌所需的原料
全脂鲜奶 500毫升
冷冻的鲜奶油 150毫升
蛋黄 5个
细砂糖 260克

1. 将全脂鲜奶和50毫升冷冻的鲜奶油倒入平底深锅中加热至沸腾。

2. 将剩余的鲜奶油在碗中打发。

3. 将蛋黄和85克细砂糖在另一口平底深锅中轻柔地搅打至混合。

4. 将剩余的细砂糖一点一点地在第3口平底深锅中熬煮至深琥珀色。

5. 将打发的鲜奶油迅速倒入焦糖中并用刮勺搅拌混合，之后将其倒入热牛奶和鲜奶油的混合物中。

6. 将上面的混合物倒入蛋黄和细砂糖中，采用和英式奶油酱相同的方式（详见第43页），熬煮至83℃，切勿煮沸。

7. 当混合物沾附于勺背时离火，之后放入装满冰块的容器中彻底冷却。

8. 冷冻保存。

秘诀一点通

打发鲜奶油的使用避免了糖向外溅出。

举一反三

焦糖肉桂冰激凌
制作这款冰激凌时，可以在熬制焦糖时放入3根肉桂。在烧开的牛奶中倒入熬好的肉桂奶油酱，浸泡1小时后捞出肉桂。

巧克力冰激凌 Glace au chocolat

准备时间：20分钟

制作1千克冰激凌所需的原料
半甜黑巧克力 140克
水 100毫升
全脂鲜奶 500毫升
蛋黄 3个
细砂糖 110克

1. 将巧克力在木板上细细切碎或擦成碎末。

2. 在平底深锅中倒入巧克力碎末和100毫升水，隔水加热至慢慢融化，加盖。

3. 将蛋黄和细砂糖在另一口平底深锅中搅打至出现缎带状条纹。

4. 将全脂鲜奶烧开后倒入巧克力中，用刮勺搅拌均匀。

5. 将巧克力牛奶倒入蛋黄和细砂糖的混合物中，采用和英式奶油酱相同的方式（详见第43页），熬煮至83℃，切勿煮沸，之后放入装满冰块的容器中彻底冷却。

6. 冷冻保存。

草莓冰激凌 Glace à la fraise

准备时间：10分钟
冷藏时间：1小时

制作1升冰激凌所需的原料
草莓 500克
细砂糖 100克
香草冰激凌 500克（详见第90页）

1．将草莓和细砂糖在隔水加热的容器中熬煮约20分钟至果泥状。

2．将草莓泥用细网格滤器过滤，过滤后的酱汁放一旁备用。

3．待草莓泥冷却后，放入容器中并覆盖保鲜膜入冰箱冷藏1小时。

4．混合草莓酱汁、300克草莓泥和香草冰激凌。

5．冷冻保存。食用前放入剩余的草莓泥。

覆盆子冰激凌 Glace à la framboise

准备时间：10分钟
冷藏时间：6小时

制作1升冰激凌所需的原料
覆盆子 400克
覆盆子蒸馏酒 1汤匙
柠檬汁 20毫升
细砂糖 150克

1．挑出几颗覆盆子留作装饰用。

2．用电动打蛋器将剩余的覆盆子打成果泥，并用塑料滤器滤除果肉中的子。

3．混合覆盆子果汁、覆盆子蒸馏酒和柠檬汁。

4．将上述混合物在冰激凌模具中搅打至泡沫状，再倒入细砂糖持续搅打。

5．将搅打好的混合物放入冰箱冷冻2小时。

6．取出后再次搅打，接着再冷冻1小时。

7．再重复一次上面的步骤，直到混合物彻底冷冻为止。

白奶酪冰激凌 Glace au fromage blanc

准备时间：10分钟

制作1升冰激凌所需的原料
水 400毫升
细砂糖 240克
柠檬皮 1个
白奶酪 350克
柠檬汁 20毫升

1．将水、细砂糖和柠檬皮在平底深锅中加热至沸腾，放凉备用。

2．将白奶酪和柠檬汁一点一点倒入，充分搅拌至均匀。

3．冷冻保存。

行家分享

制作这款冰激凌最好使用脂肪含量为40%的白乳酪。

芳香草本冰激凌 Glace au herbes aromatiques

准备时间：15分钟

制作1升冰激凌所需的原料
全脂鲜奶 150毫升
法式发酵酸奶油 500毫升
按照个人口味选择的新鲜罗勒叶、鼠尾草或百里香 20克
蛋黄 8个
细砂糖 200克

1．将全脂鲜奶和法式发酵酸奶油倒入平底深锅中加热至沸腾。

2．离火后放入挑选的各种切碎的草本碎末，加盖浸泡20分钟后过滤。

3．将蛋黄和细砂糖在另一口平底深锅中搅打均匀。

4．将烧开的牛奶酸奶油倒入蛋黄和糖的混合物中，采用和英式奶油酱相同的方式（详见第43页），熬煮至83℃，切勿煮沸，之后放入装满冰块的容器中彻底冷却。

5．冷冻保存。

薄荷冰激凌 Glace à la menthe

准备时间：20分钟

制作1升冰激凌所需的原料

全脂鲜奶 150毫升

法式发酵酸奶油 500毫升

切碎的新鲜薄荷叶 25克

蛋黄 8个

细砂糖 200克

新鲜薄荷叶 10片

1. 将全脂鲜奶和法式发酵酸奶油倒入平底深锅中加热至沸腾。

2. 离火后放入切碎的薄荷叶，加盖浸泡20分钟后过滤。

3. 将蛋黄和细砂糖在另一口平底深锅中搅打均匀。

4. 将牛奶倒入蛋黄和细砂糖的混合物中，采用和英式香草奶油酱相同的方式（详见第43页），熬煮至83℃。

5. 将混合物放入装满冰块的容器中彻底冷却。

6. 冷冻保存。在这个步骤最后，放入细细切碎的新鲜薄荷叶。

椰子冰激凌 Glace à la noix de coco

准备时间：20分钟

制作1升冰激凌所需的原料

法式发酵酸奶油 600毫升

椰蓉 115克

水 100毫升

牛奶 70毫升

红糖 140克

蛋黄 4个

1. 将40毫升法式发酵酸奶油和椰蓉放入平底深锅中加热至沸腾，离火后浸泡10分钟。

2. 用电动打蛋器搅打上述混合物并倒入开水。

3. 将混合物用细网格滤器过滤，将椰子酸奶油放一旁备用。

4. 将牛奶加热后放入红糖，使其完全溶解。将甜牛奶倒入蛋黄中，边倒边搅打，之后倒入椰子酸奶油和剩余的酸奶油。

5. 将混合物在装满冰块的容器中彻底冷却。

6. 冷冻保存。

夏威夷果冰激凌 Glace à la noix de macadamia

准备时间：15分钟

制作1升冰激凌所需的原料

细砂糖 100克

夏威夷果 150克

黄油 20克

香草冰激凌 750毫升（详见第90页）

1. 将细砂糖一点点倒入厚底平底深锅中熬制成焦糖，之后倒入整颗夏威夷果，迅速搅拌至完全为焦糖包裹。

2. 将焦糖夏威夷果和黄油混合，倒入烤盘中晾凉后将其磨碎。

3. 最后将焦糖夏威夷果碎倒入香草冰激凌中搅拌均匀。

蜂蜜香料面包冰激凌 Glace au pain d'épice

准备时间：15分钟

制作1升冰激凌所需的原料

李子干 3个

全脂鲜奶 600毫升

法式发酵酸奶油 100毫升

松软的蜂蜜香料面包 5克

蛋黄 7个

细砂糖 150克

茴香开胃酒 1茶匙

1. 将李子干在盘子中切丁。

2. 将全脂鲜奶和法式发酵酸奶油倒入平底深锅中加热至沸腾。

3. 在沙拉盆中放入混合物、切成丁的蜂蜜香料面包、香料（茴香粒、肉桂和丁香等）和李子丁，使劲用刮刀或电动打蛋器搅打至顺滑。

4. 将蛋黄和细砂糖倒入另一口平底深锅中搅打均匀，倒入烧开的牛奶和酸奶油，采用和英式奶油酱相同的方式（详见第43页），熬煮至83℃，切勿煮沸。

5. 将混合物放入装满冰块的容器中彻底冷却，之后倒入茴香开胃酒。

6. 冷冻保存。

牙买加多香果冰激凌 Glace au piment de la Jamaïque

准备时间：20分钟
静置时间：24小时

制作1升冰激凌所需的原料
全脂鲜奶 120毫升
磨碎的牙买加多香果 5克
全脂鲜奶 450毫升
法式发酵酸奶油 100毫升
蛋黄 8个
细砂糖 200克

1. 将120毫升全脂鲜奶倒入平底深锅中加热至沸腾，放入牙买加多香果浸泡2小时。

2. 将多香果牛奶过滤后，再将滤出的1/3的多香果放入牛奶中浸泡，之后将450毫升全脂鲜奶和法式发酵酸奶油倒入并烧开。

3. 将蛋黄和细砂糖倒入另一口平底深锅中略微搅打，再倒入烧开的多香果牛奶，采用和英式奶油酱相同的方式（详见第43页），熬煮至83℃。

4. 将混合物放入装满冰块的容器中彻底冷却，之后放入冰箱冷藏静置24小时后冷冻保存。

行家分享

牙买加多香果由类似白胡椒颗粒大小的果实组成，青绿色时采摘，经阳光照射晒干，成为棕色后即可使用。在美国以多香果的名称为人所知，有白胡椒的味道，同时还有肉豆蔻、肉桂和丁香的香味。

开心果冰激凌 Glace à la pistache

准备时间：25分钟
静置时间：12小时

制作1千克冰激凌所需的原料
去壳的西西里开心果 50克
全脂鲜奶 500毫升
法式发酵酸奶油 100毫升
纯开心果膏 60~70克
葡萄糖 25克
苦杏仁精 1滴
蛋黄 6个
细砂糖 100克

1. 用170℃烘烤开心果15~20分钟，放凉后捣碎或切碎。

2. 将全脂鲜奶和法式发酵酸奶油倒入平底深锅中加热至沸腾，再倒入纯开心果膏，搅拌至彻底溶解后加入葡萄糖并滴入苦杏仁精，浸泡15分钟。

3. 将蛋黄和细砂糖在另一口平底深锅中略微搅打，之后倒入开心果味牛奶，采用和英式奶油酱相同的方式（详见第43页），熬煮至83℃，但切勿煮沸。

4. 将混合物放入装满冰块的容器中彻底冷却，之后置于阴凉处12小时，搅拌制成冰激凌。

行家分享

苦杏仁精不要超过1滴，否则会使冰激凌因过苦而无法食用。

糖渍水果冰激凌 Glace plombières

准备时间：25分钟

制作1千克冰激凌所需的原料
糖渍水果 70克
朗姆酒 30毫升
法式发酵酸奶油 650毫升
去皮甜杏仁 100克
去皮苦杏仁 3克
全脂鲜奶 700毫升
蛋黄 4个
细砂糖 100克

1. 将糖渍水果切小丁后放入朗姆酒中浸泡。

2. 将法式发酵酸奶油倒入平底深锅中加热至沸腾。

3. 将甜杏仁和苦杏仁放入电动打蛋器中一起搅碎，一点点倒入全脂鲜奶，再放入烧开的酸奶油，拌匀。

4. 将混合物过滤并尽量挤压。

5. 将蛋黄和细砂糖在容器中搅打。将甜苦杏仁牛奶烧开后倒入蛋黄中，采用和英式奶油酱相同的方式（详见第43页），熬煮至83℃，但切勿煮沸。

6. 将混合物放入装满冰块的容器中彻底冷却后入冰箱冷冻保存。

7. 趁冰激凌的质感柔软时放入沥干的糖渍水果丁，之后再放入冰箱冷冻。

藏红花玫瑰水冰激凌 Glace au safran et à l'eau de rose

准备时间：15分钟

制作1千克冰激凌所需的原料
全脂鲜奶 600毫升
法式发酵酸奶油 200毫升
香草精 1茶匙
蛋黄 4个
细砂糖 100克
藏红花粉 1茶匙
玫瑰花水 20毫升

1. 将全脂鲜奶和法式发酵酸奶油倒入平底深锅中加热至沸腾后倒入香草精。

2. 将蛋黄和细砂糖放入另一口平底深锅中并搅打，之后倒入烧开的牛奶和酸奶油的混合物，采用和英式奶油酱相同的方式（详见第43页），熬煮至83℃，但切勿煮沸。之后离火。

3. 将藏红花粉倒入少量热水中，之后和玫瑰花水一起倒入上面的混合物中，拌匀。

4. 将混合物放入装满冰块的容器中彻底冷却。冷冻保存。

松露冰激凌 Glace à la truffe

准备时间：15分钟

制作1升冰激凌所需的原料
全脂鲜奶 350毫升
鲜奶油 350毫升
切碎的松露 10克
蛋黄 10个
细砂糖 120克
甜雪利酒 10毫升

1. 将全脂鲜奶和鲜奶油倒入平底深锅中加热至沸腾，接着加入切碎的松露浸泡15分钟。过滤后保留松露碎。

2. 将蛋黄和细砂糖在另一口平底深锅中搅打后，倒入松露牛奶，采用和英式奶油酱相同的方式（详见第43页），熬煮至83℃，但切勿煮沸。

3. 待混合物冷却后，倒入甜雪利酒和松露碎。

4. 冷冻保存。

茶香冰激凌 Glace au thé

准备时间：20分钟

制作1升冰激凌所需的原料
全脂鲜奶 600毫升
法式发酵酸奶油 120毫升
茶 14克
白胡椒粒 适量
蛋黄 6个
细砂糖 140克

1. 将全脂鲜奶和法式发酵酸奶油倒入平底深锅中加热至沸腾。将茶（伯爵、阿萨姆或锡兰茶）放入混合物中浸泡，但不要超过4分钟。

2. 将混合物过滤后放入研磨器旋转2圈分量的白胡椒粒。

3. 将蛋黄和细砂糖倒入另一口平底深锅中搅打，将奶茶的混合物倒入后，采用和英式奶油酱相同的方式（详见第43页），熬煮至83℃。

4. 将混合物放入装满冰块的容器中彻底冷却。冷冻保存。

香草冰激凌 Glace à la vanille

准备时间：15分钟

制作1升冰激凌所需的原料
全脂鲜奶 150毫升
法式发酵酸奶油 500毫升
剖成两半并刮出籽的香草荚 1根
蛋黄 7个
细砂糖 150克

1. 将全脂鲜奶和法式发酵酸奶油倒入平底深锅中加热至沸腾。

2. 将剖成两半的香草荚和刮出的香草籽放入烧开的溶液中，浸泡30分钟后过滤。

3. 将蛋黄和细砂糖放入另一口平底深锅中搅打，之后倒入香草牛奶，采用和英式奶油酱相同的方式（详见第43页），熬煮至83℃，但切勿煮沸。

4. 将混合物放入装满冰块的容器中彻底冷却。

5. 冷冻保存。

行家分享

可以将香草荚和香草籽浸泡在混合物中冷藏过夜，为冰激凌增香提味。

雪葩 Les sorbets

鲜杏雪葩 Sorbet à l'abricot

准备时间：20分钟

制作1升雪葩所需的原料
完全成熟的杏 1.2千克
细砂糖 200克
柠檬 2个
水 300毫升

1. 将杏剖成两半后去核。将焗烤盘中铺上一层杏和200克细砂糖，放入烤箱用180~200℃焗烤20分钟。
2. 将焗烤后的杏用电动打蛋器或果蔬榨汁机搅打成果泥，之后倒入40毫升柠檬汁和300毫升水，拌匀。

3. 将混合物放入冰激凌机中制作。

行家分享

可以添加从6个杏核中取出的杏仁，为冰激凌增添一缕杏仁的清香。

菠萝雪葩 Sorbet à l'ananas

准备时间：20分钟

制作1升雪葩所需的原料
菠萝 1.5千克
水 150毫升
细砂糖 200克
柠檬汁 20毫升
樱桃酒 15毫升（1汤匙，可酌选）

1. 将菠萝切开，去除里面的硬心。将菠萝肉切丁后放入电动打蛋器中搅打成650克的菠萝泥，之后用置于容器上的细网格滤器过滤。
2. 将水和细砂糖倒入平底深锅并加热至沸腾，得到清淡的糖浆。

3. 将糖浆倒入菠萝泥中，拌匀。
4. 将混合物再次倒入平底深锅中加热至沸腾，放入柠檬汁，也可选择性地倒入樱桃酒。
5. 将混合物放入冰激凌机中搅拌。

牛油果雪葩 Sorbet à l'avocat

准备时间：10分钟

制作1升雪葩所需的原料
牛油果 700克
柠檬汁 50毫升
水 300毫升
细砂糖 270毫升

1. 将牛油果对半切开后去皮、去核。将牛油果肉切小块，放入电动打蛋器搅打成370克果泥。
2. 将牛油果泥放在容器中，倒入柠檬汁防止变黑。

3. 将水和细砂糖倒入平底深锅并加热至沸腾，得到清淡的糖浆，放凉备用。
4. 将牛油果泥与糖浆混合。
5. 将混合物倒入冰激凌机中搅拌。

香蕉雪葩 Sorbet à la banane

准备时间：10分钟

制作1升雪葩所需的原料
橙子 2个
中等大小的柠檬 2个
完全成熟的香蕉 6根
糖粉 50克

1. 将橙子和柠檬榨汁。
2. 将香蕉剥皮后切成小丁，放入电动打蛋器或果蔬榨汁机中搅打成850克香蕉泥。

3. 在香蕉泥中倒入橙汁，拌匀后再倒入柠檬汁。
4. 加入糖粉后搅拌至彻底融化。
5. 将混合物放入冰激凌机中搅拌。

黑醋栗雪葩 Sorbet au cassis

准备时间：10分钟

制作1升雪葩所需的原料

黑醋栗 400克

水 400毫升

细砂糖 250克

柠檬 1/2个

1. 将黑醋栗加热并熬制成果泥。

2. 将水和细砂糖倒入平底深锅中烧开，熬成浓度为1.140的糖浆。放至微温。

3. 将半个柠檬榨汁。

4. 将柠檬汁倒入糖浆中，之后放入黑醋栗泥，拌匀。

5. 将混合物倒入冰激凌机中搅拌。

香槟雪葩 Sorbet au champagne

准备时间：10分钟

制作1升雪葩所需的原料

香草荚 1/4根

水 220毫升

细砂糖 220克

橙皮 1/2个

柠檬皮 1/2个

柠檬 1个

香槟 500毫升

意大利蛋白霜 30克（详见第41页）

1. 将香草荚剖开成两半并刮出香草籽。

2. 将水、细砂糖、橙皮、柠檬皮、香草荚和香草籽放入平底深锅中加热至沸腾，浸泡15分钟后用置于容器上的滤器过滤。

3. 将柠檬榨汁。将2茶匙柠檬汁和香槟倒入平底深锅的混合物中，放至彻底冷却。

4. 将事先做好的意大利蛋白霜掺入，小心地以略微上扬舀起的方式混合。

5. 放入冰激凌机中搅拌。

行家分享

放入雪葩中的意大利蛋白霜会赋予其浓稠的质感，否则会很稀。

巧克力雪葩 Sorbet au chocolat

准备时间：10分钟

制作1升雪葩所需的原料

水 600毫升

细砂糖 220克

苦甜巧克力（可可脂含量70%）220克

1. 将水和糖倒入平底深锅中加热至沸腾，熬成清淡的糖浆。

2. 将巧克力细细切碎或擦成碎末，之后一点一点倒入糖浆中，拌匀且完全融化其中。

3. 将混合物加热至沸腾。

4. 放至彻底冷却。

5. 倒入冰激凌机中搅拌。

柠檬雪葩 Sorbet au citron

准备时间：10分钟

制作1升雪葩所需的原料

水 250毫升

细砂糖 250克

奶粉 250克

柠檬 6个

1. 将水和细砂糖倒入平底深锅中加热至沸腾，并熬成清淡的糖浆。

2. 将糖浆倒入容器中，放至彻底冷却。

3. 将柠檬榨汁后得到250毫升柠檬汁。

4. 将柠檬汁和奶粉倒入糖浆中，拌匀。

5. 将混合物倒入冰激凌机中搅拌。

秘诀一点通

因为牛奶遇到柠檬汁后会凝结，所以制作这款雪葩时使用了奶粉，并且在制作的最后再放入糖浆中。

罗勒青柠雪葩 Sorbet au citron vert et au basilica

准备时间：15分钟

制作1升雪葩所需的原料
罗勒叶 8片
水 400毫升
细砂糖 350克
橙皮 1/2个
青柠檬 4个

1. 将3片罗勒叶细细切碎。

2. 将水、细砂糖和橙皮放入平底深锅中加热至沸腾，离火后放入切碎的九层塔浸泡15分钟。

3. 待上述混合物冷却后，将细网格滤器置于容器上过滤。

4. 将剩余的5片罗勒叶细细切碎。将柠檬榨汁得到250毫升柠檬汁。

5. 将柠檬汁和切碎的罗勒叶放入过滤后的混合物中拌匀。

6. 将混合物倒入冰激凌机中搅拌。

榅桲雪葩 Sorbet au coing

准备时间：20分钟
制作时间：45分钟

制作1升雪葩所需的原料
榅桲 1.5千克
水 100毫升
柠檬 1个
细砂糖 250克

1. 将榅桲去皮后仔细地取出果核。将果肉切块后放入盛有开水平底深锅中持续加热45分钟。

2. 趁榅桲尚有热度时，倒入果蔬榨汁机中搅打成约800克果泥。

3. 将柠檬榨汁。

4. 将水、细砂糖和柠檬汁倒入另一口平底深锅中加热至沸腾。

5. 将榅桲泥倒入上面的混合物中。

6. 待混合物彻底冷却后倒入冰激凌机中搅拌。

草莓雪葩 Sorbet à la fraise

准备时间：10分钟

制作1升雪葩所需的原料
完全成熟的草莓 1千克
柠檬 1个
细砂糖 250克

1. 仔细地去除草莓的梗，放入电动打蛋器或果蔬榨汁机中搅打成750克果泥。将滤器置于容器上过滤草莓泥。

2. 将柠檬榨汁。

3. 将草莓泥、细砂糖和50毫升柠檬汁倒入平底深锅中加热至沸腾。

4. 待混合物完全冷却后倒入冰激凌机中搅拌。

行家分享

可以按照上面的做法使用野莓或者将两种草莓掺在一起制作。

覆盆子雪葩 Sorbet à la framboise

准备时间：15分钟

制作1升雪葩所需的原料
完全成熟的覆盆子 1千克
细砂糖 250克

1. 将覆盆子仔细地筛选后放入置于容器上方的细网格滤器中，小心地用刮勺挤压，将滤过下来的子留在滤器中，获得800克顺滑的覆盆子泥。

2. 在覆盆子果泥中倒入细砂糖，用刮勺拌匀让细砂糖充分溶解。

3. 将混合物倒入冰激凌机中搅拌。

秘诀一点通

不要使用金属滤器，酸性水果最好不要接触到可氧化的用具，会产生令人不喜欢的味道。

百香果雪葩 Sorbet au fruit de la Passion

准备时间：15分钟

制作1升雪葩所需的原料
完全成熟的百香果 800克
水 250毫升
细砂糖 300克
柠檬 1个

1. 将百香果切开并挖出果肉，放入果蔬榨汁机中搅打后用细网格滤器过滤，得到500克顺滑的百香果泥。

2. 将水和细砂糖倒入平底深锅中加热至沸腾。

3. 将柠檬榨汁。

4. 在百香果泥和糖浆中滴入少量的柠檬汁，拌匀。

5. 将混合物倒入冰激凌机中搅拌。

异国水果雪葩 Sorbet aux fruit exotiques

准备时间：20分钟

制作1升雪葩所需的原料
完全成熟的菠萝 1千克
大芒果 1个
香蕉 1根
柠檬 1个
细砂糖 225克
香草糖 1袋（约7克）
肉桂粉 2克（1小撮）

1. 削去菠萝的外皮后切成4大块，去除硬心后将果肉切成小丁，用碗接盛流下的菠萝汁。

2. 将芒果剖开成两半，去核后用茶匙取出果肉。

3. 将香蕉剥皮后切小圆片。

4. 将柠檬榨汁。

5. 在大的沙拉盆中放入所有的果肉、柠檬汁和菠萝汁，将其用电动打蛋器搅打后得到750克果泥。

6. 将混合物倒在容器中，加入细砂糖，用手动打蛋器拌匀。

7. 在混合物中倒入香草糖和肉桂粉，用刮勺拌匀。

8. 将混合物倒入冰激凌机中搅拌。

番石榴雪葩 Sorbet à la goyave

准备时间：15分钟

制作1升雪葩所需的原料
番石榴 700克
水 350毫升
细砂糖 180克
柠檬汁 30克

1. 将番石榴去梗、去皮，对半切开后去子。在容器中用电动打蛋器或果蔬榨汁机搅打成350克果泥。

2. 将水和细砂糖倒入平底深锅中加热至沸腾，待细砂糖完全溶解后离火，放凉备用。

3. 将糖浆、果泥和柠檬汁倒入容器中，用刮勺拌匀。

4. 将混合物倒入冰激凌机中搅拌。

核香欧洲酸樱桃雪葩 Sorbet à la griotte aux noyaux éclatés

准备时间：25分钟
静置时间：至少12小时

制作1升雪葩所需的原料
欧洲酸樱桃 1.2千克
醋栗 100克
细砂糖 300克

1. 将欧洲酸樱桃去核后保留50克果核。从醋栗串上摘下果粒。

2. 将一半欧洲酸樱桃和细砂糖放入平底深锅中熬煮5分钟，沸腾时倒入装有剩余的欧洲酸樱桃的容器中，接着放入醋栗。

3. 将混合物倒入沙拉盆中，用电动打蛋器搅打成900克果泥，并用置于容器上的细网格滤器过滤。

4. 用平纹细布将预留的欧洲酸樱桃核包好，压碎果核后将小布袋浸泡在果泥中12~15小时。

5. 将装有碎果核的小布袋取出，将混合物倒入冰激凌机中搅拌。

飘香荔枝雪葩 Sorbet au parfum de litchi

准备时间：15分钟

制作1升雪葩所需的原料
鲜荔枝 1千克
细砂糖 200克

1. 将完全成熟的荔枝剥去外壳后去核，用电动打蛋器或果蔬搅拌机在容器中搅打成700克果泥。
2. 倒入细砂糖。
3. 将混合物放入冰激凌机中搅拌。

行家分享

如果荔枝并非当季，可以使用荔枝糖浆代替，这时细砂糖只需要150克即可。

橘子雪葩 Sorbet à la mandarine

准备时间：15分钟

制作1升雪葩所需的原料
方糖 250克
橘子 17个
水 100毫升
细砂糖 70克

1. 用橘子皮摩擦方糖，一定要选择未经处理过的水果。
2. 将水和擦过橘子皮的方糖放入平底深锅中加热至沸腾，之后放入细砂糖。
3. 将橘子榨汁后得到700克橘子汁。
4. 将橘子汁倒入糖浆中拌匀。
5. 待混合物完全冷却后倒入冰激凌机中搅拌。

举一反三

香橙雪葩

准备9个橙子，用橙汁代替橘子汁，按照相同的比例和步骤制作，即可做出香橙雪葩。

芒果雪葩 Sorbet à la mangue

准备时间：10分钟

制作1升雪葩所需的原料
完全成熟的芒果 1.2千克
柠檬 1个
细砂糖 150克

1. 剥去芒果的外皮并去核。将果肉切块。
2. 将果肉用电动打蛋器或果蔬搅拌机在容器中搅打成800克芒果泥。将柠檬榨汁。
3. 将芒果泥、细砂糖和柠檬汁用手动打蛋器拌匀。
4. 将混合物倒入冰激凌机中搅拌。

行家分享

这款雪葩可用青柠檬皮增添怡人的香气。

香瓜雪葩 Sorbet au melon

准备时间：30分钟
冷藏时间：至少12小时

制作1升雪葩所需的原料
香瓜 1.5千克
细砂糖 200克

1. 将香瓜去皮后仔细地挖出内瓤。将果肉切小块。
2. 将烤盘中铺上吸水纸后将香瓜块摆满，之后放入冰箱冷藏至少12小时以去除水分。
3. 在沙拉盆中放入香瓜块和细砂糖，用电动打蛋器搅打成非常顺滑的800克果泥。
4. 将混合物倒入冰激凌机中搅拌。

柚子雪葩 Sorbet au pamplemousse

准备时间：15分钟

制作1升雪葩所需的原料

柚子 1.5千克

柠檬 1个

细砂糖 350克

薄荷叶 6片

1. 将柚子榨汁后得到750毫升柚子汁。将柠檬榨汁。

2. 将柚子汁、细砂糖和1汤匙柠檬汁倒入平底深锅中加热至沸腾。

3. 待混合物彻底冷却后倒入冰激凌机中搅拌。

4. 搅拌期间，将薄荷叶细细切碎。

5. 待雪葩开始凝固时倒入切碎的薄荷叶，之后放入冰箱冷冻。

行家分享

可以使用150克切成小丁的糖渍橙皮替代切碎的薄荷叶。

蜜桃雪葩 Sorbet à la pêche

准备时间：35分钟

制作1升雪葩所需的原料

完全成熟的桃子 1.5千克

细砂糖 120克

柠檬 1个

1. 将完全成熟的桃子去皮、去核后切小块，放入沙拉盆中。用电动打蛋器搅打成900克果泥。将柠檬榨汁。

2. 将果泥、细砂糖和柠檬汁倒入平底深锅中加热至沸腾。

3. 待混合物彻底冷却后倒入冰激凌机中搅拌。

香梨雪葩 Sorbet à la poire

准备时间：30分钟

制作1升雪葩所需的原料

香梨 1.2千克

水 1升

细砂糖 520克

柠檬汁 75毫升

剖成两半并刮出籽的香草荚 1根

香梨蒸馏酒 20毫升

1. 将香梨去皮后挖出果核。

2. 将水、500克细砂糖、50毫升柠檬汁和剖开的香草荚和香草籽一同放入平底深锅中加热至沸腾。

3. 将香梨完全浸泡在糖浆中，加盖浸渍至少12小时。

4. 将糖渍香梨搅打成果泥，之后倒入剩余的20克细砂糖、25毫升柠檬汁和香梨蒸馏酒。

5. 将混合物倒入冰激凌机中搅拌。

青苹果雪葩 Sorbet à la pomme verte

准备时间：25分钟

制作时间：25分钟

制作1升雪葩所需的原料

青苹果 4个

高品质苹果汁 250毫升

细砂糖 25克

柠檬汁 25毫升（1/2茶匙）

1. 将青苹果洗净后不削皮，每个切成4大块并挖出果核。

2. 将苹果块、苹果汁和细砂糖放入平底深锅中熬煮25分钟。

3. 将混合物和柠檬汁放入大的沙拉盆中，用搅拌器搅打成顺滑匀称的750克果泥。

4. 待混合物彻底冷却后倒入冰激凌机中搅拌。

茶香雪葩 Sorbet au thé

准备时间：15分钟

制作1升雪葩所需的原料
水 600毫升
茶叶 50克
细砂糖 450克
柠檬汁 60毫升

1. 将水在平底深锅中加热，待微滚时放入茶叶，浸泡但不要超过4分钟。
2. 过滤茶汤。
3. 将细砂糖一点点倒入茶汤中，用刮勺拌匀直到细砂糖完全溶解，最后放入柠檬汁。
4. 将混合物倒入冰激凌机中搅拌。

番茄雪葩 Sorbet à la tomate

准备时间：40分钟

制作1升雪葩所需的原料
完全成熟的番茄 1.2千克
水 190克
果酱 375克
蛋清 1个
糖粉 50克
伏特加 30毫升（可酌选）

1. 将番茄浸入开水中，几秒后取出并放入冷水中。去皮后用细网格滤器过滤得到300毫升番茄汁。
2. 将水和果酱混合后做成凉糖浆。
3. 将糖浆倒入番茄汁中，选择性地倒入30毫升伏特加，拌匀。
4. 将混合物倒入冰激凌机中搅拌。
5. 将蛋清和糖粉混合后搅打成泡沫状，待雪葩开始凝固时掺入，边倒边轻柔地搅拌。
6. 将混合物放入冰箱冷冻。

伏特加雪葩 Sorbet à la vodka

准备时间：15分钟

制作1升雪葩所需的原料
水 600毫升
细砂糖 125克
橙皮 1/2个
柠檬皮 1/4个
伏特加 150毫升
意大利蛋白霜 15克（可酌选）

1. 将水和细砂糖在平底深锅中加热至沸腾。
2. 将平底深锅离火后倒入果皮。
3. 可以选择性地添加事先做好的意大利蛋白霜（详见第41页）。
4. 待混合物彻底冷却后，放入伏特加并将混合物倒入冰激凌机中搅拌。

秘诀一点通

需要一次性将伏特加倒入完全冷却的混合物中，否则会丧失其中细腻的酒味。

冰沙 Les granités

咖啡冰沙 Granité au café

准备时间：5分钟

制作1升冰沙所需的原料
浓缩咖啡 500毫升
细砂糖 100克
水 400毫升

1. 将浓缩咖啡、水和细砂糖倒入容器中拌匀。
2. 放入冰箱中冷冻。
3. 待1小时30分钟后取出混合物，用刮勺搅拌。
4. 再次放入冰箱冷冻至冰沙彻底凝固。

行家分享

享用前滴入几滴单一麦芽威士忌则别有一番风味。

柠檬冰沙 Granité au citron

准备时间：15分钟

制作1升冰沙所需的原料

柠檬 2个

水 700毫升

细砂糖 200克

1. 将柠檬皮细细切碎。将柠檬榨汁得到100毫升柠檬汁，将果肉保留备用。

2. 将水倒入容器中，将细砂糖倒入水中溶解，一边搅拌一边放入柠檬皮、柠檬汁和柠檬果肉。

3. 将混合物用刮勺拌匀后放入冰箱冷冻。

4. 待1小时30分钟后取出，用刮勺搅拌。

5. 将混合物再次放入冰箱冷冻至冰沙彻底凝固。

行家分享

可以使用青柠檬代替柠檬，并在冰沙上滴上少许伏特加。

鲜薄荷冰沙 Granité à la menthe fraîche

准备时间：10分钟

制作1升冰沙所需的原料

鲜薄荷叶 50克

水 800毫升

细砂糖 160克

1. 将薄荷叶细细切碎。

2. 将切碎的薄荷叶在平底深锅中浸泡15分钟后，将滤器置于容器上过滤。

3. 放入冰箱冷冻。

4. 待1小时30分钟后取出，用刮勺搅拌。

5. 将混合物再次放入冰箱冷冻至冰沙彻底凝固。

6. 撒上剩余切碎的鲜薄荷叶即可享用。

举一反三

草本冰沙

可以根据喜好挑选新鲜的草本植物，按照上述方法制作冰沙。如果草本植物彼此味道和谐，还可以搭配起来代替薄荷叶制作出草本口味的冰沙。

蜂蜜冰沙 Granité au miel

准备时间：10分钟

制作1升冰沙所需的原料

水 750毫升

蜂蜜 250克

去皮杏仁 75克

1. 将水和蜂蜜在容器中拌匀。

2. 放入冰箱冷冻。

3. 待1小时30分钟后取出，用刮勺搅拌。

4. 将混合物再次冷冻至冰沙彻底凝固。

5. 将去皮杏仁放入170℃的烤箱中烘烤15~20分钟，取出后磨碎。

6. 将磨碎的杏仁撒在冰沙上即可享用。

茶香冰沙 Granité au thé

准备时间：10分钟

制作1升冰沙所需的原料

水 800毫升

细砂糖 160克

茶叶 10克（2茶匙）

1. 在平底深锅中倒入水和细砂糖。

2. 加热至沸腾后放入茶叶，保持微滚状态但不要超过4分钟。将茶汤用置于容器上的细网格滤器过滤。

3. 将茶汤放入冰箱冷冻。

4. 待1小时30分钟后取出，用刮勺搅拌。

5. 将混合物再次放入冰箱冷冻至冰沙彻底凝固。

行家分享

这款冰沙与柚子沙拉堪称绝配。

水果酱、调味汁和果汁
Les coulis, les sauces et les jus

水果酱是以水果为主，略微在糖浆中熬煮，或者简单地用电动打蛋器搅打而成。水果酱、调味汁和果汁可以用于装饰甜点、夏洛特、雪葩、冰激凌和白奶酪等。液体的果汁可以从水果中榨取，还可以来自香料和草本植物。

水果酱 Les coulis

香蕉牛油果水果酱 Coulis à l'avocet et à la banana

准备时间：20分钟

制作500毫升水果酱所需的原料
完全成熟的大牛油果 1个
中等大小的香蕉 1根
橙子 1个
柠檬 2个
细砂糖 60克
白胡椒粉 2克（1/2茶匙）
水 100毫升

1. 将牛油果去皮、去核。

2. 将香蕉剥皮。

3. 将橙子和1.5个柠檬榨汁。

4. 分别将牛油果和香蕉切小块，放入果蔬榨汁机或电动打蛋器与橙汁、柠檬汁、细砂糖和白胡椒粉一起搅打。

5. 在混合物中倒入一些水，持续用机器搅打直到获得300克非常顺滑均匀的果泥。

6. 在果泥中一点一点对水直到获得理想的浓稠度。

行家分享

可以添加1撮肉豆蔻粉或肉桂粉，为水果酱增添一缕异国风味。

黑醋栗水果酱 Coulis au cassis

准备时间：15分钟

制作500毫升水果酱所需的原料
黑醋栗 600克
醋栗 100克
细砂糖 85克
水 150毫升

1. 仔细地从果串上摘下黑醋栗和醋栗果粒，用电动打蛋器搅打成400克果泥。

2. 将大号滤器置于容器上过滤果泥。加入细砂糖后拌匀。

3. 一点点对水稀释，直到获得理想的浓稠度。

举一反三

醋栗水果酱

将600克醋栗从果串上摘下，和100克覆盆子一起用电动打蛋器搅打成400克果泥。将滤器置于容器上过滤果泥，加入细砂糖后拌匀。一点点对水稀释，直到获得理想的浓稠度。

覆盆子水果酱 Coulis à la framboise

准备时间：10分钟

制作500毫升水果酱所需的原料
柠檬 1个
覆盆子 750克
细砂糖 80克
水 100毫升

1. 将柠檬榨汁得到50毫升柠檬汁。将覆盆子在容器中用电动打蛋器搅打成400克果泥。

2. 将覆盆子果泥放入滤器中，用橡皮刮刀或刮勺使劲按压。

3. 将细砂糖和柠檬汁用刮勺混入过滤后的覆盆子果泥，一点点对水稀释，直到获得理想的浓稠度。

行家分享

这款水果酱可以完美地装饰打发的鸡蛋、奶油酱或巧克力蛋糕。

冬天的时候，可以使用急冻水果制作覆盆子水果酱，味道也很好。

巴纽尔斯覆盆子水果酱 Coulis à la framboise et au banyuls

准备时间：10分钟
制作时间：5分钟

制作500毫升水果酱所需的原料
白胡椒粒五六颗
肉桂1根　　　　橙子1个
巴纽尔斯甜葡萄酒750毫升
覆盆子水果酱200毫升（详见第100页）

1. 将白胡椒粒和肉桂捣碎。取下橙皮后细细切碎。

2. 将巴纽尔斯甜葡萄酒、细砂糖、捣碎的白胡椒、肉桂和切碎的橙皮在平底深锅中拌匀。

3. 将混合物用中火加热，浓缩为原来2/3的量。

4. 待混合物冷却后，倒入覆盆子果酱拌匀。

红色水果酱 Coulis aux fruits rouges

准备时间：15分钟

制作500毫升水果酱所需的原料
完全成熟的草莓250克
醋栗125克
覆盆子250克
野莓75克
细砂糖80克
水100毫升

1. 将草莓云梗，仔细地从果串上摘下醋栗。

2. 用电动打蛋器或果蔬榨汁机将所有的浆果一起搅打成400毫升果泥。

3. 在果泥中倒入细砂糖，用刮勺拌匀。

4. 一点点对水稀释，直到获得理想的浓稠度。

举一反三

欧洲酸樱桃水果酱

可以使用欧洲酸樱桃制作出相似的水果酱。将750克欧洲酸樱桃去核，从果串上摘下醋栗。将两种水果用电动打蛋器搅打成400毫升果泥。

将滤器置于容器上过滤果泥，倒入120克细砂糖后拌匀。如有必要，可对入100毫升水加以稀释。

芒果水果酱 Coulis à la mangue

准备时间：5分钟

制作500毫升水果酱所需的原料
芒果雪葩500毫升（详见第95页）
水100毫升

1. 制作芒果雪葩，做好后放入冰箱冷藏。

2. 将雪葩从冰箱中取出，放至融化。一点点对水稀释，直到获得理想的浓稠度。

行家分享

这款水果酱可以漂亮地装饰粗粒小麦粉布丁和白奶酪。

苦橙水果酱 Coulis à l'orange amère

准备时间：15分钟
冷藏时间：12小时

制作500毫升水果酱所需的原料
柠檬1个　　　　橙子1个
苦橙600克　　　水500毫升
细砂糖250克　　小豆蔻粉1克
姜粉1克　　　　白胡椒粉1克

1. 将柠檬和橙子榨汁后得到100毫升果汁。

2. 制作浸渍苦橙。切除苦橙的两端，中间部分切成圆片后放在容器中。

3. 将水和细砂糖加热至沸腾。将烧开的糖浆倒在苦橙片上，置于阴凉处至少12小时以上。

4. 将苦橙片沥干，和橙子柠檬汁、小豆蔻粉、姜粉一起用电动打蛋器搅打成顺滑的水果酱。

秘诀一点通

制作这款水果酱时，需要选择未经处理过的苦橙。

蜜桃水果酱 Coulis à la pêche

准备时间：15分钟

制作500毫升水果酱所需的原料
柠檬1个
桃子600克
细砂糖50克

1. 将柠檬榨汁。
2. 将桃子在沸水中烫30秒后，浸泡于冷水中，去皮、去核备用。
3. 用电动打蛋器搅打桃子获得400毫升果泥。
4. 在桃泥中倒入细砂糖和柠檬汁后拌匀。

举一反三

鲜杏水果酱
用电动打蛋器搅打600克去核的鲜杏，将50克细砂糖和柠檬汁与杏泥拌匀。

覆盆子甜椒水果酱 Coulis au poivron et à la framboise

准备时间：25分钟
制作时间：20分钟
冷藏时间：至少12小时

制作500毫升水果酱所需的原料
小红柿子椒1个（100克）
细砂糖100克
水200毫升
覆盆子400克

1. 将红柿子椒洗净后对半切开，仔细地去掉里面的子。
2. 将柿子椒放入平底深锅中，用水没过，烧开后捞出沥干。
3. 再重复依次上面的步骤，获得80克红柿子椒果肉。
4. 在另一口平底深锅中倒入细砂糖和水，熬煮20分钟。
5. 将红柿子椒果肉浸渍在糖浆中，冷藏保存至少12小时。
6. 仔细地挑选覆盆子。
7. 将柿子椒果肉从糖浆中捞出后沥干，和覆盆子一起用电动打蛋器搅打成十分顺滑的水果酱。

行家点评

这款水果酱还可以选用急冻的覆盆子制作。

大黄水果酱 Coulis à la rhubarbe

准备时间：10分钟
冷藏时间：至少12小时
制作时间：30分钟

制作500毫升水果酱所需的原料
大黄450克
柠檬1个
细砂糖80克
水50毫升（可酌选）

1. 将大黄切块但不要去皮。
2. 将柠檬榨汁后得到50毫升柠檬汁。
3. 在容器中放入大黄块、细砂糖和柠檬汁，在冰箱中浸渍冷藏至少12小时。
4. 将大黄的混合物倒入平底深锅中，小火熬煮30分钟。
5. 趁混合物温热时，倒入电动打蛋器搅打成泥。
6. 根据需要的浓稠度，可适当对水稀释。
7. 如有必要，可以适当添加一些细砂糖。

举一反三

草莓大黄水果酱
可以用等量的大黄和草莓的混合物制作水果酱，草莓不要浸渍，熬煮最多不超过5分钟。

调味汁 Les sauces

英式咖啡酱 Sauce anglaise au café

准备时间：10分钟

制作500毫升调味汁所需的原料

全脂鲜奶 350毫升

哥伦比亚咖啡粉 10克

蛋黄 4个

细砂糖 85克

1. 将全脂鲜奶倒入平底深锅中加热至沸腾，放入哥伦比亚咖啡粉后浸泡3分钟。

2. 将细网格滤器置于容器上，过滤牛奶咖啡。

3. 采用和制作英式奶油酱（详见第43页）相同的方式，仔细地用蛋黄、细砂糖和牛奶咖啡熬煮调味汁，注意切勿煮沸。

4. 将调味汁放入冰箱冷藏一段时间后再使用。

英式香橙酱 Sauce anglaise à l'orange

准备时间：10分钟

制作500毫升调味汁所需的原料

英式奶油酱 500克（详见第43页）

橙子 1个

1. 事先制作好很稀的英式奶油酱。

2. 将橙子皮剥下后细细切碎。

3. 将橙皮碎末倒入英式奶油酱中拌匀。

4. 将调味汁放入冰箱冷藏四五个小时，留出充分的时间让橙皮释放出香味。

行家分享

凡是需要用到果皮的食谱，都必须使用表皮未经处理的水果。

英式开心果酱 Sauce anglaise à la pistache

准备时间：15分钟

制作500毫升调味汁所需的原料

全脂鲜奶 350毫升

加香料但未着色的开心果膏 35克

蛋黄 4个

细砂糖 20克

1. 将全脂鲜奶和开心果膏放入平底深锅中，待开心果膏变软后持续搅打混合物，直到完全溶解。

2. 用蛋黄、细砂糖和上述混合物一起熬煮英式奶油酱（详见第43页），注意切勿煮沸。

行家分享

这款调味汁可以用少量磨碎或略微烘烤过的开心果进行装饰。

英式牛轧糖酱 Sauce anglaise au turrón

准备时间：15分钟

制作500毫升调味汁所需的原料

牛轧糖 75克　　牛奶 300毫升

细砂糖 40克　　蛋黄 4个

1. 将牛轧糖切成很小的块，以便溶解。

2. 将牛轧糖和牛奶倒入平底深锅中边加热边搅打，加速溶解。

3. 用蛋黄、细砂糖和上述混合物一起熬煮英式奶油酱（详见第43页），注意切勿煮沸。

可可酱 Sauce au cacao

准备时间：10分钟

制作500毫升调味汁所需的原料

水 250毫升

无糖可可粉 50克

细砂糖 80克

浓奶油 100毫升

1. 将水、无糖可可粉和细砂糖倒入平底深锅中加热至沸腾。

2. 在混合物中倒入浓奶油，持续搅拌至调味汁浓稠且沾附于刮勺。

行家分享

这款可可酱可以事先做好，放入冰箱冷藏二三天，使用前慢慢加热即可。

焦糖酱 Sauce au caramel

准备时间：15分钟

制作500毫升调味汁所需的原料

鲜奶油 250毫升

细砂糖 200克

半盐黄油 45克

1. 将鲜奶油倒入平底深锅中加热至沸腾。

2. 将细砂糖倒入另一口平底深锅中熬煮，用刮勺不断搅拌直到熬成漂亮的金黄色焦糖。

3. 在焦糖中放入切成小块的黄油阻止进一步焦糖化，再一点点倒入鲜奶油，

拌匀。

4. 让混合物持续沸腾一段时间，再将平底深锅放入装满冰块的容器中。

行家分享

焦糖色泽的深浅与调味汁的味道息息相关，颜色越深，味道也就越浓。

黑（或白）巧克力酱 Sauce au chocolat noir(ou blanc)

准备时间：15分钟

制作500毫升酱汁所需的原料

黑（或白）巧克力 150克

香草荚 1根

牛奶 500毫升

1. 将挑选的巧克力细细切碎。

2. 将香草荚剖成两半后刮出里面的香草籽。

3. 将牛奶在平底深锅中加热至沸腾，之后倒入香草荚和香草籽。

4. 离火，将热香草牛奶一点点倒入巧

克力碎末中，完全混合至调味汁顺滑均匀。

行家分享

这款调味汁宜趁热使用，适合与小泡芙或糖渍蜜梨等甜点搭配。

果汁 Les jus

罗勒杏汁 Jus à l'abricot et au basilic

准备时间：15分钟
冷藏时间：至少12小时

制作500毫升果汁所需的原料
青柠檬 1个
罗勒叶 4片
香草荚 1根
水 350毫升
细砂糖 50克
现成的杏汁 100毫升

1. 将一半的青柠檬皮细细切碎。
2. 将罗勒细细切碎。
3. 将香草荚剖成两半并刮出香草籽。
4. 将水和细砂糖倒入容器中，再放入香草荚、香草籽、柠檬皮碎末和切碎的罗勒。
5. 将混合物放入冰箱冷藏浸泡至少12小时。
6. 取出后倒入现成的杏汁。

行家分享

这款用罗勒调味的果汁可以为夏季的水果沙拉带来惊喜。制作时可以少放一点糖。

小豆蔻汁 Jus à la cardamom

准备时间：15分钟

制作500毫升果汁所需的原料
水 400毫升
细砂糖 65克
玉米淀粉 15克（1汤匙）
小豆蔻粉 1克（1小撮）

1. 将水、细砂糖、玉米淀粉和小豆蔻粉倒入大号的平底深锅中。
2. 将混合物拌匀后加热至沸腾。
3. 将混合物放凉后使用。

行家分享

这款小豆蔻汁搭配烤苹果、糖煮果泥、甜点、巧克力蛋糕以及香橙塔都很美妙。

香菜汁 Jus à la coriander

准备时间：15分钟

制作500毫升果汁所需的原料
柠檬皮 1/2个
新鲜香菜 20克
水 450毫升
细砂糖 80克

1. 将柠檬皮细细切碎。
2. 将香菜细细切碎。
3. 将水、细砂糖和柠檬皮碎末倒入平底深锅中加热至沸腾。
4. 离火，将一半的香菜碎末倒入混合物中，浸泡15分钟后过滤。
5. 将剩余的香菜末倒入混合物中，用电动打蛋器搅打至顺滑为止。

行家分享

这款香菜汁会让菠萝沙拉的味道更加甘甜美味。

举一反三

花草汁
可以按照相同的方法制作香茅汁、牛至汁和马鞭草汁。

香辛汁 Jus épicé 👨‍🍳👨‍🍳👨‍🍳

准备时间： 20分钟
静置时间： 至少12小时

制作500毫升果汁所需的原料
柠檬 1个	橙子 1个
香草荚 1/2根	黑胡椒粒 4克
姜根 1块	水 350毫升
细砂糖 140克	八角 1个
小丁香 1个	

1. 分别将橙皮和柠檬皮剥下，各取一半细细切碎。
2. 将柠檬榨汁得到40毫升柠檬汁。
3. 将1/2根香草荚剖成两半并刮出香草籽。
4. 将黑胡椒粒磨碎。
5. 从姜根上薄薄地切下5片姜片。
6. 将水和细砂糖倒入平底深锅中加热至沸腾，将剩余的所有原料倒入后拌匀。
7. 离火后浸泡至少12小时。过滤。

行家分享

这款香辛汁会给蜜枣、芒果和橙子带来些许辛辣的味道。制作该款香辛汁时，需要选择果皮未经处理的柑橘类水果。

草莓汁 Jus de fraise 👨‍🍳👨‍🍳👨‍🍳

准备时间： 15分钟
制作时间： 45分钟
冷藏时间： 五六小时

制作500毫升果汁所需的原料
完全成熟的草莓 800克
细砂糖 50克

1. 将草莓去梗后和细砂糖一起倒入半圆搅拌碗中，隔水加热45分钟。
2. 将草莓泥用置于容器上的滤器过滤，得到500毫升草莓汁，与煮过的草莓分开放置。
3. 将草莓汁放入4℃的冰箱中冷藏保存五六小时，取出后澄清。

行家分享

这款草莓汁搭配香草冰激凌、所有的红色水果雪葩和水果雪葩都非常美妙，还能用于熬煮水果。

焦糖草莓汁 Jus de fraise caramélisé 👨‍🍳👨‍🍳👨‍🍳

准备时间： 15分钟

制作500毫升果汁所需的原料
完全成熟的草莓 800克
柠檬 1个
细砂糖 50克

1. 按照上面的食谱熬煮草莓，但不要加糖。
2. 将柠檬榨汁后得到50毫升柠檬汁。
3. 将细砂糖倒入平底深锅中熬煮，直到成为漂亮的金黄色焦糖。
4. 倒入柠檬汁阻止进一步焦糖化，之后倒入草莓汁，拌匀。

行家分享

这款果汁可以搭配香烩黄金苹果或香梨，还能和熬煮过的水果一同享用。

覆盆子汁 Jus de framboise

准备时间： 10分钟
制作时间： 30分钟

制作500毫升果汁所需的原料
覆盆子 700克
细砂糖 80克

1. 将覆盆子和细砂糖放入半圆搅拌碗中隔水加热30分钟。
2. 将塑料滤器置于容器上过滤覆盆子果泥后，放入4℃的冰箱内冷藏保存。

行家分享

这款覆盆子汁可以搭配香烩黄金苹果或香梨一同享用。

罗勒橄榄油汁 Jus à l'huile d'olive et au basilica

准备时间：10分钟

制作500毫升果汁所需的原料
新鲜罗勒叶 24片
柠檬 2个
橄榄油 300毫升
细砂糖 45克
白胡椒粉 5克（1茶匙）

1. 将罗勒叶细细切碎。
2. 将柠檬榨汁后得到150毫升柠檬汁。
3. 将罗勒碎末、柠檬汁、橄榄油和细砂糖放入容器中，撒白胡椒粉拌匀。

行家分享

这款香味浓郁的果汁很适合制作焗烤蜜桃。

新鲜薄荷汁 Jus à la menthe fraîche

准备时间：15分钟

制作500毫升果汁所需的原料
鲜薄荷叶 20克
水 400毫升
细砂糖 120克

1. 将薄荷叶细细切碎。
2. 将水和细砂糖倒入平底深锅中加热至沸腾。
3. 离火后，倒入一半切碎的薄荷叶，浸泡15~20分钟，不盖锅盖避免产生干草的味道，之后过滤。
4. 倒入剩余切碎的薄荷叶，将混合物用电动打蛋器搅打至顺滑为止。

秘诀一点通

如果想制作出较为浓稠的果汁，可以在熬煮前倒入细砂糖和10克土豆淀粉。

苏赛特汁 Jus Suzette

准备时间：15分钟

制作500毫升果汁所需的原料
橙子 1个
柠檬 1个
细砂糖 250克
柑曼怡 25毫升（不足2汤匙）

1. 将1/2块橙皮细细切碎。将橙子榨汁后得到150毫升橙汁。将柠檬榨汁后得到25毫升柠檬汁。
2. 将细砂糖倒入平底深锅中熬煮成漂亮的金黄色焦糖。
3. 将橙汁倒入焦糖中阻止进一步焦化，之后倒入柠檬汁。
4. 最后倒入切碎的橙皮和柑曼怡。

行家点评

在香橙沙拉或者可丽饼上使用这款果汁，味道十分美妙。

香草汁 Jus à la vanille

准备时间：10分钟

制作500毫升果汁所需的原料
香草荚 2根
细砂糖 80克
土豆淀粉 10克
水 400毫升

1. 将香草荚剖成两半并刮出香草籽。
2. 将细砂糖和土豆淀粉倒入平底深锅中拌匀，放入水，加热至沸腾。
3. 倒入剖开的香草荚和香草籽，加热至持续微滚2分钟后过滤。

行家分享

这款香草汁可以很好地与清煮水果和米布丁搭配。

糕点食谱
Les recettes de pâtisseries

塔、馅饼和烤面屑
Les tartes, tourtes et crumbles

塔和馅饼是使用油酥面团、千层派皮、法式塔皮面团或者甜酥面团制作而成的，一般会放上水果、巧克力、调味奶油酱、糖、米等原料，再在上面覆盖一层薄薄的面皮。烤面屑则可以撒在水果上享用。

塔 Les tartes

弗洛拉意面塔 Pasta frola 🎩🎩🎩

准备时间：1小时
静置时间：30分钟
制作时间：35~40分钟
分量：4~6人份
面粉 300克
酵母粉 10克
鸡蛋 1个
蛋黄 2个
牛奶 1汤匙
细砂糖 125克
常温黄油 150克
柠檬皮碎末 1茶匙
榅桲膏 500克

1. 将面粉和发酵粉混合均匀。

2. 将鸡蛋、蛋黄和1汤匙牛奶在容器中搅打混合。

3. 倒入细砂糖、常温黄油、柠檬皮碎末以及面粉和酵母粉的混合物，搅拌至面团柔软匀称为止。

4. 将面团放入冰箱冷藏静置30分钟。

5. 将面团用擀面杖擀成三四毫米厚的薄片，之后嵌入直径22厘米的塔点模具中。

6. 将剩余的面皮切成若干宽1厘米的长条备用。

7. 将烤箱预热至170℃。

8. 将榅桲膏用3汤匙水在小号平底深锅中化开，放凉备用。

9. 将熬好的榅桲酱倒入塔点中，用长条面皮进行装饰。

10. 将塔点放入烤箱中烘烤约40分钟至塔皮呈金黄色为止。取出后脱模。微温或冷却后享用。

鲜杏塔 Tarte aux abricots

准备时间：40分钟
静置时间：10小时+30分钟
+30分钟

制作时间：12分钟+25分钟
分量：6~8人份
千层派皮 250克（详见第18页）
杏仁奶油酱 180克（详见第52页）
鲜杏 900克
细砂糖 20克
常温回软的黄油 20克
杏酱或果胶 4汤匙

1. 将千层派皮做好后需要累计静置10小时。

2. 将派皮用擀面杖擀成2毫米厚，之后放入冰箱冷藏30分钟。

3. 将直径22厘米的塔模中刷上黄油并撒上糖，将千层派皮嵌入模具中，用擀面杖擀掉多余的边，用拇指和食指按压四周固定。用餐叉在塔皮底部插出小孔，放入冰箱冷藏30分钟。

4. 制作杏仁奶油酱。

5. 将烤箱预热至185℃。在塔中覆盖一张直径为23厘米的圆形烤盘纸，镶在塔皮的一圈，放入杏核（或干豆），烘烤12分钟，之后移除烤盘纸和杏核（或干豆），再烘烤5分钟。

6. 在塔皮上涂抹杏仁奶油酱。将鲜杏切开成两半后去核，摆成玫瑰花的形状，带皮的一边朝下且互相叠压。小心地撒上细砂糖和焦化黄油。

7. 放入烤箱烘烤22~25分钟直到鲜杏上的细砂糖焦糖化。

8. 将塔从烤箱中取出后略微放凉，用毛刷涂抹上杏酱，微温时享用。

菠萝塔 Tarte à l'ananas

准备时间：10分钟+25分钟
静置时间：1小时+1小时
制作时间：35分钟
分量：6~8人份
塔底面团 250克（详见第14页）
鸡蛋 2个　　　细砂糖 110克
面粉 1茶匙　　牛奶 1杯
柠檬汁 1/2个
浓缩菠萝糖浆 4汤匙
糖渍菠萝片 6片
糖粉 30克

1. 制作塔底面团静置1小时后，用擀面杖擀成2毫米厚。将直径22厘米的塔模中刷上黄油后嵌入圆形塔皮。在底部用餐叉插出小孔，置于阴凉处1小时。

2. 将烤箱预热至200℃。将塔模放入烤箱中用180℃的温度烘烤20分钟。

3. 制作馅料：分离蛋清和蛋黄。将蛋黄、80克细砂糖、面粉和牛奶混合拌匀。

4. 将上述混合物用小火熬至浓稠，期间持续用木勺搅拌，之后倒入柠檬汁和浓缩菠萝糖浆。

5. 将烘烤好的塔底放至微温，之后倒入步骤4中熬好的奶油酱，再铺上沥干的糖渍菠萝片。

6. 将蛋清和30克细砂糖搅打成尖角直立的蛋白霜，铺在菠萝片上后，筛撒上30克糖粉。

7. 将菠萝塔再次放入烤箱中烘烤10分钟，直到蛋白霜成为金黄色。放入冰箱冷藏后即可享用。

比利时糖塔 Tarte belge au sucre

准备时间：20分钟+30分钟
静置时间：40分钟+2小时
制作时间：12分钟+10分钟
分量：4~6人份
布里欧修面团 250克（详见第22页）
黄油 10克
鸡蛋 1个
细砂糖 80克
高脂浓奶油 30克

1. 制作布里欧修面团并冷藏静置40分钟。将直径26厘米的塔模中刷上黄油。将面团揉捏成团状后擀成和模具相同的尺寸。将圆形塔皮嵌入模具中。让塔皮在22~24℃的室温下膨胀发酵2小时。

2. 将烤箱预热至220℃。将鸡蛋打散，在塔皮表面上用毛刷涂上蛋液，再撒上细砂糖。

3. 放入烤箱中烘烤12分钟后，将烤箱温度调低至200℃。

4. 将塔从烤箱中取出，在整个塔表面涂上高脂浓奶油，再放入烤箱中烘烤8~10分钟，使塔表面略微覆盖上一层糖，温热的糖可以吸收表面的奶油。

5. 将塔放至微温或完全冷却后，在制作当天享用。

"椰子奶油" 加勒比塔 Tarte caraïbe 《crème coco》

准备时间：15分钟+30分钟

静置时间：2小时+30分钟
+30分钟

制作时间：35~40分钟

分量：6~8人份

甜酥面团 500克（详见第17页）

椰子奶油

糖粉 85克

杏仁粉 40克

椰子粉 45克

玉米淀粉 5克

黄油 70克

鸡蛋 1个

深褐色朗姆酒 1/2汤匙

鲜奶油 170克

馅料

完全成熟的大菠萝 1个

青柠檬 2个

醋栗 4串

榅桲果胶 4汤匙

1. 将甜酥面团做好后静置2小时。

2. 将面团用擀面杖擀成2毫米厚，裁切成直径为28厘米的圆形，放入烤盘中，在冰箱中冷藏30分钟。

3. 将直径22厘米的塔模内刷上黄油，嵌入塔皮，用餐叉在底部插出小孔，在阴凉处静置30分钟。

4. 椰子奶油的做法：将糖粉、杏仁粉、椰子粉和玉米淀粉混合后用滤器过筛。将黄油在容器中用橡皮刮刀搅拌至柔软。将过筛的混合物倒入，再放入鸡蛋，持续搅拌，之后放入深褐色朗姆酒和鲜奶油，持续搅拌至椰子奶油彻底均匀，放在阴凉处静置备用。

5. 将烤箱预热至220℃。

6. 将椰子奶油倒入塔模中约1/2处，放入烤箱烘烤35~40分钟，取出后晾凉并放入馅料。

7. 将菠萝的外皮用带锯齿的面包刀完全削除，切成1厘米厚的菠萝片，保留中间的部分并薄薄地切片，之后放在吸水纸上30分钟，以去除多余的水分。

8. 小心地用削皮刀将青柠檬的果皮削掉，注意不要中间白色的部分，之后将果皮细细地切成丝。

9. 将菠萝薄片铺在塔上，并撒上青柠檬皮丝。

10. 将醋栗从果串上取下，均匀地撒在塔上。

11. 将榅桲果冻放入平底深锅中加热至融化，在塔表面用毛刷轻轻地涂抹。

12. 将塔放在阴凉处静置2小时后即可享用。

秘诀一点通

甜酥面团和"椰子奶油"可以在前一晚做好，放在沙拉盆中，覆盖保鲜膜，放在阴凉处备用。

粗粒红糖塔 Tarte à la cassonade

准备时间：10分钟+20分钟

静置时间：2小时

制作时间：10分钟+30分钟

分量：6~8人份

油酥面团 375克（详见第14页）

去皮杏仁 150克

鸡蛋 3个

高脂浓奶油 200克

粗粒红糖 300克

1. 将油酥面团做好后聚拢成团状，放在阴凉处静置2小时。

2. 将烤箱预热至200℃。

3. 将直径为25厘米的塔模中刷上黄油。用擀面杖将面团擀成3毫米厚，嵌入塔模中，在底部用餐叉插出小孔，在上面铺上烤盘纸压上干豆，放入烤箱烘烤10分钟。

4. 用电动打蛋器将去皮杏仁搅碎。

5. 将鸡蛋逐个磕开，分离蛋清和蛋黄。

6. 在容器中倒入搅碎的杏仁、接着放入高脂浓奶油、粗粒红糖和蛋黄，用刮勺拌匀。

7. 将蛋清打发成尖角直立的蛋白霜，小心地倒入上面的混合物中，保持同一方向用刮勺搅拌，避免面糊中的气泡遭到破坏。

8. 将混合物倒入塔底中，放入烤箱烘烤30分钟。在冰箱中冷藏后即可享用。

蛋白霜柠檬塔

阿尔萨斯樱桃塔 Tarte aux cerises à l'alsacienne

准备时间：40分钟
静置时间：2小时+1小时
制作时间：20分钟+15分钟
分量：4~6人份
油酥面团300克（详见第14页）
酸樱桃500克
细砂糖50克
杏仁奶油酱250克（详见第52页）
黑甜樱桃500克
顶部酥面末180克（详见第27页）

1. 将油酥面团做好后在阴凉处静置2小时。

2. 将酸樱桃去核后放在容器中，撒上细砂糖，腌渍约2小时。之后放在滤器中1小时，沥干水分。

3. 将烤箱预热至180℃。

4. 制作杏仁奶油酱。

5. 用擀面杖将油酥面团擀成2毫米厚，嵌入直径为26厘米的不粘塔模中，用餐叉在底部扎出多个小孔，防止烘烤过程中膨胀变形。在塔底放入酸樱桃，铺上杏仁奶油酱，再放上未去核的黑甜樱桃。放入烤箱烘烤20分钟。

6. 制作顶部酥面末。

7. 当塔烘烤好后，在上面撒上碎面末，再次放入烤箱烘烤15分钟。取出后放至微温，于10分钟后脱模。置于网架上晾凉。可以趁微温或完全冷却后享用。

秘诀一点通

樱桃核可以为樱桃提香。如果没有新鲜的酸樱桃，完全可以使用速冻酸樱桃制作。

巧克力塔 Tarte au chocolat

准备时间：15分钟+40分钟
静置时间：2小时
制作时间：20分钟+20分钟
分量：6~8人份
甜酥面团250克（详见第17页）
巧克力无面粉蛋糕坯糊80克（详见第31页）
巧克力淋酱300克（详见第79页）

1. 将甜酥面团做好后在阴凉处静置2小时。

2. 将烤箱预热至170℃。

3. 将面团用擀面杖擀成1.5毫米厚。

4. 将塔皮嵌入直径为26厘米的不粘塔模中。用餐叉在塔底插出透气小孔，并用小刀在塔皮上轻划十字，防止在烘烤过程中膨胀变形。将直径为30厘米的圆形烤盘纸覆盖在塔底，压上杏核或干豆。

5. 将塔模放入烤箱中烘烤12分钟，取出后移除烤盘纸和杏核或干豆，再放入烤箱继续烘烤8~10分钟

6. 取出后脱模并晾凉。

7. 制作巧克力无面粉蛋糕坯。将直径25厘米的慕斯模置于烤盘中，在装有8厘米圆形裱花嘴的裱花袋中填入巧克力无面粉蛋糕坯糊，之后挤压到慕斯模中。将烤箱门微掩留缝，烘烤20分钟，取出后置于网架上晾凉。

8. 制作巧克力淋酱。将做好的巧克力淋酱填入装有中号裱花嘴的裱花袋中。薄薄地在塔底挤上一层。

9. 将烤好的蛋糕坯放在巧克力淋酱层上，将剩余的巧克力淋酱铺在蛋糕上。

10. 将巧克力塔放入冰箱冷藏约1小时，取出后在室温下回温后即可享用。

秘诀一点通

可以使用黑巧克力刨花或者插上焦糖薄片作装饰。

柠檬塔 Tarte au citron

准备时间：10分钟+15分钟
静置时间：2小时
制作时间：20分钟+15分钟
分量：4~6人份
甜酥面团 250克（详见第17页）
表皮未经处理的柠檬5个
鸡蛋3个
细砂糖100克
化黄油80克

1. 将甜酥面团做好后放入冰箱冷藏静置2小时。

2. 将烤箱预热至190℃。

3. 用擀面杖将面团擀成3毫米厚，嵌入直径为18厘米的塔模中，用餐叉在塔底插出小孔，铺上圆形烤盘纸后压上杏核或者干豆。将烤箱的温度调低至180℃，烘烤20分钟。

4. 将柠檬皮擦成碎末，将柠檬榨汁。

5. 将鸡蛋、细砂糖、化黄油、柠檬汁和柠檬皮碎末倒入容器中拌匀，之后使劲搅打混合物。

6. 从烤箱中取出塔模，将上述混合物倒入后，再次放入烤箱烘烤15分钟。放入冰箱冷藏后即可享用。

举一反三

可以按照这个方法用3个橙子做成香橙塔或者用7个橘子做成橘子塔。

蛋白霜柠檬塔 Tarte meringuée au citron

准备时间：15分钟+40分钟
静置时间：2小时+30分钟
制作时间：25分钟+10分钟
分量：6~8人份
甜酥面团 300克（详见第17页）
柠檬奶油酱 700克（详见第51页）
蛋清3个
细砂糖150克
糖粉10克

1. 将甜酥面团做好后静置2小时。

2. 制作柠檬奶油酱。

3. 将烤箱预热至190℃。

4. 将直径为25厘米的塔模内刷上黄油。用擀面杖将面团擀成2.5毫米厚，嵌入塔模内，压紧。放入冰箱冷藏静置30分钟。

5. 在塔底铺上一张烤盘纸，压上干豆，放入烤箱中烘烤25分钟，在18分钟时将干豆移除。

6. 将完全冷却的柠檬奶油酱填入塔底，用橡皮刮刀整平后放入冰箱冷藏。

7. 塔冷藏期间，制作蛋白霜：将细砂糖一点一点倒入蛋清中，持续搅打成尖角直立的蛋白霜。将蛋白霜用橡皮刮刀完全涂抹在奶油酱表面，或者填入裱花袋挤出玫瑰花饰。在上面薄薄地撒上一层糖粉，放入250℃的烤箱中烘烤8~10分钟。冷却后即可享用。

覆盆子黑无花果塔 Tarte aux figues noires et framboises

准备时间：10分钟+30分钟
静置时间：2小时
制作时间：40分钟
分量：4~6人份
油酥面团 250克（详见第14页）
杏仁奶油酱 180克（详见第52页）
黑无花果600克
覆盆子1盒（可酌选）
肉桂糖
细砂糖50克
肉桂粉1/3茶匙

1. 将油酥面团做好后放入冰箱冷藏静置2小时。

2. 制作杏仁奶油酱。

3. 用擀面杖将面团擀成2毫米厚，嵌入直径为26厘米的不粘塔模中，用餐叉在塔底插出小孔后填入杏仁奶油酱。

4. 将烤箱预热至180℃。

5. 将黑无花果洗干净，根据大小的不同，竖着切成4片或6片，小心地尖端向上摆成圆形，将带果皮的一面贴着杏仁奶油酱。放入烤箱烘烤40分钟。

6. 从烤箱中将塔点取出，放至微温后置于网架上晾凉。

7. 将细砂糖和肉桂粉拌匀，待塔点冷却后撒在表面，之后可以选择性地用覆盆子进行装饰。

香梨栗子塔

草莓塔 Tarte aux fraises

准备时间：15分钟+30分钟
静置时间：2小时
制作时间：25分钟
分量：6~8人份
甜酥面团250克（详见第17页）
杏仁奶油酱200克（详见第52页）
大颗草莓40个（约800克）
草莓果胶150克
黑胡椒粉 适量

1. 将甜酥面团做好后静置2小时，期间制作杏仁奶油酱。

2. 将面团用擀面杖擀成1.5毫米厚的圆片，嵌入直径22厘米且内部刷过黄油的塔模中，用餐叉在塔底插出小孔。

3. 将烤箱预热至180℃。

4. 在塔底铺上一层杏仁奶油酱，放入烤箱烘烤25分钟。

5. 去掉草莓的梗。如果需要，将草莓果胶用水化开。

6. 待塔晾凉后，在整个表面涂抹上草莓果胶。

7. 将草莓摆成一圈，轻撒少许黑胡椒粉，之后用毛刷涂抹上草莓果胶。这款塔可搭配鲜奶油香缇共同享用。

举一反三

草莓千层塔

将300克千层派皮（详见第18页）小心地擀开，之后裁切成直径30厘米的圆形，放入铺有硫化纸的烤盘上。在派皮上放一个慕斯模，用餐叉在中间插出小孔，不要在周围插孔，以便烘烤时令边缘膨胀鼓起。筛撒上糖粉后放入250℃的烤箱中烘烤，使派皮表面经烘烤后成为焦糖状。待派皮晾凉后，填入150克千层派奶油酱（详见第53页）和800克草莓，之后涂抹上100克草莓果胶即可。

覆盆子塔 Tarte aux framboises

准备时间：30分钟+25分钟
静置时间：10分钟+1小时
制作时间：25分钟
分量：6~8人份
千层派皮300克（详见第18页）
千层派奶油酱300克（详见第53页）
覆盆子500克
醋栗或覆盆子果胶 6汤匙

1. 将千层派皮做好后务必累计静置10小时。

2. 将千层派奶油酱做好后放凉。将烤箱预热至200℃。

3. 用擀面杖将千层派皮擀成三四毫米厚，嵌入直径24厘米且内部刷过黄油的塔模中，用餐叉在塔底插出小孔，在里面铺

上烤盘纸后压上干豆。

4. 将烤箱的温度调低至180℃，将塔模放入，烘烤25分钟。

5. 将覆盆子或醋栗果酱用小火加热化开。待塔底冷却后填入千层派奶油酱，放上覆盆子，之后用毛刷涂上果胶。冷藏后即可享用。

白奶酪塔 Tarte au fromage blanc

准备时间：10分钟
静置时间：2小时+30分钟
制作时间：45分钟
分量：4~6人份
油酥面团250克（详见第14页）
充分沥干的白奶酪500克
细砂糖50克　　面粉50克
法式发酵酸奶油50克
鸡蛋2个

1. 将油酥面团做好后静置2小时。将烤箱预热至200℃。

2. 用擀面杖将面团擀成2毫米厚，嵌入直径18厘米且内部刷过黄油的塔模中，放入冰箱冷藏静置30分钟。

3. 将烤箱预热至180℃。

4. 将白奶酪、细砂糖、面粉、法式发酵酸奶油和打散的鸡蛋在容器中拌匀。

5. 将混合物填入塔底中，放入烤箱烘

烤大约45分钟。冷藏后即可享用。

100克白奶酪塔的营养价值

240千卡；蛋白质：7克；脂肪：14克；碳水化合物：20克

覆盆子塔Tarte aux framboises （林茨塔 Linzertorte）

准备时间：10分钟+15分钟
静置时间：2小时
制作时间：35~40分钟
分量：6~8人份
法式肉桂塔皮面团 500克（详见第17页）
覆盆子果酱 200克

1. 将法式肉桂塔皮面团做好后静置2小时。

2. 将烤箱预热至180℃。

3. 用擀面杖将面团擀成3毫米厚，嵌入直径22厘米且内部刷过黄油的塔模中，小心地轻压塔皮以贴合模具，去除多余的面皮后将边缘修饰整齐。用餐叉在塔底扎出多个小孔后，涂上覆盆子果酱。

4. 将多余的面皮收集在一起再次揉成面团，用擀面杖擀成2毫米厚的长方形，裁切成8毫米宽的长条，在果酱上交叉地摆成网状，将末端与塔皮的边缘捏合在一起。

5. 放入烤箱烘烤35~40分钟。脱模后晾凉。

梅斯式莫金奶酪塔 Tarte au me'gin à la mode de Metz

准备时间：10分钟+10分钟
静置时间：2小时
制作时间：35分钟
分量：4~6人份
油酥面团 250克（详见第14页）
白奶酪 200克
法式发酵酸奶油 100克
鸡蛋 3个　　　细砂糖 20克
盐 1撮
香草糖 1袋（约7克）或香草精
几滴

1. 将油酥面团做好后静置2小时。

2. 将面团用擀面杖擀成2毫米厚，嵌入直径18厘米且内部刷过黄油的塔模中。

3. 将烤箱预热至200℃。

4. 将完全沥干的白奶酪（称作"弗莫金"或"莫金"），以法式发酵酸奶油、打散的鸡蛋、细砂糖、盐、香草糖或香草精混合拌匀。

5. 将混合物倒入塔模中，放入烤箱烘烤35分钟。

6. 常温时享用即可。

红水果薄荷塔 Tarte à la menthe et aux fruits rouges

准备时间：10分钟+40分钟
静置时间：2小时+1小时
制作时间：26分钟
分量：6~8人份
油酥面团 250克（详见第14页）
米布丁 400克（详见第266页）
醋栗果胶 5汤匙
薄荷叶 1/2把
草莓 200克
覆盆子 1盒
野莓 1盒
醋栗 1盒
胡椒粉 适量

1. 将油酥面团做好后静置2小时。

2. 面团静置期间制作米布丁。

3. 将烤箱预热至180℃。

4. 用擀面杖将面团擀成2毫米厚，嵌入直径22厘米且内部刷过黄油的塔模中，用餐叉在塔底插小孔后铺上烤盘纸并压上杏核或干豆。

5. 将塔模放入烤箱中烘烤18分钟，待面皮呈现金黄色时，移除烤盘纸和杏核或干豆，填入做好的米布丁。放入180℃的烤箱中继续烘烤8分钟。取出后晾凉。

6. 将醋栗果胶放入平底深锅中加热至化开，用毛刷涂抹在米布丁表面。将鲜薄荷叶细细切碎后撒在塔表面，之后反复用毛刷涂抹醋栗果胶。

7. 将所有的红色水果放入沙拉盆混合后，摆在塔表面，将胡椒研磨器在上面旋转4圈撒上胡椒粉。

8. 将塔放入冰箱冷藏1小时后即可享用。

举一反三

如果红色水果并非当季，可以按照这个方法使用葡萄柚甚至橙子切片进行制作。

蓝莓塔 Tarte aux myrtilles

准备时间：10分钟+20分钟
静置时间：2小时
制作时间：30分钟
分量：4~6人份
油酥面团350克（详见第14页）
蓝莓400克
细砂糖60克
糖粉10克

1. 将油酥面团做好后静置2小时。

2. 将烤箱预热至190℃。

3. 将直径28厘米的塔模内刷上黄油并撒上面粉。用擀面杖将面团擀成3毫米厚，嵌入模具中。用餐叉在塔底插出小孔，压上干豆，空烤10分钟。

4. 分拣蓝莓，撒上细砂糖后拌匀。

5. 从烤箱中取出塔模，将蓝莓撒在塔皮上。

6. 将塔模放入180℃的烤箱中再次烘烤20分钟。

7. 将蓝莓塔晾凉后，在盘子中脱模，筛撒上糖粉。

举一反三

矢车菊果塔
在加拿大的一些地区，使用野生"矢车菊果"来代替蓝莓，通常还会用鲜奶油香缇进行装饰。

布赫达露香梨塔 Tarte aux poires Bourdaloue

准备时间：10分钟+30分钟
静置时间：2小时
制作时间：30分钟
分量：6~8人份
油酥面团300克（详见第14页）
切成两半的糖渍香梨10~12个（根据大小确定）
杏仁奶油酱280克（详见第52页）
杏子果胶4汤匙

1. 将油酥面团做好后静置2小时。

2. 将杏仁奶油酱做好后置于阴凉处备用。

3. 将糖渍香梨沥干。

4. 将烤箱预热至190℃。

5. 用擀面杖将面团擀成2毫米厚，嵌入直径22厘米且内部刷过黄油的塔模中，用拇指和食指挤压边缘捏出波峰。

6. 将杏仁奶油酱倒入塔模中约1/2处，将表面整平。将糖渍香梨切成2毫米的薄片，在塔上铺成一圈。

7. 放入烤箱烘烤30分钟。

8. 取出后放至微温，在网架上脱模，将杏子果胶用毛刷涂在塔点表面即可。

苹果千层塔 Tarte feuilletée aux pommes

准备时间：30分钟+35分钟
静置时间：10分钟+1小时
制作时间：25分钟+25分钟
分量：6~8人份
千层派皮350克（详见第18页）
青苹果500克
苹果泥300克
焦化黄油30克
细砂糖20克
糖粉20克

1. 将千层派皮做好后务必累计静置10小时。

2. 用擀面杖将千层派皮擀成2毫米厚，裁切成长30厘米、宽13厘米的长方形，以及2块宽2厘米的长条。

3. 用湿润的毛刷沿着长方形的长边涂抹，分别在两边放上长条派皮，用拇指按压贴合后静置1小时。

4. 将烤箱预热至200℃。将塔点放入烤箱中烘烤大约25分钟直到且务必呈现出金黄色。取出后晾凉。

5. 将苹果去皮后对半切开，去除果核后切成薄片，确保能重新拼成完整的半个苹果。将苹果泥填入派皮中间，摆上苹果薄片后撒上细砂糖，在每片苹果的一半处淋上焦化黄油。

6. 将塔放入180℃的烤箱中烘烤25分钟。取出后晾凉，在表面用小号的筛网撒上糖粉。制作好后当天食用。

蓝莓塔

列日苹果塔 Tarte liégeois aux pommes

准备时间：10分钟+20分钟
静置时间：2小时
制作时间：45分钟
分量：4~6人份
油酥面团 300克（详见第14页）
苹果 1千克
鸡蛋 1个
肉桂粉 2撮
细砂糖 200克
面粉 50克

1. 将油酥面团做好后静置2小时。

2. 用擀面杖将面团擀成3毫米厚，嵌入直径25厘米且内部刷过黄油的塔模中。

3. 将烤箱预热至200℃。

4. 制作馅料：将鸡蛋、1撮肉桂粉和1汤匙细砂糖在容器中搅打均匀。将苹果去皮后切成4块，挖出果核后切薄片。

5. 将肉桂粉蛋液刷在塔底。将150克细砂糖、1撮肉桂粉和面粉拌匀后撒在塔皮

上。铺上苹果薄片。

6. 将塔放入烤箱中烘烤45分钟。

7. 待苹果塔略微放凉后，在餐盘上脱模并将剩余的细砂糖撒在表面。趁微温时享用。

100克列日苹果塔的营养价值

190千卡；蛋白质：1克；脂肪：6克；碳水化合物：30克

糖杏仁塔 Tarte aux pralines

准备时间：30分钟
静置时间：2小时
制作时间：30分钟
分量：4~6人份
油酥面团 250克（详见第14页）
玫瑰杏仁糖膏 150克
法式发酵酸奶油 150克

1. 将油酥面团做好后静置2小时。

2. 将杏仁糖用茶巾裹起来，用擀面杖擀压成小块。

3. 将烤箱预热至180℃。

4. 将直径18厘米的塔模中刷上黄油。用擀面杖将面团擀成2毫米厚，嵌入塔模，在塔底用餐叉插出小孔，铺上圆形烤盘纸并压上杏核或干豆，放入烤箱烘烤10

分钟。

5. 将擀碎的杏仁糖和法式发酵酸奶油放入沙拉盆中拌匀。

6. 将塔模从烤箱中取出，填入杏仁糖和酸奶油的混合物，放入烤箱继续烘烤18~20分钟。

7. 将塔点放入冰箱冷藏后享用。

李子塔 Tarte aux prunes

准备时间：10分钟+35分钟
静置时间：2小时
制作时间：30分钟
分量：6~8人份
油酥面团 300（详见第14页）
李子 500克
细砂糖 110克

1. 将油酥面团做好后静置2小时。

2. 将李子清洗干净后，沿着上面的线切至能去核的程度，不要切开。

3. 将烤箱预热至200℃。

4. 用擀面杖将面团擀成4毫米厚，嵌入直径22厘米且内部刷过黄油的塔模中。去除多余的塔皮并将边缘整平。将塔底用餐叉插出多个小孔，撒上40克细砂糖。

5. 将李子摆在塔底，弧面贴着塔皮，

撒上40克细砂糖。

6. 将塔放入烤箱中烘烤30分钟，取出后彻底冷却。

7. 在塔表面撒上剩余的30克细砂糖，即可享用。

100克李子塔的营养价值

250千卡；蛋白质：2克；脂肪：11克；碳水化合物：34克

大黄塔 Tarte à la rhubarbe

准备时间：15分钟+30分钟
静置时间：8小时+2小时
　　　　　+30分钟
制作时间：15分钟+15分钟
分量：6~8人份
油酥面团 250克（详见第14页）
细砂糖 60克
大黄 600克
结晶糖 60克
杏仁面糊
鸡蛋 1个
细砂糖 75克
牛奶 25克（2.5汤匙）
鲜奶油 25克（2.5汤匙）
冷却的焦化黄油 55克

1. 制作前夜，将大黄清洗干净。将大黄的茎部切成2厘米的段后放在容器中，撒上细砂糖，盖上盖子后腌渍至少8小时。

2. 将油酥面团做好后静置2小时。

3. 将大黄倒入滤器中30分钟，沥干水分。

4. 将烤箱预热至180℃。

5. 用擀面杖将油酥面团擀成2毫米厚，嵌入直径26厘米的不粘塔模中，在塔底用餐叉插出小孔。

6. 在塔底上铺好烤盘纸，超出边缘处，压上杏核或干豆，以免烘烤过程中塔皮膨胀变形。

7. 将塔模放入烤箱中烘烤15分钟。

8. 制作杏仁面糊：将鸡蛋和细砂糖放入碗中搅打，之后倒入牛奶、鲜奶油、杏仁粉和冷却的焦化黄油，拌匀。

9. 移除烤盘纸和果核或干豆。将大黄段摆放在塔底后倒入杏仁面糊。再次放入烤箱烘烤15分钟以上。将结晶糖撒在上面，待冷却后或趁微温时享用。

行家分享

这款塔可以使用草莓汁或者填入意大利蛋白霜（详见第41页），之后放入烤箱中烘烤4分钟直到蛋白霜变成金黄色。

还可以使用700克蓝莓或600克黄香李代替大黄。

举一反三

阿尔萨斯大黄塔

塔点烘烤15分钟后，可以铺上一层顶部酥面末（详见第27页），之后再继续烘烤20分钟。冷却后享用。

新鲜葡萄塔 Tarte au raisin frais

准备时间：10分钟+30分钟
静置时间：1小时
制作时间：10分钟+30分钟
分量：6~8人份
法式塔皮面团 500克（详见第16页）
雷珍白葡萄 500克
鸡蛋 3个
细砂糖 100克
法式发酵酸奶油 250毫升
牛奶 250毫升
樱桃酒 100毫升
糖粉 适量

RECETTE 轻食谱 LÉGÈRE

1. 将法式塔皮做好后静置1小时。

2. 将雷珍白葡萄清洗干净，从葡萄串上摘下果粒。

3. 将烤箱预热至200℃。

4. 用擀面杖将面团擀成3毫米厚，嵌入直径24厘米且内部刷上黄油的塔模中，在塔皮底部用餐叉插出多个小孔，将葡萄一个一个紧紧地排列摆好，放入烤箱烘烤10分钟。

5. 将鸡蛋和细砂糖在容器中拌匀，搅打至发白时倒入法式发酵酸奶油。小心地用打蛋器搅打并缓缓地倒入牛奶和樱桃酒。

6. 从烤箱中取出塔点，将上面的混合物倒入塔底后继续烘烤30分钟。取出后晾凉，脱模后筛撒上糖粉。

100克新鲜葡萄塔的营养价值

238千卡；蛋白质：3克；脂肪：12克；碳水化合物：28克

圣雅克塔 Tarte de Saint-Jacques

准备时间：45分钟
静置时间：10分钟
制作时间：35分钟
分量：6~8人份
面团
葵花子油50毫升　牛奶50毫升
面粉100克　　　细砂糖25克
盐1/4茶匙
馅料
鸡蛋4个　　　　细砂糖200克
肉桂1大撮
柠檬皮碎末1汤匙
杏仁粉200克
糖粉 适量

1. 将葵花子油、牛奶、面粉、糖和盐充分拌匀直到成为顺滑匀称的面团，覆盖保鲜膜后静置30分钟。

2. 用擀面杖将面团擀成3毫米厚，嵌入直径22厘米且内部刷上黄油的塔模（最好使用可拆卸的模具）。

3. 制作馅料：将鸡蛋、细砂糖、肉桂和柠檬碎末倒入沙拉盆中持续搅打至起泡。

4. 将烤箱预热至180℃。

5. 将杏仁粉倒入盛有馅料的沙拉盆中后拌匀。填入塔底后整平，使表面平坦。

6. 将塔放入烤箱中烘烤约40分钟至表面呈现金黄色为止。

7. 将纸片裁成圣雅克十字或贝壳图案，放在塔的中间，作为镂花模板使用。

8. 在塔表面筛撒上糖粉，取下纸片，脱模后即可享用。

大米塔 Tarte au riz

准备时间：10分钟+40分钟
静置时间：1小时
制作时间：25分钟+40分钟
分量：6~8人份
法式塔皮面团500克（详见第16页）
糖渍水果200克　朗姆酒3汤匙
牛奶400毫升　　香草荚1根
圆粒米100克　　盐1撮
细砂糖75克　　　鸡蛋1个
法式发酵酸奶油2汤匙
黄油50克　　　方糖5块

1. 将糖渍水果切小丁后浸泡在朗姆酒中。

2. 将法式塔皮面团做好后静置1小时。

3. 将牛奶和香草荚加热至沸腾。将圆粒米清洗干净后倒入香草牛奶中，调入盐和细砂糖，拌匀后小火熬煮25分钟。

4. 将烤箱预热至200℃。

5. 将大米离火。待略微凉后放入打散的鸡蛋，边倒边使劲搅拌，再将法式发酵酸奶油、糖渍水果丁和一同浸泡的朗姆酒拌入。

6. 用擀面杖将面团擀成3毫米厚，嵌入塔模中，在塔底用餐叉插出多个小孔透气，再填入馅料。

7. 将黄油放入小号平底深锅中加热至化开。捣碎方糖。

8. 将化开的黄油淋在塔点上，再将弄碎的方糖撒在表面。放入烤箱烘烤大约40分钟。冷藏后即可享用。

瑞士酒塔 Tarte suisse au vin

准备时间：10分钟+20分钟
静置时间：2小时
制作时间：20分钟+15分钟
分量：6~8人份
塔底面团500克（详见第14页）
淀粉15克　　　　细砂糖220克
肉桂1大撮
白葡萄酒150毫升
糖粉20克　　　焦化黄油20克

1. 将塔底面团做好后静置2小时。

2. 将烤箱预热至240℃。

3. 将面团用擀面杖擀成2毫米厚，嵌入直径22厘米且内部刷上黄油的塔模。

4. 混合淀粉、细砂糖、肉桂和白葡萄酒，填入塔底。

5. 放入烤箱烘烤20分钟。

6. 将塔取出，在表面撒上糖粉和焦化黄油，放入烤箱继续烘烤15分钟。放至微温即可享用。

塔坦苹果塔 Tarte Tatin 👨‍🍳👨‍🍳👨‍🍳

准备时间：20分钟+30分钟
静置时间：10小时
制作时间：50分钟+30分钟
分量：4~6人份
千层派皮 250克（详见第18页）
黄香蕉 1.5千克
细砂糖 200克
黄油 130克

1. 将千层派皮做好后务必累计静置10小时。

2. 将苹果去皮后对半切开，将中间挖空后再次对半切开。

3. 将烤箱预热至180℃。

4. 将细砂糖倒入平底深锅中熬制成焦糖，之后放入黄油拌匀。

5. 将黄油焦糖倒入珐琅模、煎炒用平底锅或者直径25厘米的圆模中。

6. 在模具中将苹果块紧密整齐地摆好。根据不同苹果的特点，放入烤箱中烘烤50分钟到1小时。

7. 从烤箱中取出塔，晾凉。

8. 将千层派皮用擀面杖擀成2.5毫米厚，裁切成和模具尺寸相同的圆形，盖在苹果块上。

9. 将模具再次放入烤箱中烘烤30分钟至派皮烤好。

10. 静置3小时后待塔点变凉，将模具浸泡在热水中脱模，之后将塔反扣在耐高温的盘子中。

11. 食用前，再将苹果塔放入烤箱烘烤至微温状态。

馅饼 Les tourtes

苹果派 Apple pie 👨‍🍳👨‍🍳👨‍🍳

准备时间：40分钟
静置时间：2小时
制作时间：50分钟
分量：6~8人份
塔底面团 300克（详见第14页）
面粉 40克
粗粒红糖 30克
香草粉 1撮
肉桂粉 1/2茶匙
肉豆蔻碎末 1撮
红香蕉苹果 800克
柠檬 1个
打散的鸡蛋 1个

1. 将塔底面团做好后冷藏静置2小时。

2. 将面团分成大小两块，分别用擀面杖擀成2毫米厚。

3. 将较大的面皮嵌入直径22厘米的陶瓷塔模中。

4. 制作馅料：将面粉、粗粒红糖、香草、肉桂粉和肉豆蔻碎末倒入沙拉盆中拌匀，将其中一半填入塔底。

5. 将烤箱预热至200℃。

6. 将苹果去皮，挖去苹果核后切4大块，之后再切成薄片。将苹果薄片在模具中摆成一圈，并在中间形成圆顶。在上面撒上柠檬汁，之后再填入剩余的一半馅料。

7. 将小块的面皮覆盖在馅料上，在周围用毛刷涂抹上蛋液，小心地将接缝处粘在一起。在面皮中心开一个气孔。再在面皮上涂抹一些蛋液。

8. 将模具放入烤箱中烘烤10分钟，再涂一遍蛋液，之后继续烘烤40分钟。

行家分享

可以趁温热时品尝这款原味苹果派，还能与法式发酵酸奶油、黑莓酱或者一个香草冰激凌球（详见第90页）搭配享用。

塔坦苹果塔

杏仁奶油国王饼 Galette des rois à la frangipane

准备时间：30分钟+20分钟
静置时间：10小时+30分钟
制作时间：40分钟
分量：6~8人份
千层派皮 600克（详见第18页）
法兰奇巴尼奶油霜 300克（详见第52页）
蚕豆 1颗
鸡蛋 1个

1. 将千层派皮做好后务必累计静置10小时。

2. 制作法兰奇巴尼奶油霜。

3. 将面团分成两块，分别用擀面杖擀成2.5毫米厚。

4. 将鸡蛋打散，在其中一块派皮周围涂抹蛋液。将法兰奇巴尼奶油霜铺在塔底，并将蚕豆放在距离边缘几厘米的地方。

5. 将另一张派皮覆盖在上面，并将边缘处粘合在一起。在派皮上先用小刀顺着一个方向平行地划出纹路，之后再划另一面，成为菱形。放入冰箱冷藏静置30分钟。

6. 将烤箱预热至250℃。

7. 将国王饼放入烤箱中，调低烤箱的温度至200℃后继续烘烤40分钟。

8. 趁热或放至微温时享用。

尚比尼蛋糕 Gâteau Champigny

准备时间：30分钟+30分钟
静置时间：10小时
制作时间：20分钟+25~30分钟
分量：6~8人份
千层派皮 400克（详见第18页）
杏 800克
结晶糖 150克
水果酒 1小杯
杏核果仁 几颗
鸡蛋 1个
牛奶 2汤匙

1. 将千层派皮做好后务必累计静置10小时。

2. 将杏去核，将其中几颗杏核敲碎取出里面的果仁。将杏、结晶糖和一些水倒入平底煎锅中熬煮20分钟，直到杏肉柔软后用漏勺捞出。

3. 继续熬煮糖浆至浓稠，依次倒入水果酒、几颗杏核果仁和杏肉，放凉备用。

4. 将烤箱预热至230℃。

5. 用擀面杖将千层派皮擀成2毫米厚的长方形，先切出1.5厘米宽的4个长条，之后再将剩余的派皮裁切成2个相同大小的长方形。将鸡蛋打散，在其中一块长方形派皮上刷蛋液。

6. 将4个长条面皮粘在长方形的四周，做出明显的边。将熬好的杏酱倒在中间，之后涂抹铺开至四周。

7. 将另一块长方形派皮覆盖在上方，用手指轻压，使派皮和杏酱接触并将其封在里面。在剩余的蛋液中倒入牛奶，涂抹在派皮表面，并用小刀在上面划出十字。

8. 放入烤箱中烘烤25~30分钟。

9. 冷却后即可享用。

朗德香草蛋糕 Pastis landais

准备时间：20分钟
静置时间：20分钟
制作时间：45分钟
分量：2或3块
中筋面粉 1千克
酵母粉 30克　鸡蛋 7个
香草糖 200克　黄油 200克
牛奶 1升
深褐色朗姆酒 30毫升
盐 适量

1. 将200克面粉、酵母粉和300毫升温热的水迅速混合后揉成面团，做成酵面。放在沙拉盆中在温暖的地方静置20分钟。

2. 将鸡蛋、香草糖、盐和化开后温热的黄油混合后搅打，之后倒入剩余的面粉、牛奶、酵母粉和朗姆酒，拌匀。

3. 将二三个夏洛特模具内刷上额外的黄油，将混合物分别填入模具中约1/2处。

4. 将烤箱预热至170℃。

5. 将模具放入烤箱中烘烤45分钟。取出后放5分钟后脱模。

6. 这款香草蛋糕可与英式奶油酱（详见第43页）搭配享用。

皇冠杏仁馅饼 Pithiviers 👨‍🍳👨‍🍳👨‍🍳

准备时间：15分钟+15分钟
+35分钟

静置时间：10小时

制作时间：45分钟

分量：6~8人份

千层派皮 500克（详见第18页）

杏仁奶油酱 400克（详见第52页）

鸡蛋 1个

1. 将干层派皮做好后务必累计静置10小时。

2. 制作杏仁奶油酱。

3. 将派皮分成两份。将其中一份用擀面杖擀开，裁切成直径20厘米的花朵形状，铺上杏仁奶油酱，在边上留出1.5厘米的距离。

4. 将烤箱预热至250℃。

5. 将另一块派皮做成和上一块同样尺寸的花朵形状。用湿润的毛刷将第一块的周围蘸湿，将另一块派皮覆盖在杏仁奶油酱上，并将边缘粘在一起。

6. 将皇冠杏仁馅饼裁出花边并刷上蛋液。在表面用小刀的刀尖划出菱形或圆形纹路。

7. 放入烤箱烘烤45分钟。

8. 趁温热或放入冰箱冷藏后享用。

枫糖糖浆馅饼 Tourte au sirop d'érable 👨‍🍳👨‍🍳👨‍🍳

准备时间：10分钟

静置时间：1小时

制作时间：5分钟+35分钟

分量：4人份

油酥面团 300克（详见第14页）

枫糖糖浆 100毫升

玉米淀粉 3茶匙

黄油 50克

切碎的杏仁 50克

1. 将油酥面团做好后放入冰箱冷藏静置1小时。

2. 用少量水稀释枫糖糖浆，加热至持续沸腾5分钟，倒入用冷水和匀化开的玉米淀粉。放凉备用。

3. 将烤箱预热至220℃。

4. 将油酥面团分成两份。将其中一份擀开后嵌入直径18厘米且内部刷上黄油的馅饼模具中。

5. 将枫糖糖浆倒入塔底后放入黄油，撒上切碎的杏仁。将另一块面团擀开后覆盖在馅料上方，将边缘捏合，并在上方的面皮中间开一个透气孔。

6. 放入烤箱烘烤30~35分钟。

7. 待馅饼放凉后享用。

香橙馅饼 Tourte à l'orange 👨‍🍳👨‍🍳👨‍🍳

准备时间：30分钟+30分钟

静置时间：10分钟+2小时

制作时间：45分钟

分量：8~10人份

千层派皮 800克（详见第18页）

表皮未经处理的橙皮 1/4块

常温的黄油 70克

杏仁粉 85克

糖粉 85克

玉米淀粉 3克

糖渍橙皮 25克

君度橙酒 1/2汤匙

鸡蛋 1个

鲜奶油 150毫升

蛋白糖霜 适量（详见第72页）

1. 将干层派皮做好后务必累计静置10小时。

2. 制作杏仁奶油酱：将橙皮细细切碎。在容器中用橡皮刮刀将室温回软的黄油搅打至柔软。之后依次倒入杏仁粉、糖粉、玉米淀粉、橙皮碎末、切成小块的糖渍橙皮、君度橙酒、鸡蛋和鲜奶油。

3. 将干层派皮分成两等份，分别用擀面杖擀成2毫米厚并裁切成直径为28厘米的圆形。

4. 将第一块派皮放在铺有蘸湿烤盘纸的烤盘上。用湿润的毛刷将派皮周围3厘米蘸湿，铺上做好的杏仁奶油酱。

5. 将第二块派皮覆盖在奶油酱上，捏紧边缘并在上面划出斜线。放入冰箱冷藏2小时。

6. 将烤箱预热至200℃。

7. 制作皇家糖霜。

8. 在馅饼表面薄薄地铺上一层皇家糖霜，在上面用刀划分成8或10份，将糖粉撒在上面。

9. 将烤箱的温度调低至180℃，放入馅饼烘烤45分钟。如果馅饼颜色呈现出过深的棕色，可以盖上铝箔纸。

10. 将馅饼稍稍放凉，趁温热时享用最佳。

皇冠杏仁馅饼

烤面屑 Les crumbles

苹果烤面屑 Apple crumble

准备时间：5分钟+30分钟
制作时间：15分钟+15分钟
分量：6~8人份
烤面屑面团 300克（详见第27页）

苹果 1千克	葡萄干 60克
肉桂 1撮	粗粒红糖 30克
黄油 30克	
法式发酵酸奶油 250克	

1. 将烤面屑面团做好后放在餐盘中冷藏保存，期间制作馅料。

2. 将苹果去皮后切8块，去子。在大碗中放入苹果块、葡萄干、肉桂和粗粒红糖，拌匀。

3. 将黄油倒入大号长柄不粘平底锅中加热至化开，倒入上面的混合物，边倒边搅拌，煎煮至苹果成为金黄色。

4. 将烤箱预热至200℃。

5. 在焗烤盘中刷上黄油后放入苹果，撒上一层烤面屑，放入烤箱后将烤箱温度调低至150℃，烘烤15分钟。待微温后搭配冷却的法式发酵酸奶油一同享用。

覆盆子鲜杏烤面屑 Crumble aux abricots et aux framboises

准备时间：10分钟+30分钟
制作时间：20分钟
分量：6~8人份
烤面屑面团 250克（详见第27页）

黄油 40克	鲜杏 1千克
覆盆子 125克	细砂糖 80克
薰衣草花 1撮	柠檬汁 1个
黑胡椒粉 适量	

1. 将烤面屑面团做好后放在餐盘中冷藏保存，期间制作馅料。

2. 将黄油倒入大号长柄不粘平底锅中加热至化开，将去核的鲜杏和细砂糖放入后熬煮3分钟。依次加入薰衣草花、柠檬汁，并撒入研磨器旋转3圈分量的黑胡椒粉，拌匀。

3. 将烤箱预热至170℃。

4. 在长20厘米的焗烤盘中放入杏肉，撒上覆盆子和烤面屑，放入烤箱中烘烤20分钟。

5. 待微温或冷却后，与香草冰激凌（详见第90页）或覆盆子雪葩（详见第93页）一同享用。

欧洲酸樱桃烤面屑配白奶酪冰激凌
Crumble aux griottes et glace au fromage blanc

准备时间：5分钟+1小时
静置时间：1小时
制作时间：20分钟+5分钟
分量：6人份
烤面屑面团 140克（详见第27页）

肉桂粉 3撮
白奶酪冰激凌 500克（详见第87页）
欧洲酸樱桃 500克
黄油 10克
橄榄油 10克
细砂糖 50克
白醋 1汤匙
黑胡椒粉 适量

1. 将烤面屑面团做好后加入肉桂粉，放在餐盘中并置于阴凉处1小时。

2. 制作白奶酪冰激凌。

3. 将烤箱预热至170℃。

4. 将烤面屑面团擀开后放入烤盘中烘烤20分钟。将欧洲酸樱桃去核。

5. 将黄油和橄榄油倒入长柄不粘平底锅中，小火加热至化开，之后倒入欧洲酸樱桃和细砂糖，大火煎煮三四分钟，淋上白醋、撒上黑胡椒粉后离火。

6. 取6个杯子，里面放上烤面屑碎块，在中间摆上一个冰激凌球，将欧洲酸樱桃放在周围，即可享用。

100克欧洲酸樱桃烤面屑配白奶酪冰激凌的营养价值

215千卡；蛋白质：3克；脂肪：7克；碳水化合物：32克

欧洲酸樱桃烤面屑配白奶酪冰激凌

香梨烤面屑配冰糖栗子 Crumble aux poires et aux marrons glacés

准备时间：10分钟+30分钟
制作时间：10分钟+20~25
　　　　　分钟
分量：6~8人份
烤面屑面团250克（详见第27
页）
高脂浓奶油150克
细砂糖60克　　鸡蛋1个
香草荚2根
完全成熟的香梨1千克
冰糖栗子160克
科林斯葡萄干50克
新鲜核桃40克
威廉香梨蒸馏酒10毫升
（可酌选）

1. 将烤面屑面团做好后放在餐盘中冷藏保存，期间制作馅料。

2. 将高脂浓奶油、细砂糖、鸡蛋放入容器中，选择性地倒入香梨蒸馏酒，搅打均匀。

3. 将香草荚顺着长的一边剖成两半并用刀尖刮出香草籽，将香草籽放入上面的混合物中。

4. 将烤箱预热至180℃。

5. 将香梨削皮后对半切开，去子后切小丁，放入长20厘米的椭圆形深盘中。

6. 将切成小块的冰糖栗子、葡萄干及捣碎的核桃撒在梨丁上，倒入之前做好的混合物。

7. 将深盘放入烤箱中烘烤10分钟，取出后放上烤面屑面团，再次放入烤箱继续烘烤20~25分钟。

8. 待烤面屑稍凉后，趁微温时和香梨雪葩（详见第96页）、焦糖冰激凌或巧克力冰激凌（详见第86页）一起享用。

香橙大黄烤面屑 Crumble à la rhubarbe et à l'orange

准备时间：5分钟+30分钟
静置时间：12小时
制作时间：10分钟+25分钟
分量：6~8人份
烤面屑面团250克（详见第27
页）
表皮未经处理的大橙子1个或小
橙子2个　　　水320克
细砂糖150克　　大黄800克
高脂浓奶油180克
细砂糖60克
鸡蛋1个
丁香粉1撮

1. 制作前夜：将橙子保留外皮切成薄片。将水和细砂糖加热至沸腾，放入橙子薄片，用小火煮至微滚并持续熬煮5分钟，浸泡12小时。

2. 制作前夜：将大黄切段后用糖腌渍。

3. 制作当天，将烤面屑面团做好后冷藏保存。

4. 将香橙片沥干后切小块。将大黄沥干。

5. 制作馅料：将高脂浓奶油、细砂糖、鸡蛋和丁香粉搅打至均匀。

6. 将烤箱预热至180℃。

7. 将大黄摆放在20厘米长的椭圆形焗烤盘中，撒上香橙块后倒入馅料，放入烤箱中烘烤10分钟。

8. 从烤箱中取出焗烤盘，铺上烤面屑面团后，继续烘烤25分钟。

9. 待微温时享用。

行家分享

这款烤面屑可与法式发酵酸奶油或草莓雪葩（详见第93页）一同享用。

蛋糕 Les gâteaux

蛋糕制作中使用到的基本面团和原料不是很多，但是却能从形状、尺寸、原料的种类和装饰的不同变幻成多种款式。一般，蛋糕的口感浓郁厚重，所以最好在清淡的正餐之后享用。

阿苏尔 Açûre （土耳其 Turquie）

准备时间：30分钟
浸渍时间：12小时
制作时间：5小时
分量：8~10人份

小麦碎250克
鹰嘴豆60克
干菜豆60克
大米60克
表皮未经处理的橙皮1个
青核桃仁50克
干无花果6个
细砂糖1千克
石榴1个
开心果50克

1. 分别将碎小麦、鹰嘴豆和干菜豆单独浸泡过夜。小心地沥干水分。

2. 将水在双耳盖锅中加热至沸腾。将小麦碎和大米撒入锅中。再次加热至沸腾后转小火，用极小的火熬煮4小时，时常检查熬制的情况。

3. 熬煮3小时后，将鹰嘴豆和干菜豆倒入一口平底深锅中，倒水没过干菜豆，加热至刚刚沸腾后，全部倒入双耳盖锅中，用小火继续熬煮1小时。

4. 熬煮完成后，将橙皮擦成碎末，将一半的青核桃仁捣碎，将每个无花果切成4块，将以上材料全部放入双耳盖锅中拌匀。

5. 在锅中倒入细砂糖后拌匀，再次熬煮5分钟。

6. 将混合物沥干水分后倒入大号的深汤盘中。

7. 将石榴切成4块，去掉里面的子，放入开心果和剩余的青核桃仁摆在汤盘旁边作为装饰。

8. 这款传统的甜点在微温或冷却时均可享用。

爱尔兰发酵果子面包 Barm brack irlandais

准备时间：40分钟
静置时间：1小时+30分钟
制作时间：1小时
分量：6~8人份
面粉 400克
细砂糖 120克
盐 1/2茶匙
肉桂粉 不足1茶匙
肉豆蔻 1撮
常温黄油块 60克
牛奶 200毫升
酵母粉 10克
鸡蛋 1个
糖渍橙子和糖渍柠檬皮 60克
葡萄干 270克

1. 将面粉、90克细砂糖、盐、肉桂粉和肉豆蔻粉在容器中拌匀，放入室温回软的黄油块，用手指搅拌并将混合物搓成碎屑。

2. 将牛奶加热至沸腾。依次在碗中放入酵母粉、1汤匙热牛奶、1大撮细砂糖和鸡蛋，使劲搅打混合。

3. 将糖渍柠檬皮细细切碎后放入容器中，接着放入热牛奶、步骤2中的混合物和葡萄干，将混合物用刮勺搅拌至均匀。

4. 将茶巾覆盖在容器上，室温下静置发酵1小时至面团膨胀为原来体积的2倍。

5. 将面团等分成两块。分别放入2个直径20厘米、高4厘米的圆模中，盖上盖子，室温下静置30分钟。

6. 将烤箱预热至180℃。

7. 将2个圆模放入烤箱中烘烤1小时，不时观察烘烤的状态。

8. 将剩余的细砂糖和2汤匙水加热至沸腾后熬制成糖浆，离火。

9. 将模具从烤箱中取出，用毛刷涂上糖浆，再次烘烤3分钟。

10. 放入冰箱冷藏后即可享用。

行家分享

在爱尔兰，发酵果子蛋糕通常是在10月31日万圣节时食用。传统的习俗是将一枚戒指放在面糊中一同烘烤，据说吃到戒指的人会在当年内结婚。

杏仁蛋糕 Biscuit aux amandes

准备时间：15分钟
制作时间：40分钟
分量：8~10人份
蛋黄 14个
细砂糖 400克
香草糖 15克
橙花水 1汤匙
面粉 185克
淀粉 185克
杏仁粉 200克
苦杏仁精 1滴
蛋清 3个
覆盆子果酱 12汤匙
杏果胶 适量
香草翻糖 100克
切碎的杏仁 适量

1. 将蛋黄、300克细砂糖、香草糖和橙花水放入容器中搅打至发白。

2. 过筛面粉和淀粉后倒入容器中拌匀，放入杏仁粉并滴入苦杏仁精。

3. 将蛋清和剩余的细砂糖持续搅打成尖角直立的蛋白霜，小心地倒入上面的混合物中。

4. 将烤箱预热至180℃。

5. 在直径28厘米、高4厘米的圆模内刷上黄油并撒上细砂糖，填入面糊。

6. 将圆模放入烤箱中烘烤40分钟。

7. 用餐刀测试烘烤程度，抽出后刀身无材料黏附为止。

8. 将蛋糕在网架上脱模后放至彻底冷却。

9. 将蛋糕切成3层等厚的片。将第一层用刮刀涂抹上覆盆子果酱，覆盖上第二层，再次涂上覆盆子果酱，之后盖上第三层。

10. 将2汤匙杏子果胶用毛刷涂抹在蛋糕表面和周围，将香草翻糖铺在上面做成镜面，用切碎的杏仁进行装饰。

香橙慕斯林蛋糕 Biscuit mousseline à l'orange

准备时间：20分钟
制作时间：40分钟
分量：4~6人份
指形蛋糕坯面糊 600克（详见
第31页）
黄油 15克　　糖粉 30克
橙子糖浆 100毫升
水 50毫升
橙子果酱 300克
翻糖 180克（详见第71页）
柑香酒 20毫升
糖渍橙皮或新鲜的橙子薄片 适量

1. 制作指形蛋糕坯面糊。
2. 将烤箱预热至180℃。
3. 将直径20厘米的夏洛特模具内用毛刷涂抹上黄油，再撒入大量糖粉，倒入蛋糕坯面糊至模具的2/3处。
4. 放入烤箱烘烤40分钟。
5. 用餐刀测试烘烤程度，抽出后刀身无材料黏附为止。将蛋糕坯在网架上脱模后放至微温。

6. 将蛋糕坯切成等厚的两层。将橙子糖浆用水稀释。将第一层蛋糕坯用一部分糖浆浸透，再厚厚地铺上一层橙子果酱，将第二层蛋糕坯盖在上面后，用糖浆略微浸透。
7. 将翻糖和柑香酒拌匀后涂抹在蛋糕表面。
8. 用糖渍橙皮或新鲜的橙子薄片摆出图案进行装饰。

蛋糕卷 Biscuit roulé

准备时间：25分钟
制作时间：10分钟
分量：4~6人份
蛋糕卷面糊 600克（详见第34页）
黄油 15克
细砂糖 100克
朗姆酒 1茶匙
杏酱或覆盆子果胶 6汤匙
杏子镜面果胶 适量
细长条的杏仁片 125克

1. 制作蛋糕卷面糊。
2. 将烤箱预热至180℃。
3. 让黄油在室温条件下自然软化。将烤盘铺上烤盘纸，在上面用毛刷刷上黄油后，倒上面糊并用抹刀均匀地铺开1厘米厚。
4. 放入烤箱烘烤10分钟：蛋糕的表层应该正好烤成金黄色。
5. 将细砂糖和100毫升水混合后做成

糖浆，再放入朗姆酒。
6. 将杏仁片放入180℃的烤箱中略微烘烤。
7. 将蛋糕坯放在茶巾上，用毛刷蘸取糖浆反复涂抹以浸透蛋糕；再将杏酱或覆盆子果胶用刮刀铺在上面。
8. 将蛋糕借助茶巾卷起，斜着切掉两端；将2汤匙杏子镜面果胶用毛刷涂抹在整个蛋糕卷上后撒上杏仁片。

萨瓦蛋糕 Biscuit de Savoie

准备时间：15分钟
制作时间：45分钟
分量：8人份
鸡蛋 14个
细砂糖 550克
香草糖 1袋
过筛的面粉 185克
淀粉 185克
盐 1撮
用在模具中的黄油和淀粉 适量

1. 将鸡蛋磕开，分离蛋清和蛋黄。
2. 将烤箱预热至170℃。
3. 将细砂糖、香草糖和蛋黄放入容器中持续搅打至顺滑发白。
4. 将蛋清和1撮盐持续打发成尖角直立的蛋白霜，依次倒入蛋黄的混合物、面粉和淀粉，顺着一个方向搅拌以免破坏面糊，持续该动作直到面糊混合均匀为止。

5. 将直径28厘米的萨瓦蛋糕模或圆模刷上黄油并撒上淀粉，将面糊倒入模具中约2/3处。
6. 放入烤箱烘烤45分钟。
7. 用餐刀测试烘烤程度，以抽出后刀身无材料黏附为止。取出蛋糕后，在盘子上脱模。放入冰箱冷藏后享用。

栗子木柴蛋糕 Bûche aux marrons

准备时间：1小时
冷藏时间：至少6小时
制作时间：10分钟
分量：8~10人份
指形蛋糕坯面糊 400克（详见第31页）
糖浆
水 70毫升　　细砂糖 75克
深咖啡色陈年朗姆酒 750毫升
栗子轻奶油酱
鲜奶油 20毫升
明胶 2克（1片）
打发的鲜奶油 200克
黄油 40克　　栗子膏 140克
栗子泥 120克
深咖啡色陈年朗姆酒 300毫升
冰糖栗子 5颗
罐头或瓶装糖渍黑醋栗果粒 120克
法式栗子奶油霜
法式奶油霜 300克（详见第47页）
栗子膏 80克

1. 将黑醋栗放入滤器中2小时，沥干糖浆。

2. 将法式奶油霜做好后置于阴凉处保存。

3. 将烤箱预热至230℃。

4. 制作指形蛋糕坯面糊，之后铺在放有长40厘米、宽30厘米烤盘纸的烤盘中，放入烤箱烘烤10分钟。

5. 制作糖浆：将水和细砂糖倒入平底深锅中加热至沸腾，用刮勺拌匀。待糖浆彻底冷却后，倒入陈年的朗姆酒。

6. 制作栗子轻奶油：将鲜奶油加热至沸腾。将明胶在冷水中浸软后挤干水分。搅拌打发的鲜奶油。将黄油、栗子膏和栗子泥用手动或电动打蛋器搅打至柔软。将挤干水分的明胶放入加热的鲜奶油中。将鲜奶油明胶全部倒入栗子黄油的混合物中后持续搅打，最后依次调入朗姆酒并放入打发的鲜奶油，小心轻柔地拌匀。

7. 将冰糖栗子弄碎。用蘸取糖浆的毛刷将蛋糕略微浸透。

8. 将栗子轻奶油用刮刀在蛋糕表面铺上一层，撒上黑醋栗和弄碎的冰糖栗子。从蛋糕坯的长边处卷起，用保鲜膜紧紧裹好以保持形状。放入冰箱冷藏6小时。

9. 将沙拉盆中的法式奶油霜一边隔水加热一边用橡皮刮刀持续搅拌，直到成为浓稠的膏状物。当顺滑均匀时，放入80克栗子膏，再用手动打蛋器略微搅拌，使混合物浓稠顺滑。

10. 将木柴蛋糕外的保鲜膜去掉后放入长方形的盘子中。斜着切下两端，并将其放在木柴蛋糕上作为装饰。

11. 在木柴蛋糕表面铺上一层法式栗子奶油霜，用刮刀整平，再用餐叉划出类似树皮的纹路。放入冰箱，待表面的奶油霜凝固。

12. 呈上甜品时，换掉餐盘，将木柴蛋糕放在带有花边的盘布上，用冷杉果和金色冬青叶进行装饰。

罗马尼亚夏达芙 Catalf roumain

准备时间：30分钟
静置时间：15分钟+45分钟
制作时间：30~40分钟
分量：6~8人份
黄油 60克
鸡蛋 10个
面粉 400克
榛子粉 200克
细砂糖 100克
焦糖
剖开的香草荚 1/2根
水 40毫升
细砂糖 100克

1. 将黄油软化。

2. 将9个鸡蛋磕开，分离蛋清和蛋黄。将最后的一个鸡蛋打入9个蛋黄中，用打蛋器打散。

3. 在蛋黄中慢慢地倒入黄油和面粉，一边倒一边搅拌，之后充分揉和并压实面团。

4. 将面团用擀面杖擀开后在阴凉处静置15分钟。

5. 将面团卷成香肠状，切成很薄的片，室温下静置干燥45分钟左右。

6. 将烤箱预热至180℃。

7. 将直径25厘米的圆模中涂上黄油，依次放入一层面团薄片、一层榛子粉和一层细砂糖。

8. 按照68页的方法熬制焦糖。将焦糖中的香草荚捞出后倒入模具中。

9. 放入烤箱烘烤30~40分钟。放入冰箱冷藏后享用。

萨瓦蛋糕

泡芙塔 Croquembouche

准备时间：1小时30分钟+1小时

制作时间：10分钟+18~20分钟

分量：15人份

泡芙面糊800克（详见第25页）

甜酥面团180克（详见第17页）

卡仕达奶油酱1千克（详见第56页）

朗姆酒或樱桃酒或柑曼怡50克

方糖700克

醋3茶匙

糖衣果仁200克

1. 制作前夜，将泡芙面糊、甜酥面团和根据个人口味的卡仕达奶油酱做好。填入裱花袋中，制作75个泡芙，放入200℃的烤箱中烘烤10分钟。

2. 制作当天：在装有极细尖嘴的裱花袋中填入卡什达奶油酱，用尖嘴从泡芙底部扎入，填充上奶油酱。

3. 将烤箱预热至180℃。

4. 用擀面杖将甜酥面团擀成4毫米厚，裁切成直径为22厘米的圆形，放入铺有烤盘纸的烤盘中烘烤20分钟。将方糖和400毫升水熬制成淡色焦糖，倒入醋，防止焦糖结块。

5. 将每个泡芙的顶部都沾上焦糖后放在烤盘中。

6. 将甜酥面皮放在盘子中，在直径为14厘米的沙拉盆中刷油后倒扣在面皮上。将每个泡芙的底端沾上焦糖，将泡芙沿着沙拉盆的周围粘成一圈，顶部沾有焦糖的部分向外。

7. 移开沙拉盆，向上继续摆上泡芙，一个一个小心地排列。将糖衣果仁沾上焦糖粘在泡芙之间的小洞中作为装饰。

8. 静置45分钟后即可享用。

咖啡达克瓦兹 Dacquoise au café

准备时间：40分钟

制作时间：35分钟

分量：6~8人份

达克瓦兹杏仁面糊480克（详见第35页）

咖啡奶油酱400克（详见第48页）

略微烘烤后的细长杏仁片 适量

糖粉 适量

1. 制作达克瓦兹杏仁面糊。

2. 将烤箱预热至170℃。

3. 在1个或2个烤盘中铺上烤盘纸，画上2个直径22厘米的圆圈。在装有9号裱花嘴的裱花袋中填入面糊，在画好的圆圈内从中心向四周螺旋挤压出面糊。放入烤箱中烘烤35分钟，取出后晾凉。

4. 制作咖啡奶油酱。在装有大号圆形裱花嘴的裱花袋中填入咖啡奶油酱，在第一个圆上厚厚地挤出一层，将另一个摞在上面，轻轻按压。将略微烘烤后的杏仁片撒在达克瓦兹上，小心地筛上糖粉。冷藏后享用。

喜悦巧克力蛋糕 Délice au chocolat

准备时间：20分钟

制作时间：20分钟

分量：4~6人份

鸡蛋4个

细砂糖150克

黄油150克

苦甜黑巧克力200克

面粉2汤匙

杏仁粉100克

1. 将烤箱预热至220℃。

2. 将鸡蛋磕开，分离蛋清和蛋黄。将蛋黄和细砂糖在容器中快速搅打至起泡。

3. 让黄油软化。在平底深锅中放入切碎的巧克力，隔水加热至融化，之后倒入蛋黄和细砂糖的混合物中。

4. 一边搅拌混合物一边倒入面粉、杏仁粉和黄油。

5. 将蛋清打发成尖角直立的蛋白霜，掺入上面的混合物中。不要过度搅拌，以免破坏面糊内部的气泡。

6. 在模具中刷上黄油，倒入面糊，放入烤箱中烘烤20分钟。用针测试烘烤程度，拔出的针尖上应该有些湿润。

7. 放凉后脱模。

黑森林蛋糕 Forêt-Noire

准备时间：40分钟
冷藏时间：二三小时
制作时间：35~40分钟
分量：6~8人份
杏仁巧克力无面粉蛋糕坯糊700克（详见第29页）
细砂糖200克
樱桃酒100毫升
鲜奶油香缇800克（详见第49页）
香草糖2袋
酒渍樱桃60克
有厚度的苦甜巧克力刨花250克

1. 制作杏仁巧克力无面粉蛋糕坯糊。
2. 将烤箱预热至180℃。
3. 将直径22厘米的模具内部刷上黄油并撒上面粉，轻轻晃动，将多余的面粉去除。在模具中倒入面糊，放入烤箱中烘烤35~40分钟。
4. 用餐刀测试烘烤的程度。
5. 将蛋糕脱模后晾凉。将蛋糕坯用锯齿刀横着切成等厚的3层。
6. 将细砂糖、350毫升水和樱桃酒做成糖浆。
7. 将鲜奶油香缇做好后倒入香草糖。
8. 用樱桃酒糖浆浸透第一层蛋糕坯，

铺上鲜奶油香缇后摆上25~30颗酒渍樱桃。重复上述步骤完成第二层蛋糕坯的制作，摆在第一层上面。将第三层蛋糕坯浸透糖浆摆在最上面。
9. 将鲜奶油香缇覆盖在蛋糕上，饰以巧克力刨花，放入冰箱冷藏二三小时即可享用。

行家分享

这款高而且圆的蛋糕由3层巧克力蛋糕坯制作而成，源自德国，在阿尔萨斯也深受欢迎。

草莓蛋糕 Fraisier

准备时间：1小时30分钟
静置时间：8小时
制作时间：10分钟
分量：8~10人份
意大利海绵蛋糕面糊800克（详见第37页）
法式奶油霜500克（详见第47页）
卡仕达奶油酱100克（详见第56页）
大草莓1千克
细砂糖180克
覆盆子利口酒3汤匙
樱桃酒5汤匙
装饰
杏仁糖膏100克
大草莓6个
杏子镜面果胶30克

1. 将意大利海绵蛋糕面糊做好。将2个长22厘米、宽18厘米的长方形模具内刷上黄油后倒入面糊，放入230℃的烤箱中烘烤10分钟。
2. 分别将法式奶油霜和卡仕达奶油酱做好。
3. 仔细地将草莓清洗干净，去梗后吸干水分。
4. 将细砂糖和120毫升水加热至沸腾，之后倒入覆盆子利口酒和3汤匙樱桃酒。
5. 在铺有烤盘纸的烤盘中放上一块烤好的长方形蛋糕坯，将1/3的糖浆用毛刷浸入蛋糕中。
6. 将法式奶油霜搅打至膨松轻盈的状态，将卡仕达奶油酱用刮刀掺入。将1/3的混合物铺在浸有糖浆的蛋糕坯上。
7. 将草莓尖头向上紧紧地排列固定在蛋糕上。将剩余的2汤匙樱桃酒淋在上

面并撒上细砂糖。用锯齿面包刀将尖头削平，将剩余的奶油酱混合物铺在上面，用抹刀将表面和周围整平。将另一块长方形海绵蛋糕摆在上面，用剩余的糖浆浸透。薄薄地在蛋糕上铺一层杏仁糖膏。
8. 将草莓蛋糕放入冰箱冷藏至少8小时。
9. 准备享用前，将四周用浸泡过热水的刀修饰整齐。将草莓切成扇形作为装饰，将杏子镜面果胶用毛刷刷在表面。

举一反三

覆盆子蛋糕
可以用覆盆子代替草莓，按照上面的方法制作覆盆子蛋糕。

亚历山大蛋糕 Gâteau Alexandra

准备时间：40分钟

冷藏时间：10分钟

制作时间：50分钟

分量：6~8人份

黑巧克力 180克

鸡蛋 4个

细砂糖 125克

杏仁粉 75克

面粉 20克

淀粉 80克

盐 1撮

融化的黄油 75克

杏子镜面果胶 100克

翻糖 200克（详见第71页）

1. 将100克黑巧克力放入小号的厚底平锅或微波炉中加热至融化。

2. 将3个鸡蛋磕开，分离蛋清和蛋黄。将3个蛋黄、剩余的1个鸡蛋和细砂糖放入容器中用电动打蛋器搅打至发白后，倒入杏仁粉拌匀。之后依次放入融化的巧克力、面粉和淀粉，持续搅拌至均匀。

3. 将烤箱预热至180℃。

4. 将蛋清和1撮盐持续打发成尖角直立的蛋白霜，小心地掺入面糊中，顺着一个方向搅拌以免破坏面糊，之后倒入融化的黄油。

5. 将18厘米的正方形模具内刷上黄油后倒入面糊，放入烤箱烘烤50分钟，取出后晾凉。

6. 加热杏子镜面果胶，用毛刷涂抹在整个蛋糕上，放入冰箱冷藏10分钟。

7. 将剩余的巧克力放入平底深锅或微波炉中加热至融化。待翻糖微温后与巧克力混合，注意务必将混合物做成流体，以方便涂抹。

8. 将巧克力翻糖用刮刀涂抹在蛋糕上，修饰平整。享用前一直放在阴凉处保存即可。

科西嘉山羊干酪蛋糕 Gâteau corse au broccio

准备时间：20分钟

静置时间：2小时

制作时间：30分钟

分量：6~8人份

新鲜的山羊干酪 500克

表皮未经处理的橙子 1个

表皮未经处理的柠檬 1个

鸡蛋 6个

细砂糖 150克

盐 1撮

橄榄油 1茶匙

1. 用纱布将新鲜的山羊干酪裹好后放入滤器中2小时，沥干水分。

2. 将橙皮和柠檬皮擦成碎末。

3. 分离蛋清和蛋黄。

4. 将细砂糖放入蛋黄中，使劲持续搅打至发白。

5. 将烤箱预热至180℃。

6. 将蛋清和1撮盐持续打发成尖角直立的蛋白霜。将山羊干酪一点一点放入蛋黄和细砂糖的混合物中，之后依次放入橙皮碎末、柠檬皮碎末和蛋白霜。

7. 将直径25厘米的模具内刷上橄榄油后倒入面糊，将表面整平。放入烤箱烘烤30分钟。待微温后脱模，冷却后即可享用。

胡萝卜蛋糕 Gâteau aux carottes

准备时间：10分钟

制作时间：40分钟

分量：4~6人份

胡萝卜 250克　　鸡蛋 2个

细砂糖 100克　　面粉 50克

泡打粉 10克　　榛子粉 60克

杏仁粉 70克

食用油 25毫升

盐 1撮

1. 削去胡萝卜的外皮，清洗干净后擦成碎末。

2. 将烤箱预热至180℃。

3. 将鸡蛋打入容器中并倒入细砂糖，持续搅打至浓稠。

4. 一起过筛面粉、泡打粉、榛子粉和杏仁粉，之后一点点倒入蛋液和细砂糖的混合物，持续用刮勺搅拌。加入食用油、盐和胡萝卜碎末后拌匀。

5. 将模具内刷上黄油后倒入面糊，放入烤箱中烘烤40分钟。

6. 待蛋糕在模具中晾凉后脱模，之后切片。

黑森林蛋糕

巧克力蛋糕 Gâteau au chocolat

准备时间：30分钟
制作时间：45分钟
分量：6~8人份
鸡蛋 3个
细砂糖 125克
黄油 125克
盐 1撮
烘焙用巧克力 150克
牛奶 3汤匙
速溶咖啡 1甜点匙（可酌选）
面粉 125克
装饰
细砂糖 2汤匙
醋 1汤匙
青核桃仁 适量
巧克力镜面（详见第78页）

1. 将鸡蛋磕开，分离蛋清和蛋黄。将细砂糖倒入蛋黄中持续搅打至发白。

2. 将黄油切小块使其方便软化，放在另一个容器中。将蛋清和1撮盐持续打发成尖角直立的蛋白霜。

3. 将巧克力切小块后对入牛奶，放入平底深锅隔水加热或放入微波炉中加热至融化。待巧克力融化后将混合物拌匀。

4. 将烤箱预热至190℃。

5. 将盛放黄油的容器在烤箱中放2分钟，让容器变得温热。取出后放入融化的牛奶巧克力（也可以根据需要选择性地添加速溶咖啡），拌匀后倒入蛋黄和细砂糖的混合物，再次搅拌均匀。

6. 过筛面粉，撒入混合物中，之后将混合物倒入蛋白霜中。将直径25厘米的模具内刷上黄油后倒入面糊，放入烤箱烘烤45分钟。

7. 制作装饰：将细砂糖、1汤匙水和醋放入小号平底深锅中熬煮成焦糖。

8. 将核桃仁逐一用餐叉插上后，蘸取焦糖，放入刷过油的盘子中。

9. 待蛋糕在模具中冷却后，将网架放在盘子上脱模。用巧克力镜面覆盖整个蛋糕并整平。饰以焦糖核桃后，存放在阴凉处。

巧克力布朗尼蛋糕 Gâteau de brownies au chocolat

准备时间：1小时
静置时间：五六小时+1小时
制作时间：18分钟
分量：6~8人份
巧克力镜面 300克（详见第78页）
巧克力淋酱 100克（详见第79页）
巧克力奶油酱 800克（详见第51页）
明胶 6克（3片）
"布朗尼"蛋糕坯
苦甜巧克力 70克
鸡蛋 2个
细砂糖 150克
山核桃仁 100克
黄油 125克
面粉 60克
鲜核桃仁 8个

1. 分别制作巧克力镜面、巧克力淋酱和巧克力奶油酱。将牛奶、烧开的鲜奶油和浸软并挤干水分的明胶混合拌匀。

2. 制作布朗尼蛋糕坯：将巧克力隔水加热或放入微波炉中加热至融化。将鸡蛋和细砂糖混合搅打至发白。大致将核桃切碎。将黄油切成很小的块，放入叶状刀片的食物搅拌器中以高速搅打至发白。之后分3次倒入融化的巧克力，再放入鸡蛋和细砂糖的混合物。关闭机器后将内缸取出，将打成糊状的混合物用橡皮刮刀以略微上扬舀起的方式混合，接着依次倒入面粉和切碎的核桃。

3. 将烤箱预热至170℃。

4. 将直径22厘米、高3厘米的慕斯模内刷上黄油，放在铺有烤盘纸的烤盘中，将面糊倒入后放入烤箱烘烤18分钟。取出后晾凉，用餐刀沿着模具划一圈后脱模。

5. 将脱下来的慕斯模清洗干净并擦干水分，再次套在蛋糕坯上，从上方将巧克力奶油酱倒下来直到填满四周。放入冰箱中冷藏五六小时。

6. 将巧克力淋酱用橡皮刮刀铺在蛋糕上，小心地整平。用手掌围住模具的外侧，以掌心的温度移除慕斯圈。

7. 将蛋糕放在相同尺寸的硬纸板上，放入冰箱冷冻1小时。

8. 将巧克力镜面隔水加热至融化，涂抹在整个蛋糕上，用橡皮刮刀整平并将边缘整个涂满。

9. 将8个鲜核桃仁摆在上面作为装饰。

巧克力蛋糕

南瓜蛋糕 Gâteau de courge

准备时间：1小时
静置时间：12小时
制作时间：10分钟+1小时
分量：6~8人份

南瓜 400克	鸡蛋 4个
食用油 400毫升	
面粉 350克	细砂糖 250克
榛子粉 200克	肉桂粉 3茶匙
盐 1撮	黄油 20克

1. 制作前夜：将南瓜去皮后切成大块，仔细地挖去所有的子和瓤。在锅中放入冷水和分量外的盐制成盐水，没过南瓜块，加热并持续沸腾10分钟。

2. 将南瓜放入滤器中沥干水分，静置过夜。

3. 制作当天，用果蔬榨汁机或电动打蛋器将南瓜搅打成南瓜泥。搅拌过程中，依次逐个放入鸡蛋、食用油、面粉、细砂糖、榛子粉、肉桂粉和1撮盐，持续搅打至顺滑。

4. 将烤箱预热至160℃。

5. 将皇冠烤模内刷上黄油后倒入面糊，放入烤箱中烘烤1小时。用餐刀测试烘烤程度，抽出后刀身无材料黏附为止。待蛋糕晾凉后脱模。

敦迪蛋糕 Gâteau de Dundee

准备时间：20分钟
静置时间：10分钟
制作时间：1小时15分钟
分量：6~8人份

葡萄干 500克	黄油 125克
面粉 250克	细砂糖 125克
泡打粉 1包	
肉桂粉、姜粉和香菜粉各1茶匙	
鸡蛋 4个	牛奶 50毫升
橙皮 100克	
糖渍樱桃 100克	

1. 在沙拉盆中倒入葡萄干，用温水没过后浸泡10分钟，令葡萄干吸水膨胀。

2. 将黄油放软，在用热水烫过的容器中切小块。

3. 将面粉、细砂糖、1撮盐、泡打粉、肉桂粉、姜粉和香菜粉在另外的容器中拌匀。

4. 将烤箱预热至200℃。

5. 将鸡蛋和牛奶混合后搅打均匀，倒入上面的混合物中，接着放入黄油并持续搅打。

6. 沥干葡萄干上的水分；将橙皮和糖渍樱桃切块。将上述材料倒入混合物中。

7. 待蛋糕晾凉后脱模。

佛拉芒蛋糕 Gâteau flamand

准备时间：15分钟+25分钟
静置时间：2小时+30分钟
制作时间：45分钟
分量：6~8人份

甜酥面团 350克（详见第17页）	
鸡蛋 3个	细砂糖 125克
香草糖 1袋	杏仁粉 100克
樱桃酒 50毫升	土豆淀粉 25克
黄油 40克	
翻糖 200克（详见第71页）	
樱桃酒 50毫升	
糖渍樱桃、当归枝 各适量	

1. 将甜酥面团做好后在阴凉处静置2小时。

2. 用擀面杖将面团擀成二三毫米厚，将直径20厘米的圆模内刷上黄油，嵌入面皮后放入冰箱冷藏静置30分钟。

3. 将烤箱预热至200℃。

4. 将鸡蛋磕开，分离蛋清和蛋黄。

5. 将细砂糖、香草糖和杏仁粉倒入容器中拌匀。将蛋黄一个个放入并调入50毫升樱桃酒，用打蛋器持续搅打至发白。将土豆淀粉撒入并拌匀。

6. 将蛋清和1撮盐持续打发成尖角直立的蛋白霜，小心地掺入之前的混合物中。

7. 将黄油化开后倒入混合物中。

8. 在模具中倒入上述混合物，放入烤箱烘烤45分钟，取出后放至15分钟，晾凉后脱模。

9. 在平底深锅中倒入翻糖，小火加热至融化。倒入樱桃酒，将翻糖用刮刀涂抹在蛋糕上，饰以糖渍樱桃和当归枝。

白奶酪蛋糕 Gâteau au fromage blanc

准备时间：40分钟

静置时间：2小时

制作时间：40分钟

分量：6~8人份

过滤处理后的白奶酪 500克

杏干 150克

白葡萄酒 500毫升

肉桂粉 1/2茶匙

表皮未经处理的柠檬 1个

黄油 150克

面粉 350克

细砂糖 200克

盐 1撮

泡打粉 1包

蛋黄 5个

香草糖 1袋

1. 在滤器中垫上纱布后放上白奶酪，静置2小时，沥干水分。

2. 用400毫升白葡萄酒浸泡杏干和肉桂粉。

3. 将柠檬皮擦成碎末。将黄油放软。

4. 将面粉倒在大碗中或操作台上，用手挖一个凹槽，里面放入160克细砂糖、1撮盐、泡打粉、黄油和2个蛋黄，小心地混合并搅拌成匀称的面团。再对入100毫升白葡萄酒，使面团质地更加柔软。

5. 将面团分成2份。将直径28厘米的圆模内刷上黄油。分别将两块面团擀成和模具大小相同、厚3毫米的圆形面皮。

6. 将其中一块面皮嵌入模具中。

7. 将烤箱预热至160℃。

8. 将杏干捞出后沥干，切成小块。

9. 在大碗中放入白奶酪，再依次放入香草糖、剩余的细砂糖、小块杏干和3个蛋黄，拌匀后倒入模具中，将表面用刮勺整平。

10. 将毛刷用少量水蘸湿，涂抹另一块面皮的边缘，叠放在白奶酪的混合物上方，将边缘粘合在一起。

11. 放入烤箱烘烤40分钟。待蛋糕微温时脱模，冷藏后即可享用。

行家分享

可以用糖渍水果或葡萄干代替杏干进行制作。

橘子蛋糕 Gâteau à la mandarine

准备时间：30分钟

静置时间：2小时

制作时间：25分钟

分量：6~8人份

塔底面团 300克（详见第14页）

去皮杏仁 125克

鸡蛋 4个

糖渍橘子皮 4块

细砂糖 125克　　香草精 3滴

苦杏仁精 2滴　　杏酱 适量

橘子酱 适量　　橘子 三四个

细长的杏仁片、杏子镜面果胶

新鲜薄荷叶 各适量

1. 将塔底面团做好后静置2小时。

2. 过滤3汤匙杏酱。用研钵或食品搅拌器将杏仁弄碎，再逐个放入鸡蛋，之后依次放入切块的糖渍橘子皮、细砂糖、3滴香草精和过滤后的杏酱，拌匀。

3. 将烤箱预热至200℃。

4. 用擀面杖将塔底面团擀成3毫米厚，嵌入直径24厘米的布丁圆模中。将150克橘子果酱均匀地铺在塔底，再倒入上面的

混合物，将表面整平。

5. 放入烤箱中烘烤25分钟，取出后晾凉。

6. 将橘子剥皮。

7. 将杏仁片放入烤箱中烘烤几分钟变成金黄色。

8. 加热3汤匙杏子镜面果胶。

9. 在蛋糕表面撒上杏仁片并饰以薄荷叶。冷藏后享用。

维多利亚蛋糕

椰子蛋糕 Gâteau à la noix de coco

准备时间：40分钟
制作时间：35~45分钟
分量：6~8人份
卡仕达奶油酱350克（详见第56页）

黄油260克
糖粉350克
鸡蛋6个
椰子粉265克
香菜粉15克
全脂鲜奶300毫升
面粉400克
泡打粉10克

1. 将卡仕达奶油酱做好后调入2汤匙原料之外的朗姆酒。

2. 将250克黄油和糖粉用电动打蛋器搅打至均匀。

3. 依次逐个加入鸡蛋、250克椰子粉、香菜粉和全脂鲜奶，边放原料边不停搅拌。

4. 将烤箱预热至180℃。

5. 一起过筛面粉和泡打粉，用刮勺混入上面的混合物中。

6. 将直径22厘米的圆模内刷上黄油并撒上剩余的椰子粉；将混合物倒入模具中，务必倒至3/4处。

7. 放入烤箱烘烤35~45分钟。用餐刀测试烘烤程度，刀身抽出后无材料沾附。取出蛋糕后，在烤盘上倒扣脱模、晾凉。

8. 将蛋糕横切成等厚的3层，将其中2层用抹刀涂抹上朗姆酒卡仕达奶油酱后摆在一起。叠放上最后一层后筛撒上糖粉。

行家分享

也可以不放朗姆酒卡仕达奶油酱，直接品尝原味蛋糕。

秘诀一点通

使用不粘模具烘烤蛋糕时，为了防止蛋糕底部颜色过深，可以在模具和烤盘之间垫上一张牛皮纸。

加泰罗尼亚蛋糕卷 Gâteau roulé catalan

准备时间：45分钟
制作时间：15分钟
分量：6~8人份
打发鲜奶油70克（详见第51页）
面糊
黄油50克
鸡蛋3个
面粉100克
柠檬1个
糖粉100克
卡仕达奶油酱
牛奶500毫升
香草荚1/2根
柠檬1/2个
蛋黄3个
细砂糖75克
玉米淀粉1汤匙
面粉1汤匙
黄油30克

1. 制作打发的鲜奶油。

2. 制作卡仕达奶油酱：在平底深锅中放入牛奶、剖开并刮去籽的香草荚和柠檬皮，加热至沸腾。将蛋黄、细砂糖、玉米淀粉和面粉在容器中拌匀。过滤牛奶。将少量烧开的香草柠檬牛奶倒入容器中，边倒边用打蛋器搅拌。将混合物倒入平底深锅中加热并持续沸腾二三分钟后，离火。

3. 在沙拉盆中倒入卡仕达奶油酱，浸泡在装满冰块的容器中。待奶油酱的温度降至50℃时，放入30克黄油并用打蛋器快速拌匀。

4. 待卡仕达奶油酱彻底冷却后掺入打发的鲜奶油。

5. 将50克黄油慢慢地隔水加热至融化，温度不要过高。

6. 制作面糊：分离蛋清和蛋黄。将蛋黄、糖粉和柠檬皮放入容器中持续搅打至发白。

7. 将蛋清持续打发成尖角直立的蛋白霜。以略微上扬舀起的方式混合面糊，倒入一些面粉和一些蛋白霜。一直用略微上扬舀起的方式混合搅拌面糊，依次倒入剩余的面粉和蛋白霜以及融化的黄油，拌匀。

8. 将烤箱预热至200℃。

9. 在铺有烤盘纸的烤盘中倒上面糊，涂抹至厚度均匀后放入烤箱烘烤10分钟，直到蛋糕烤成金黄色。

10. 将烤好的蛋糕倒扣在另一张烤盘纸上，放至彻底冷却。

11. 将冷却后的卡仕达奶油酱铺在蛋糕上，之后卷起蛋糕，筛撒上糖粉。冷藏后享用。

俄罗斯蛋糕 Gâteaux russe

准备时间：1小时
静置时间：10分钟
制作时间：25~30分钟
分量：6~8人份
杏仁榛子蛋糕坯
杏仁粉 45克
榛子粉 40克
细砂糖 150克
蛋清 5个
盐 1撮
开心果慕斯林奶油酱
法式奶油霜 400克（详见第47页）
开心果膏 80克
卡仕达奶油酱 200克（详见第56页）
开心果 80克
糖粉 适量

1. 将法式奶油霜和卡仕达奶油酱做好后置于阴凉处保存备用。

2. 将杏仁粉、榛子粉和65克细砂糖拌匀。

3. 将蛋清和1撮盐持续打发成尖角直立的蛋白霜，一点点倒入85克细砂糖，再放入步骤2中的混合物，用刮勺轻柔地拌匀。

4. 将烤箱预热至180℃。

5. 在烤盘纸上画上2个直径22厘米的圆圈。

6. 在装有9号裱花嘴的裱花袋中填入上面的混合物，在圆圈内螺旋地挤压出面糊，当距离外缘2厘米处时停止。分别在2个圆形面糊上轻轻地筛撒上第一层糖粉，待10分钟后再筛撒一次。

7. 放入烤箱烘烤25~30分钟。取出后待蛋糕坯晾凉后，用抹刀抽离烤盘纸。

8. 将60克开心果弄碎后放入烤箱内烘烤。

9. 制作开心果慕斯林奶油酱：将法式奶油霜用手动或电动打蛋器快速搅打至膨胀轻盈、充满空气。一边继续搅打一边倒入开心果膏和顺滑的卡仕达奶油酱，填入装有9号圆形裱花嘴的裱花袋中。

10. 在盘中摆放第一块圆形蛋糕坯。密密地挤上一圈奶油酱小球，再继续向内挤压并填满奶油酱小球，撒上烘烤后的开心碎。

11. 将第二块蛋糕坯摆在上面，轻轻按压。蛋糕固定完成后，从侧面可以看到奶油酱小球。放入冰箱冷藏1小时。

12. 将剩余的开心果对半切开。准备品尝蛋糕时，筛撒上糖粉和对半切开的开心果。

苹果百叶窗派 Jalousies aux pommes

准备时间：30分钟+40分钟
静置时间：10小时
制作时间：20分钟+30分钟
分量：4~6人份
千层派皮 500克（详见第18页）
苹果 1千克
柠檬 1个
香草糖 1袋
肉桂粉 1茶匙
鸡蛋 1个
杏子镜面果胶 五六汤匙
珍珠糖 50克

1. 将千层派皮做好后务必累计静置10小时。

2. 制作苹果酱：将苹果去皮后对半切开，去子后切成薄片。在苹果薄片上洒上柠檬汁后和香草糖一起用小火熬煮约20分钟，制作的最后搅动果酱使水分蒸发，倒入肉桂粉后拌匀，离火。

3. 将烤箱预热至200℃。

4. 用擀面杖将千层派皮擀成3毫米厚的大长方形，裁切成2块宽10厘米的长条。将烤箱内的钢板用水沾湿，放上一块长条派皮。

5. 将鸡蛋在碗中打散，将蛋液用毛刷涂在派皮的四条边上，将苹果酱厚厚地铺在中间没有刷蛋液的地方。

6. 用刀尖在整个第二块派皮上每隔5毫米斜着划开，但不要延伸到两边。

7. 将第二块派皮摆在第一块上面，将四边捏紧使两块派皮粘合在一起。将四边修饰整齐后涂上剩余的蛋液，放入烤箱烘烤30分钟。

8. 烤好后用毛刷刷上杏子镜面果胶，撒上珍珠糖。将百叶窗苹果派切成5厘米宽的块，待微温后享用。

梅杰夫蛋糕 Megève 👨‍🍳👨‍🍳👨‍🍳

准备时间：40分钟
静置时间：2小时
制作时间：1小时30分钟
分量：6~8人份
巧克力酱 45克（详见第104页）
法式蛋白霜 250克（详见第40页）
巧克力镜面 300克（详见第78页）
或黑巧克力刨花 120克
慕斯
苦味巧克力 260克
常温黄油 185克
蛋黄 3个
蛋清 5个
细砂糖 15克

1. 将烤箱预热至110℃。
2. 制作巧克力酱。
3. 将法式蛋白霜做好后填入装有9号星形裱花嘴的裱花袋中。
4. 在铺有烤盘纸的烤盘中放上直径22厘米的慕斯模。在周围撒上面粉后将慕斯模拿开。将蛋白霜铺在留出的圆形空白处，重复上面的步骤2次，制作出3个蛋白霜圆饼。放入烤箱中烘烤1小时30分钟。
5. 制作巧克力慕斯：将巧克力慢慢地隔水加热至融化。在容器中放入常温黄油，用手动或电动打蛋器搅打至柔软轻盈，尽可能让空气大量混入。将融化后放至约40℃的巧克力分3次倒入，持续搅拌混入大量空气。
6. 将蛋黄和巧克力酱在碗中拌匀后倒入常温黄油和巧克力的混合物中。
7. 将蛋清和细砂糖在大碗中持续打发至泡沫状，将手指插入并抽出后仍然起泡，用打蛋器挑起后呈弯曲的"鸟嘴"状。
8. 将1/4的蛋白霜掺入巧克力奶油酱和黄油的混合物中。拌匀后将混合物倒入剩余的蛋白霜中，轻柔地搅拌，用刮勺以略微上扬舀起的方式混合。
9. 将2/5的巧克力慕斯用橡皮刮刀铺在第一块蛋白霜圆饼上，摞上第二块后再次铺上2/5的巧克力慕斯，之后摞上最后一块圆饼，将剩余的巧克力慕斯全部涂抹在蛋糕表面和周围。
10. 将梅杰夫蛋糕在冰箱中冷藏2天。
11. 准备享用前，将微温的巧克力镜面铺在表面，或者饰以巧克力刨花。

摩卡蛋糕 Moka 👨‍🍳👨‍🍳👨‍🍳

准备时间：40分钟
冷藏时间：1小时+2小时
制作时间：35分钟+5分钟
分量：6~8人份
杏仁海绵蛋糕坯面糊 650克（详见第33页）
法式奶油霜 600克（详见第47页）
咖啡精 1茶匙
即溶咖啡 1汤匙
热水 1汤匙
糖浆
细砂糖 130克　　　水 1000毫升
咖啡精 1茶匙
速溶咖啡 1汤匙
去皮榛子 150克
咖啡巧克力豆 适量

1. 制作杏仁海绵蛋糕坯面糊。
2. 将烤箱预热至180℃。
3. 将直径20厘米的圆模内刷上黄油后倒入面糊，放入烤箱烘烤35分钟。
4. 将蛋糕在烤盘上脱模后放凉，盖上茶巾放入冰箱冷藏1小时。
5. 将咖啡精、速溶咖啡和水混合拌匀。制作法式奶油霜，调入咖啡和水的混合物。
6. 将细砂糖和水加热至沸腾后熬成糖浆，晾凉后放入速溶咖啡和咖啡精。
7. 将去皮榛子弄碎后放入烤箱烘烤。
8. 将蛋糕坯横切成等厚的3层。将法式奶油霜分成5等份。将第一层用毛刷浸透咖啡糖浆，用抹刀铺上1/5的法式奶油霜，撒上1/4烘烤后的榛子碎。将第二层摞在上面，接着重复上述步骤，最后用同样的方式制作第三层。
9. 一直用抹刀为蛋糕涂抹法式奶油霜，将剩余的榛子碎固定在上面。
10. 在装有星形裱花嘴的裱花袋中填入剩余的法式奶油霜，在蛋糕表面挤出玫瑰花饰，将咖啡巧克力豆摆放在花心中。
11. 将蛋糕放入冰箱冷藏2小时，冰凉时享用口味最佳。

梅杰夫蛋糕

蒙莫朗西樱桃蛋糕 Montmorency

准备时间：40分钟
制作时间：30分钟
分量：4~6人份
樱桃 400克
意大利杏仁风味海绵蛋糕面糊
350克（详见第38页）
翻糖 200克（详见第71页）
樱桃酒 1烈酒杯
红色食用着色剂 3滴
糖渍樱桃 12颗
当归枝 适量

1. 将烤箱预热至200℃。
2. 将樱桃清洗、沥干后去核。
3. 将意大利杏仁风味海绵蛋糕面糊做好后放入樱桃，拌匀。
4. 将直径20厘米的圆模内刷上黄油后倒入面糊，放入烤箱烘烤30分钟。
5. 将蛋糕在网架上脱模后晾凉。
6. 将翻糖放入平底深锅，小火熬煮至微温，边加热边搅拌。倒入樱桃酒并滴入

二三滴红色着色剂，拌匀。
7. 将蛋糕用抹刀铺上做好的混合物，整平后饰以糖渍樱桃和几根当归枝。

举一反三

可以将蛋糕坯横切成2层，用樱桃酒浸透后铺上添加了糖渍樱桃的法式奶油霜（详见第47页）。

蒙庞西埃蛋糕 Montpensier

准备时间：20分钟
制作时间：30分钟
分量：4~6份
糖渍水果 50克
葡萄干 50克
朗姆酒 100毫升
黄油 80克　　蛋黄 7个
细砂糖 125克　杏仁粉 100克
面粉 125克　　蛋清 3个
细长杏仁片 50克
杏子镜面果胶 150克

1. 将糖渍水果和葡萄干浸泡在朗姆酒中。
2. 将烤箱预热至200℃。
3. 将黄油放软。用打蛋器将蛋黄和细砂糖搅打至发白，之后依次倒入杏仁粉、放软的黄油和面粉。小心搅拌至面糊均匀。
4. 将蛋清和1撮盐持续打发成尖角直立的蛋白霜，倒入面糊，轻柔地用刮勺搅

拌，以免破坏面糊中的气泡。
5. 沥干糖渍水果和葡萄干，倒入混合物中。
6. 将直径22厘米的圆模内刷上黄油并撒上杏仁片，倒入面糊后放入烤箱烘烤30分钟。
7. 将蛋糕在网架上脱模后晾凉。
8. 在蛋糕表面用毛刷刷上杏子镜面果胶，新鲜时享用味道最佳。

橙香蛋糕 Orangine

准备时间：30分钟
静置时间：1小时
制作时间：45分钟
分量：6~8人份
卡仕达奶油酱 250克（详见第56页）
　　柑香酒 80毫升
意大利海绵蛋糕面糊 650克（详见第37页）
鲜奶油香缇 300克（详见第49页）
翻糖 200克（详见第71页）
糖渍橙皮 适量
糖浆
香草糖 60克　柑香酒 50毫升

1. 将卡仕达奶油酱做好后调入50毫升柑香酒提香。
2. 将50毫升水、柑香酒和香草糖加热至沸腾后熬制成糖浆。
3. 将烤箱预热至200℃。
4. 制作意大利海绵蛋糕面糊。
5. 将直径26厘米的圆模内刷上黄油，倒入面糊后烘烤35分钟。
6. 将鲜奶油香缇做好后小心地倒入柑香酒卡仕达奶油酱。放入冰箱冷藏1小时。

7. 将翻糖和30毫升柑香酒拌匀。将蛋糕横切成等厚的3层。
8. 将第一层用毛刷浸透柑香酒糖浆，之后铺上一层步骤6的混合物。
9. 将第二层摞在上面，按照同样的方式制作，之后摞上第三层，小心地用抹刀铺上柑香酒糖浆并仔细整平。
10. 将蛋糕用糖渍橙皮装饰。新鲜时享用口味最佳。

巴黎布雷斯特车轮泡芙 Paris-brest

准备时间：40分钟

制作时间：40~45分钟+10
分钟

分量：4~6人份

法式奶油霜 300克（详见第47页）

卡仕达奶油酱 225克（详见第56页）

泡芙面糊 300克（详见第25页）

冰糖 50克

杏仁碎 50克

常温黄油 25克

糖粉

奶油酱 适量

榛子杏仁巧克力或杏仁膏 90克

1. 将法式奶油霜和卡仕达奶油酱做好后放在阴凉处备用。

2. 将泡芙面糊做好后填入装有12号星形裱花嘴的裱花袋中。

3. 将烤箱预热至180℃。

4. 将直径22厘米的慕斯模内刷上黄油，放在铺有烤盘纸的烤盘中。沿着慕斯模的内缘挤出一圈面糊，之后贴着这个面糊环再挤一圈，之后在两个面糊环之间的接缝处上方再挤出第三个圆环。将冰糖和杏仁碎撒在上面，放入烤箱烘烤40~45分钟。期间烘烤至15分钟时将烤箱门打开一道缝，使面糊充分干燥。

5. 另取一个烤盘，在里面铺上烤盘纸并挤出第四个圆环，略小于上面3个圆环组合的内径。放入烤箱烘烤8~10分钟

6. 制作奶油酱：在容器中放入法式奶油霜，持续搅打至轻盈，添加所选的榛子杏仁巧克力或杏仁膏，用打蛋器搅拌均匀，

再放入卡仕达奶油酱。

7. 待组合圆环冷却后，用锯齿刀水平切成两层。

8. 在装有星形裱花嘴的裱花袋中填入奶油酱，在切开的圆环上挤一层奶油酱，放上烤好的略小的圆环，在上面饱满地挤出一圈奶油花边，略微超出圆环的边缘。

9. 在另一半圆环顶部筛撒上糖粉后放在奶油花边上。

10. 将巴黎布雷斯特车轮泡芙置于凉爽处，食用前1小时取出回温。

秘诀一点通

可以在奶油酱中添加80克焦糖榛子碎。可以将直径1.5或2厘米的小泡芙连成串替代小圆环。将泡芙面糊填入装有8号圆形裱花嘴的裱花袋中，挤出面糊后，烘烤20分钟。

巴黎蛋糕 Parisien

准备时间：35分钟

制作时间：40分钟+5分钟

分量：6~8人份

杏仁奶油酱 600克（详见第52页）

香草荚 1根

柠檬 1个

意大利杏仁风味海绵蛋糕面糊500克（详见第38页）

糖浆

细砂糖 100克

水 1000毫升

柑曼怡 800毫升

装饰

糖渍水果 100克

意大利蛋白霜（详见第41页）

糖粉 适量

1. 制作杏仁奶油酱，将香草荚剖开刮去籽后放入正在加热的牛奶中，离火后放在阴凉处备用。

2. 将柠檬皮擦成碎末。

3. 将意大利杏仁风味海绵蛋糕面糊做好后放入柠檬皮碎末。

4. 将烤箱预热至180℃。

5. 将直径22厘米的圆模内刷上黄油后倒入面糊，放入烤箱烘烤40分钟。

6. 将糖渍水果细细切碎。

7. 制作意大利蛋白霜。

8. 制作糖浆：将水和细砂糖加热至沸

腾，晾凉后倒入柑曼怡。

9. 待蛋糕冷却后，横着切成1厘米厚的6层。将第一层用毛刷浸透糖浆，用抹刀铺上一层杏仁奶油酱，撒上切碎的糖渍水果。将第二层摞上，重复上述步骤，以此类推直到第六层，但这层不需要放糖渍水果。

10. 将意大利蛋白霜填入装有星形裱花嘴的裱花袋中，挤满整个蛋糕表面，筛撒上糖粉后放入烤箱烘烤至金黄色。

11. 冷却后食用口味最佳。

普罗格雷咖啡蛋糕 Progrès au café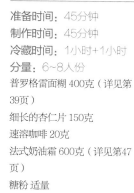

准备时间： 45分钟
制作时间： 45分钟
冷藏时间： 1小时+1小时
分量： 6~8人份
普罗格雷面糊 400克（详见第39页）
细长的杏仁片 150克
速溶咖啡 20克
法式奶油霜 600克（详见第47页）
糖粉 适量

1. 制作进步面糊。

2. 将烤箱预热至130℃。

3. 分别在2个烤盘内刷上黄油，在里面放上3个直径23厘米的圆盘，在烤盘上方撒面粉后挪开盘子，留下3个圆形轮廓。

4. 在装有8号裱花嘴的裱花袋中填入普罗格雷面糊，顺着烤盘上的轮廓，从中心向四周螺旋挤出圆形。

5. 放入烤箱烘烤45分钟后，取出后在网架上晾凉。

6. 趁烤箱微温尚存，放入杏仁片烘烤上色。将速溶咖啡用1汤匙开水冲开。

7. 制作法式奶油霜，倒入咖啡，留出

1/4的混合物备用，其余分成3等份。

8. 将第一块圆形饼皮用抹刀铺上奶油霜，将第二块摞在上面，再次铺上奶油霜，第三块也重复上述的步骤，最后将预留的1/4奶油霜涂抹在整个蛋糕上。

9. 在表面饰以杏仁片后放入冰箱冷藏1小时。

10. 将有厚度的纸片裁成长25厘米、宽1厘米的长条，轻轻摆放在蛋糕上，每隔2厘米摆放一条。筛撒上糖粉后抽出纸条，再次放入冰箱冷藏1小时。食用时提前约1小时取出，口味更佳。

匈牙利荷黛什薄酥苹果卷 Rétès hongrois aux pomme

准备时间： 45分钟
静置时间： 15分钟+30分钟
制作时间： 20分钟
分量： 6~8人份
面团
过筛的面粉 600克
鸡蛋 1个
醋 1汤匙
软化黄油 50克
馅料
红香蕉皇后苹果 500克
黄油 50克
面包粉 100克
葡萄干 100克
肉桂粉 2汤匙
细砂糖 100克
糖粉 适量

1. 将面粉倒入容器中或操作台上，用手挖出凹槽，在里面打入鸡蛋，放上醋和300毫升温水，将材料用指尖混合。

2. 将黄油切成很小的块，拌入面糊中，揉和20分钟直到面团十分柔软为止。用干净的茶巾盖好后放入冰箱冷藏至少15分钟。

3. 将面团用擀面杖擀成像可丽饼那样薄，再次用茶巾盖好，静置30分钟使面团略微干燥。

4. 将烤箱预热至200℃。

5. 将苹果削皮后切4大块，去除果核后切薄片。

6. 在小号平底深锅中将黄油加热至融化，用毛刷涂抹在面皮上，撒面包粉，摆放苹果并撒葡萄干。将肉桂粉和细砂糖拌匀，撒在面团表面。

7. 按照制作木柴蛋糕卷的方式卷起面皮，放入铺有烤盘纸的烤盘中，在烤箱中烘烤20分钟。取出后筛撒上糖粉，待微温时享用。

巴黎布雷斯特车轮泡芙

约瑟夫 · 韦克斯伯格萨赫巧克力蛋糕 Sachertorte Joseph Wechsberg

准备时间：35分钟
制作时间：45分钟
冷藏时间：3小时
分量：6~8人份
苦甜巧克力200克
黄油125克
蛋黄8个
蛋清10个
盐1撮
略带香草味的细砂糖140克
过筛的面粉125克
巧克力镜面350克（详见第78页）
杏子镜面果胶8汤匙

1. 将烤箱预热至180℃。

2. 分别在2个直径26厘米的圆模中放上烤盘纸。

3. 将苦甜巧克力切小块，隔水加热或用微波炉加热至融化。将黄油加热至融化。将蛋黄用刮勺或打蛋器搅拌，之后倒入化开的巧克力和黄油。

4. 将蛋清和盐先搅打成泡沫状，之后持续打发成尖角直立的蛋白霜。将1/3蛋白霜掺入步骤2的混合物中，再一点点倒入剩余的蛋白霜。撒入面粉后持续搅拌直到均匀。

5. 在圆模中倒入面糊，放入烤箱烘烤45分钟，此时蛋糕应充分膨胀干燥。

6. 制作巧克力镜面。

7. 将蛋糕在网架上脱模后，放至彻底冷却。

8. 将杏子镜面果胶用毛刷涂抹在两块蛋糕的表面，摞在一起后，将巧克力镜面用橡皮刮刀涂抹在蛋糕的表面和四周。

9. 将萨赫巧克力蛋糕放在圆盘中，在冰箱中冷藏3小时待镜面凝固。食用时提前半小时取出回温，口味更佳。

圣奥诺雷蛋糕 Saint-honoré

准备时间：35分钟+50分钟
静置时间：10小时
制作时间：25分钟+18分钟
分量：6~8人份
千层派皮120克（详见第18页）
泡芙面糊250克（详见第25页）
千层派奶油酱250克（详见第53页）
细砂糖250克
葡萄糖60克
水80毫升
鲜奶油香缇200克（详见第49页）

1. 将千层派皮做好后务必累计静置10小时。

2. 制作泡芙面糊和千层派奶油酱。

3. 用擀面杖将冰凉的千层派皮擀成2毫米厚，裁切出直径22厘米的圆形派皮，放入铺有蘸湿烤盘纸的烤盘中。

4. 在装有9号或10号圆形裱花嘴的裱花袋中填入泡芙面糊，距离派皮外缘1厘米处挤出圆环，之后从圆环中心向外螺旋挤出圆形。在上面撒细砂糖。

5. 将烤箱预热至200℃。

6. 另取一只烤盘铺上烤盘纸，将剩余的泡芙面糊在上面挤出24个直径为2厘米的小团。

7. 将2个烤盘都放入烤箱中。千层派皮烘烤25分钟，小泡芙烘烤18分钟。待烘烤时间经过1/3，即烘烤开始后的八九分钟时，将烤箱门打开。

8. 在烤好的圆环上用5号裱花嘴钻出2厘米深的小洞，同时在小泡芙上钻孔。待圆环和小泡芙彻底冷却后，在装有7号圆形裱花嘴的裱花袋中填入千层派奶油酱，将裱花嘴仔细地插入小孔中，用力将奶油酱挤入。

9. 将细砂糖、葡萄糖和水放在平底深锅中熬至155℃，之后将锅底浸泡在冷水中以阻止进一步焦化。逐个将小泡芙的一半沾在焦糖中，并将有焦糖的一边贴在不粘烤盘中。

10. 再将另一侧沾上焦糖后旋转，使焦糖包裹住整个小泡芙。将其迅速紧密地挨个摆放在圆环上。放凉。

11. 将鲜奶油香缇打发后填入装有星形裱花嘴的裱花袋中，挤压并填满整个蛋糕。

12. 制作完成后，趁新鲜食用口味最佳。

卡仕达萨瓦兰蛋糕 Savarin à la crème pâtissière

准备时间：15分钟
静置时间：30小时
制作时间：20~25分钟
分量：4~6人份
萨瓦兰面团400克（详见第22页）
卡仕达奶油酱700克（详见第56页）
糖浆
香草荚1根　　　细砂糖250克
水 500毫升

1. 制作萨瓦兰面团。

2. 将直径20~22厘米的萨瓦兰蛋糕模内刷上黄油后倒入萨瓦兰面团，置于温暖处30分钟。

3. 将烤箱预热至200℃。

4. 放入烤箱烘烤20~25分钟，取出后在网架上脱模后晾凉。

5. 将卡仕达奶油酱做好后放入冰箱冷藏。

6. 将香草荚剖开后刮出香草籽。将细砂糖和水倒入平底深锅中，待细砂糖融化后放入香草荚和香草籽，熬制成糖浆。待微温后，用汤匙一点点淋在萨瓦兰蛋糕上。

7. 将卡仕达奶油酱填满蛋糕的中央，彻底冷却后即可享用。

意大利冰糕 Semifreddo italien

准备时间：45分钟
制作时间：40分钟
冷冻时间：30分钟
分量：4~6人份
意大利海绵蛋糕面糊400克（详见第37页）
藏红花粉 1刀尖
苹果 4个　　　细砂糖65克
柠檬 1个
白葡萄酒 120毫升
水 3汤匙
法式发酵酸奶油 200毫升
蛋黄 4个　　　细砂糖100克
意大利杏仁蛋白酥饼或马卡龙150克

1. 将烤箱预热至200℃。

2. 将意大利海绵蛋糕面糊做好后放入藏红花粉，倒入直径22厘米的圆模中，放入烤箱烘烤40分钟。

3. 将苹果去皮、去子后切片。将苹果片、65克细砂糖、柠檬皮、白葡萄酒和水一起放入平底深锅中，小火熬煮10分钟，直到苹果完全煮熟且吸收了锅中的糖浆。

4. 将鲜奶油用打蛋器打发。将蛋黄和100克细砂糖倒入另一口平底深锅中搅打至发白，隔水加热时继续搅打，离火后持续搅打至完全冷却，此时小心地掺入打发的鲜奶油。

5. 将苹果用餐叉挤压成果泥。将意大利杏仁蛋白酥饼弄碎后与步骤4中的奶油混合。

6. 将意大利海绵蛋糕坯横切成等厚的3层。将烤盘纸裁切成和蛋糕等大的形状。将第一层摆在上面，用抹刀铺上一层混合物，将第二层摆在上面后重复上述步骤，最后摆上第三层。

7. 将冻糕放入冰箱冷冻30分钟后冷藏保存，享用时取出即可。

新加坡蛋糕 Singapour

准备时间：1小时
制作时间：1小时30分钟
　　　　　+40分钟
分量：6~8人份
细砂糖725克
糖渍菠萝片 1罐（约850毫升）
意大利海绵蛋糕面糊500克（详见第37页）
杏仁 150克　　　细砂糖300克
水 150毫升　　　樱桃酒50毫升
杏酱200克
糖渍甜樱桃、当归 各适量

1. 将750毫升水和600克糖加热至沸腾，将糖渍菠萝片放入后保持微滚状态持续熬煮1小时30分钟。放至微温后沥干。

2. 将烤箱预热至200℃。

3. 将意大利海绵蛋糕面糊做好后倒入直径22厘米的圆模中，在烤箱中烘烤40分钟。取出后脱模晾凉。

4. 将杏仁烘烤成金黄色。

5. 将水和细砂糖加热至沸腾，放至微温后倒入樱桃酒。

6. 将菠萝片切小丁，留出大约12个备用。

7. 将意大利海绵蛋糕坯横着切成2层后浸透糖浆。将第一层涂抹上杏酱，撒上菠萝小丁后摆上第二层。将杏子镜面果胶涂抹在整个新加坡蛋糕表面和侧面。在表面撒上一圈烘烤后的杏仁片，并饰以剩余的菠萝丁、糖渍甜樱桃和当归。冰凉时食用最佳。

茴香酒覆盆子千层派

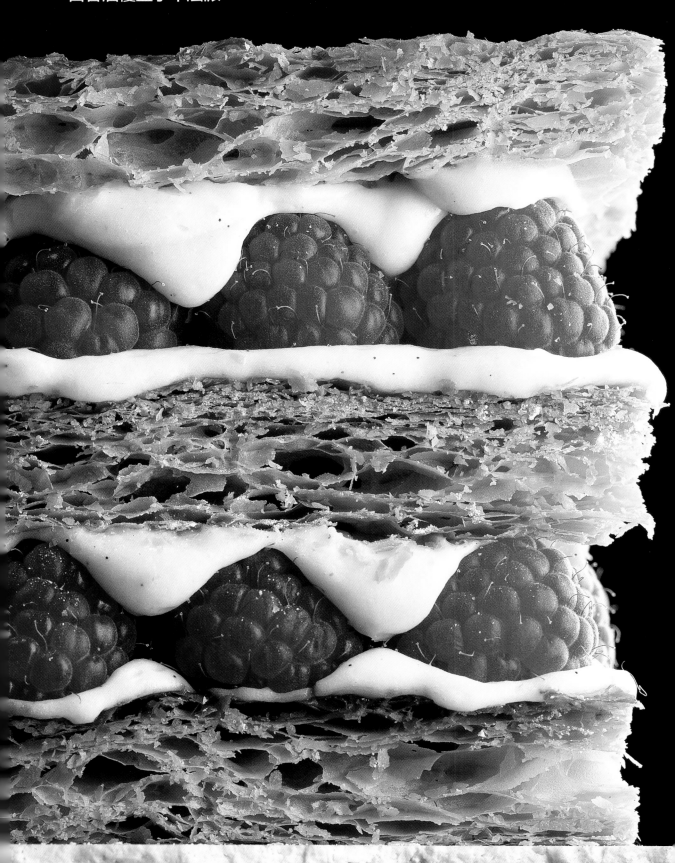

提拉米苏 Tiramisu

准备时间：25分钟

制作时间：约8分钟

分量：6人份

浓缩咖啡 200毫升

蛋清 4个　　　　　水 30毫升

细砂糖 90克

马斯卡普尼干酪 250克

蛋黄 4个

指形蛋糕坯 约20个

干型马沙拉葡萄酒或意大利苦杏酒 80毫升

无糖可可粉 适量

1. 将咖啡煮好后放凉。

2. 将蛋清用电动打蛋器搅打成柔软的蛋白霜。将水和细砂糖加热至沸腾，持续煮沸不超过3分钟。一点点将糖浆倒入蛋白霜中，持续用打蛋器搅打至彻底冷却。

3. 将马斯卡普尼干酪和蛋黄放入大碗中并搅拌至顺滑，小心地倒入蛋白霜中。

4. 用咖啡逐个将指形蛋糕坯略微浸透。摆放在长24厘米、宽19厘米的焗烤盘中，撒上马沙拉葡萄酒，将马斯卡普尼干酪的混合物铺在上面。之后重复上述制作方法，最后一层为马斯卡普尼干酪的混合物。放入冰箱冷藏至少2小时。

5. 在提拉米苏上筛撒无糖可可粉后即可享用。

行家分享

可以提前一晚制作提拉米苏，第二天享用风味更佳。

瓦杜奇卡奶酪蛋糕 Vatrouchka 🎩🎩🎩

准备时间：40分钟

静置时间：1小时

制作时间：15分钟+50分钟

分量：6~8人份

糖渍水果 200克

干邑白兰地（或朗姆酒）50毫升

面团

黄油 125克　　　柠檬 1/2个

橙子 1/2个　　　蛋黄 3个

细砂糖 200克　　盐 1撮

香草糖 1袋

法式发酵酸奶油 40克

面粉 350克

馅料

黄油 100克　　　细砂糖 200克

蛋黄 3个　　　　白奶酪 500克

法式发酵酸奶油 200克

淀粉 30克　　　蛋清 1个

鸡蛋 1个　　　　糖粉 适量

1. 将糖渍水果切小丁后浸泡在白兰地中。

2. 将白奶酪放在滤器中沥干水分。

3. 制作面团：将黄油变软。将橙皮和柠檬皮擦成碎末。将蛋黄和细砂糖放在沙拉盆中搅打至发白，之后依次放入黄油、1撮盐、香草糖、果皮碎末和法式发酵酸奶油，每放一种材料拌匀后再放下一种。将面粉一次性倒入后搅拌均匀，但不要过度揉和。在面团上覆盖保鲜膜，放入冰箱冷藏备用。

4. 将烤箱预热至200℃。

5. 用擀面杖将面团擀开成3毫米厚，裁切成直径为23厘米的圆形饼皮，放在裁成同样大小的烤盘纸上后摆在烤盘中。在饼皮上用餐叉扎出小孔，放到烤箱中烘烤15分钟。

6. 将裁切后剩余的饼皮重新揉捏成团。

7. 制作馅料：将黄油用餐叉搅拌成柔软的膏状，倒入细砂糖，再逐个将蛋黄放入，拌匀后一点一点放入沥干的白奶酪和法式发酵酸奶油，最后倒入淀粉和沥干的糖渍水果丁，搅拌均匀。将蛋清持续打发成尖角直立的蛋白霜后掺入上面的混合物中。

8. 在冷却后的塔底中填入馅料，用橡皮刮刀将表面整平。

9. 用擀面杖将剩余的面团擀成3毫米厚的长方形，裁切成细长的条带状，在蛋糕上摆放成十字的网状，将两端与饼皮的边缘捏紧贴合。

10. 将鸡蛋打散，在蛋糕表面的条带面皮和馅料上用毛刷刷上蛋液。放入200℃的烤箱中烘烤50分钟。

11. 取出后，筛撒上糖粉，放凉。

巴黎多米尼克餐厅

一人份蛋糕和迷你塔
Les gâteaux individuels et les tartelettes

一人份甜点会用到多种面糊、面团：用千层派皮制作的千层派和杏仁奶油夹心蛋糕；用油酥面团和甜酥面团做成的船形糕点；还有用泡芙面糊做成的修女泡芙和闪电泡芙等。其中，迷你塔和船形糕点是最容易上手制作的。

公爵夫人杏仁塔 Amandines à la duchesse

准备时间：40分钟
静置时间：2小时
制作时间：20分钟
分量：8个迷你塔
甜酥面团300克（详见第17页）
杏仁奶油酱400克（详见第52页）
樱桃酒100毫升
糖渍醋栗300克
醋栗果胶100克

1. 将甜酥面团做好后在阴凉处静置2小时。

2. 将杏仁奶油酱做好后倒入樱桃酒。

3. 将烤箱预热至200℃。

4. 用擀面杖将面团擀成3毫米厚，以烘焙用切割器或迷你塔模压出8块圆形塔皮，嵌入刷好黄油的小模具中，在底部用餐叉插出小孔。

5. 沥干糖渍醋栗，预留出几个作为最后的装饰使用。将剩余的醋栗分别撒在塔底，在上面用汤匙铺上杏仁奶油酱。

6. 放入烤箱烘烤20分钟。待完全冷却后小心地脱模。

7. 将醋栗果胶倒入小号的平底深锅中加热至微温，用毛刷涂抹在杏仁塔表面。

8. 将杏仁塔用预留的醋栗进行装饰，置于阴凉处，享用前取出。

行家分享

可以按照上述方法制作樱桃口味的杏仁塔，只需用300克糖渍樱桃代替醋栗即可。

婆婆朗姆酒蛋糕 Baba au Rhum

准备时间：30分钟
静置时间：30分钟
制作时间：15分钟
分量：8块婆婆蛋糕
面糊

黄油 100克	柠檬皮 1/2个
面粉 250克	洋槐蜜 25克
酵母粉 25克	盐之花 8克
香草粉 1茶匙	鸡蛋 8个

模具用
黄油 25克
糖浆

柠檬皮 1/2个	橙皮 1/2个
香草荚 1根	水 1升
细砂糖 500克	菠萝泥 50克

深咖啡色朗姆酒 100毫升
镜面果胶
杏子镜面果胶 100克
深咖啡色朗姆酒 100~200毫升

制作这款蛋糕分为2个阶段，且制作的间隔最好为48小时。

1. 将黄油切小块后室温下放置。将柠檬皮擦成碎末。

2. 使用装有叶片搅拌头的和面机，在内缸中放入面粉、洋槐蜜、酵母粉、盐之花、香草粉、柠檬皮碎末和3个鸡蛋，以中速挡位搅拌至面糊与内缸壁分离。再放入3个鸡蛋，继续用同样的挡位搅拌至面糊再次与内缸壁分离。此时放入剩余的2个鸡蛋，继续搅拌10分钟。倒入小块的黄油后持续搅拌，直到面糊均匀但仍然很稀时倒入沙拉盆中，室温下发酵30分钟。

3. 将8个1人份婆婆蛋糕模内刷上黄油。在裱花袋中填入面糊后挤入模具1/2处，静置，待面糊再次发酵膨胀到与模具边缘齐平。

4. 将烤箱预热至200℃。将婆婆蛋糕模具放入烤箱烘烤15分钟。

5. 晾凉后在网架上脱模。用一两天时间让蛋糕硬化以利于之后浸透糖浆。

6. 制作糖浆：将柠檬皮和橙皮擦成碎末，将香草荚剖成两半并刮出香草籽。将水、细砂糖、果皮碎末、香草和菠萝泥混合后加热至沸腾，倒入朗姆酒后离火。放至60℃的微温状态。

7. 逐个将婆婆蛋糕浸入糖浆中。将餐刀插入蛋糕后没有任何阻力则表明已经充分浸透。

8. 将杏子镜面果胶在平底深锅中加热至沸腾。在婆婆蛋糕上淋上朗姆酒，将烧开的杏子镜面果胶用毛刷涂抹在蛋糕表面。

9. 可以在婆婆蛋糕顶部饰以原味、肉桂味或巧克力风味的鲜奶油香缇（详见第49页），并根据不同的季节，饰以整颗红色水果或切丁的进口水果。

秘诀一点通

使用和面机制作这款蛋糕比较省力，当然也能用手动打蛋器操作。

覆盆子船形蛋糕 Barquettes aux framboises

准备时间：10分钟+30分钟
静置时间：2小时+1小时
制作时间：15分钟
分量：10个船形蛋糕
油酥面团 300克（详见第14页）
卡仕达奶油酱 150克（详见第56页）
覆盆子 200克
醋栗（或覆盆子）果胶 5汤匙
模具用黄油 25克

1. 将油酥面团做好后在阴凉处静置2小时。

2. 将卡仕达奶油酱做好后放入冰箱冷藏备用。

3. 用擀面杖将油酥面团擀成3毫米厚，用烘焙切割器或模具压出10块面皮，逐一嵌入刷好黄油的独立模具中，在底部用餐叉扎出小孔，静置1小时。

4. 将烤箱预热至180℃，将模具放入烤箱中烘烤15分钟。

5. 将烤好的船形蛋糕脱模后晾凉。在每个蛋糕的底部用小勺填入一些卡仕达奶油酱。选取覆盆子撒在蛋糕上。

6. 将醋栗（或覆盆子）果胶放入小号平底深锅中加热至微温，小心地用毛刷涂抹在覆盆子表面。

婆婆朗姆酒蛋糕

栗子船形蛋糕 Barquettes aux marrons

准备时间：1小时
静置时间：2小时+1小时
制作时间：15分钟
分量：10个船形蛋糕
甜酥面团 300克（详见第17页）
栗子奶油酱 400克（详见第53页）
咖啡镜面 100克（详见第72页风味翻糖镜面的做法）
巧克力镜面 100克（详见第78页）
黄油 25克

1.将甜酥面团做好后在阴凉处静置2小时。

2.用擀面杖将面团擀成三四毫米厚，之后用带凹槽的切割器或模具压出10块椭圆形面皮。

3.将船形蛋糕模内刷上黄油并嵌入面皮。在底部用餐叉插出小孔，静置1小时。

4.将烤箱预热至180℃。将模具放入烤箱烘烤15分钟。

5.制作栗子奶油酱。

6.待蛋糕冷却后脱模。将栗子奶油酱用勺子填满溢出以做成拱形的圆顶，将表面用抹刀整平。

7.逐个在船形蛋糕的一边涂上咖啡镜面，另一边涂上巧克力镜面。在装有裱花嘴的裱花袋中填入剩余的栗子奶油酱，在蛋糕上挤出花纹。放入冰箱冷藏后享用。

杏子一口酥 Bouchées à l'abricot

准备时间：30分钟
制作时间：20分钟
分量：20个一口酥
面糊
化黄油 200克
朗姆酒 1烈酒杯　　细砂糖 250克
鸡蛋 8个　　　　面粉 200克
馅料
杏酱 10汤匙　　　朗姆酒 50毫升
细长杏仁片 适量　糖渍樱桃 20颗

1.将烤箱预热至180℃。

2.在融化的黄油中倒入朗姆酒。将细砂糖和鸡蛋放入沙拉盆中搅打至发白。

3.在黄油和朗姆酒的混合物中放入过筛的面粉。

4.将圆形或椭圆形一人份模具内刷上黄油后，将面糊填入约3/4处。

5.放入烤箱烘烤20分钟。取出后在网架上脱模后晾凉。将杏仁片放入烤箱烘烤成金黄色。

6.将5汤匙杏酱和25毫升朗姆酒拌匀。将烤好的一口酥横切成两半，在其中一半填入朗姆酒杏酱后，盖上另一半。

7.将剩余的杏酱熬至浓稠，倒入剩余的25毫升朗姆酒，涂抹在一口酥表面和周围。饰以烤杏仁片和糖渍樱桃。

波兰布里欧修 Brioches polonaises

准备时间：20分钟+30分钟
静置时间：4小时
制作时间：35分钟+10分钟
分量：6个布里欧修
布里欧修面团 300克（详见第22页）
卡仕达奶油酱 200克（详见第56页）
糖渍水果 150克
樱桃酒 50毫升
蛋白霜 200克（详见第40页）
细长杏仁片 50克
糖浆
细砂糖 150克　　　水 250毫升
樱桃酒 300毫升

1.将布里欧修面团做好后在阴凉处静置4小时。

2.将面团分成6个小球，每个50克。放入刷上黄油的布里欧修模具中，静置膨胀。

3.将烤箱预热至200℃。放入模具烘烤10分钟后将温度调低至180℃，继续烘烤25分钟。

4.制作糖浆：将水和细砂糖加热至沸腾。晾凉后倒入300毫升樱桃酒。将卡仕达奶油酱做好后倒入切成丁的糖渍水果和50毫升樱桃酒。

5.将布里欧修脱模后切掉鼓出的部分，横着切成3层。分别将每层用毛刷浸透樱桃酒糖浆，铺上卡仕达奶油酱后，将布里欧修重新拼在一起。

6.制作蛋白霜。在耐高温的盘子中放入布里欧修，包裹上蛋白霜并撒上杏仁片，放入200℃的烤箱中烘烤10分钟。放入冰箱冷藏后享用。

咖啡泡芙 Choux au café

准备时间：40分钟
制作时间：20分钟
分量：12个泡芙
泡芙面糊 350克（详见第25页）
卡仕达奶油酱 800克（详见第56页）
速溶咖啡精 6小匙
镜面
翻糖 200克
速溶咖啡精 4茶匙
细砂糖 30克
水 2汤匙

1. 制作泡芙面糊。

2. 将烤箱预热至180℃。

3. 在装有14号星形裱花嘴的裱花袋中填入泡芙面糊，在铺有烤盘纸的烤盘中挤出12个圆形面糊。

4. 放入烤箱烘烤20分钟，待5分钟后将烤箱门打开一道缝。

5. 将卡仕达奶油酱做好后放入速溶咖啡精。

6. 制作镜面：将翻糖隔水加热或用微波炉加热后放入速溶咖啡精。将水和细砂糖加热至沸腾后熬成糖浆。一点点将糖浆倒入翻糖中，边倒边用刮勺搅拌。

7. 在装有7号圆形裱花嘴的裱花袋中填入卡仕达奶油酱，将裱花嘴插入泡芙底部挤入奶油酱。逐个将泡芙的上半截浸入翻糖中，用手指去除多余的翻糖后放在网架上晾凉。

秘诀一点通

制作翻糖的时候需要注意温度，过热会让翻糖失去光泽，过冷则不利于涂开，最好的温度是32~35℃。

糖浆赋予翻糖更加浓稠的质感和理想的温度，令翻糖能够轻松地铺开。

举一反三

可以按照上述做法，用巧克力卡仕达奶油酱（详见第56页）、巧克力风味翻糖和20克可可粉制作巧克力泡芙；还能使用咖啡翻糖镜面制作出咖啡口味的吉布斯特奶油霜（详见第50页）。

鲜奶油香缇泡芙 Choux à la crème Chantilly

准备时间：30分钟
制作时间：20分钟
分量：10个泡芙
泡芙面糊 300克（详见第25页）
鲜奶油香缇 500克（详见第49页）
糖粉 适量

1. 制作泡芙面糊。

2. 将烤箱预热至180℃。

3. 在装有直径为15毫米的裱花嘴的裱花袋中填入泡芙面糊，在铺有烤盘纸的烤盘中挤出10个长8厘米、宽5厘米的椭圆形泡芙，作为天鹅的身体。

4. 将裱花袋口的裱花嘴拿掉，换上直径四五厘米的裱花嘴，再挤出10个厚五六厘米的S形面糊，作为天鹅的颈部。

5. 将泡芙放入烤箱烘烤，其中长形泡芙烘烤18~20分钟，S形泡芙烘烤10~12分钟。

6. 将鲜奶油香缇做好后放入冰箱冷藏备用。

7. 将烤箱关闭并将门打开，让泡芙留在烤箱中慢慢冷却。

8. 逐个将泡芙的顶部用小锯齿刀切掉，再将每个泡芙竖着对半切开，作为天鹅的翅膀。

9. 在装有大号星形裱花嘴的裱花袋中填入鲜奶油香缇，逐个填入泡芙中并形成圆顶。将S形插在泡芙的一头，将翅膀分别插在鲜奶油香缇的两边，筛撒上大量糖粉即可。

杏仁奶油夹心蛋糕 Conversations

准备时间：30分钟+30分钟
静置时间：10小时+15分钟
制作时间：30分钟
分量：8块蛋糕
千层派皮400克（详见第18页）
杏仁奶油酱200克（详见第52页）
蛋清2个
糖粉250克

1. 将千层派皮做好后务必累计静置10小时。

2. 制作杏仁奶油酱。

3. 将派皮一分为二。分别用擀面杖擀成3毫米厚并用切割器各压出8个圆形。

4. 将8个迷你塔模内分别刷上黄油并各嵌入1块面皮。

5. 将杏仁奶油酱填入塔模至距离边缘5毫米处，将表面用小勺背整平。

6. 将另外8块圆形面皮用蘸湿的毛刷弄湿，固定在奶油酱上方并粘合在一起。

7. 制作镜面：在蛋清中一点一点倒入糖粉并持续搅打成柔软的蛋白霜，用抹刀将蛋白霜铺满整个蛋糕表面。

8. 将烤箱预热至180~190℃。

9. 将剩余的面皮收集后揉和成团，用擀面杖擀成2毫米厚，裁切成15个宽6~8毫米的细长条。在蛋白霜上交叉地摆放成菱形，静置15分钟。

10. 放入烤箱烘烤30分钟。冷藏后享用。

行家分享

这款杏仁小糕点创造于17世纪末期的夏季，它的名字则源于当时非常流行的一本书，由埃皮奈夫人创作的《艾米丽的谈话》（1774年）。

喜悦草莓迷你塔 Délice aux fraises

准备时间：30分钟
静置时间：1小时
制作时间：15分钟
分量：6个迷你塔
甜酥面团250克（详见第17页）
草莓300克
细砂糖60克
黄油130克
新鲜薄荷叶6片

1. 将甜酥面团做好后放入冰箱冷藏静置1小时。

2. 快速冲洗草莓并沥干水分。将其中一半草莓和细砂糖放入沙拉盆中，腌渍1小时，将另一半用吸水纸吸干水分。

3. 将烤箱预热至190℃。

4. 用擀面杖将甜酥面团擀成3毫米厚，用切割器压出6块圆形面皮。

5. 将迷你塔模中刷上黄油后嵌入面皮。在塔底用餐叉插出小孔。将烤盘纸裁成6块，铺在塔底上方并压上干豆，避免烘烤过程中塔皮膨胀变形。

6. 放入烤箱烘烤10分钟。

7. 在沙拉盆中放入黄油，用打蛋器或餐叉搅拌至柔软。

8. 将腌渍的草莓沥干，用筛网过滤后放入黄油，持续搅拌成顺滑的奶油酱。

9. 待迷你塔冷却后小心地脱模，逐个在迷你塔中用小勺填入草莓奶油酱。放上新鲜的草莓并饰以新鲜薄荷叶。

喜悦草莓迷你塔

喜悦核桃蛋糕 Délices aux noix 👨‍🍳👨‍🍳👨‍🍳

准备时间：40分钟
静置时间：1小时+1小时
制作时间：15分钟
分量：8块喜悦蛋糕
甜酥面团250克（详见第17页）
杏仁奶油酱250克（详见第52页）
咖啡奶油酱350克（详见第48页）
青核桃仁100克
装饰
翻糖250克（详见第71页）
咖啡精2汤匙
热水2汤匙
鲜核桃仁8个

1. 将甜酥面团做好后静置1小时。
2. 将杏仁奶油酱和咖啡奶油酱做好后放入冰箱冷藏备用。
3. 将烤箱预热至190℃。
4. 用擀面杖将面团擀成2毫米厚，用迷你塔模压出8个圆形面皮。分别在塔模中刷上黄油后嵌入面皮，在底部用餐叉扎出小孔并铺上杏仁奶油酱。
5. 放入烤箱烘烤15分钟。
6. 将鲜核桃仁切碎后倒入咖啡奶油酱中。

7. 待迷你塔冷却后脱模。将咖啡奶油酱用小勺填入直到形成拱形圆顶，用抹刀将表面整平，放入冰箱冷藏1小时。
8. 将翻糖在平底深锅中隔水加热或用微波炉加热，微温后倒入咖啡精和2汤匙热水。
9. 逐个在喜悦蛋糕底部用餐叉插出小孔，将面皮以上的奶油酱圆顶涂上翻糖，将表面用抹刀整平。
10. 用鲜核桃仁逐个装饰喜悦蛋糕，放在阴凉处保存，享用时取出。

咖啡闪电泡芙 Éclairs au café 👨‍🍳👨‍🍳👨‍🍳

准备时间：45分钟
制作时间：20分钟
分量：12个闪电泡芙
泡芙面糊375克（详见第25页）
咖啡卡仕达奶油酱
卡仕达奶油酱800克（详见第56页）
水5毫升
速溶咖啡5克
咖啡精5克
镜面
细砂糖60克
水4汤匙
翻糖250克（详见第71页）
天然咖啡精2汤匙

1. 将卡仕达奶油酱做好后调入咖啡精和速溶咖啡的混合物中，用打蛋器拌匀，置于阴凉处备用。
2. 制作泡芙面糊。
3. 将烤箱预热至190℃。
4. 在装有13或14号星形裱花嘴的裱花袋中填入泡芙面糊。在铺有烤盘纸的烤盘中挤出12个12厘米的长条状面糊，每个约30克。放入烤箱烘烤20分钟，在第7分钟时将烤箱门打开一道缝。
5. 在网架上摆放烤好的闪电泡芙，放至彻底冷却。
6. 制作镜面：将水和细砂糖放入平底深锅中加热至沸腾并熬制成糖浆。将翻糖在另一口平底深锅中隔水加热，待翻糖开始变软时倒入咖啡精，并一点一点加入糖浆，轻柔地用刮勺搅拌，避免产生气泡。待翻糖开始变成柔软的膏状，即最好的浓

稠度时，不再倒入糖浆，此时的状态便于涂且不会四处流淌。
7. 在装有7号圆形裱花嘴的裱花袋中填入卡仕达奶油酱。逐个插入每个闪电泡芙的一头并挤入奶油酱。
8. 在装有圆形裱花嘴的裱花袋中倒入翻糖，挤在闪电泡芙表面，待5~10分钟翻糖凝固后即可享用，否则需置于阴凉处保存。

举一反三

巧克力闪电泡芙
将200克大致切碎的黑巧克力分三四次倒入余温尚存的卡仕达奶油酱中。镜面的处理上，可以添加25克过筛的苦甜可可粉。

巧克力闪电泡芙

苹果积木 Jeu de pommes

准备时间：30分钟
制作时间：15分钟
分量：4份苹果积木
面团
面粉 200克　　　黄油 140克
盐 1克　　　　　细砂糖 8克
水 200毫升
馅料
苹果 4个　　　　黄油 30克
细砂糖 30克　　　糖粉 适量
洋槐蜜 2汤匙　　　柠檬 1个
卡尔瓦多斯白兰地 50毫升

1. 制作面团：将面粉、很硬的黄油、盐、糖水一起放入和面机的内缸中，高速搅拌后将带有小粒黄油的面团取出。

2. 将烤箱预热至220℃。

3. 将苹果去皮后切成薄片。

4. 用擀面杖将面团擀成薄片，用切割器压出16个直径12厘米的圆形面皮。

5. 在烤盘中放入面皮并在上面摆苹果薄片。将化开的黄油涂在表面后撒上细砂糖。

6. 放入烤箱烘烤15分钟，取出后筛撒上糖粉，置于网架上待糖粉焦糖化。

7. 待饼皮微温时，每4个为1组叠放在甜点盘中。将柠檬汁、苹果烧酒和洋槐蜜拌匀，食用苹果积木时淋在上面，此外也可以和1颗柠檬雪葩球搭配享用。

让和皮埃尔·杜华高兄弟

玛德琳蛋糕 Madeleines

准备时间：10分钟
制作时间：15分钟
分量：12块玛德琳蛋糕
面粉 100克
泡打粉 3克
黄油 100克
表皮未经处理的柠檬 1/4个
鸡蛋 2个
细砂糖 120克

1. 在碗上一起过筛面粉和泡打粉。

2. 在平底深锅中放入黄油后加热至融化，放凉备用。

3. 将1/4块柠檬皮细细切碎。

4. 在容器中打入鸡蛋，倒入细砂糖，持续搅打5分钟至起泡。像雨点一样撒入面粉和泡打粉的混合物，倒入黄油和细细切碎的柠檬皮，持续搅拌至均匀。

5. 将烤箱预热至220℃。

6. 将玛德琳蛋糕模内刷上黄油后将面糊填至2/3处。放入220℃的烤箱中烘烤5分钟，之后将烤箱温度调低至200℃，继续烘烤10分钟。

7. 待玛德琳蛋糕微温后脱模，放凉。

鲁昂芦笛迷你杏仁塔 Mirlitons de Rouen

准备时间：30分钟+15分钟
静置时间：10小时+30分钟
制作时间：15~20分钟
分量：10个迷你杏仁塔
千层派皮 250克（详见第18页）
鸡蛋 2个
大马卡龙 4个
细砂糖 60克
杏仁粉 20克
去皮杏仁 15颗
糖粉 适量

1. 将千层派皮做好后务必累计静置10小时。

2. 将千层派皮用擀面杖擀成2毫米厚，用切割器压出10个圆形派皮后嵌入迷你塔模。

3. 在容器中将鸡蛋打散，将马卡龙细细弄碎后与蛋液混合。

4. 在混合物中倒入细砂糖和杏仁粉，充分拌匀。

5. 将混合物填入塔模的3/4处，放入冰箱冷藏30分钟。

6. 将烤箱预热至200℃。

7. 将杏仁竖着对半切开，每个迷你杏仁塔上插3片，筛撒上糖粉后放入烤箱烘烤15~20分钟。温热时或冷却后均可享用。

新桥迷你塔 Ponts –neufs

准备时间：50分钟
静置时间：2小时
制作时间：20分钟
分量：10个迷你塔
塔底面团350克（详见第14页）
卡仕达奶油酱650克（详见第56页）
马卡龙30克
泡芙面糊250克（详见第25页）
装饰
鸡蛋1个
醋栗果胶100克
糖粉 适量

1. 将塔底面团做好后放在阴凉处静置2小时。
2. 将卡仕达奶油酱做好后放入细细压碎的马卡龙，置于阴凉处备用。
3. 制作泡芙面糊。
4. 用擀面杖将塔底面团擀成3毫米厚，用切割器压出10个略大于迷你塔模的圆形饼皮，嵌入模具中。收集剩余的饼皮并揉和成团。
5. 将烤箱预热至190℃。
6. 在泡芙面糊中掺入卡仕达奶油酱。

将混合物倒入模具中。在碗中将鸡蛋打散，将蛋液用毛刷涂抹在迷你塔上。
7. 用擀面杖将剩余的面团擀开，裁切成20个五六毫米宽的细条，逐个在迷你塔上摆拼出十字。
8. 放入烤箱烘烤15~20分钟，冷却后脱模。
9. 将醋栗果胶在小号平底深锅小火加热至微温，涂抹在十字隔出的4个小块上。放在阴凉处保存，享用时取出。

巧克力小泡芙 Porfiteroles au chocolat

准备时间：40分钟
制作时间：15分钟
分量：30个小泡芙
泡芙面糊350克（详见第25页）
鸡蛋1个
巧克力调味酱
即食巧克力200克
法式发酵酸奶油100毫升
鲜奶油香缇400克（详见第49页）
细砂糖75克　香草糖1袋

1. 制作泡芙面糊。
2. 将烤箱预热至200℃。
3. 在装有圆形裱花嘴的裱花袋中填入泡芙面糊，在铺有烤盘纸的烤盘中挤出30个核桃大小的面糊球。将鸡蛋打散，用毛刷逐个在面糊球上涂抹蛋液。放入烤箱烘烤15分钟，烘烤5分钟后将烤箱门开一道缝。
4. 制作巧克力调味酱：将巧克力细细

切碎。将法式发酵酸奶油加热至沸腾后倒入巧克力碎中，拌匀。
5. 将鲜奶油香缇做好后一点点掺入细砂糖和香草糖。在装有7号裱花嘴的裱花袋中填入混合物。逐个从小泡芙底部插入并填入鲜奶油香缇。
6. 在杯子或盘子中放入小泡芙，配合微温的巧克力调味酱一同享用。

爱之井 Puits d'amour

准备时间：30分钟+30分钟
静置时间：10小时
制作时间：15分钟
分量：6个爱之井
千层派皮500克（详见第18页）
鸡蛋1个
糖粉 适量
馅料
香草卡仕达奶油酱350克（详见第56页）

1. 将千层派皮做好后务必累计静置10小时。
2. 将香草卡仕达奶油酱做好后置于阴凉处备用。
3. 将烤箱预热至240℃。
4. 用擀面杖将折叠派皮擀成四五毫米厚，用切割器压出12个直径为6厘米的圆形饼皮，将其中6个放在铺有烤盘纸的烤盘中。将鸡蛋在碗中打散，将蛋液用毛刷涂

抹在饼皮上。
5. 将剩余的6个饼皮用小号切割器压掉内心后成为1.5厘米宽的圆环。放在圆形饼皮上，用毛刷涂抹蛋液。
6. 放入烤箱烘烤15分钟。取出后在网架上晾凉并筛撒上糖粉。
7. 将香草卡仕达奶油酱用茶匙填在爱之井中心。冷藏后享用。

巧克力修女泡芙 Religieuses au chocolat

准备时间：45分钟
制作时间：25分钟
分量：12个修女泡芙
巧克力卡仕达奶油酱800克
（详见第56页）
泡芙面糊500克（详见第25页）
镜面
细砂糖60克
水4汤匙
翻糖250克（详见第71页）
苦甜可可粉25克

1. 将巧克力卡仕达奶油酱做好后置于阴凉处备用。

2. 制作泡芙面糊。

3. 将烤箱预热至190℃。

4. 在装有13或14号星形裱花嘴的裱花袋中填入2/3的泡芙面糊。在铺有烤盘纸的烤盘中挤出12个大泡芙面糊球。

5. 放入烤箱烘烤25分钟，烘烤7分钟后将烤箱门打开一道缝，使面糊能够规则地膨胀。

6. 将泡芙在网架上放至彻底冷却。

7. 将剩余的1/3泡芙面糊按照上面的方式制作成小泡芙，放入烤箱烘烤18分钟。

8. 制作镜面：将水和细砂糖在平底深锅中加热至沸腾后熬成糖浆。将翻糖在另一口平底深锅中隔水加热，刚开始软化后放入过筛的可可粉，拌匀后一点点倒入糖浆，边倒边慢慢地用刮勺搅拌，避免气泡的产生。

9. 在装有7号圆形裱花嘴的裱花袋中填入巧克力卡仕达奶油酱，逐个在大泡芙底部钻洞并挤入奶油酱，再按照同样的方式装填小泡芙。

10. 将小泡芙逐个浸入翻糖，用手指除去流下来的翻糖，再按照同样的方式将大泡芙浸入翻糖，并迅速在大泡芙上放一个小泡芙，使两者粘在一起。

秘诀一点通

这款修女泡芙可以用法式奶油酱进行装饰。在装有星形裱花嘴的裱花袋中填入奶油酱，之后在修女泡芙顶部挤出火焰般的形状。

举一反三

咖啡修女泡芙
制作卡仕达咖啡奶油酱。制作镜面时放入2汤匙天然咖啡精。

岩石椰子球 Rochers congolais

准备时间：5分钟
静置时间：24小时
制作时间：8~10分钟
分量：30~40枚岩石椰子球
鲜牛奶200毫升
椰蓉300克
细砂糖200克
鸡蛋4个

1. 制作前夜：将鲜牛奶加热至微温。将细砂糖、椰蓉和温热的牛奶在沙拉盆中大致拌匀，之后将鸡蛋逐个打入，每放一个鸡蛋搅打均匀后再放下一个。放入冰箱冷藏24小时。

2. 在铺有烤盘纸的烤盘中倒入上述面糊，做成30~40个小金字塔形状。

3. 将烤箱预热至250℃，将烤盘放入后烘烤8~10分钟，使岩石椰子球顶端变色。

秘诀一点通

需要注意的是，椰蓉非常容易变质，需要一直存放在冰箱中，使用前最好先尝一下以确保品质。

巧克力小泡芙

巴伐露 Les bavarois

巴伐露是用模具制作且趁冰冷时享用的甜点。通常由凝胶化的英式奶油酱和添加了打发鲜奶油和意大利蛋白霜的果泥为主要原料制作而成。最好使用底部带有装饰性花纹的金属模具。

黑醋栗巴伐露 Bavarois au cassis

准备时间：45分钟
冷藏时间：6~8小时
分量：6~8人份
新鲜或急冻的黑醋栗 500克
细砂糖 170克
明胶 5片
法式发酵酸奶油 500毫升
黄油 15克
糖粉 50克

1. 将黑醋栗经过拣选后放入滤器中清洗干净，小心地沥干水分，放入食品加工器或果蔬榨汁机中搅碎后用细筛网挤压，之后用精细的滤器滤掉子。如果使用的是速冻水果，需要提前解冻后再压碎。

2. 在装有充足冷水的大碗中将明胶浸泡15分钟，取出后小心地挤干水分。

3. 将1/4的黑醋栗果肉与细砂糖一起加热，放入明胶后拌匀。倒入剩余的黑醋栗果肉，再次拌匀。之后放入法式发酵酸奶油和糖粉，充分混合。

4. 将直径22厘米的圆模内刷上黄油，

将混合物倒入后放入冰箱中冷藏6~8小时。

5. 为了能更好地脱模，将模具快速浸泡在温水中，之后将巴伐露倒扣在盘子里。

举一反三

这款巴伐露还能用其他新鲜或速冻的红色水果制作。可以用酒渍黑醋栗作为装饰，在进行这项操作时，需要先在模具中填上一层巴伐露，撒上黑醋栗，之后再重复上述步骤直到模具填满为止。

黑醋栗巴伐露

塞文巴伐露 Bavarois à la cévenole

准备时间：30分钟
冷藏时间：20分钟+3小时
制作时间：5分钟
分量：6~8人份
栗子膏 300克
鲜奶油香缇 130克（详见第49页）
香草巴伐露奶油酱 900克（详见第46页）
黄油 10克　　细砂糖 15克
冰糖栗子屑 180克
冰糖栗子 3颗

1. 在沙拉盆中将栗子膏弄散。将鲜奶油香缇打发，作为馅料和装饰的原料。

2. 制作香草巴伐露奶油酱。

3. 将刚熬煮好的香草巴伐露奶油酱浇在栗子膏上，充分拌匀后放凉。之后倒入100克鲜奶油香缇，拌匀。

4. 将直径20厘米的婆婆蛋糕模内刷上黄油并撒上细砂糖。将香草巴伐露奶油酱填入模具中，撒上冰糖栗子屑后放入冰箱冷藏3小时。

5. 将模具浸泡在热水中并稍作停留，之后将巴伐露倒扣在盘子中脱模。

6. 在装有星形裱花嘴的裱花袋中填入剩余的30克鲜奶油香缇，在巴伐露表面挤出玫瑰花饰。

7. 将冰糖栗子对半切开，插在相邻的鲜奶油香缇玫瑰花的中间。

香草巧克力巴伐露 Bavarois au chocolat et à la vanille

准备时间：30分钟
冷藏时间：6小时
分量：4~6人份
巴伐露奶油酱 700克（详见第44页）
可可脂含量55%以上的巧克力 70克
液体香草精 2茶匙。

1. 将巴伐露奶油酱做好后分成两份。

2. 将巧克力慢慢地隔水加热或微波加热至融化。

3. 将其中一份巴伐露奶油酱倒入融化的巧克力中，拌匀。

4. 在另一份中放入香草精。

5. 将直径22厘米的圆模内倒入巧克力巴伐露奶油酱，放入冰箱冷藏30分钟直到

奶油酱凝固。

6. 在上面铺上香草巴伐露奶油酱，再次放入冰箱冷藏四五个小时，直到奶油酱完全凝固。

7. 将巴伐露在盘子上倒扣脱模。用削皮刀刮出50~70个巧克力刨花，装饰在巴伐露上。

克里奥尔巴伐露 Bavarois à la créole

准备时间：1小时
冷藏时间：6~8小时
分量：6~8人份
巴伐露奶油酱 750克（详见第44页）
香蕉 4根
朗姆酒 100毫升
鲜奶油香缇 200克（详见第49页）
糖渍菠萝 2片　　开心果 30克
食用油 适量

1. 将香蕉剥皮后切圆片，之后立刻浸泡在朗姆酒中。

2. 制作巴伐露奶油酱。

3. 沥干香蕉片，将朗姆酒倒入奶油酱中。

4. 将直径22厘米的模具内刷上食用油。先倒入第一层巴伐露奶油酱，摆放一层朗姆酒香蕉片，再铺上一层巴伐露奶油酱，反复几次直到模具填满且最后一层是

巴伐露奶油酱，放入冰箱冷藏6~8小时。

5. 打发鲜奶油香缇。

6. 沥干糖渍菠萝后切成薄片。

7. 迅速将装有巴伐露的模具浸泡在热水中，倒扣在盘中脱模。在装有裱花嘴的裱花袋中填入鲜奶油香缇，挤出玫瑰花饰，并在相邻的玫瑰花之间插上菠萝薄片。

8. 最后，压碎开心果并撒在整个巴伐露上。

水果巴伐露 Bavarois aux fruits

准备时间：1小时

冷藏时间：6~8小时

分量：6~8人份

巴伐露奶油酱600克（详见第44页）

速冻果泥（杏、菠萝、黑醋栗、草莓、覆盆子等）500毫升

明胶 3片

柠檬 1/2个

椰蓉、糖粉 各适量

1. 解冻果泥。

2. 制作巴伐露奶油酱。

3. 在冷水中将明胶浸泡15分钟，取出后挤干水分。

4. 将1/2个柠檬榨汁后倒入果泥中。将1/4的果泥加热至微温时放入完全挤干水分的明胶，拌匀后倒入剩余的果泥中混合均匀。

5. 将上述混合物倒入巴伐露奶油酱中，搅拌均匀后倒入直径22厘米的圆模或直径18厘米的夏洛特模具中，放入冰箱冷藏6~8小时。

6. 将装有巴伐露的模具浸泡在热水中并稍作停留，在盘中倒扣脱模。

7. 将椰蓉放入温热的烤箱中略微烘烤后撒在巴伐露表面，之后筛撒上糖粉。

行家分享

可以使用同种水果的调味汁搭配这款巴伐露。

100克水果巴伐露的营养价值

80千卡；蛋白质：1克；碳水化合物：12克；脂肪：3克。

诺曼底巴伐露 Bavarois à la normande

准备时间：50分钟

冷藏时间：6~8小时

分量：6~8人份

巴伐露奶油酱700克（详见第44页）

明胶 3片

苹果 400克

细砂糖 70克

黄油 30克

苹果烧酒 70毫升

苹果 二三个

糖粉 适量

1. 制作巴伐露奶油酱。

2. 在冷水中将明胶浸泡15分钟，取出后挤干水分。

3. 将苹果去皮、去子后切块。在平底深锅中放入细砂糖、黄油和苹果块，熬煮成果泥，之后用食品加工机搅碎或用餐叉小心地压碎。在微温的果泥中放入完全挤干水分的明胶，放凉备用。

4. 待果泥冷却后，倒入巴伐露奶油酱中充分混合，之后倒入苹果烧酒。在直径22厘米的圆模或18厘米的夏洛特模具中填入混合物，放入冰箱冷藏6~8小时。

5. 将烤箱预热至200℃。

6. 制作装饰用苹果：将苹果去皮后对半切开，之后切成三四毫米厚的圆形薄片，放入铺有烤盘纸的烤盘中，筛撒上糖粉后放入烤箱烘烤四五分钟，给苹果薄片上色。

7. 将装有巴伐露的模具浸泡在热水中并稍作停留，以便更好地脱模，之后将巴伐露倒扣在盘中。

8. 在巴伐露的表面和侧面小心地摆放上金黄色的苹果薄片，排列出玫瑰花的形状。

烈焰柔情

夏洛特、外交官布丁、布丁和法国吐司
Charlottes, diplomates, puddings et pains perdus

夏洛特是由指形蛋糕、巴伐露奶油酱、慕斯或者水果制作而成的甜点；外交官布丁是以布里欧修面包或指形蛋糕为基础制作而成的甜点；布丁则是用面糊、软面包、蛋糕坯或粗面粉为基础制作而成的甜点。

夏洛特 Les charlottes

甜杏夏洛特 Charlotte aux abricots

准备时间：30分钟
冷藏时间：24小时
分量：6~8人份
果干和糖渍水果
糖渍水果100克　朗姆酒60毫升
葡萄干100克
糖浆
细砂糖40克　　　水100毫升
朗姆酒40毫升
甜杏原料
糖渍杏1大罐
柠檬1个
细砂糖100克
明胶2片
指形蛋糕坯36块

轻食谱

1. 将糖渍水果切丁后和葡萄干一起浸泡在朗姆酒中。

2. 将细砂糖和水倒入平底深锅中加热至沸腾。离火后放至微温并倒入朗姆酒。

3. 沥干糖渍杏并用电动打蛋器搅碎。

4. 将柠檬榨汁后倒入杏泥中。在充足的冷水中将明胶浸软，取出后挤干水分。

5. 先将1/4的明胶放入杏泥中，混合均匀后放入剩余的明胶，再次拌匀。

6. 沥干葡萄干和糖渍水果。

7. 在糖浆中逐个浸泡指形蛋糕坯，摆放在22厘米的正方形模具底部，在上面铺一层糖渍水果丁和葡萄干，一层杏泥和一层浸泡糖浆的指形蛋糕坯。重复上面的步骤，反复将材料交叠在一起，直到最后一层为指形蛋糕坯。

8. 放入冰箱冷藏24小时。夏洛特脱模后，将剩余的杏泥铺在表面。

100克甜杏夏洛特的营养价值

215千卡；蛋白质：1克；碳水化合物：46克；脂肪：2克。

咖啡夏洛特 Charlotte au café

准备时间：1小时
冷藏时间：4小时
分量：6~8人份
咖啡奶油酱
鲜奶油 800毫升
咖啡粉 40克
明胶 3片
细砂糖 100克
糖渍蛋糕坯
指形蛋糕坯 150克
滚烫的特浓浓缩咖啡 120克
细砂糖 60克
米花巧克力 3/4板
长6厘米、宽3厘米的软面包切片 10片
黄油 60克
装饰
牛奶巧克力 适量

1. 制作咖啡奶油酱：将鲜奶油烧开后放入咖啡粉，盖上锅盖浸泡5分钟。

2. 将鲜奶油咖啡用细筛网过滤。将其中100克与明胶和100克细砂糖混合。

3. 在沙拉盆中倒入剩余的鲜奶油咖啡，浸泡在装满冰块的隔水容器中，直到鲜奶油咖啡冷透为止，之后用打蛋器使劲搅打。

4. 将一部分打发的鲜奶油咖啡掺入步骤2的混合物中，拌匀后倒入剩余的打发鲜奶油咖啡，搅拌均匀。

5. 在特浓浓缩咖啡中放入细砂糖。

6. 大致将米花巧克力切碎。

7. 将面包片的两面都涂上黄油，放在烤架上烘烤。

8. 将直径16厘米的夏洛特模具内刷上黄油，在周围放入烤面包片。将一部分咖啡奶油酱装填在模具底部并撒上一半米花巧克力碎。将几块指形蛋糕坯浸入滚烫的浓缩咖啡中，之后摆放在上面。

9. 重复上述步骤，直到模具填满且最后一层是浸泡咖啡的指形蛋糕坯。覆盖保鲜膜后放入冰箱冷藏4小时。

10. 将装有夏洛特的模具迅速浸泡在热水中并稍作停留，倒扣在盘子中脱模。制作牛奶巧克力刨花并装饰在夏洛特上。冰冷时享用。

行家分享

这道冰点是安东尼·卡勒姆发明创造的，是他首先将咖啡或巧克力奶油酱铺在指形蛋糕坯和浸透糖浆的烤吐司上的。

巧克力夏洛特 Charlotte au chocolat

准备时间：40分钟
冷藏时间：4小时
制作时间：20分钟
分量：6~8人份
巴伐露奶油酱 800克（详见第44页）
黑巧克力 300克
英式奶油酱 400克（详见第43页）
指形蛋糕坯 300克
糖浆
水 100毫升
细砂糖 120克
朗姆酒或柑曼怡 100毫升
黑巧克力 30克

1. 制作巴伐露奶油酱。将巧克力慢慢地隔水加热或微波加热至融化，倒入巴伐露奶油酱，拌匀后放凉备用。

2. 将英式奶油酱做好后置于阴凉处备用。

3. 制作浸泡用糖浆：将水和细砂糖在小号平底深锅中加热至沸腾，放至微温后倒入朗姆酒或柑曼怡。

4. 将指形蛋糕坯逐个浸泡在温热的糖浆中，之后摆放在直径22厘米的夏洛特模具底部和四周。

5. 将巧克力巴伐露奶油酱小心地装填到模具中，放入冰箱冷藏4小时。

6. 为了更好地脱模，将装有夏洛特的模具迅速浸泡在热水中，之后倒扣在餐盘里。

7. 将黑巧克力用削皮刀做成刨花，装饰在夏洛特上，与英式奶油酱搭配享用。

香蕉巧克力夏洛特 Charlotte au chocolat et à la banana

准备时间：40分钟
冷藏时间：3小时
分量：6~8人份
巧克力萨芭雍慕斯 700克（详见第64页）
指形蛋糕坯 250克
糖浆
水 80毫升　　　细砂糖 80克
柠檬 2个
陈年朗姆酒 60毫升
煎烧香蕉
香蕉 2根　　　柠檬 1.5个
黄油 15克　　　肉豆蔻粉
白胡椒粉　　　细砂糖 20克
装饰
柠檬 1/2个　　香蕉 1根
巧克力 30克

1. 将巧克力萨芭雍慕斯做好后置于阴凉处备用。

2. 制作糖浆：将水和细砂糖在平底深锅中加热至沸腾。将2个柠檬榨汁。待糖浆晾凉后倒入朗姆酒和柠檬汁。

3. 制作煎烧香蕉：剥去香蕉皮，将香蕉切成1厘米厚的圆片。将1.5个柠檬榨汁后淋在香蕉上，防止香蕉氧化变黑。

4. 在不粘锅中放入奶油加热至融化，放入香蕉片后大火煎二三分钟，之后放入1撮肉豆蔻粉和研磨器旋转二三圈分量的白胡椒粉。将香蕉片晾凉。

5. 将直径16厘米的夏洛特模具内刷上黄油并撒上细砂糖。

6. 将指形蛋糕坯浸入糖浆后摆放在模具周围。将巧克力萨芭雍慕斯装填至模具的1/2处，撒上香蕉片。

7. 在上面铺上一层糖渍蛋糕坯，填上剩余的萨芭雍慕斯和香蕉片，最后放上一层糖渍蛋糕坯。放入冰箱冷藏至少3小时。

8. 为了能够更好地为夏洛特脱模，需要将模具迅速浸泡在热水中，之后倒扣在餐盘里。

9. 制作夏洛特的装饰：将1/2个柠檬榨汁。将香蕉切成薄薄的圆片，浸泡在柠檬汁中；之后在夏洛特的顶部沿外缘围城一圈。

10. 将巧克力用削皮刀做出刨花，摆放在顶部的中央。放入冰箱冷藏后享用。

草莓夏洛特 Charlotte aux fraises

准备时间：35分钟
冷藏时间：4小时
分量：6~8人份
草莓 1千克
明胶 6片
细砂糖 60克
鲜奶油 750毫升
非常柔软的指形蛋糕 250克

1. 快速将草莓清洗干净，去梗后用吸水纸吸干水分。

2. 在冷水中将明胶浸软。

3. 挑选出最漂亮的草莓留作装饰用。用电动打蛋器或果蔬榨汁机将其余的草莓搅打成泥。

4. 用漏斗形滤网或滤器过滤草莓泥，得到非常细腻的果肉。

5. 挤干明胶上的水分。将1/4的草莓果肉和糖加热至微温，放入明胶后拌匀。倒入剩余的果肉，再次拌匀。

6. 在混合物中掺入打发的鲜奶油，一定要完全混合均匀。

7. 用水略微浸泡指形蛋糕坯，摆放在直径16厘米的夏洛特模具中，将草莓慕斯填入后再铺上一层指形蛋糕坯。放入冰箱冷藏4小时。

8. 为了能够更好地为夏洛特脱模，将模具迅速浸泡在热水中，之后倒扣在餐盘上。用预留的草莓进行装饰。

100克草莓夏洛特的营养价值

185千卡；蛋白质：2克；碳水化合物：11克；脂肪：14克。

红色水果夏洛特 Charlotte aux fruits rouges

准备时间：40分钟

冷藏时间：2小时

分量：6~8人份

红色水果慕斯

草莓 100克

覆盆子 100克

明胶 3片

柠檬 1/2个

细砂糖 50克

鲜奶油 300毫升

野莓 60克

指形蛋糕坯 20个

覆盆子露

覆盆子 80克

水 500毫升

细砂糖 50克

樱桃酒 20毫升

装饰

草莓 50克

覆盆子 50克

桑葚 50克

醋栗 四五串

野莓 50克

覆盆子酱 300克

1. 快速将草莓清洗干净，去梗后用吸水纸吸干水分。分拣出50克最漂亮的草莓作为夏洛特的装饰。

2. 用电动打蛋器或果蔬榨汁机将其余的草莓搅碎。用漏斗形滤网或滤器过滤草莓泥，得到非常细腻的果肉。

3. 预留出50克覆盆子用作装饰，其余的用食品加工器或电动打蛋器搅打成泥，用于制作覆盆子露和慕斯。用细筛网滤掉果泥中的子。

4. 制作覆盆子露：将水和细砂糖加热至沸腾。待糖浆晾凉后放入樱桃酒和50克覆盆子泥。

5. 制作红色水果慕斯：在充足的冷水中将明胶浸软，取出后挤干水分。将柠檬榨汁。将草莓泥和剩余的覆盆子泥拌匀后倒入柠檬汁和细砂糖。

6. 慢慢地将明胶隔水加热或微波加热至融化。在融化的明胶中放入二三勺甜味果泥，之后将剩余的果泥全部倒入后拌匀。将鲜奶油搅打至起泡后掺入上面的混

合物中，持续搅打至完全混合。

7. 将直径18厘米的夏洛特模内刷上黄油。将指形蛋糕坯逐个用覆盆子露略微浸泡，之后沿着模具内缘摆放一圈。

8. 将红色水果慕斯装填至模具的1/3处，之后撒上野莓。将略微浸泡覆盆子露的指形蛋糕坯铺在上面并轻压固定。在上面继续装填慕斯直到与边缘齐平，再使用上面的方法摆放指形蛋糕坯。

9. 将夏洛特放入冰箱冷藏3小时。

10. 将装有夏洛特的模具迅速浸泡在热水中并稍作停留，倒扣在盘中脱模。

11. 将草莓对半切开，和覆盆子、桑葚、醋栗和野莓一起装饰夏洛特。

12. 冰爽的夏洛特，可以搭配覆盆子酱一同享用。

100克红色水果夏洛特的营养价值

100千卡；蛋白质：2克；碳水化合物：18克；脂肪：1克。

栗子夏洛特 Charlotte aux marrons

准备时间：35分钟

冷藏时间：6小时

分量：4~6人份

栗子泥 200克

栗子奶油酱 120克（详见第53页）

威士忌 30毫升

明胶 2片

法式发酵酸奶油 30克

鲜奶油香缇 50克（详见第49页）

香草糖 2袋

指形蛋糕坯 18个

冰糖栗子 60克

糖浆

水 80毫升　　细砂糖 100克

威士忌 60毫升

1. 将栗子泥、栗子奶油酱和威士忌用刮勺在沙拉盆中拌匀。

2. 在充足的冷水中将明胶浸软，取出后挤干水分。

3. 将法式发酵酸奶油加热至微温，放入明胶使其融化。

4. 将步骤3的混合物倒入步骤1.的栗子混合物中。

5. 将鲜奶油香缇做好后放入香草糖，分几次掺入步骤4的混合物中。

6. 制作糖浆：将水和细砂糖加热至沸腾。放凉后倒入60毫升威士忌。

7. 将直径18厘米的夏洛特模内刷上黄油。逐个将指形蛋糕坯浸泡在糖浆中，摆放在模具底部并顺着模具内缘围城一圈。将一半的栗子糊填入模具中并均匀地撒上冰糖栗子块，将剩余的栗子糊铺在上面。将栗子夏洛特放入冰箱冷藏至少6小时。

8. 将装有夏洛特的模具迅速浸泡在热水中并稍作停留，倒扣在盘中脱模。在夏洛特冰爽时享用。

弗朗西斯·范德恩德
（Francis Vandenhende）

榛子巧克力夏洛特 Charlotte aux noisettes et au chocolat

准备时间：1小时

制作时间：15分钟+35分钟

冷藏时间：12~24小时

分量：6~8人份

巧克力木柴蛋糕坯面糊160克
（详见第30页）

焦糖榛子

榛子80克

香草荚1/4根

水200毫升

细砂糖60克

糖浆

细砂糖50克

可可粉15克

水100毫升

慕斯

极苦的黑巧克力300克

细砂糖140克

鲜奶油香缇500克（详见第49页）

鸡蛋2个

蛋黄5个

装饰

巧克力镜面果胶300克

指形蛋糕坯140克

巧克力30克

1. 将烤箱预热至170℃。

2. 制作焦糖榛子：在烤盘中放上榛子，略微烘烤15分钟。放入粗孔筛网或大号滤器中，用手掌轻搓去掉外皮。

3. 将1/4根香草荚剖开后刮出香草籽，和细砂糖一起倒入水中，烧开至118~120℃。

4. 离火后，在糖浆中放入微温的榛子并用刮勺拌匀，使细砂糖在榛子周围形成结晶。将平底深锅再次加热至榛子成为琥珀色，期间不停搅拌，之后倒入刷过油的烤盘或餐盘中，晾凉备用。

5. 将巧克力木柴蛋糕坯面糊做好后填入直径18厘米的慕斯模中，放入烤箱烘烤35分钟。待蛋糕坯晾凉后，分别裁切成直径为18厘米和14厘米的圆形。

6. 制作糖浆：将细砂糖和可可粉倒入平底深锅中拌匀后对水，加热至沸腾，期间持续用打蛋器搅拌。离火备用。

7. 制作慕斯：将巧克力切碎后慢慢地隔水加热或微波加热至融化，放至45℃。将细砂糖和3汤匙水倒入平底深锅中，加热并持续沸腾约3分钟，直到温度为125℃且表面充满大气泡时离火。

8. 制作鲜奶油香缇。

9. 在容器中将鸡蛋打散后放入蛋黄，一边搅打一边一点一点倒入热糖浆，将混合物持续搅打至发白且膨胀为原本体积的3倍。放凉备用。

10. 将1/4的鲜奶油香缇掺入融化的巧克力中，拌匀后倒入剩余的鲜奶油香缇，

搅拌均匀。

11. 在巧克力鲜奶油香缇中倒入鸡蛋和糖浆的混合物，以略微上扬舀起的方式用打蛋器混合。

12. 在12~14厘米的慕斯模上固定好18厘米的半球型模具，将一半的慕斯填入。用糖浆浸泡直径为14厘米的巧克力蛋糕坯后摆放在慕斯上面。

13. 大致将焦糖榛子切碎后撒在巧克力蛋糕坯上，再铺上剩余的慕斯。用糖浆浸泡18厘米的蛋糕坯后摆放在慕斯上。

14. 将半球模具用保鲜膜裹好后，放入冰箱冷藏12~24小时，始终固定在慕斯模上。

15. 准备享用夏洛特时，将模具在温水中浸泡10秒钟后倒扣在餐盘中脱模。

16. 在整个夏洛特表面浇上巧克力镜面果胶。

17. 将指形蛋糕坯对半切开后立刻粘在夏洛特四周。

18. 将巧克力用削皮刀制作成刨花，摆放在拱形的顶部作为装饰。

秘诀一点通

如果没有半球形模具，可以使用相同尺寸的大碗或沙拉盆代替。

行家分享

可以按照上述方法制作杏仁夏洛特。

香梨夏洛特 Charlotte aux poires

准备时间：1小时
制作时间：30分钟
冷藏时间：6~8人份
糖渍香梨
香梨 1500克
水 1升
细砂糖 500克
奶油酱
英式奶油酱 500克（详见第43页）
明胶 8片
香梨蒸馏酒 50毫升
鲜奶油香缇 50克（详见第49页）
指形蛋糕坯 24个

1. 将细砂糖和1升水熬制成糖浆。
2. 将全部的香梨去皮后，完整地放入糖浆中熬煮，用刀尖测试炖煮的程度。
3. 将2个炖煮后的香梨去子后放入食品加工器中搅打成150克果泥。
4. 制作英式奶油酱。在充足的冷水中将明胶浸软，取出后挤干水分，放入离火后温热的奶油酱中完全融化。待奶油酱彻底冷却后，倒入蒸馏酒和香梨泥。
5. 打发鲜奶油香缇后掺入香梨英式奶油酱中。
6. 将剩余的香梨去子后切成中等厚度的片，预留几片作为用于最后的装饰。

7. 将直径20厘米的夏洛特模内铺上指形蛋糕坯，铺上一层奶油酱，摆上一层香梨片，之后再铺一层奶油酱，重复以上步骤直到模具完全填满且最上方是指形蛋糕坯。
8. 用保鲜膜裹住模具，放入冰箱冷藏6~8小时。
9. 将模具浸泡热水后，倒扣在餐盘中脱模，饰以香梨切片。

100克香梨夏洛特的营养价值

110千卡；蛋白质：2克；碳水化合物：16克；脂肪：4克

香梨无花果夏洛特 Charlotte aux poires et aux figues

准备时间：50分钟
制作时间：18分钟
冷藏时间：3小时
分量：6~8人份
糖渍香梨 500克
指形蛋糕坯 80克
烤无花果
新鲜无花果 4颗
黄油 10克
细砂糖 20克
表皮未经处理的橙皮 1/2个
苹果汁 500毫升
香梨奶油酱
糖渍香梨 200克
明胶 4片
英式奶油酱 250克（详见第43页）
鲜奶油 250毫升
装饰
糖渍香梨 1个
新鲜无花果 2颗

1. 将烤箱预热至200℃。
2. 制作烤无花果：逐个切开无花果的顶端，连同黄油、细砂糖、橙皮和苹果汁一起放入烤盘，在烤箱中烘烤18分钟后，将盘中的汤汁在三四分钟内反复淋在无花果上，取出后放凉备用。
3. 制作香梨奶油酱：将200克糖渍香梨沥干后放入食品加工器中搅打成泥。
4. 在冷水中将明胶浸软，取出后挤干水分。
5. 制作英式奶油酱，熬煮至最后时放入明胶和香梨泥，拌匀后将容器浸泡在装满冰块的桶中冷却降温。
6. 打发鲜奶油，待奶油酱彻底冷却后掺入并用打蛋器轻柔地拌匀。

7. 将500克糖渍香梨沥干后切小丁。将烤无花果切丁。
8. 将直径16厘米的夏洛特模具内缘摆放一圈指形蛋糕坯，将奶油酱填入模具1/2处，在上面撒上香梨丁和烤无花果丁，摆放一层指形蛋糕坯并轻轻按压固定。
9. 重复上述步骤直到填满模具且最后一层是指形蛋糕坯。
10. 在模具上覆上保鲜膜，放入冰箱冷藏3小时。
11. 将模具泡入热水中，取出后倒扣在餐盘中脱模。
12. 将香梨和无花果切成薄片作为装饰。在夏洛特冰爽时享用。

里维埃拉夏洛特 Charlotte riviéra 👨‍🍳👨‍🍳👨‍🍳

准备时间：1小时
静置时间：五六小时
制作时间：5分钟
冷藏时间：4小时
分量：6~8人份
指形蛋糕坯 18个
水煮鲜桃
新鲜蜜桃 1000克

水 750毫升　　　　细砂糖 380克
肉桂 1根　　　　　柠檬 5个
薄荷汁
新鲜薄荷 1把
水 160毫升　　　　细砂糖 80克
滑腻的柠檬奶油酱
柠檬奶油酱 450克（详见第51页）
黄油 300克
装饰
糖粉
榅桲或苹果果胶 1汤匙
醋栗 三四串 或者野莓 几颗

1. 制作水煮鲜桃：将水、细砂糖、肉桂棒和柠檬汁加热至沸腾。将桃子去皮，对半切开后去核，立刻浸入糖浆中。关火并盖上盘子，持续腌渍五六小时，让桃子完全浸泡在糖浆中。

2. 将水煮鲜桃用吸水纸吸干水分并切成薄片。

3. 制作薄荷汁：将薄荷叶细细切碎。将水和细砂糖加热至沸腾，离火后放入薄荷叶碎末，用电动打蛋器中将混合物搅拌均匀。

4. 制作柠檬奶油酱，过滤掉柠檬皮，趁温热倒入黄油并持续用手动打蛋器搅拌，使用手持电动打蛋器效果更佳。

5. 将直径18厘米的夏洛特模内刷上黄油并撒上糖。将指形蛋糕坯的长边浸泡在薄荷汁中，沿着模具内缘摆放。在模具内填入一半的柠檬奶油酱，放上1/3的桃子薄片，再摆放一层糖渍指形蛋糕坯。倒入剩余的奶油酱并将剩余的一半桃子薄片放在上面，最后铺上指形蛋糕坯。

6. 将剩余的桃片放在盘子中并覆上保鲜膜，置于阴凉处备用。

7. 用保鲜膜将模具包裹起来，置于阴凉处至少4小时。

8. 将夏洛特模具迅速浸泡热水后倒扣在餐盘中脱模。

9. 在夏洛特表面筛撒上糖粉，用桃片摆成花冠的形状，将温热的榅桲或苹果果胶用毛刷涂抹在上面。

10. 选择一种红色水果和一片新鲜薄荷叶作为装饰。在夏洛特冰爽时享用。

"主教" 蛋糕 Gâteau 《le prélat》 👨‍🍳👨‍🍳👨‍🍳

准备时间：1小时30分钟
冷藏时间：6~8小时+二三小时

分量：6~8人份
加糖的特浓浓缩咖啡 1升
白朗姆酒 70毫升
丝线糖浆 300克
表皮未经处理的橙皮 2个
苦甜巧克力 300克
特浓奶油膏 750毫升
鸡蛋 2个　　　　蛋黄 6个
指形蛋糕坯 30个
镜面
巧克力 300克
液状法式发酵酸奶油 300毫升
水 50毫升　　　　蜂蜜 50克

1. 制作特浓浓缩咖啡并放入少量细砂糖，倒入白朗姆酒后放凉备用。

2. 熬制丝线糖浆（详见第67页）。

3. 将橙皮擦成碎末。将巧克力隔水加热或微波加热至融化。将特浓奶油膏略微打发。将鸡蛋和蛋黄一起打散。将蛋液倒入丝线糖浆中，持续搅打至冷却，之后放入融化的巧克力、橙皮碎末和打发的特浓奶油膏，拌匀。

4. 在长24厘米、宽20厘米的长方形模具内刷上黄油。将指形蛋糕坯略微浸泡咖啡后摆放在模具底部，用勺子将巧克力奶油酱铺在上面，再摆上一层浸泡咖啡的指形蛋糕坯，反复几次直到填满模具且最后一层为咖啡蛋糕坯。

5. 放入冰箱冷藏6~8小时。

6. 为了能够更好地为夏洛特脱模，将模具迅速浸泡在热水中，之后倒扣在餐盘上。

7. 制作镜面：将巧克力细细切碎。将法式发酵酸奶油、水和蜂蜜加热至沸腾，将烧开的混合物倒入巧克力碎中，边倒边搅拌。

8. 将蛋糕摆放在网架上，淋上巧克力镜面后用抹刀涂抹均匀，将底部滴下来的巧克力收集起来，再次涂抹在蛋糕上。

9. 将蛋糕放入冰箱再次冷藏二三小时。在蛋糕冰冷时享用。

亚历山大·杜门（Alexandre Dumaine）

外交官布丁 Les diplomates

巴伐露外交官布丁 Diplomate au bavarois

准备时间：1小时
浸渍时间：1小时
冷藏时间：6小时
葡萄干50克
水100毫升
细砂糖100克
切丁的糖渍水果50克
朗姆酒50毫升
香草巴伐露奶油酱500克（详见第46页）
指形蛋糕坯200克
最后工序
杏子镜面果胶3汤匙
朗姆酒30毫升

1. 在滤器中倒入葡萄干后迅速清洗干净。将100毫升水和100克细砂糖加热至沸腾，倒入葡萄干浸泡；晾凉后将葡萄干沥干水分并摆在盘中，将糖浆留存备用。

2. 将糖渍水果切成小丁后在朗姆酒中浸泡1小时。

3. 制作香草巴伐露奶油酱。

4. 将直径18厘米的夏洛特模内刷上黄油。

5. 沥干糖渍水果丁。将预留的糖浆和浸渍糖渍水果丁的朗姆酒混合在一起，用来浸泡指形蛋糕坯。在模具底部放入少量的糖渍水果丁，之后铺上一层香草巴伐露奶油酱。

6. 再在上面摆放一层指形蛋糕坯，撒上糖渍水果丁，就这样反复叠放直到填满模具且最上面用糖渍水果丁收尾。

7. 用保鲜膜包裹上模具，放入冰箱冷藏至少6小时。

8. 将模具浸泡在热水中，之后倒扣在餐盘上脱模。

9. 将杏子镜面果胶加热至融化，对入朗姆酒，拌匀后在外交官布丁表面用毛刷涂抹。在巴伐露外交官布丁冰爽时享用。

糖渍水果外交官布丁 Diplomate aux fruits confits

准备时间：35分钟
浸渍时间：1小时
制作时间：1小时
分量：6~8人份
糖渍水果200克
葡萄干80克
朗姆酒100毫升
布里欧修面包1个
黄油40克
细砂糖200克
香草糖1袋　　　牛奶250毫升
鸡蛋6个
装饰
糖渍水果30克

1. 将糖渍水果切碎，和葡萄干一起放入朗姆酒中浸泡1小时。

2. 将烤箱预热至150℃。

3. 将布里欧修面包切成2厘米厚的片，去掉面包皮并在两面涂上黄油，放入烤箱的烤架上烘烤，待微微上色后翻面。

4. 沥干葡萄干和糖渍水果碎，将朗姆酒留存备用。

5. 将直径22厘米的夏洛特模具内刷上黄油并撒上细砂糖。

6. 将面包片在模具底部铺上一层，撒上葡萄干和糖渍水果碎，再铺一层面包片并撒上一层葡萄干和糖渍水果碎，直到彻底填满模具。

7. 将细砂糖、香草糖和牛奶倒入大碗中拌匀。将鸡蛋用餐叉打散，和预留的朗姆酒一起倒入碗中。

8. 将混合物一点一点倒入模具中，好让面包片有充分的时间吸收混合物。

9. 放入烤箱中隔水加热1小时，注意不要沸腾。

10. 待彻底冷却后在餐盘中脱模，饰以糖渍水果。在布丁凉透后食用。

李子干外交官布丁 Diplomate aux pruneaux

准备时间：40分钟
浸渍时间：12小时
冷藏时间：6小时
分量：4~6人份
李子干 200克
淡茶水 1碗
卡仕达奶油酱 500克（详见第
56页）
细砂糖 50克
朗姆酒或樱桃酒 30毫升
指形蛋糕坯 28个
最后工序
朗姆酒或樱桃酒英式奶油酱
500克（详见第43页）

1. 制作前夜：将茶泡好，将李子干浸泡在茶水里过夜。
2. 制作卡仕达奶油酱。
3. 在大号平底深锅中倒入李子干和茶汤，放入细砂糖后小火熬煮15分钟。晾凉后将李子干沥干并去核。
4. 将朗姆酒或樱桃酒倒入上面的糖浆中，逐个浸入指形蛋糕坯，摆放在直径18厘米的夏洛特模具中。

5. 填入一部分卡仕达奶油酱，再撒上一层李子干，之后摆上一层蛋糕坯，反复叠加直到填满模具且最上层为蛋糕坯。用保鲜膜包裹模具，放入冰箱冷藏6小时。
6. 将英式奶油酱做好后，倒入朗姆酒或樱桃酒，再次放入冰箱冷藏。
7. 将外交官布丁脱模后，搭配英式奶油酱一同享用。

布丁和法国吐司 Les puddings et les pains perdus

圣诞布丁 Christmas pudding

准备时间：3周
制作时间：4小时
再次加热时间：2小时
分量：12~25人份
牛板油 500克
橙皮 125克
糖渍樱桃 125克
去皮杏仁 125克
柠檬皮 2个
葡萄干 1250克
新鲜面包粉 500克
面粉 125克　四香粉 25克
肉桂粉 25克　肉豆蔻 1/2个
盐 1撮　牛奶 300毫升
鸡蛋 七八个
朗姆酒 60毫升
柠檬汁 2个

1. 将牛板油切小块。
2. 将橙皮、糖渍樱桃、去皮杏仁和柠檬皮切碎。
3. 将牛板油小块、切碎的原料、葡萄干、面包粉、面粉和所有香料粉在容器中拌匀，之后放入盐和牛奶，搅拌均匀。
4. 将鸡蛋逐个放入，每放一个混合均匀后再放下一个。
5. 将朗姆酒和柠檬汁倒入混合物中，将面糊揉和匀称。
6. 在亚麻布上撒面粉后将面糊裹住，做成团状。用细绳扎好后放入开水中煮4小时左右。或者将面团放入略微刷油的圆形容器中，盖上盖子并用烤盘纸封好，再用绳子扎好以确保容器密封。将容器放入炖锅中，用水没过容器的一半煮4小时。

7. 将布丁和亚麻布或圆形容器一同置于阴凉处存放3个星期。
8. 准备食用前，将布丁放入烤箱中隔水加热2小时，脱模。浇上朗姆酒后用火点燃，饰以冬青枝条，即可食用。

举一反三

这款布丁还能与朗姆酒奶油酱搭配享用。将250克糖粉和125克黄油混合后持续搅打至发白的乳霜状，再将1烈酒杯朗姆酒用勺子一点一点倒入混合物中。将这款调味酱在非常冰爽时与用火点燃的圣诞布丁一同享用。

布里欧修法国吐司 Pain perdu brioche

准备时间：20分钟
制作时间：5分钟
分量：4~6人份
香草荚 1/2根
牛奶 1/2升
细砂糖 100克
放至变硬的布里欧修 250克
鸡蛋 2个　　黄油 100克
糖粉、肉桂粉 各适量

1. 将香草荚剖成两半后刮出香草籽，在牛奶中与80克细砂糖一起加热至沸腾，浸泡至冷却。

2. 将布里欧修面包切厚片。将鸡蛋和20克细砂糖搅打至均匀。

3. 在冷却的牛奶中逐一浸泡布里欧修厚片，速度要快以免面包泡散，之后泡在打散的蛋液中。

4. 将黄油在大号不粘锅中加热，再将全部的布里欧修厚片逐面煎成金黄色。

5. 将煎好的布里欧修片摆在餐盘中，撒上糖粉和肉桂粉。

法式面包布丁 Pudding au pain à la française

准备时间：15分钟
制作时间：1小时
分量：6~8人份
淡茶 适量
葡萄干 50克
杏酱 125克
放至变硬的布里欧修面包 14片
鸡蛋 4个
细砂糖 100克
牛奶 400毫升
切丁的糖渍水果 60克
朗姆酒 60毫升
盐 1撮
糖渍香梨 4个
黑醋栗果酱 适量

1. 冲泡淡茶，放入葡萄干浸泡至膨胀。

2. 过筛杏酱。

3. 沥干葡萄干。

4. 将布里欧修面包片在沙拉盆中切小丁。

5. 将鸡蛋和细砂糖在容器中搅打均匀，倒在布里欧修小丁上，拌匀，之后倒入微温的牛奶、葡萄干、糖渍水果丁、朗姆酒、1撮盐和杏酱，拌匀。

6. 小心地沥干糖渍香梨，之后切成薄片。

7. 将烤箱预热至200℃。

8. 将直径18厘米的布丁模或22厘米的圆模中刷上黄油，在模具中倒入一半面糊并摆上香梨薄片，铺上一层步骤5中的混合物。将模具放在操作台上并轻柔地晃动，使面糊变得均匀。

9. 将布丁模放入烤盘中隔水加热，先将水加热至沸腾，之后将布丁烘烤1小时。

10. 将模具底部在冷水中浸泡几秒，将布丁在圆盘上脱模后，与黑醋栗果酱一起享用。

苹果布丁 Pudding aux pommes

准备时间：30分钟
制作时间：2小时
分量：6~8人份
牛板油 225克
面粉 400克　　细砂糖 30克
盐 7克　　水 100毫升
苹果
红香蕉皇后苹果 500克
细砂糖 70克
表皮未经处理的柠檬皮 1个
肉桂粉 适量

1. 将牛板油细细切碎，与面粉、细砂糖、盐和水用食物加工器或用刮勺搅拌混合至均匀，之后用擀面杖擀成8毫米厚。

2. 将柠檬皮细细切碎。

3. 将苹果去皮、去子后切成薄片，与细砂糖、柠檬皮碎末和肉桂粉一起拌匀。

4. 将容量1升的布丁碗、夏洛特模、或者直径18~20厘米、高10厘米的耐热玻璃模具内刷上黄油，将一半的面皮铺在模具底部并在上面放调味苹果片。

5. 将另一半面皮覆盖在上面，用手指将边缘捏紧。将碗用亚麻布裹好并扎上细绳，放入盛放开水的平底深锅中，小火煮上2小时。

南瓜布丁 Pudding au potiron

准备时间：1小时
制作时间：50分钟
分量：4~6人份
南瓜 1000克
细砂糖 350克
表皮未经处理的橙子 2个
鸡蛋 5个
玉米淀粉 200克
牛奶 500毫升
橙汁 100毫升
糖渍橙子 适量

1. 将南瓜去皮、去子后切块，与50克细砂糖一起用开水炖煮直到变软。捞出后沥干水分，用果蔬榨汁机搅打成泥。

2. 将橙皮擦成碎末，将果肉榨成果汁。

3. 使劲搅打鸡蛋。

4. 混合南瓜泥、玉米淀粉、牛奶、橙汁、橙皮碎末和蛋液。

5. 在布丁模中倒入剩余的300克细砂糖和30毫升水，加热至沸腾，并熬成浅色焦糖，待微温后，与步骤4中的混合物拌匀。

6. 将烤箱预热至180℃。

7. 将模具放入隔水加热的容器中，在烤箱内烘烤50分钟，用针来测试烘烤程度，将针插入布丁，抽出后无材料黏附。

8. 待布丁晾凉后脱模，在表面饰以糖渍橙皮后即可享用。

细麦布丁 Pudding à la semoule

准备时间：30分钟
制作时间：25分钟+30分钟
静置时间：30分钟
分量：6~8人份
牛奶 1升
细砂糖 125克
黄油 100克
盐 1撮
细麦粉 250克
鸡蛋 6个
香橙利口酒 30毫升
模具用黄油和粗麦粉 适量

1. 将牛奶、细砂糖、黄油和1大撮盐一起加热至沸腾，之后像雨点一样撒入细麦粉并用刮勺拌匀。用小火炖煮25分钟，离火后放至微温。

2. 将烤箱预热至200℃。

3. 将鸡蛋磕开，分离其中4个鸡蛋的蛋黄和蛋清。将4个蛋清和1撮盐持续搅打成尖角直立的蛋白霜。

4. 将蛋黄和香草利口酒倒入微温的牛奶小麦的混合物中，拌匀后掺入蛋白霜，用刮勺搅拌均匀。

5. 将萨瓦兰蛋糕模内刷上黄油并撒上粗麦粉，倒入面糊后，放入隔水加热的深盘中，在烤箱内烘烤30分钟，直到布丁摸上去有些弹性。

6. 放置30分钟后脱模。

行家分享

这款布丁可与英式香橙酱（详见第103页）一起搭配享用。

苏格兰布丁 Scotch pudding

准备时间：30分钟
制作时间：1小时
分量：6~8人份
黄油 200克
软面包 500克
牛奶 300毫升
细砂糖 125克
葡萄干 375克
切丁的糖渍水果 175克
鸡蛋 4个
朗姆酒 60毫升

1. 将烤箱预热至200℃。

2. 将黄油隔水或微波加热至软化。

3. 将软面包弄碎后放入沙拉盆中，在上面倒烧开的牛奶，之后依次放入软化的黄油、细砂糖、葡萄干和糖渍水果丁，每放一种原料先拌匀再放下一种。逐个放入鸡蛋，每放一个，拌匀后再放下一个，之后倒入朗姆酒，搅拌至混合物均匀。

4. 将直径22厘米的模具内刷上黄油后倒入上面的混合物。

5. 将模具放入烤箱，在隔水加热的深盘中烘烤1小时。

行家分享

这款布丁可与调入50毫升朗姆酒的萨芭雍（详见第257页）或与调入30毫升马德拉葡萄酒的英式奶油酱（详见第43页）一同享用。

可丽饼、贝奈特饼和松饼
Les crêpes, les beignets et les gaufres

可丽饼和松饼都是传统且容易制作的甜点，常与礼仪庆典活动相伴。贝奈特饼则是最为古老的地方甜点之一，其种类繁多，外层的面糊因包裹材料的不同而发生变化。

可丽饼 Les crêpes

经典甜味可丽饼 Crêpes au sucre

准备时间：15分钟
静置时间：2小时
制作时间：30分钟
分量：10张
可丽饼面糊800克（详见第26页）
花生油、细砂糖 各适量

1. 将可丽饼面糊做好后静置2小时。

2. 将少量花生油倒入碗中，加热不粘锅，将棉布蘸取花生油后薄薄地抹在锅底。

3. 在平底煎锅中用长柄大汤勺舀倒面糊，提起并转动平底锅使面糊均匀地摊开。将平底煎锅再次放在火上，待面糊颜色变深后，将边缘用抹刀铲起并翻面，继续煎1分钟左右，务必让可丽饼变成金黄色。

4. 在餐盘中摆上可丽饼，撒上细砂糖。

100克经典甜味可丽饼的营养价值

165千卡；蛋白质：6克；碳水化合物：19克；脂肪：6克

行家分享

制作可丽饼时，可以将一半的牛奶用金黄啤酒代替，使用俄式长把平底薄饼煎锅完成。每张使用约1汤勺面糊，煎制1分钟后翻面，直到变成金黄色为止，与有盐黄油和枫糖浆一同享用。

杏仁可丽饼 Crêpes aux amandes

准备时间：10分钟+20分钟
静置时间：2小时
制作时间：30分钟
分量：12张
可丽饼面糊 1000克（详见第26页）
卡仕达奶油酱 500克（详见第56页）
杏仁粉 75克
朗姆酒 30毫升
糖粉 适量

1. 将可丽饼面糊做好后静置2小时。

2. 制作卡仕达奶油酱，在最后倒入杏仁粉和朗姆酒，拌匀。

3. 加热不粘锅并抹上少量油，以传统的方式（详见第191页）煎制12张可丽饼。

4. 逐片为可丽饼填入杏仁卡仕达奶油

酱后一一卷起，小心地摆放到耐高温的餐盘中。

5. 将烤箱预热至250℃。

6. 在可丽饼表面撒上糖粉，放入烤箱烘烤成金黄色，取出后即可享用。

钱袋可丽饼 Crêpes en aumônière

准备时间：35分钟
静置时间：2小时
制作时间：20分钟
分量：6张
可丽饼面糊 500克（详见第26页）
柠檬 1个　　　苹果 2个
香梨 2个　　　香蕉 2根
细砂糖 10克
覆盆子水果酱 180克（详见第100页）
牙签 12根

1. 将可丽饼面糊做好后静置2小时。

2. 以传统的方式（详见第191页）煎制6张可丽饼，趁热放在盘中。

3. 将柠檬榨汁。将苹果和香梨去皮、去子。剥去香蕉的外皮。

4. 将所有水果切小丁后倒上柠檬汁。

5. 在平底深锅中倒入水果丁和细砂

糖，小火煎煮12分钟。

6. 将覆盆子果酱淋在盘中。将可丽饼的边缘向内折，做成钱袋的形状，用2根牙签将袋口扎起。

7. 将钱袋可丽饼摆入盘中，即可享用。

查尔特勒修士可丽饼 Crêpes des chartreux

准备时间：35分钟
静止时间：2小时
制作时间：20分钟
分量：6张
可丽饼面糊 500克（详见第26页）
软化的黄油 50克
细砂糖 50克
蛋白酥（经过烘烤的蛋白霜）3个
查尔特勒绿色甜酒 50毫升
橙子 1个
马卡龙 6个
干邑区科涅克白兰地 50毫升
糖粉 适量

1. 将可丽饼面糊做好后静置2小时。从冰箱中取出黄油，室温下放软。

2. 在容器中用刮勺或叉子将黄油搅打成膏状，倒入细砂糖后拌匀。在容器上方用手指碾碎蛋白酥，混合均匀后倒入查尔特勒绿色甜酒。

3. 将橙皮擦成碎末，倒入可丽饼面糊中。将马卡龙用刀细细切碎后和白兰地一起倒入步骤2的混合物中，拌匀。

4. 以传统的方式（详见第191页）煎制可丽饼，在每片上多铺些馅料，将可丽饼一折四（即对折再对折）。

5. 将可丽饼放入加热后的餐盘中，撒上糖粉，即可享用。

举一反三

橘子可丽饼

将橘子汁和1勺柑香酒与可丽饼面糊混合。将50克黄油、橘子汁、橘子皮、1勺柑香酒和50克细砂糖拌匀，做成橘子奶油酱。在可丽饼内先放上1勺黄油，之后一折四。

孔代可丽饼 Crêpes Condé

准备时间：45分钟
静置时间：2小时
制作时间：20分钟+5分钟
分量：6张
可丽饼面糊500克（详见第26页）
切丁的糖渍水果50克
朗姆酒100毫升

圆粒米100克	牛奶400毫升
香草荚1根	细砂糖80克
黄油30克	盐1撮
蛋黄3个	糖粉 适量

1. 将可丽饼面糊做好后静置2小时。

2. 在朗姆酒中浸泡糖渍水果丁。

3. 将2升水倒入平底深锅中，加热至沸腾，将圆粒米浸入几秒，用冷水冲洗并沥干。

4. 将烤箱预热至200℃。

5. 将香草荚放入牛奶中，加热至沸腾后捞出。将糖、黄油和1大撮盐倒入后拌匀，放入圆粒米。

6. 将混合物再次烧开并拌匀，之后全部倒入耐高温的餐盘中。

7. 用铝箔纸包好餐盘，放入烤箱烘烤

20分钟左右。

8. 以传统的方式（详见第191页）煎制可丽饼，装盘后放入盛有开水的平底深锅中保温。

9. 待米煮熟，搅拌并冷却5分钟，之后逐个打入鸡蛋，再依次放入糖渍水果丁和朗姆酒，拌匀。

10. 将上面的混合物铺在可丽饼上，卷起后紧密地排列在盘中，撒上糖粉。

11. 将烤箱的温度调高至250℃，放入装有可丽饼的餐盘烘烤几分钟，待可丽饼变成金黄色后，即可享用。

布列塔尼花边可丽饼 Crêpes dentelles bretonnes

准备时间：5分钟
静置时间：2小时
制作时间：20分钟
分量：80片花边可丽饼
优质面粉250克

| 盐 1撮 | 细砂糖250克 |

液状香草精1/2茶匙
鸡蛋5个
鲜牛奶750毫升

1. 在大碗中混合面粉、盐和细砂糖，倒入香草精并逐个打入鸡蛋，每打一个鸡蛋都用刮勺拌匀。最后倒入鲜牛奶，持续搅拌直到面糊顺滑稀薄，让面糊静置2小时。

2. 将小号不粘锅加热并抹上少量油。将一些面糊舀入并迅速摊开，变色后翻面。

3. 待可丽饼煎好后，切成3条后卷起。

4. 将可丽饼条放入密封盒中，防止受潮变软。

苹果加厚可丽饼 Crêpes épaisse aux pommes

准备时间：40分钟
静置时间：30分钟
制作时间：15分钟
分量：4人份
面糊

| 鸡蛋3个 | 面粉220克 |
| 牛奶500毫升 | 细砂糖50克 |

馅料

| 红香蕉苹果3个 | 细砂糖75克 |

朗姆酒100毫升

1. 制作面糊：将鸡蛋搅打至起泡。将面粉和牛奶混合后，倒入蛋液和细砂糖，持续搅拌至面糊顺滑匀称，静置30分钟。

2. 制作馅料：将苹果削皮后去掉果核，切成非常薄的片后撒糖。

3. 在平底不粘锅内刷上黄油，多倒一些面糊使其摊开后将锅底完全覆盖，放入

1/4的苹果薄片。

4. 在苹果片上铺上面糊，盖上锅盖，小火煎制，待饼底变成金黄色后翻面，继续煎七八分钟。按照这种方法制作4片厚的可丽饼。

5. 将朗姆酒加热后浇在可丽饼上，逐片为可丽饼撒糖后点火，即可享用。

诺曼底可丽饼 Crêpes normandes

准备时间：35分钟
静置时间：2小时
制作时间：15分钟
分量：6张
可丽饼面糊500克（详见第26页）
苹果3个
卡尔瓦多斯白兰地60毫升
黄油50克　　糖粉 适量
法式发酵酸奶油200毫升

1. 将可丽饼面糊做好后静置2小时。
2. 将苹果去皮、去子后切成很薄的片，用苹果烧酒浸泡至面糊静置结束。
3. 将黄油放入平底煎锅中，加热后放入苹果片上色，放凉后倒入可丽饼面糊。

4. 将可丽饼放入平底不粘锅中煎制，逐片撒上糖粉后叠放在餐盘中。
5. 将法式发酵酸奶油倒入船形调味汁杯中，搭配可丽饼一起享用。

橘香可丽饼 Crêpes Suzette

准备时间：30分钟
静置时间：2小时
制作时间：30分钟
分量：6张
可丽饼面糊500克（详见第26页）
橘子2个
柑香酒 2汤匙　　玉米油 2汤匙
黄油50克　　细砂糖50克
柑曼怡50毫升

1. 将橘子皮擦成碎末，将果肉榨汁。
2. 制作可丽饼面糊时放入一半的橘子汁、1汤匙柑香酒和玉米酒，做好后静置2小时。
3. 将奶油在容器中切小块后，依次倒入剩余的橘子汁、柑香酒、橘子皮碎末和细砂糖，拌匀。

4. 以传统的方式（详见第191页）煎制可丽饼，煎得薄一些最好。
5. 在可丽饼上逐片涂上步骤3中的混合物，一折四后，用小火再度加热。放入盘中。
6. 将柑曼怡倒入小号平底深锅中，加热后浇在可丽饼上，用火点燃。

樱桃酒可丽饼 Matafans bisontins

准备时间：10分钟
静置时间：1小时
制作时间：10分钟
分量：5张
面粉 50克　　牛奶 150毫升
鸡蛋1个　　蛋黄2个
细砂糖50克　　盐 1撮
食用油1茶匙　　樱桃酒20毫升
黄油 适量

1. 将面粉中间挖出凹槽，依次放入牛奶、鸡蛋、蛋黄、一部分细砂糖、盐和食用油。
2. 在混合物中倒入樱桃酒。让面糊静置1小时左右。
3. 将黄油放入平底不粘锅中加热，舀上一些面糊，在锅中均匀地摊开（详见第191页）。当可丽饼的一面煎好后，翻面，

将另一面也煎成金黄色。

行家分享

制作酒煎樱桃：将平底煎锅烧热，倒入250克去核或完整的新鲜樱桃和黄油，再倒入20~30毫升樱桃酒。将煎好的樱桃铺在可丽饼上，趁热一同享用。

果酱薄煎饼 Pannequets à la confiture

准备时间：20分钟+30分钟
静置时间：2小时
制作时间：50分钟
分量：8张可丽饼
可丽饼面糊700克（详见第26页）
对半分开的糖渍杏子16个
紫李果酱125克
细长的杏仁片60克
黄油 25克　　　糖粉 适量
朗姆酒 50毫升

1. 将可丽饼面糊做好后静置2小时。

2. 在平底不粘锅中以传统的方式（详见第191页）煎制可丽饼。

3. 薄薄地将糖渍杏子切片。

4. 逐片为可丽饼刷一层紫李酱，在边缘处留些距离。每张可丽饼中央放上相同片数的杏片后撒上杏仁片。

5. 将烤箱预热至240℃。

6. 卷起可丽饼，放入刷过黄油的焗烤盘中。撒上糖粉后烘烤5~7分钟。将朗姆酒加热后浇在可丽饼上，用火点燃。

贝奈特饼 Les beignets

樱桃贝奈特饼 Beignets aux cerises

准备时间：20分钟
静置时间：1小时
制作时间：15分钟
分量：30个贝奈特饼
贝奈特面糊400克（详见第26页）
果肉硬实的樱桃300克
细砂糖100克　　　肉桂粉 1撮
油炸专用油 适量

1. 将贝奈特面糊做好后静置1小时。

2. 将油炸油加热至175℃。

3. 樱桃洗净留梗，擦干水分。将细砂糖和肉桂粉在盘中混合。

4. 捏住樱桃的梗，逐个浸入贝奈特面糊中，放入热油中油炸，直到变成金黄色。

5. 逐个用漏勺捞出并沥干。放在吸油纸上。

6. 在细砂糖和肉桂粉的混合物中滚一下，趁热享用。

举一反三

可以制作香蕉贝奈特饼，使用6根香蕉和800克贝奈特面糊。顺着香蕉长的方向切开，穿在长叉子上面，浸入面糊后油炸。

柠檬蜂蜜贝奈特饼 Beignets au citron et au miel

准备时间：25分钟
静置时间：45分钟
制作时间：20分钟
分量：20个贝奈特饼
面糊
面粉 100克　　　泡打粉 1/2包
水 150毫升　　　柠檬 1个
糖浆
细砂糖 750克　　　水 400毫升
柠檬 1个　　　蜂蜜 1汤匙
油炸专用油 适量

1. 制作贝奈特面糊：将泡打粉和水混合。将柠檬榨汁。在沙拉盆中放入面粉，挖出凹槽，倒入和匀的泡打粉以及柠檬汁，搅拌均匀。务必让面糊顺滑匀称，但不可以太过稀薄。静置45分钟左右。

2. 制作糖浆：将柠檬榨汁。将细砂糖和水混合并烧开，持续沸腾大约5分钟，之后倒入蜂蜜和柠檬汁。离火。

3. 将油炸油加热至175℃。

4. 将装有5号星形裱花嘴的裱花袋中填入面糊，待油达到175℃时，用裱花袋挤出长五六厘米的面糊下锅。搅动面糊直到成为金黄色的贝奈特饼，捞出。

5. 放在吸油纸上。将贝奈特饼蘸取糖浆，逐个摆放在餐盘中，趁热享用。

柏林油炸球

金合欢花贝奈特 Beignets de fleurs d'acacia

准备时间：15分钟
静置时间：1小时
制作时间：15分钟
分量：15个贝奈特
贝奈特面糊200克（详见第26页）
橙子1个　　金合欢花15串
油炸专用油、糖粉 各适量

1. 制作贝奈特面糊，放入100毫升橙汁后静置1小时。
2. 将油炸专用油加热至170~180℃，将金合欢花逐串均匀地蘸取贝奈特面糊，放入油里面油炸。

3. 将金合欢花串用漏勺翻面，全部炸至金黄色，捞出后放在吸油纸上。
4. 将金合欢贝奈特摆放在铺有餐巾的餐盘中，撒上糖粉后即可享用。

科西嘉山羊干酪贝奈特 Beignets à l'imbrucciata

准备时间：20分钟
静置时间：1小时
制作时间：15分钟
分量：30个贝奈特
过筛的面粉500克
鸡蛋3个　　盐少许
泡打粉1小包　　橄榄油2汤匙
新鲜山羊干酪400克
油炸专用油、糖粉 各适量

1. 在容器中放入过筛的面粉，在中间挖出凹槽，在里面倒入鸡蛋、1撮盐、泡打粉、橄榄油和350毫升水，混合成顺滑匀称的面糊。覆上茶巾，室温下静置1小时。
2. 将油炸专用油加热。
3. 将新鲜的山羊干酪切片，逐片用餐叉插入后，蘸取面糊裹住，放入热油中。
4. 待贝奈特炸成金黄色时，用漏勺捞出后沥干，放在吸油纸上。
5. 将贝奈特摆放在餐盘中，撒上糖粉。

娜内特贝奈特 Beignts Nanette

准备时间：30分钟
静置时间：1小时
制作时间：20分钟
分量：10个贝奈特饼
贝奈特面糊800克（详见第26页）
糖渍水果150克
樱桃酒或朗姆酒100毫升
卡仕达奶油酱600克（详见第56页）
放硬的慕斯林布里欧修面包1个
油炸专用油、糖浆 各适量
细砂糖300克　　水200毫升
樱桃酒或朗姆酒30毫升

1. 将贝奈特面糊做好后静置1小时。
2. 将糖渍水果切丁，用樱桃酒或朗姆酒浸泡。
3. 将卡仕达奶油酱做好后倒入浸泡后的糖渍水果丁。
4. 将布里欧修面包切圆片。
5. 将油炸专用油加热。
6. 制作糖浆：将水和细砂糖加热至沸腾，离火后倒入樱桃酒或朗姆酒。
7. 逐片用小勺为布里欧修圆片铺上糖渍水果丁卡仕达奶油酱，将每两片带酱的面贴放在一起并淋上糖浆。
8. 将布里欧修用长叉子插好，蘸取并裹上贝奈特面糊，放入热油中油炸。
9. 捞出后沥干并吸干油分，撒上绵细砂糖，放在餐盘中。

行家分享

可以选择类似于樱桃酒或朗姆酒的蒸馏酒浸泡糖渍水果，为糖浆增加香味。

苹果贝奈特 Beignets aux pommes

准备时间：30分钟
静置时间：1小时
制作时间：20分钟
分量：20个贝奈特
贝奈特面糊400克（详见第26页）
苹果4个
油炸专用油 适量
细砂糖 90克
肉桂粉 1茶匙

1. 将贝奈特面糊做好后静置1小时。

2. 将苹果削皮并用去核器去掉果核，横着切成等厚的片。

3. 将油炸专用油加热至175℃。

4. 将一半的细砂糖和肉桂粉在盘中混合。

5. 将苹果片逐片沾上细砂糖和肉桂粉

的混合物，让足够多的糖粘附在表面。

6. 将苹果片逐片用长叉子插好，浸入贝奈特面糊中，之后放入热油中。

7. 将苹果贝奈特用漏勺翻面，炸至每面都成为金黄色，捞出后放在吸油纸上。

8. 将苹果贝奈特放入餐盘中，撒上剩余的细砂糖，即可享用。

维也纳贝奈特 Beignets viennois

准备时间：30分钟
面糊静置时间：1小时30分钟＋1小时
贝奈特静置时间：30分钟
制作时间：15分钟
分量：35个贝奈特
布里欧修面团 1.2千克（详见第22页）
杏酱 250克
油炸专用油、糖粉 各适量

1. 将布里欧修面团做好后在温暖的环境下静置1小时30分钟，直到面团发酵膨胀至原本体积的2倍。

2. 将面团用手按平，放入冰箱冷藏1小时，这样更利于面团的延展。

3. 将面团分成2份后，用擀面杖分别擀成5毫米厚。

4. 将面皮用切割器或杯子压成直径为6~8厘米的圆形，逐一将面皮的边缘用蘸湿的毛刷涂湿。

5. 在一块圆形面皮中用小勺放入一些杏酱盖上另一块面皮，仔细地将边缘捏合。按照同样的方法完成剩余的面皮。

6. 在烤盘中铺上茶巾，撒上面粉，放入贝奈特饼，静置发酵30分钟。

7. 将油炸专用油加热至160~170℃。

8. 在热油中放入贝奈特，当一面炸至膨胀且变为金黄色时，翻面。捞出后放在吸油纸上。摆放在盘中并撒上糖粉。

里昂油炸麻花饼 Bugnes lyonnaises

准备时间：30分钟
静置时间：3小时
制作时间：15分钟
分量：25个油炸麻花饼
软化黄油 50克　　鸡蛋 2个
过筛的面粉 250克
细砂糖 30克　　盐 1撮
朗姆酒、蒸馏酒或橙花水 30毫升
油炸专用油、糖粉 各适量

1. 将奶油放软。将鸡蛋打散。

2. 将过筛的面粉倒入大碗中，用手挖出凹槽，在里面放入黄油、细砂糖、1大撮盐、蛋液和朗姆酒（或蒸馏酒或橙花水），混合均匀后长时间揉和面糊直到成为团状，在阴凉处静置3小时。

3. 将油炸专用油加热至180℃。

4. 将面团用擀面杖擀成5毫米厚。

5. 将面皮裁切成长10厘米、宽4厘米的细条。在细条中间用刀划开，如同打结一般，将一端穿进开口处。

6. 将面皮放入热油中，翻面，小心地用漏勺捞出，在吸油纸上吸干油分。

7. 将里昂油炸麻花饼放在餐盘中，撒上糖粉。

吉事果 Churros

准备时间：10分钟
静置时间：1小时
制作时间：10分钟
分量：45根吉事果
水 250毫升　　黄油 60克
盐 1撮　　　　细砂糖 60克
面粉 225克　　鸡蛋 2个
油炸用葡萄子油 适量

1. 将水、黄油、盐和2撮细砂糖在平底深锅中加热至沸腾。
2. 将面粉在沙拉盆中过筛，挖出凹槽，在里面倒入开水并用刮勺搅拌，很快就能做成匀称浓稠的面糊。
3. 将鸡蛋打散，将蛋液倒入上面的面糊中，混合均匀后在阴凉处静置1小时。
4. 将油炸专用油加热至180℃。

5. 在装有10号星形裱花嘴的裱花袋中填入面糊，在油锅中挤出10厘米长的面糊，反复多次，要避免面糊条互相粘连。
6. 将面糊条炸至金黄色，用漏勺翻面，捞出后放在吸油纸上吸干油分。
7. 将细砂糖撒在吉事果上，微温时享用。

贝奈特油炸奶油 Crème frite en beignets

准备时间：45分钟
静置时间：1小时
制作时间：15分钟
分量：30个贝奈特
卡仕达奶油酱 850克（详见第56页）
贝奈特面糊 600克（详见第26页）
烤盘用黄油、油炸专用油、糖粉 各适量

1. 制作前夜：将卡仕达奶油酱做好后铺在放有烤盘纸的烤盘中，厚1.5厘米，冷却后将烤盘放入冰箱冷藏。
2. 将贝奈特面糊做好后静置1小时。
3. 将油炸专用油加热至180℃。
4. 将卡仕达奶油酱裁切成长方形、菱形或圆形。逐片插在长叉子上，浸入贝奈特面糊中，之后放入热油中。
5. 将贝奈特油炸奶油小心翻面，待变成金黄色后捞出，用吸油纸吸干油分。
6. 将贝奈特油炸奶油摆放在餐盘中，撒上糖粉后即可享用。

油炸小泡芙 Pets-de-nonne

准备时间：15分钟
制作时间：25~30分钟
分量：30个油炸小泡芙
泡芙面糊 300克（详见第25页）
油炸专用油、糖粉各适量

1. 制作泡芙面糊。
2. 将油炸专用油加热至170~180℃。
3. 将泡芙面糊用茶匙舀入热油中，连续舀12次，炸至金黄色后翻面。
4. 油炸二三分钟后，用漏勺捞出，放在吸油纸上。
5. 重复上述步骤直到所有的面糊做完为止。
6. 在餐盘中摆放油炸小泡芙，撒上糖粉后即可享用。

举一反三

可以在泡芙面糊中放入50克杏仁片制作《贝奈特杏仁小泡芙》放至微温后与喜欢的水果酱一同享用。

里昂油炸麻花饼

松饼 Les gaufres

甜味松饼 Gaufres au sucre

准备时间：15分钟
静置时间：1小时
制作时间：10分钟
分量：5块松饼
松饼面糊500克（详见第27页）
模具用油、糖粉 各适量

1. 将松饼面糊做好后静置至少1小时。

2. 将松饼模具内用蘸油的毛刷抹上油后加热。用小勺将面糊填入打开的模具中的一边，尽量填满但不要溢出。

3. 盖上松饼模具，之后翻面，使面糊在模具两边分别烘烤，每面烘烤2分钟。

4. 将松饼模具打开，将松饼脱模后撒上糖粉。

行家分享

原味品尝松饼已经非常好吃，当然也能在上面铺果酱、法式发酵酸奶油或者鲜奶油香缇（详见第49页）一同食用。

100克甜味松饼的营养价值

170千卡；蛋白质6克；碳水化合物13克；脂肪9克

蜜桃接骨木松饼 Gaufres au sureau et aux pêches

准备时间：15分钟
静置时间：2小时
制作时间：1小时
蜜桃雪葩（详见第96页）
分量：5块松饼
面糊
黄油 125克
打发的鲜奶油 250克
蛋黄 3个　　　　蛋清 2个
细砂糖 120克
过筛的面粉 180克
泡打粉 4克
干燥的接骨木花 2克
全脂鲜奶 500毫升
香煎蜜桃
桃子 500克　　　黄油 30克
细砂糖 30克　　　柠檬 1个
干燥的接骨木花 1克
糖粉 适量
黑胡椒粉 研磨器旋转二三圈的量

1. 如果不使用现成的雪葩，可以自己制作蜜桃雪葩后冷冻保存备用。

2. 在容器中将黄油放软后，使劲用橡皮刮刀搅打至膏状。

3. 制作松饼面糊：再次搅打打发的鲜奶油；将蛋清和1撮盐持续打发成泡沫状，将一半细砂糖一点一点倒入。

4. 将蛋黄和另一半细砂糖在容器中搅打混合。

5. 在蛋黄和细砂糖的混合物中依次倒入膏状黄油、面粉、泡打粉和接骨木花。

6. 在混合物中倒入全脂鲜奶，之后依次放入打发的鲜奶油和蛋白霜，以略微上扬舀起的方式轻柔地混合，防止破坏面糊。

7. 将面糊静置至少2小时。

8. 将松饼模具用毛刷刷上油后加热。

9. 将模具的半边用小勺舀入面糊，盖

上模具后，一面烘烤5分钟，另一面烘烤4分钟。

10. 制作香煎蜜桃：将桃子（最好选择白桃）去皮后对半切开，挖去桃核。在平底不粘锅中放入黄油加热至融化，在锅中放入对半切开的桃子、细砂糖、1汤匙柠檬汁和干接骨木花，大火快速煎制3分钟，将胡椒粉研磨器转二三圈，之后将锅中的全部内容倒入盘中。

11. 在每只盘子中央放上一块松饼，周围摆放上香煎蜜桃，在松饼上摆上1球蜜桃雪葩后即可享用。

行家分享

可以将接骨木花用薰衣草花或者小块的牛轧糖代替，在桃子快要煎好时放入。

红糖松饼 Gaufres à la vergeoise

准备时间：20分钟
静置时间：2小时
制作时间：每块松饼6~8
分钟
分量：18块松饼
面粉380克
二砂糖190克
盐1小撮
黄油140克
鸡蛋3个

1. 在容器中将黄油放软，搅打成膏状。
2. 将面粉、二砂糖和盐在沙拉盆中拌匀，之后放入黄油和鸡蛋，充分将面糊拌匀。覆上保鲜膜后静置2小时。
3. 将面团分成18份，每份用手揉搓成小团。
4. 将松饼模具用毛刷刷上少许油后加热。
5. 在模具的一边放入小团，盖上模具，将其中一面烘烤大约4分钟。

6. 将松饼翻面后烘烤二三分钟。打开模具随时检查烘烤的程度，如果没有完全烤好，则继续加热。将松饼在盘中脱模。
7. 放凉后，像吃饼干一样享用。

秘诀一点通

可以将两块松饼摞起来，在里面填上巧克力淋酱（详见第79页），或者填入咖啡、开心果、香草风味的法式奶油霜（详见第47页）。

西恩那杏仁松饼 Gaufres de Sienne aux amandes

准备时间：30分钟
静置时间：12小时
制作时间：15分钟
分量：50块杏仁松饼
蛋清2个
盐1撮
杏仁粉500克
细砂糖500克
香草精1/2茶匙
糖粉175克

1. 制作前夜：将蛋清和1撮盐在半圆搅拌碗中略微搅打成泡沫状。
2. 将杏仁粉和细砂糖在沙拉盆中用刮勺拌匀，之后掺入打成泡沫状的蛋白霜，轻柔地搅拌以免破坏混合物，放入香草精，搅拌混合成柔软的面团。
3. 将100克糖粉放入碗中。将面团用小勺挖成一块一块的面团，用掌心压平后，再用刀裁切成长6厘米、宽4厘米的小菱形，每次裁切前都先用刀沾上糖粉。
4. 待准备好所有的松饼面团后，将其

放入刷过黄油的烤盘中，晾干过夜。
5. 制作当天，冷烤箱预热至130℃。
6. 将松饼放入烤箱烘烤15分钟，使其彻底干燥且务必保持雪白柔软的状态。待彻底冷却后撒上糖粉，即可享用。

行家分享

这款杏仁小松饼可与糖煮杏泥、苹果泥、香梨泥、草莓泥等各种糖煮果泥或者鲜奶油香缇花饰一起享用。

香梨、薄荷叶和柠檬叶贝奈特

维也纳面包 Les viennoiseries

布里欧修、法式苹果包、羊角面包、蝴蝶酥以及巧克力、牛奶和
葡萄风味的小面包等，是用发酵面团或半千层派皮为基础制作的甜
点，通常作为早餐、给孩子们吃的点心或者在下午茶时分享用。

水果布里欧修 Brioche aux fruits

准备时间：1小时
静置时间：3小时+1小时
制作时间：45分钟
分量：4~6人份
布里欧修面团400克（详见第22
页）
法兰奇巴尼奶油霜150克（详见
第52页）
应季水果（杏、桃、梨、李）
300克
香梨或李子蒸馏酒50毫升
细砂糖50克
柠檬1/2个
鸡蛋1个
糖粉适量

1. 将布里欧修面团做好后静置发酵3小时。

2. 将法兰奇巴尼奶油霜做好后立即放入冰箱冷藏保存。

3. 将所选择的水果清洗干净，如果需要就将果皮去掉，之后切成大块，浸泡在依据个人喜好选择的蒸馏酒、细砂糖和半个柠檬榨成的柠檬汁的混合物中。

4. 将发酵的面团用手掌压平，放入冰箱冷藏30分钟。

5. 将直径22厘米的浅边圆模内刷上黄油。

6. 将烤箱预热至200℃。

7. 将3/4的面团取下，用擀面杖擀开后

像制作塔点那样嵌入模具中。

8. 在底部填入法兰奇巴尼奶油霜，将沥干的水果块摆放在上面。

9. 将剩余的面团用擀面杖擀开，覆盖在表面并将边缘捏紧。

10. 置于室温环境下再次发酵1小时。

11. 将鸡蛋在碗中打散，在布里欧修表面用毛刷涂抹上蛋液。

12. 将布里欧修放入200℃的烤箱中烘烤15分钟，之后将烤箱温度调低至180℃，继续烘烤30分钟。

13. 取出后在表面筛撒上糖粉，趁热时享用。

水果布里欧修

巴黎式布里欧修 Brioche parisienne

准备时间：20分钟+5分钟

静置时间：4小时+1小时30分钟

制作时间：30分钟

分量：4人份

布里欧修面团300克（详见第22页）

鸡蛋1个

1. 将布里欧修面团做好后静置发酵4小时。

2. 将面团分为250克和50克的两个圆球，大球作为底部，小球作为顶部。在手上沾上面粉后将大球滚搓得更圆。

3. 将容量为1/2升的布里欧修模具内刷上黄油，将大圆球放入。将小球滚搓成梨的形状。在大球顶部用手指挖出一个小洞，将梨形小球顶部较细的部分塞入后略微按压固定。

4. 室温环境下将面团静置发酵1小时30分钟，直到体积膨胀至先前的2倍。

5. 将烤箱预热至200℃。

6. 将剪刀的刀片蘸湿，从下往上，在大圆球上剪出小开口。

7. 将鸡蛋打散，在布里欧修上用毛刷涂上蛋液。

8. 将巴黎式布里欧修放入200℃的烤箱中烘烤10分钟，将烤箱温度调低至180℃后，继续烘烤20分钟左右。微温时脱模。

行家分享

这款巴黎式布里欧修与水果沙拉、冰激凌、糖煮果泥或者其他甜点搭配起来都非常美味。还能将其切成薄片，直接吃或再次略微烘烤后与有盐黄油一起享用。

举一反三

制作波兰布里欧修（brioche polonaise）：将这款巴黎式布里欧修切成5片。将100克糖渍水果切丁后浸泡在30毫升樱桃酒中，之后放入300克卡仕达奶油酱（详见第56页）中，将混合物铺在表面，再覆盖上200克蛋白霜（详见第40页），之后将烘烤5分钟且变成金黄色的50克杏仁片撒在上面。

糖杏仁布里欧修 Brioche aux pralines

准备时间：30分钟

静置时间：3小时+1小时

制作时间：45分钟

分量：4~6人份

布里欧修面团400克（详见第22页）

玫瑰杏仁糖膏130克

1. 制作布里欧修面团。

2. 将100克玫瑰杏仁糖大致捣碎，将剩余的30克放入食品加工器中搅碎，或者放入对折的茶巾中用擀面杖擀碎。

3. 在布里欧修面团中放入100克捣碎的杏仁糖，静置发酵3小时。

4. 将面团快速揉和，在剩余的杏仁糖碎上来回滚动，使杏仁糖均匀地粘在面团表面。在铺有烤盘纸的烤盘中放入杏仁糖面团，再次静置发酵1小时。

5. 将烤箱预热至230℃。

6. 将烤盘放入烤箱中烘烤15分钟，之后将烤箱温度调低至180℃，继续烘烤30分钟。

7. 将布里欧修脱模，待微温时享用。

举一反三

按照上述方法，还能制作圣热尼布里欧修（brioche de Saint-Genix）。制作布里欧修面团并在其中掺入130克完整的圣热尼杏仁糖，这是一种颜色特别红的杏仁糖。之后放入模具中或者在烤盘中烘烤即可。

葡萄干布里欧修卷 Brioche roulée aux raisins 👨‍🍳👨‍🍳👨‍🍳

准备时间：20分钟+20分钟

静置时间：3小时30分钟+2小时

制作时间：30分钟

分量：4~6人份

布里欧修面团300克（详见第22页）

葡萄干70克

朗姆酒4汤匙

卡仕达奶油酱100克（详见第56页）

鸡蛋1个

镜面

朗姆酒30毫升

糖粉60克

1. 将布里欧修面团做好后静置发酵3小时。

2. 将葡萄干浸泡在朗姆酒中。

3. 制作卡仕达奶油酱。

4. 将发酵的面团用手掌按平，放入冰箱冷藏30分钟。

5. 沥干葡萄干。

6. 将直径22厘米的圆模内刷上黄油。将布里欧修面团分成140克和160克的两份。将140克的面团用擀面杖擀成和模具一样的尺寸，小心地嵌入并在上面铺上一层卡仕达奶油酱。

7. 用擀面杖将160克的面团擀成长20厘米、宽12厘米的长方形，在上面铺上剩余的卡仕达奶油酱并撒上葡萄干。

8. 顺着长边卷起长方形面皮，做成20厘米的卷，均匀地切成等长的6段。

9. 在嵌入面皮和铺有奶油酱的模具中，将6个等长的面卷平着挨放在一起，在温暖的环境中发酵2小时。

10. 将烤箱预热至200℃。

11. 将鸡蛋打散后将蛋液涂抹在布里欧修上，放入200℃的烤箱中先烘烤10分钟，之后将烤箱温度调低至180℃，继续烘烤20分钟。待微温后脱模。

12. 制作镜面：将朗姆酒加热至微温后倒入糖粉并拌匀。待布里欧修冷却后，将镜面用毛刷刷在表面。

法式苹果包 Chaussons aux pommes 👨‍🍳👨‍🍳👨‍🍳

准备时间：30分钟+30分钟

静置时间：10小时

制作时间：35~40分钟

分量：10~12个小苹果包

千层派皮500克（详见第18页）

红香蕉苹果5个

柠檬1个

细砂糖150克

高脂浓奶油20克

黄油30克

鸡蛋1个

1. 将千层派皮做好后务必累计静置10小时。

2. 将柠檬榨汁。

3. 将苹果去皮、去子后切成小丁，迅速倒入柠檬汁防止苹果氧化变黑。沥干苹果丁，与细砂糖和高脂浓奶油一起在碗中拌匀。

4. 将黄油切小块。

5. 将烤箱预热至250℃。

6. 将千层派皮用擀面杖擀成3毫米厚，裁切成直径12厘米的10~12个圆形。

7. 将鸡蛋在碗中打散，将蛋液用毛刷刷在圆形饼皮的边缘。逐片在面皮的一半处刷上黄油并用小勺摆放上苹果丁。

8. 将面皮的另一半折叠并覆盖馅料。在表面刷上剩余的蛋液。晾干后在上面用刀尖划出十字，注意不要弄破苹果包。

9. 将苹果包放入250℃的烤箱中烘烤10分钟，之后将烤箱温度调低至200℃，继续烘烤25~30分钟。待微温时享用。

举一反三

还可以用250克浸渍并去核的洋李干、50克用朗姆酒浸泡的科林斯葡萄干和4个切成小丁的苹果制作洋李干苹果包。

葡萄干奶油面包 Cramique

准备时间：25分钟
静置时间：1小时
制作时间：40分钟
分量：6人份
茶水 1碗
科林斯葡萄干 100克
黄油 100克
鸡蛋 3个
盐 1撮
鲜牛奶 200毫升
酵母粉 20克
面粉 500克
细砂糖 1汤匙

1. 将茶泡好后将葡萄干浸泡在其中。

2. 将黄油切成极小的块。

3. 将鸡蛋磕开，和1撮盐一起打散。

4. 将鲜奶油加热至微温。将酵母在沙拉盆中弄碎后与一部分牛奶混合。将面粉一点点倒入并用刮勺搅拌，直到成为柔软的面糊。

5. 在操作台倒上剩余的面粉，用手挖出凹槽，在里面放入酵母粉、打散并加了盐蛋液和剩余的温牛奶。

6. 将面糊用手搅拌并揉和至富有弹性，此时放入小块黄油继续揉和。将沥干的葡萄干放入面团中，略微揉和至完全混合。

7. 将烤箱预热至200℃。

8. 将面团揉搓成长条，放入长28厘米且内部刷过黄油的长方形模具中，务必让面团填制模具的3/4处。将最后一个鸡蛋打散，将蛋液用毛刷涂抹在面团上，室温环境下静置发酵1小时。

9. 将模具放入200℃的烤箱中烘烤10分钟，之后将烤箱温度调低至180℃，继续烘烤30分钟。

10. 脱模后晾凉。

行家分享

这款葡萄干奶油蛋糕可以与糖煮果泥、巧克力奶油酱或者水果冰激凌一同享用。

羊角面包 Croissants

准备时间：25分钟
静置时间：5小时30分钟
制作时间：15分钟
分量：8个羊角面包
可颂面包面团 400克（详见第24页）
蛋黄 1个

1. 将羊角面包面团做好后务必累计冷藏静置5小时30分钟。

2. 用擀面杖将羊角面包面团擀成6毫米厚。

3. 将面皮裁切成边长为16厘米和14厘米的三角形来制作羊角面包。逐个将每个三角形面皮从14厘米的一边向顶端卷起。

4. 在铺有烤盘纸的烤盘中放上面皮卷。将蛋黄和少量水拌匀，将蛋液用毛刷涂抹在面皮卷上，静置发酵1小时，直到体积膨胀为先前的2倍。

5. 将烤箱预热至220℃。

6. 再次为面皮卷刷上蛋液，放入220℃的烤箱中先烘烤5分钟，之后将烤箱温度调低至190℃，继续烘烤10分钟。

举一反三

阿尔萨斯羊角面包

将70克糖和500毫升水熬制成糖浆。离火后分别放入70克核桃、70克杏仁、70克榛子粉和20克结晶糖。将上述混合物铺在三角面皮上，之后按照食谱中的方法操作。待阿尔萨斯羊角面包烤好后，在表面淋上由150克糖粉与60毫升水或樱桃酒做成的镜面，之后冷却。

法式蝴蝶酥

波尔多国王蛋糕 Gâteau des Rois de Bordeaux

准备时间：30分钟
静置时间：3小时+1小时
制作时间：30分钟
分量：8~10人份
布里欧修面团 1500克（详见第22页）
表皮未经处理的柠檬皮 1个
蚕豆 4颗
糖渍香橼250克
糖渍甜瓜 250克
珍珠糖适量

1. 将布里欧修面团做好，放入柠檬皮碎末后静置3小时。

2. 将面团平均分成4份，用手掌按平后做成王冠的形状。将蚕豆插入每块面团的底部，放入铺有烤盘纸的烤盘中，在温暖的环境下静置发酵至少1小时。

3. 将烤箱预热至200℃。

4. 将鸡蛋打散后，在王冠形面团上用毛刷刷上蛋液。放入200℃的烤箱中烘烤大约10分钟，之后将烤箱温度调低至180℃，继续烘烤20分钟。

5. 蛋糕取出后，将糖渍香橼块、甜瓜片和珍珠糖撒在蛋糕表面和四周。

6. 放凉后即可享用。

咕咕霍夫Kouglof

准备时间：40分钟
酵面冷藏时间：4或5小时
静置时间：2小时+1小时30分钟
制作时间：35~40分钟
分量：2个咕咕霍夫
酵面
面粉 115克
酵母粉 5克
牛奶 80毫升
面团
酵母粉 25克
牛奶 80毫升
面粉 250克
盐 3撮
细砂糖 75克
蛋黄 2个
黄油 85克
葡萄 145克
朗姆酒 60毫升
整颗去皮杏仁 40克
黄油 30克
糖粉适量

1. 制作前夜，将葡萄浸泡在朗姆酒中。

2. 制作酵面：将面粉、酵母粉和牛奶在沙拉盆中拌匀，将潮湿的茶巾盖在沙拉盆上，放入冰箱冷藏四五个小时直到酵面表层出现小气泡为止。

3. 当酵面静置快要结束时，制作面团：将牛奶和酵母粉混合，在大的沙拉盆中依次放入酵面、面粉、盐、细砂糖、蛋黄以及牛奶酵母，混合均匀并搅拌至面团与沙拉盆内壁脱离为止。

4. 在沙拉盆中放入黄油，继续搅拌至面团与沙拉盆内壁再次脱离为止。

5. 将葡萄沥干后放入沙拉盆中，拌匀后覆盖上茶巾，室温下让面团静置发酵2小时左右，直到体积膨胀至先前的2倍。

6. 将2个咕咕霍夫模具内刷上黄油，将整颗去皮杏仁放入模具的凹槽内。

7. 在操作台撒上面粉并放上面团，将面团均匀地分成2份，分别用手掌将面团按平，使面团回复到发酵前的状态。将四周的边缘折向中心，形成团状。用手掌轻压面团，在操作台上以绕圈滚动的方式将面团揉搓成圆球。

8. 将手指沾上面粉后，将面球放在手中，将中心用拇指压好后稍稍拉长面团，放入模具中。室温下发酵1小时30分钟左右，如果空气干燥则在上面覆盖一块潮湿的茶巾。

9. 将烤箱预热至200℃。

10. 将2个咕咕霍夫模具放入烤箱中烘烤35~40分钟，出炉后在网架上脱模并涂上化开的黄油，避免蛋糕表面过快干燥。

11. 将蛋糕晾凉，筛撒上糖粉后即可享用。

秘诀一点通

如果想让咕咕霍夫保存的时间长一些，可以用保鲜膜将蛋糕裹好。

玛芬 Muffins

准备时间：25分钟
静置时间：2小时
制作时间：30分钟
分量：18个玛芬
牛奶 300毫升
鸡蛋 1个　　　盐 2撮
优质面粉 250克　泡打粉 1小包
细砂糖 60克
软化的黄油 100克

1. 将牛奶加热至微温。将鸡蛋磕开，分离蛋清和蛋黄。

2. 在容器中倒入面粉、泡打粉和盐，用手挖出凹槽，在里面放入蛋黄和牛奶后拌匀。

3. 将面糊混合均匀后覆盖上茶巾，在温暖的环境中静置2小时。

4. 将烤箱预热至220℃。

5. 将蛋清和1撮盐持续打发成尖角直立的蛋白霜。

6. 依次将细砂糖、黄油和蛋白霜与面糊混合，搅拌的动作要轻柔，防止破坏面糊。

7. 将18个小圆模内刷上黄油，逐个将面糊填至1/2处。放入220℃的烤箱先烘烤5分钟，之后将烤箱温度调低至200℃，继续烘烤10多分钟直到玛芬成为金黄色。

8. 将玛芬取出，在铺有烤盘纸的烤盘中脱模后，再次放入烤箱继续烘烤10~12分钟，直到另一面也成为金黄色为止。

葡萄干面包 Pains aux raisins

准备时间：30分钟
静置时间：30分钟+1小时
　　　　　30分钟
制作时间：20分钟
分量：12个面包
酵面
酵母粉 15克　　牛奶 60毫升
面粉 60克
面团
黄油 150克　　面粉 500克
细砂糖 30克　　鸡蛋 3个
盐 6撮　　　　牛奶 30毫升
科林斯葡萄干 100克
鸡蛋 1个　　　珍珠糖适量

1. 制作酵面：将牛奶和酵母混合后掺入一半的面粉，拌匀。倒入剩余的面粉，在温暖处静置发酵30分钟。

2. 在温水中浸泡葡萄干令其膨胀。

3. 待酵面做好后，开始制作面团：将黄油放软。将面粉过筛在容器中，之后依次放入酵面、细砂糖鸡蛋和精盐，持续揉和5分钟并在桌子上摔打面团使其富有弹性。

4. 在面团中倒入牛奶后混合均匀，再放入变软的黄油和沥干水分的科林斯葡萄干，略微混合后，在温暖的环境中静置1小时。

5. 将面团平均分成12份，分别揉搓成细长条并螺旋卷起，放入铺有烤盘纸的烤盘中静置发酵30分钟。

6. 将烤箱预热至210℃。

7. 逐个将面团涂上蛋液并撒上珍珠糖，放入烤箱烘烤20分钟。

8. 微温时或冷却后均可享用。

法式蝴蝶酥 Palmiers

准备时间：40分钟
静置时间：10小时
制作时间：10分钟
分量：20块蝴蝶酥
千层派皮 500克（详见第18页）
糖粉适量

1. 将千层派皮做好后务必累计静置10小时。在折最后两次时撒上糖粉。

2. 将烤箱预热至240℃。

3. 用擀面杖将千层派皮擀成1厘米厚，撒上糖粉。将两端的两边折向中间，并将折叠的部分再对折。

4. 将折叠后的派皮切成1厘米厚的小块，放入铺有烤盘纸的烤盘中，保持间距，避免因烘烤膨胀而粘连。

5. 将烤盘放入烤箱烘烤10分钟，期间翻面，让两面都烤成金黄色。

6. 待蝴蝶酥彻底冷却后放入密封盒中保存，避免变软。

红色水果布列塔尼黄油酥饼

罗曼式面包 Pognes de Romans

准备时间：20分钟
静置时间：2小时+30分钟
制作时间：40分钟
分量：2个面包

黄油 250克	面粉 500克
盐 10克	橙花水 1汤匙
面包面团的酵面 250克	
鸡蛋 6个	细砂糖200克

1. 将黄油放软。

2. 将面粉过筛到容器中，用手挖出凹槽，在里面放入盐、橙花水、酵面、黄油和4个鸡蛋。

3. 将上面的混合物用刮勺或和面机搅拌均匀，之后再逐个放入2个鸡蛋。

4. 将细砂糖一点一点倒入面糊中，持续搅拌。用茶巾覆盖上容器后静置发酵2小时。

5. 在操作台撒上面粉后放上发酵的面团，用手掌按平。将面团分成两块，分别揉和成团并做成圆环，逐个嵌入两个刷过黄油的馅饼模具中。

6. 在温暖的环境下再次让面团静置发酵30分钟。

7. 将烤箱预热至190℃。

8. 将剩余的1个鸡蛋打散，将蛋液涂抹在圆环面团上，放入烤箱烘烤40分钟。

法式圣诞面包 Pompe de Noël

准备时间：30分钟
静置时间：5或6小时
制作时间：15分钟
分量：8人份
酵面

牛奶 50毫升	酵母粉 35克
面粉 30克	
面团	
面粉 500克	蜂蜜 1汤匙
橄榄油 7汤匙	橙子 2个
茴香籽 2汤匙	盐 2撮
加糖的咖啡 1/2杯	

1. 将橙皮擦成碎末，将果肉榨汁。

2. 制作酵面：将牛奶加热至微温。将酵母在沙拉盆中弄碎，倒入温热的牛奶使酵母化开，再放入面粉。小心的揉和面糊。将手沾上面粉，慢慢将面糊揉和成团。将沙拉盆浸泡在温水中，放至5~8分钟待面团的体积膨胀为先前的2倍。

3. 将面粉过筛在操作台上，用手挖出凹槽，在里面依次放入蜂蜜、橄榄油、橙皮碎末、橙汁、茴香籽和盐，用手指混合。待面团完全匀称前放入酵面，之后迅速揉和，使其成为质感结实但摸上去仍然柔软的面团。

4. 用擀面杖将面团擀成直径约30~40厘米、厚1厘米的圆形面皮。将烤盘刷油后放入面皮，在表面用刀尖划出12个星状开口。发酵五六小时。

5. 将烤箱预热至200℃。

6. 冲泡咖啡并放糖。将甜咖啡用毛刷刷在面包表面，放入烤箱烘烤15分钟。

盖·盖达（Guy Gedda）

司康 Scones

准备时间：20分钟
制作时间：10分钟
分量：12个司康

茶水 1碗	
葡萄干 120克	面粉 240克
盐 1撮	细砂糖 90克
泡打粉 10克	黄油 220克
牛奶 200毫升	鸡蛋1个

1. 在茶水中浸泡葡萄干，之后沥干。

2. 将面粉过筛到容器中，用手挖出凹槽，在里面倒入1撮盐、细砂糖和泡打粉后拌匀。将100克黄油切小块，一点点倒入，直到揉成带有颗粒的面团。

3. 在面团中倒入牛奶和鸡蛋，用刮勺不断搅拌。

4. 待面团搅拌至柔软匀称后，放入沥干的葡萄干。

5. 将烤箱预热至220℃。

6. 将操作台撒上面粉，用擀面杖将面团擀成1厘米厚，再用杯子压成圆形面皮。

7. 将面皮放入铺有烤盘纸的烤盘中，放入烤箱烘烤10分钟。

8. 将司康一分为二，在里面涂上大量黄油，合并后放入盘中，即可享用。

花式小点心 Les petits-fours

花式小点心种类繁多、各不相同，相似之处就在其精巧的尺寸。花式小饼干可与蛋类甜点、冰激凌和雪葩等搭配享用。新鲜的花式小点心则是一人份蛋糕的微缩品。

花式小饼干 Les petits-fours secs

糖霜细条酥 Allumettes glacées

准备时间：20分钟
静置时间：10小时
制作时间：10分钟
分量：20根细条酥
千层派皮 200克（详见第18页）
蛋白糖霜 200克（详见第72页）

1. 将千层派皮做好后务必累计静置10小时。
2. 将烤箱预热至200℃。
3. 用擀面杖将千层派皮擀成4毫米厚，裁切成宽8厘米的长条。
4. 在面皮表面用毛刷或小抹刀涂上一层皇家糖霜。
5. 将面皮长条裁切成宽2.5~3厘米的小块，在铺有烤盘纸的烤盘中摆放整齐。

6. 放入烤箱烘烤10分钟左右，直到细条酥表面成为奶油色为止。

秘诀一点通

皇家糖霜制作的量会较多，可以将未使用的糖霜放入碗中，仔细用保鲜膜包裹好，在冰箱上层至少可保存10~12天。

辛香埃赫雷特 Arlettes aux épices

准备时间：30分钟
静置时间：1小时30分钟+4
　　　　　小时
制作时间：四五分钟
分量：40块埃赫雷特
焦糖反千层派皮 500克（详见
第21页）
黄油 50克
香草糖粉
四香粉7克
香草粉 5克
糖粉 50克

1. 将焦糖反千层派皮做好后在阴凉处静置1小时30分钟。

2. 制作香草糖粉：混合四香粉、香草粉和糖粉。

3. 将黄油加热至融化。用擀面杖将千层派皮擀成边长40厘米、厚2毫米的正方形派皮。在派皮表面用毛刷刷上化开的黄油。卷起面皮，放入冰箱冷藏4小时。

4. 将烤箱预热至230℃。

5. 将面卷用锋利的长刀切成2毫米的片。将香草糖粉撒在操作台上，将面卷片两两一起，用擀面杖擀成很薄的片。

6. 在铺有烤盘纸的烤盘中放入面皮，在烤箱中烘烤四五分钟。

秘诀一点通

　　将辛香埃赫雷特放在铁盒中并置于干燥处能很好地保存两个星期左右，在密封的塑料盒中可以存放10天左右。

举一反三

　　辛香埃赫雷特可以做成名副其实的甜点：在表面铺一层巧克力慕斯（详见第58页）或开心果法式奶油霜（详见第47页），盖上另一片。放入餐盘后可与蜜桃水果酱（详见第102页）或覆盆子水果酱（详见第100页）一同享用。

孜然面包棒 Bâtonnet au cumin

准备时间：25分钟
冷藏时间：2小时
制作时间：10分钟
分量：20根面包棒
甜酥面团 300克（详见第17页）
孜然 20克　　　鸡蛋 1个

1. 在甜酥面团制作的最后放入孜然拌匀后在阴凉处静置2小时。

2. 将烤箱预热至200℃。

3. 将面团用擀面杖擀成5毫米厚，之后裁切成8~10厘米长的小棍的形状。

4. 将鸡蛋在碗中打散，在面皮上用毛刷刷上蛋液，放入铺有烤盘纸的烤盘中，在烤箱中烘烤10分钟。

行家分享

　　可以按照上述做法制作葛缕子或茴香面包棒。

香草糖霜面包棍 Bâtonnet glacé à la vanille

准备时间：20分钟
制作时间：10分钟
分量：15根面包棍
杏仁粉 85克　　　细砂糖 85克
香草糖 1袋　　　蛋清 1个
蛋白糖霜（详见第72页）
液体香草精 1茶匙

1. 将杏仁粉、细砂糖和香草糖在沙拉盆中拌匀，放入蛋清，持续搅拌至顺滑。

2. 将皇家糖霜做好后放入香草精。

3. 将烤箱预热至160℃。

4. 将操作台撒上薄面，将面团用擀面杖擀成1厘米厚，并在上面铺一层皇家糖霜。

5. 将面皮裁切成长10厘米、宽2厘米的细条，放入刷过黄油并撒上面粉的烤盘中，在烤箱中烘烤10分钟。

科尔多瓦小酥饼 Biscuits de Cordoba

准备时间：15分钟
静置时间：1小时
制作时间：10分钟
分量：20~25块小酥饼
黄油 200克　　面粉 400克
细砂糖 15克　　香草糖 1袋
蛋黄 2个
牛奶 100毫升
牛奶酱、番石榴或榅桲果酱各
适量

1. 将黄油切小块。
2. 将面粉过筛到沙拉盆中，混合细砂糖和香草糖，拌匀，一点点放入黄油小块，之后逐个加入蛋黄。
3. 在面糊中倒入牛奶，揉和成硬实的面团，注意切勿过度揉和，之后在阴凉处静置1小时。
4. 将烤箱预热至180℃。

5. 将面团用擀面杖擀成3毫米厚，将面皮用刀、杯子或切割器压成圆形或长方形，彼此间留出间距，放在铺有烤盘纸的烤盘中。
6. 放入烤箱烘烤10分钟。将小酥饼用抹刀铲下来，放在操作台上晾凉。
7. 在小酥饼上涂上牛奶酱、番石榴或榅桲果酱，两两粘合即可。

布朗尼 Brownies

准备时间：30分钟
制作时间：15~20分钟
分量：30块布朗尼
"布朗尼"风味蛋糕坯面糊 800克（详见第32页）

1. 制作"布朗尼"风味蛋糕坯面糊。
2. 将烤箱预热至180℃。
3. 将边长30厘米的正方形模具内刷上黄油后填入面糊，将表面用抹刀整平，放入烤箱烘烤15~20分钟，面糊应该保持柔软，可用刀尖测试烘烤程度，抽出后表面应有少许面糊沾附。

4. 待微温后脱模，将模具倒扣在盘中冷却。将蛋糕坯裁切成条后切成4厘米见方的小块，装入带有皱褶花纹的小纸盒中。

秘诀一点通

　　布朗尼可在密封的盒子中存放好几天。

巧克力饼干 Cookies au chocolat

准备时间：20分钟
制作时间：每炉8~10分钟
分量：30块饼干
放软的黄油 110克
黑巧克力或黑巧克力粒 175克
黑糖 110克
细砂糖 100克
鸡蛋 1个
液体香草精 1/2茶匙
面粉 225克
泡打粉 1/2茶匙
盐 1撮

1. 将黄油放软。
2. 如果没有现成的巧克力粒，可以将黑巧克力用粗孔礤床擦成碎末，或者用刀细细切碎。
3. 将烤箱预热至170℃。
4. 将黄油、细砂糖和黑糖在容器中搅打成淡黄色且起泡的混合物，之后放入鸡蛋和液体香草精。
5. 过筛面粉、泡打粉和盐。将混合物一点一点倒入盛有黄油和细砂糖的容器中，

用刮勺拌匀避免结块，之后倒入黑巧克力粒或黑巧克力碎末。
6. 将烤盘纸铺在烤盘中。将汤匙在碗中蘸水后舀起面糊放入烤盘，用勺背压平，做成直径约10厘米且有些厚度的圆形面糊，彼此间留出距离避免粘连。
7. 放入烤箱烘烤8~10分钟至饼干内芯松脆。
8. 出炉后放在网架上，微温时或冷却后均可享用。

巧克力饼干

布列塔尼小圆酥饼 Galettes bretonnes

准备时间：10分钟
静置时间：2小时
制作时间：10分钟
分量：30~35个小圆酥饼
黄油 130克
细砂糖 135克
盐 2克　　　　鸡蛋 1个
面粉 230克
泡打粉 7克

1. 将黄油放软后与细砂糖和盐混合，放入鸡蛋后用刮勺搅拌几分钟，倒入面粉和泡打粉，将混合物揉和成匀称的面团。

2. 将面团用保鲜膜裹好后在阴凉处静置1小时。

3. 将面团切成4块，逐块揉搓成直径3厘米的条后切成厚1厘米的片，放入铺有烤盘纸的烤盘中，在冰箱中冷藏1小时左右。

4. 将烤箱预热至200℃，将烤盘放入后烘烤10分钟。

5. 待小圆酥饼冷却后放入密封盒中保存。

行家分享

这款布列塔尼小圆酥饼可与英式奶油酱、巧克力慕斯、水果沙拉、糖煮果泥、冰激凌和雪葩一起搭配享用。

中东逾越节小点心 Galettes pascales moyen-orientales

准备时间：45分钟
静置时间：2小时
制作时间：35分钟
分量：20块小点心
面糊
黄油 250克　　　面粉 500克
橙花水 50毫升
玫瑰花水 50毫升
馅料
核桃、去皮杏仁或开心果 200克
细砂糖 200克　　橙花水 50毫升

1. 将黄油在平底深锅中加热至融化。

2. 在容器中放入面粉、黄油、橙花水和玫瑰花水，小心地揉知，如有必要可以加少量水，静置2小时，务必成为非常硬实的面团。

3. 将核桃、去皮的杏仁或开心果细细切碎，与细砂糖和橙花水（或玫瑰花水）一起拌匀。

4. 将烤箱预热至160℃。

5. 从面团上取下小鸡蛋大小的面球，逐个用手指挖出小洞并形成锥形，在里面填入少量馅料后合拢。

6. 将面坯放在铺有烤盘纸的烤盘中，放入烤箱烘烤35分钟。出炉后在逾越节小点心上筛撒糖粉即可。

猫舌饼 Langues-de-chat

准备时间：20分钟
制作时间：30分钟
分量：45块猫舌饼
黄油 125克　　　香草糖 1袋
细砂糖 75~100克
鸡蛋 2个　　　　面粉 125克

1. 将黄油切小块后用橡皮刮刀搅拌成顺滑的膏状，将香草糖和细砂糖倒入后拌匀，之后逐个放入鸡蛋。过筛面粉，像雨点一样撒入混合物中，用打蛋器搅拌均匀。

2. 将烤箱预热至200℃。

3. 将烤盘纸铺在烤盘中。在装有6号裱花嘴的裱花袋中填入面糊，在烤盘中每隔2厘米挤出一条5厘米长的舌形面糊。

4. 一只烤盘无法一次性烘烤全部的猫舌饼，分几次烘烤，每次四五分钟。待猫舌饼冷却后，存放在密封盒中。

马卡龙 Macarons

准备时间：45分钟
制作时间：10~20分钟
分量：20个大马卡龙或80
个小马卡龙

面糊
糖粉 480克
杏仁粉 280克
蛋清 7个
着色
可可粉 40克
咖啡精 1/2茶匙
胭脂红或绿色着色剂 6滴
液状香草精 1茶匙

1. 一起过筛糖粉和杏仁粉，如果要制作巧克力马卡龙，需要过筛可可粉。

2. 将蛋清在容器中持续搅打成尖角直立的蛋白霜，依个人喜好添加着色剂。

3. 将糖粉和杏仁粉的混合物迅速像雨点般倒入蛋白霜中，用刮勺从容器中央螺旋向四周搅拌，同时用左手配合着转动容器。小心轻柔地搅拌混合物，避免破坏蛋白霜中的气泡。面糊应该略微稀薄，以免经过烘烤使马卡龙过干。

4. 将烤箱预热至250℃。

5. 将两只烤盘摞在一起，在上面的烤盘内铺上烤盘纸。分别在装有8号和12号裱花嘴的裱花袋中填入面糊，以做出直径2厘米的小马卡龙和直径7厘米的大马卡龙。

6. 使马卡龙成形。室温下将挤出的面糊静置25分钟，表面会逐渐形成薄膜。将烤盘放入烤箱后，立即将烤箱温度调低至180℃，大马卡龙烘烤18~20分钟，小马卡龙烘烤10~12分钟，期间将烤箱门留缝。

7. 待马卡龙烤好后取出两只烤盘，将烤盘纸稍稍提起，用量杯盛一点水倒入烤盘，使水流到烤盘纸下面，用余温产生的蒸汽使马卡龙比较容易脱离。

8. 待马卡龙在网架上晾凉后，可以根据个人喜好添加馅料。

9. 将马卡龙放入托盘中并覆上保鲜膜，在冰箱中冷藏2天，风味更佳。

举一反三

可以根据个人口味，使用以下原料作为马卡龙的馅料：300克巧克力淋酱（详见第79页）；或300克原味法式奶油霜（详见第47页）；或300克法式咖啡奶油霜（详见第47页）；或300克覆盆子果酱（详见第318页）；或300克法式开心果奶油霜（详见第47页）。按照这个比例可以做出20个小马卡龙或5个大马卡龙。使用小勺或装有裱花嘴的裱花袋将上述巧克力淋酱、奶油霜或果酱铺在马卡龙平坦的一面，在馅料上叠放另一片马卡龙即可。

贵妇饼 Palets de dames

准备时间：15分钟
制作时间：10分钟
分量：25块贵妇饼
葡萄干 80克
朗姆酒 80毫升
黄油 125克　　鸡蛋 2个
面粉 150克　　盐 1撮

1. 将葡萄干用水洗净后沥干，在朗姆酒中浸泡1小时左右。

2. 将烤箱预热至200℃。

3. 将黄油在容器中放软，和细砂糖一起搅打，再逐个放入鸡蛋，拌匀后依次放入面粉、葡萄干、朗姆酒和1撮盐，每放一种原料搅拌均匀后再放下一种。

4. 将烤盘中铺上烤盘纸，用小勺舀少量面糊放在烤盘中，彼此留出距离，放入烤箱烘烤10分钟。待饼干冷却后，存放在密封盒中。

胡桃小蛋糕 Petits gâteaux aux noix de pecan

准备时间：30分钟
制作时间：15分钟
分量：25块小蛋糕
黄油 150克
胡桃 200克
鸡蛋 4个
细砂糖 100克
面粉 400克

1. 将黄油放软。

2. 将胡桃捣碎，或者包裹在茶巾中用擀面杖擀碎，或者用食品加工器搅碎。

3. 在大沙拉盆中打入鸡蛋并打散，放入细砂糖和黄油后用打蛋器拌匀，再一点点倒入面粉，持续搅拌。最后放入胡桃碎，拌匀。

4. 将烤箱预热至200℃。

5. 在操作台放上面团，揉搓成长条后切成1厘米厚的小圆片。

6. 在铺有烤盘纸的烤盘中，每隔4厘米摆放一块小圆片，以避免粘连，放入烤箱烘烤15分钟。

7. 晾凉后，将小蛋糕放在密封盒中并置于干燥处保存。

佛罗伦汀焦糖杏仁饼 Sablés florentins

准备时间：15分钟+30分钟
冷藏时间：2小时
制作时间：15分钟+10~12分钟
分量：90块杏仁饼
甜酥面团 400克（详见第17页）
糖渍橙皮 100克
表皮未经处理的橙子 1个
鲜奶油 500毫升
水 90毫升
结晶糖 22克
葡萄糖 10克
黄油 120克
液体蜂蜜 100克
杏仁片 280克
半甜巧克力 300克

1. 将甜酥面团做好后放入冰箱冷藏2小时。

2. 将烤箱预热至180℃。

3. 用擀面杖将面团擀成2毫米厚，用餐叉扎出小孔，放在铺有烤盘纸的烤盘中，放入烤箱烘烤15分钟至面皮变成金黄色。

4. 将糖渍橙皮细细地切成小块。

5. 将橙皮擦成碎末后倒入鲜奶油中，一起加热至沸腾。

6. 将水、结晶糖和葡萄糖在厚底的平底深锅中熬制成琥珀色的焦糖。

7. 在焦糖中放入黄油、烧开的橙香鲜奶油和液体蜂蜜，用橡皮刮刀拌匀并熬煮至125℃（详见第67页）。

8. 离火后，在混合物中放入糖渍橙皮小块和杏仁片，拌匀。

9. 将上述混合物尽可能薄地铺在烤好的甜酥面皮上。

10. 将烤箱温度调高至230℃，再次将烤盘放入烤箱中烘烤10~12分钟。

11. 将烤盘从烤箱中取出后放凉，之后将面皮裁切成3厘米见方的小块。

12. 将巧克力隔水或微波加热至融化后制作调温巧克力，使巧克力保持光泽：当巧克力达到50℃时，将平底深锅浸泡在装满冰块的沙拉盆中，持续搅拌直到温度降至28℃，之后再次加热至29~31℃，期间需要不停搅拌。

13. 逐块将佛罗伦汀焦糖杏仁饼的一半浸入调温巧克力中，在中间留下显著的分隔线。将做好的杏仁饼摆放在烤盘纸上，在干燥处晾凉。

秘诀一点通

这款佛罗伦汀焦糖杏仁饼可以在密封盒中存放多日。

行家分享

可以使用同样的面糊和相同的方法，制作无巧克力版的佛罗伦汀焦糖杏仁饼。

椰子酥饼 Sablés à la noix de coco

准备时间：30分钟
静置时间：2小时
制作时间：18~20分钟
分量：60块酥饼

黄油 325克	糖粉 150克
盐 3撮	杏仁粉 75克
椰蓉 75克	鸡蛋 2个
面粉 325克	

1. 将黄油用餐叉在容器中搅软，之后依次放入糖粉、盐、杏仁粉、椰蓉、1个鸡蛋和面粉，每放一种原料拌匀后再放下一种。

2. 略微揉捏面团后在阴凉处静置2小时。

3. 将烤箱预热至180℃。

4. 用擀面杖将面团擀成3.5厘米厚，放在撒有薄面的操作台上，用直径45~55毫米、带有凹槽的圆形切割器压成小块。

5. 将小圆面块放入铺有烤盘纸的烤盘中。

6. 将剩余的1个鸡蛋在碗中打散，将蛋液用毛刷涂抹在面块上，放入烤箱烘烤三四分钟。出炉后放凉。

林茨果酱饼干 Sablés Linzer

准备时间：30分钟
静置时间：2小时
制作时间：7或8分钟
分量：40块饼干

法式肉桂塔皮面团 500克（详见第17页）

覆盆子果酱 200克（详见第318页）

鸡蛋 1个

1. 将法式肉桂塔皮甜酥面团做好后在阴凉处静置2小时。

2. 将面团切成两块，用擀面杖逐块擀成3毫米厚，将其中一块用蘸湿的毛刷彻底润湿。

3. 将烤箱预热至180℃。

4. 将另一块面皮用直径5厘米、带有凹槽的圆形切割器压成小块，再用直径2厘米的圆形切割器逐块在中心压出小洞。

5. 用直径5厘米、带有凹槽的圆形切割器将润湿的面皮压成小块，但不要在中间压出小洞。

6. 将实心面皮放在有小洞的面皮下方。

7. 将面皮组合逐块放入铺有烤盘纸的烤盘中。

8. 在碗中将鸡蛋打散，将蛋液用毛刷涂抹在面皮上，放入烤箱烘烤七八分钟。

9. 待饼干晾凉后，逐块在饼干中心的小洞中填上覆盆子果酱。

维也纳可可曲奇饼干 Sablés viennois au cacao

准备时间：15分钟
制作时间：每炉10~12分钟
分量：约65块曲奇饼干

面粉 260克

可可粉 30克

常温黄油 250克

糖粉 100克

盐 1撮

蛋清 2个

1. 将烤箱预热至180℃。

2. 过筛面粉和可可粉，在大碗中用打蛋器将黄油搅打成柔软的乳霜状，在里面筛入糖粉和盐，拌匀。

3. 将蛋清轻柔地搅打，舀3汤匙放入上面的混合物中，搅打均匀，一点点掺入过筛的面粉和可可粉的混合物中，轻柔地搅打至匀称，切勿过度搅拌。

4. 在装有9号星形裱花嘴的裱花袋中填入1/3的面糊。分别在两个铺有烤盘纸的烤盘中挤出大约长5厘米、宽3厘米的"W"形状，之间留出2.5厘米的间距。

5. 将烤盘放入烤箱中烘烤10~12分钟。在烤架上晾凉。用同样的方法将所有的面糊制作完成。

维也纳可可曲奇饼干

瓦片饼 Tuiles

准备时间：20分钟
制作时间：4分钟
分量：25块瓦片饼
黄油 75克
细砂糖 100克
香草糖 1/2袋
面粉 75克
鸡蛋 2个
盐 1撮
细长杏仁片 75克

1. 将黄油加热至融化。过筛面粉。
2. 将烤箱预热至200℃。
3. 将细砂糖、香草糖、过筛的面粉在大碗中用刮勺拌匀，再逐个放入鸡蛋，撒入1小撮盐。
4. 小心轻柔地混合化开的黄油和杏仁片，避免弄碎。
5. 将烤盘纸铺在烤盘上。
6. 将面糊用小勺一小堆一小堆地摆放在烤盘上，彼此间留出距离，每次都用蘸过凉水的餐叉背，逐堆略微按压摊开。放入烤箱烘烤大约4分钟。
7. 在擀面杖上多抹些油。将瓦片饼逐块用抹刀脱离烤盘纸，之后立刻横放在擀面杖上做出弧形弯曲的瓦片状。瓦片饼一经冷却后立即取下并存放在密封盒中。

秘诀一点通

因瓦片饼非常易碎，所以可少量分批烘烤，以便完成用擀面杖造型的操作。

杏仁瓦片饼 Tuiles aux amandes

准备时间：20分钟
静置时间：24小时
制作时间：15~18分钟
分量：40块小瓦片饼
细长杏仁片 125克
细砂糖 125克
香草粉 2撮
天然苦杏仁精 1滴
蛋清 2个
黄油 25克　　面粉 20克

1. 将杏仁片、细砂糖、香草粉、苦杏仁精和蛋清在容器中拌匀。
2. 将黄油在小号平底深锅中加热至融化，之后将热黄油倒入上述混合物中，用橡皮刮刀持续搅拌至均匀。将容器覆上保鲜膜，放入冰箱冷藏静置24小时。
3. 在静置的面糊中筛入面粉后拌匀。
4. 将面糊用茶匙舀放在不粘烤盘中。将勺背蘸过凉水后推压面糊，尽可能推薄一些，不要担心出现花边。瓦片饼之间至少空出3厘米的距离。
5. 将瓦片饼放入150℃的烤箱中烘烤15~18分钟，直到表面均匀地呈现出金黄色。
6. 在擀面杖上多抹些油。将瓦片饼逐块用抹刀脱离烤盘纸，之后立刻横放在擀面杖上做出弧形弯曲的瓦片状。瓦片饼一经冷却后立即取下并存放在密封盒中。

威斯坦丁杏仁蛋糕 Visitandines

准备时间：20分钟
冷藏时间：1小时
制作时间：8~10分钟
分量：40块威斯坦丁杏仁蛋糕
蛋清 4个
面粉 40克
黄油 185克
细砂糖 125克
杏仁粉 125克

1. 在碗中放入3个蛋清，将剩余的1个蛋清放入另一只碗中，放入冰箱冷藏1小时。
2. 过筛面粉。慢慢地将黄油隔水加热至融化。
3. 将1个蛋清打发成尖角直立的蛋白霜后在阴凉处保存备用。
4. 将烤箱预热至220℃。
5. 将细砂糖和杏仁粉拌匀后倒入面粉中，再一点点将混合物倒入打成泡沫状的蛋白霜中，边倒边小心地搅拌。之后倒入放至微温的黄油和尖角直立的蛋白霜，拌匀。
6. 将小号的船形模具内刷上黄油。在装有大号圆形裱花嘴的裱花袋中填入混合物后挤在模具中。
7. 放入烤箱烘烤8~10分钟，务必将蛋糕烤成表面金黄内部柔软的状态。待微温时脱模。

新鲜的花式小点心 Les petits-fours frais

杏酱夹心小饼 Abricotines

准备时间：40分钟
制作时间：15分钟
分量：40块杏酱夹心小饼
蛋清 100克
盐 1撮
杏仁粉 100克
糖粉 100克
液体香草精 1茶匙
杏仁片 100克
杏酱 300克
半甜巧克力 150克

1. 将蛋清和盐在沙拉盆中搅打成泡沫状。

2. 将面粉、杏仁粉和糖粉在另一个容器中一起过筛，之后放入液体香草精。

3. 在上述混合物中掺入泡沫状蛋白霜，轻柔地以略微上扬舀起的方式混合拌匀。

4. 在装有8号裱花嘴的裱花袋中填入混合物。

5. 将烤箱预热至180℃。

6. 分别在两个烤盘中铺上瓦楞纸板后再铺一层烤盘纸，这么做会令杏酱夹心饼保持其异常酥软的质感。

7. 每隔2厘米挤出直径1.5厘米的圆形面糊，撒上杏仁片后双手握住烤盘两端，垂直前后晃动以便去掉没有黏附在面糊上的杏仁片。

8. 放入烤箱后将烤箱门留缝，烘烤15分钟。

9. 将烤好的面皮置于网架上，逐个在平坦的一面用手指挖出小洞，再用小勺填入杏酱后盖上另一块面皮。

10. 将巧克力隔水或微波加热至融化，逐块将杏酱夹心小饼的一半处浸入巧克力中。

11. 将杏酱夹心小饼在铺有烤盘纸的烤盘中晾凉。

行家分享

也可以做成原味的杏酱夹心小饼，不浸泡巧克力。

柠檬贝奈特 Beignets au citron

准备时间：1小时
制作时间：10分钟
冷藏时间：2小时
分量：40块贝奈特
柠檬奶油酱 400克（详见第51页）
糖渍柠檬皮
表皮未经处理的柠檬 1个
水 100毫升　　　细砂糖 130克
贝奈特面糊
黄油 180克　　　杏仁膏 375克
鸡蛋 4个
液体香草精 2滴
柠檬镜面果胶
杏子镜面果胶 150克
表皮未经处理的柠檬 1个

1. 将柠檬奶油酱做好后置于阴凉处保存。

2. 制作糖渍柠檬皮：将柠檬皮取下后细细地切成长丝。将水和细砂糖加热至沸腾，放入柠檬皮丝浸泡3分钟，之后在网架上沥干。

3. 制作贝奈特面糊：将黄油放软。将杏仁膏切小块后和2个鸡蛋一起放入沙拉盆中，小心地搅拌均匀，再放入另外2个鸡蛋，拌匀后放入液体香草精和黄油，混合均匀。

4. 将烤箱预热至200℃。

5. 将迷你塔模内刷上黄油后倒入贝奈特面糊，放入烤箱烘烤10分钟。

6. 将贝奈特从烤箱中取出后，在铺有烤盘纸的烤盘中脱模。在贝奈特的中心用手指压出小洞，放凉备用。

7. 在装有8号裱花嘴的裱花袋中填入柠檬奶油酱，逐个在贝奈特中心的小洞里挤压奶油酱，放入冰箱冷藏2小时或冷冻1小时。

8. 制作热柠檬镜面果胶：将柠檬皮擦成碎末，将柠檬果肉榨汁。在平底深锅中放入柠檬皮碎末、柠檬汁和杏子镜面果胶，加热至持续沸腾10秒钟。放凉备用。

9. 将贝奈特逐块浸入杏子镜面果胶后放在网架上，逐块在上面放上糖渍柠檬皮。放入冰箱中冷藏保存，享用时取出。

香蕉巧克力串 Brochettes de chocolat et de banana

准备时间：40分钟

冷藏时间：2小时

分量：20串

巧克力淋酱200克（详见第79页）

香蕉 4根　　　柠檬 2个

7厘米长的木签子 20根

1. 制作巧克力淋酱。

2. 将巧克力淋酱铺在慕斯模或盘子中约1.5厘米厚，放入冰箱冷藏2小时。

3. 剥去香蕉皮后放入沙拉盆中，将柠檬汁挤在香蕉上阻止其氧化变黑。将香蕉切厚片，再将厚片横切成约2厘米的两块成为半圆形。

4. 将巧克力淋酱切成1.5厘米见方的小丁。

5. 将香蕉块和巧克力淋酱小丁穿在木签子上，放入冰箱冷藏保存，享用时取出。

覆盆子甜瓜串 Brochettes de melon et de framboises

准备时间：30分钟

分量：20串

甜瓜 1个500克

杏子镜面果胶 100克

覆盆子 200克

7厘米长的木签子 20根

1. 将甜瓜对半切开后去瓤、去子。将甜瓜肉用挖球器挖成直径约1.5厘米的小球。

2. 在小号平底深锅中倒入杏子镜面果胶并倒入2汤匙水，加热至微温。

3. 将甜瓜小球浸入微温的杏子镜面果胶后在滤器中沥干。

4. 仔细地分拣覆盆子。

5. 逐根为木签穿上2个甜瓜小球和2颗覆盆子，反复进行直到穿满为止。将水果串放入冰箱冷藏保存，享用时取出。

葡萄和柚子串 Brochettes de pamplemousse et de raisin

准备时间：30分钟

分量：12串

柚子 1个

麝香白葡萄或粉红葡萄 1小串

新鲜薄荷叶 1/4把

7厘米长的木签 12根

1. 将柚子的外皮及其中间的白色部分一并去除，将果肉切成大约1厘米厚的片。在盘中叠放几张吸水纸，将柚子片放在上面1小时吸干水分。

2. 将葡萄从果串上摘下。认真地挑选出较长的薄荷叶并摘下。

3. 在木签上穿上葡萄粒，继续穿上薄荷叶，将柚子纵向穿入，之后再穿入一边薄荷叶，使柚子片包裹在两片薄荷叶间，最后再穿上一颗葡萄粒。

4. 将水果串放入冰箱中冷藏保存，享用时取出。

100克葡萄和柚子串的营养价值

20千卡；碳水化合物：5克

秘诀一点通

可以将水果串直接摆放在盘中，或者插在整颗菠萝或柚子上，效果更佳。

杏酱夹心小饼

核桃巧克力小方块蛋糕 carré au chocolat et aux noix

准备时间：45分钟
制作时间：20分钟
分量：20块小方块蛋糕
黑巧克力 150克
切碎的核桃仁 80克
黄油 50克　　糖粉 180克
鸡蛋 2个　　面粉 100克
香草糖 1袋
巧克力淋酱
巧克力 80克
液体法式发酵酸奶油 80毫升

1. 将巧克力隔水或微波加热至融化。
2. 将核桃仁用刀切碎或用食品加工器搅碎。
3. 将黄油放软。
4. 将烤箱预热至240℃。
5. 制作巧克力淋酱：将巧克力切碎。将液体法式发酵酸奶油加热至沸腾后淋在巧克力碎上，持续搅拌至均匀。
6. 将糖粉和鸡蛋在容器中拌匀，并用打蛋器持续搅打至混合物发白，之后依次放入黄油、面粉、香草糖、黑巧克力和核桃碎，每放一种原料拌匀后再放下一种。
7. 将长30厘米、宽20厘米的长方形模具内刷上黄油后倒入面糊。放入烤箱烘烤20分钟。
8. 待蛋糕晾凉后，铺上一层5毫米左右的巧克力淋酱。
9. 待蛋糕再次晾凉后，切成小块的方形蛋糕。

公爵夫人饼 Duchesses

准备时间：20分钟
制作时间：四五分钟
分量：20块公爵夫人饼
蛋清 4个
盐 1撮
黄油 60克
杏仁粉 70克
细砂糖 70克
面粉 30克
杏仁片 30克
果仁糖 140克

1. 将烤箱预热至220℃。
2. 将蛋清和盐搅打成尖角直立的蛋白霜。
3. 将30克黄油加热至融化。
4. 将杏仁粉、细砂糖和面粉在大容器中拌匀。
5. 在上面的混合物中掺入蛋白霜，顺着同一方向轻柔地搅拌，避免破坏面糊，之后倒入化开的黄油，拌匀。
6. 在装有7号裱花嘴的裱花袋中填入面糊。分别在两个铺有烤盘纸的烤盘中挤出小堆面糊并撒上杏仁片。
7. 放入烤箱烘烤四五分钟，取出后用抹刀铲下小面饼。
8. 将剩余的30克黄油加热至融化，与果仁糖一起拌匀。用小勺铺在公爵夫人饼的一面并立刻盖上另一块，两两粘合在一起，置于阴凉处保存（不必冷藏），享用时取出。

覆盆子小蛋糕 Framboisines

准备时间：40分钟
制作时间：15分钟
分量：40块小蛋糕
蛋清 100克　　盐 1撮
面粉 15克　　杏仁粉 100克
糖粉 100克
液体香草精 1茶匙
杏仁片 100克
覆盆子果酱 300克
半甜巧克力 150克

1. 将蛋清和盐搅打成泡沫状。
2. 过筛面粉、杏仁粉和糖粉后放入液体香草精。
3. 在上面的混合物中掺入泡沫状的蛋白霜，以略微上扬舀起的方式混合，之后填入装有8号裱花嘴的裱花袋中。
4. 将烤箱预热至180℃。
5. 分别在2个烤盘中先后铺上瓦楞纸板和烤盘纸，每隔2厘米挤出直径1.5厘米的面糊球。
6. 撒上杏仁片后，放入烤箱并将烤箱门留小缝，烘烤15分钟。
7. 将蛋糕从烤盘上取下后放在网架上。在蛋糕中间用食指挖出小洞后用小勺填入覆盆子果酱，再盖上一块蛋糕。
8. 将巧克力隔水或微波加热至融化，将覆盆子蛋糕的一半浸入其中。
9. 将覆盆子蛋糕放入铺有烤盘纸的烤盘中冷却。

印度玫瑰奶球 Gulab jamun indien

准备时间：2小时25分钟
静置时间：3小时30分钟
制作时间：30分钟
分量：6人份
全脂奶粉 185克
印度酥油2汤匙或新鲜黄油
100克
面粉 125克
泡打粉 1茶匙
油炸专用油适量
糖浆
细砂糖 310克
水 450毫升
玫瑰水 1.5茶匙

1. 在沙拉盆中放入全脂奶粉和切成小块的印度酥油或新鲜黄油，用指尖拌匀。

2. 在混合物中放入面粉和泡打粉，放入少量水润湿，将面糊揉和成硬实的面团。将面团用潮湿的茶巾裹好，室温下静置3小时。

3. 将油炸专用油加热至180℃。

4. 使劲拍打面团排出里面的气体。将操作台撒上薄面，再次揉和面团，如有必要，还可以添入少量的水，持续揉和并做成柔软的椭圆形小面球。

5. 制作糖浆：将水和细砂糖倒入平底深锅中加热至沸腾，之后以小火熬煮10分钟。将糖浆倒入汤盘中。

6. 将小面球放入热油中，炸至表面均匀地呈现出金黄色后捞出。放在吸油纸上。

7. 将小面球浸泡在糖浆中并滴入几滴玫瑰水，30分钟后即可享用。

秘诀一点通

印度酥油相当于澄清黄油，制作方法如下：将1千克黄油放入平底深锅中，小火加热至融化，盖上锅盖，期间不要搅拌。将浮在表面的杂质用漏勺捞出。当颜色成为澄清的琥珀色时，酥油就制作好了。装在玻璃罐中，放入冰箱冷藏使其凝固。之后可用于制作各种菜肴。

以色列阿曼三角包 Oreilles d'Aman israéliennes

准备时间：1小时
静置时间：1小时
制作时间：15分钟
分量：40个三角包
面团
表皮未经处理的橙子 1个
黄油 200克　　　面粉 300克
泡打粉 1/2茶匙　细砂糖100克
蛋黄 2个　　　　糖粉适量
馅料
牛奶 120毫升
表皮未经处理的橙子 1/2个
黄油 50克　　　　细砂糖100克
蜂蜜 2汤匙
葡萄蒸馏酒 20毫升
面包粉 4汤匙　　　葡萄干 30克
磨碎的核桃 30克
肉桂粉、丁香各适量

1. 制作馅料：将牛奶倒入平底深锅中，加热后离火。将奶油放软。将半个橙皮擦成碎末。在温热的牛奶中依次放入黄油、橙皮碎末、细砂糖、蜂蜜、葡萄蒸馏酒、面包粉、核桃碎、1茶匙肉桂粉和1撮丁香，小心地搅拌均匀。

2. 制作面团：将橙皮擦成碎末，将橙子果肉榨汁。将黄油切成极小的块。

3. 将面粉、泡打粉和细砂糖拌匀，放入奶油小块，用刮勺混合搅拌直到面糊变成碎屑状，之后放入蛋黄、橙皮碎末和橙汁，搅拌均匀后揉和成团，但切勿过度。放入冰箱冷藏静置1小时。

4. 将烤箱预热至190℃。

5. 将面团分成2份，用擀面杖分别擀成二三毫米厚。用切割器压成直径七八厘米的圆形面皮，在面皮中心放上馅料后折成三角形。

6. 在铺有烤盘纸的烤盘中放上折好的三角包，放入烤箱烘烤15分钟至面皮变成金黄色。

7. 冷却后筛撒上糖粉。

举一反三

还可以用核桃酱、花生酱、栗子酱或者杏仁椰枣泥作为阿曼三角包的馅料。

榅桲风味小点心 Petits-fours à la pâte de coing

准备时间：1小时
制作时间：20分钟
分量：8块
面粉300克
黄油100克　　　　水80毫升
盐1茶匙
榅桲软糖150克（详见第327页）
油炸用葵花子油适量
糖浆
细砂糖200克　　　水适量

1. 将面粉、75克黄油、水和盐拌匀后做成匀称的面团，静置5分钟后用擀面杖擀成5毫米厚。

2. 在面皮上用毛刷涂抹一些放软的黄油，撒上少量面粉后折两折，再涂上剩余的黄油后折成4折。静置20分钟左右。

3. 将折叠的面皮擀成3毫米厚，裁切成边长为6厘米的正方形。

4. 将榅桲软糖切小丁后放在方形面皮的一半处。

5. 将有榅桲软糖小丁的半边的面皮边缘润湿，将没有榅桲软糖的半边折盖在上面，形成对角线后将边缘压紧，做成漂亮的小蛋糕外形。

6. 放入微温的油中油炸，不时用漏勺压入油中。

7. 用细砂糖和水制作成细丝糖浆（详见第67页），之后将小点心浸泡在糖浆中，待微温后享用。

苏沃洛夫小点心 Petits-fours Souvarov

准备时间：15分钟+15分钟
静置时间：1小时
制作时间：15分钟
分量：25~30块小点心
法式塔皮面团500克（详见第16页）
杏酱150克　　　糖粉适量

1. 将法式塔皮面团做好后在阴凉处静置1小时。

2. 将烤箱预热至200℃。用擀面杖将面团擀成4毫米厚，用带有凹槽的圆形或椭圆形切割器压成小片，放入铺有烤盘纸的

烤盘中，在烤箱中烘烤15分钟。

3. 将面饼晾凉后，将杏酱用小勺铺在表面并两两相合。

4. 在小点心上筛撒上糖粉。

咖啡的愉悦 Plaisirs au café

准备时间：1小时30分钟
制作时间：10分钟
冷藏时间：2小时
分量：20块咖啡的愉悦
小的咖啡马卡龙20块（详见第219页）
法式咖啡奶油霜100克（详见第47页）
咖啡镜面
白巧克力100克
冷冻干燥速溶咖啡 2茶匙
法式发酵酸奶油100毫升
对半切开的青核桃仁 20个

1. 制作20个小咖啡马卡龙或者在甜点店铺购买现成制品。

2. 制作法式咖啡奶油霜。

3. 将马卡龙放入存放鸡蛋的空格中。逐个在马卡龙上，用小勺或装有10号裱花嘴的裱花袋挤出核桃大小的法式咖啡奶油霜。

4. 将鸡蛋格子放入冰箱冷冻1小时或冷藏2小时。

5. 制作咖啡镜面：将白巧克力用刀细切碎。在大碗中放入冷冻干燥速溶咖啡。将法式发酵酸奶油加热至沸腾后倒入咖啡中，拌匀后放入巧克力碎，持续搅拌至顺滑。如果镜面不够顺滑，可以放入1茶匙热水。

6. 逐块将小点心插在刀尖上并浸入咖啡镜面中，用刀支撑着翻面。在上面摆放对半切开的核桃仁。

7. 放入冰箱中冷藏，享用时取出。

加勒比迷你塔 Tartelettes caraïbes

准备时间：45分钟
静置时间：2小时
冷藏时间：2小时
制作时间：15分钟
分量：30个迷你塔
甜酥面团250克（详见第17页）
菠萝1/2个
青柠檬2个
果胶镜面
杏子果胶镜面80克
柠檬1个
橙子1个

1. 将甜酥面团做好后在阴凉处静置2小时。

2. 将烤箱预热至180℃。

3. 将面团用擀面杖擀成2毫米厚，再用切割器压成直径55毫米的圆形面皮。

4. 将直径大约45毫米的迷你塔模内刷上黄油，嵌入面皮和小袋干豆（详见《秘诀一点通》），放入烤箱烘烤15分钟。

5. 制作果胶镜面：在小号平底深锅中倒入杏子镜面果胶、1汤匙柠檬汁（将剩余的柠檬汁保存备用）和橙汁，拌匀后加热至沸腾。离火备用。

6. 准备水果：将菠萝的外皮用锯齿刀削掉，将菠萝肉切成四五毫米厚的片，去掉硬心后薄薄地切成小片，在吸水纸上沥干。

7. 将迷你塔脱模。将菠萝薄片摆放成拱形的圆顶，饰以2条细长的柠檬皮后用毛刷涂抹上镜面果胶。此外，还可以用醋栗粒进行装饰。

秘诀一点通

为了防止迷你塔底在烘烤过程中膨胀变形，可以将烤盘纸裁成方形后做成小纸袋，里面装上10~12克干白豆。将纸袋搓皱后紧贴在塔底上，放在迷你塔底的中央，之后再入烤箱烘烤。

百香果迷你塔 Tartelettes au fruit de la Passion

准备时间：1小时30分钟
静置时间：2小时
制作时间：5分钟
分量：40个迷你塔
甜酥面团300克（详见第17页）
百香果奶油酱400克（详见第52页）
野莓40颗
百香果镜面果胶
白香果2个
杏子镜面果胶100克

1. 将甜酥面团做好后静置2小时。

2. 将烤箱预热至180℃。

3. 用擀面杖将面团擀成3毫米厚，用直径五六厘米的切割器压出圆形面皮。

4. 将迷你塔模内刷上黄油并嵌入面皮。在塔底用餐叉扎出小孔，放入烤箱中烘烤5分钟，取出后晾凉。

5. 制作百香果奶油酱。

6. 在半球状小模具中填入百香果奶油酱。如果没有类似的模具，可以在铺有烤盘纸的烤盘中放上直径4厘米左右的奶油酱小球，放入冰箱冷藏至少2小时，直到小球变硬为止。

7. 制作百香果果胶镜面：将百香果的果肉用小勺挖出，与杏子镜面果胶一起，放入平底深锅中加热，直到混合物融化稀释为止。

8. 用餐叉或刀尖插上半球形百香果奶油酱，在微温的镜面果胶中浸泡，之后放入烤好的塔底中。

9. 在百香果奶油酱半球上饰以野莓。

10. 将百香果迷你塔放入冰箱中，享用时取出。

藏红花杏桃马卡龙

香橙迷你塔配新鲜薄荷叶 Tartelettes à l'orange et à la menthe fraîche

准备时间： 15分钟+15分钟
静置时间： 1夜+2小时
制作时间： 15分钟
分量： 30个迷你塔
甜酥面团 250克（详见第17页）
表皮未经处理的橙子 2个
水 300毫升
细砂糖 150克
新鲜薄荷叶 1把
橙子酱 80克

1. 制作前夜：尽可能仔细地切下橙皮并放在盘中。将水和细砂糖加热至沸腾。将糖浆淋在橙皮上并没过橙皮，静置于阴凉处过夜。

2. 将甜酥面团做好后在阴凉处静置2小时。

3. 将烤箱预热至180℃。

4. 将直径约45毫米的迷你塔模内刷上黄油。

5. 将面团用擀面杖擀成约2毫米厚，用切割器压成直径为55毫米的圆形面皮，嵌入迷你塔模中。

6. 在塔底放上1小袋干豆（详见第230页"秘诀一点通"），放入烤箱烘烤15分钟。

7. 将十几片新鲜的薄荷叶用剪刀剪碎，并留出30多片作为装饰。

8. 将糖浆中浸渍的橙皮捞出沥干，放在吸水纸上去除多余的液体，大致切碎后放在容器中。

9. 将橙子酱和薄荷叶碎末放入盛放糖渍橙皮碎的容器中，拌匀。

10. 将迷你塔脱模，逐个用小勺在顶部舀上一小堆橙子的混合物，并放上一片新鲜的薄荷叶。晾凉后享用。

百香果巧克力风味迷你塔 Tartelettes passionnément chocolat

准备时间： 15分钟+30分钟
静置时间： 3或4小时+2小时
制作时间： 15分钟
分量： 30个迷你塔
甜酥面团 250克（详见第17页）
杏干 七八块
柠檬 1或2个
水 100毫升
磨碎的黑胡椒
洋槐蜜 1茶匙
百香果巧克力淋酱 150克（详见第81页）

1. 制作柔软的杏干：将柠檬榨汁。将杏干切成大丁后放入平底深锅中，与水、2汤匙柠檬汁、研磨器旋转1圈的黑胡椒粉以及洋槐蜜一起加热，烧开后转小火，用小火持续熬煮8分钟。将混合物倒入沙拉盆中，在阴凉处浸渍三四小时。

2. 将甜酥面团做好后静置2小时。

3. 制作百香果巧克力淋酱，放入冰箱冷藏20分钟。

4. 将烤箱预热至180℃。

5. 将面团用擀面杖擀成2毫米厚，用切割器压成直径为55毫米的圆形面皮。

6. 将直径约为45毫米的迷你塔模内刷上黄油，嵌入面皮并放入1小袋干豆（详见第230页的"秘诀一点通"），放入烤箱烘烤15分钟。

7. 将迷你塔脱模。

8. 将浸渍的杏干捞出放在吸水纸上。

9. 在装有星形裱花嘴的裱花袋中填入百香果巧克力淋酱，逐个在迷你塔顶挤出玫瑰花饰，最后饰以糖渍杏干丁。室温下享用。

酸浆迷你塔 Tartelettes aux physalis

准备时间：15分钟+40分钟
静置时间：2小时
制作时间：15分钟
分量：30个迷你塔
甜酥面团250克（详见第17页）
杏仁奶油酱150克（详见第52页）
黄油25克
开心果杏仁膏120克
椴桲果胶100克
酸浆30个

1. 将甜酥面团做好后在阴凉处静置2小时。

2. 制作杏仁奶油酱。

3. 将烤箱预热至180℃。

4. 用擀面杖将面团擀成2毫米厚，再用切割器压成55毫米的圆形面皮。将直径约45毫米的迷你塔模内刷上黄油并嵌入面皮，轻轻按压后用餐叉在塔底扎出小孔。将杏仁奶油酱用小勺填入塔底，放入烤箱烘烤15分钟，务必烘烤成金黄色。

5. 将迷你塔在网架上脱模后放凉。将开心果杏仁膏在操作台上擀成薄片，并用切割器压成30个小圆片，将小圆片逐个放入迷你塔中。

6. 将椴桲果胶小火加热至融化后，不要再继续加热。将酸浆的叶子分开后露出果实，将叶片螺旋卷起后，将果实倒转着浸入椴桲镜面果胶中，之后逐个摆放在每个迷你塔上。放凉后即可享用。

举一反三

其他的水果迷你塔

可以按照上述方法和原则，用以下各类水果制作迷你塔：黑樱桃、草莓和野莓、覆盆子、天然酸樱桃、醋栗、挖成小球的甜瓜、桑葚、蓝莓和麝香葡萄等。红色水果方面，需要选择同一种水果制作成镜面果胶来代替椴桲果胶，并始终轻柔地用毛刷为迷你塔刷上镜面果胶。

覆盆子巧克力温热迷你塔 Tartelettes tièdes au chocolat et aux framboises

准备时间：15分钟+30分钟
静置时间：2小时
制作时间：15分钟+3分钟
分量：30个迷你塔
甜酥面团250克（详见第17页）
覆盆子1盒
巧克力淋酱
黑巧克力135克
融化的黄油120克
鸡蛋1个
蛋黄3个
糖粉适量

1. 将甜酥面团做好后在阴凉处静置2小时。

2. 将烤箱预热至180℃。

3. 用擀面杖将面团擀成2毫米厚，用切割器压成55毫米的圆形面皮。

4. 将直径约45毫米的迷你塔模内刷上黄油，嵌入面皮并在里面放上1小袋干白豆（详见第230页的"秘诀一点通"），放入烤箱烘烤15分钟。

5. 制作巧克力淋酱：将黑巧克力和黄油分别隔水或微波加热至融化。将鸡蛋和蛋黄在大碗中用打蛋器拌匀，之后放入融化的巧克力和放至微温的融化的黄油。

6. 将迷你塔在烤盘中脱模。逐个在迷你塔顶放上2颗覆盆子。在装有8号裱花嘴的裱花袋中填入巧克力淋酱，之后挤在覆盆子上。

7. 将烤盘放入烤箱中烘烤3分钟，在迷你塔表面筛撒上糖粉，微温后即可享用。

水果蛋糕和风味蛋糕
Les cakes et les gâteaux de voyage

　　水果蛋糕是由意大利海绵蛋糕坯为基础，之后添加泡打粉，填入糖渍水果、葡萄干等。要想成功地制作水果蛋糕，就必须严格地按照细砂糖和面粉的比例，使水果可以均匀地分散在面糊中。

杏仁蛋糕 Amandin

准备时间：20分钟
制作时间：50分钟
分量：6~8人份
鸡蛋4个
盐1撮
细砂糖250克
杏仁粉200克
橙汁200毫升
表皮未经处理的橙子1个
黄油25克
杏仁50克
橙子果酱2汤匙

1. 将橙皮细细切碎。

2. 将鸡蛋磕开，分离蛋清和蛋黄。将蛋清和盐搅打成尖角直立的蛋白霜。

3. 将烤箱预热至200℃。

4. 将蛋黄和细砂糖在沙拉盆中用打蛋器搅打至发白，之后依次放入杏仁粉、橙汁和橙皮碎末。将蛋白霜用刮勺掺入混合物，始终顺着同一方向搅拌，避免破坏混合物。

5. 将烤盘纸沿着直径24厘米的圆模裁出一个圆形，涂抹上黄油后置于模具底部。

6. 将面糊倒入模具中，放入200℃的烤箱中先烘烤30分钟，之后将烤箱温度调低至180℃，继续烘烤20分钟。

7. 将杏仁磨碎。待杏仁蛋糕放至微温后脱模，再刷上橙子果酱，并在周围撒上杏仁碎。

行家分享

　　这款杏仁蛋糕可以在下午茶时分，与巧克力慕斯（详见第58页）、英式奶油酱（详见第43页）、杏仁乳巴伐露奶油酱（详见第45页）或香草巴伐露奶油酱（详见第46页）一同享用。

荷兰黄油蛋糕 Boterkoek hollandais

准备时间：15分钟
制作时间：30~40分钟
分量：6~8人份
黄油 200克
面粉 200克
泡打粉 10克
盐 1撮
细砂糖 200克
杏仁粉 100克
鸡蛋 2个
牛奶 100毫升

1. 将烤箱预热至180℃。

2. 将黄油切小块后在室温下放软。

3. 将面粉和泡打粉一起过筛到操作台上，用手挖出凹槽，在里面倒入盐、细砂糖和杏仁粉，拌匀后再次用手挖出凹槽。

4. 在凹槽中放入小块黄油和鸡蛋，用指尖充分拌匀后倒入牛奶，揉和成光滑的面团。

5. 将直径22厘米的圆模内刷上黄油。用擀面杖将面团擀开后嵌入模具中，放入烤箱烘烤30~40分钟，时刻注意观察烘烤的情况，可将餐刀插入蛋糕中，刀身抽出后无材料附着即可。

6. 取出蛋糕后放凉。在盘中脱模后即可享用。

行家分享

这款蛋糕可与英式奶油酱（详见第43页）、巧克力奶油酱（详见第51页）或者巧克力慕斯（详见第58页）搭配享用。

糖渍水果蛋糕 Cake aux fruits confits

准备时间：1小时
制作时间：1小时10分钟
分量：1个28厘米的蛋糕
葡萄干 175克
朗姆酒 250毫升
黄油 210克
糖渍杏子 65克
糖渍李子 65克
糖渍甜瓜 125克
面粉 300克
泡打粉 1/2包
细砂糖 150克
鸡蛋 4个
杏子镜面果胶 2汤匙
糖渍樱桃 100克

1. 制作前夜：将葡萄干清洗干净并沥干水分，浸泡在150毫升的朗姆酒中。

2. 将黄油放软。分别将糖渍杏子、李子和甜瓜切成1厘米见方的小丁。一起过筛面粉和泡打粉。

3. 将烤箱预热至250℃。

4. 将200克黄油和细砂糖在沙拉盆中搅打至均匀，逐个放入2个鸡蛋，接着倒入面粉。充分混合后放入浸渍的葡萄干和朗姆酒，将剩余的2个鸡蛋逐个放入，采用略微上扬舀起的方式用刮板或大刮勺混合均匀。

5. 将直径28厘米的圆模内刷上黄油后倒入面糊。放入烤箱后立即将烤箱温度调低至180℃。

6. 将剩余的10克黄油加热至融化，涂抹在蛋糕表面静置8~10分钟，待形成脆皮后用蘸过化开黄油的刮刀从中间划一道，以便蛋糕可以均匀地开裂。将蛋糕再次放入烤箱烘烤1小时，用餐刀测试烘烤的程度，刀身抽出后无材料沾附即可。

7. 将蛋糕取出后静置10分钟，待微温后脱模并刷上剩余的100毫升朗姆酒。将杏子镜面果胶加热至融化，过10分钟后涂在蛋糕表面并放上糖渍樱桃。待蛋糕彻底冷却后裹上保鲜膜。

秘诀一点通

要享用这款蛋糕需要提前4天制作。之后在冰箱中冷藏保存，一到两周内风味最佳。

举一反三

可以按照上面的做法，制作出糖渍樱桃蜂蜜蛋糕：用100克糖和2汤匙液体蜂蜜代替150克细砂糖，再用125克糖渍樱桃代替其他的糖渍水果，最后饰以当归枝即可。

干果蛋糕 Cake aux fruits secs

准备时间：30分钟

制作时间：1小时~1小时10分钟

分量：1个28厘米的蛋糕

榛子60克

杏仁55克

面粉180克

泡打粉 整整1茶匙

可可粉40克

黑巧克力70克

杏仁膏140克

细砂糖165克

鸡蛋4个

牛奶150毫升

黄油180克

开心果55克

1. 将烤箱预热至170℃。

2. 在烤盘中放入榛子和杏仁，在烤箱中烘烤12~15分钟，期间时常晃动烤盘，取出后用锋利的刀大致切碎。

3. 将面粉、泡打粉和可可粉过筛到一起。

4. 将黑巧克力切成约0.5厘米见方的小丁。

5. 在沙拉盆或叶片式食品加工器的内缸中放入杏仁膏和细砂糖，搅拌至沙状后逐个放入鸡蛋。如果使用的是食品加工机，这时要更换成网状搅拌头，持续搅拌8~10分钟直到均匀为止。

6. 在上述混合物中倒入牛奶以及面粉、泡打粉和可可粉的混合物，持续搅拌直到面糊顺滑为止。

7. 将黄油慢慢地隔水或微波加热至化开。

8. 将榛子和杏仁倒入面糊中，之后依次放入整颗的开心果、巧克力小丁和融化的黄油，以略微上扬舀起的方式用刮勺混合。

9. 将烤箱温度调高至180℃。

10. 将直径28厘米的圆模内刷上黄油后倒入面糊，放入烤箱烘烤1小时10分钟。当表面形成硬壳后，在上面用蘸过化黄油的刀从中间划一道。取出蛋糕后，静置10分钟，带微温后在网架上脱模。

行家分享

这款干果蛋糕可与茶一起搭配享用。可先在冰箱中冷藏数日后再品尝，风味更佳。

香菜椰子蛋糕 Cake à la noix de coco et à la coriander

准备时间：30分钟

制作时间：30~40分钟

分量：1个约1.9千克的蛋糕

面粉400克

黄油250克

糖粉200克

细砂糖100克

鸡蛋6个

椰子粉320克

香菜粉15克

牛奶350毫升

泡打粉10克

1. 将面粉过筛到沙拉盆中。

2. 将黄油放入容器中，放至变软后倒入糖粉和细砂糖，用打蛋器搅打至发白均匀。

3. 持续搅打的过程中，逐个放入鸡蛋，之后依次放入300克椰子粉（预留20克用于模具中）、香菜粉和牛奶，充分混合。

4. 将烤箱预热至180℃。

5. 在上述混合物中倒入过筛的面粉和泡打粉，用刮勺拌匀。

6. 将长22厘米、宽8厘米的模具内刷上黄油并撒上椰子粉，接着倒入面糊，放入烤箱烘烤35~40分钟。

7. 取出后，将模具倒扣在烤盘中脱模，并保持倒扣状态至晾凉。食用前一直用保鲜膜裹好保存。

秘诀一点通

可以使用不粘模具以便脱模。

可保存数日后再享用。

因为椰子粉极易变质，所以千万不要一次性购买太多。

糖渍水果蛋糕

约克郡蛋糕 Cakes du Yorkshire

准备时间：40分钟
酵面静置时间：20分钟
面团静置时间：2小时
制作时间：30~35分钟
分量：8块小蛋糕
酵面
温热的牛奶300毫升
酵母粉15克　　　面粉125克
面团
黄油100克
糖渍水果125克　糖渍姜块1块
细砂糖75克　　　面粉125克
鸡蛋2个
最后工序
鸡蛋1个　　　　牛奶适量

1. 制作酵面：将牛奶加热至微温后倒入酵母粉。过筛面粉，之后与牛奶酵母粉的混合物一起倒入容器中，充分拌匀直到成为柔软的面糊。将面糊揉和成团后盖上潮湿的茶巾，在温暖的地方静置20分钟左右，直到面团膨胀发酵至先前的2倍。

2. 将黄油放软，将糖渍水果和姜块切成小丁。

3. 制作面团：将黄油和细砂糖搅拌至发白，倒入过筛的面粉并逐个放入鸡蛋，之后加入切丁的糖渍水果和姜块，最后放入酵面，数次使劲扯断后再揉和。

4. 将面团分成8等份后揉搓成圆柱状，在表面涂抹上牛奶和蛋液的混合物，摆放在铺有烤盘纸的烤盘中，彼此间留出距离，再次静置发酵2小时。

5. 将烤箱预热至180℃。

6. 放入烤箱烘烤30~35分钟，待蛋糕完全烤成金黄色为止。

杰克罗宾逊蛋糕 Cake Jack Robinson

准备时间：25分钟
制作时间：35分钟
分量：4~6人份
面糊
面粉200克　　　黄油50克
细砂糖150克　　蛋黄2个
泡打粉1小包　　盐1撮
香草糖1袋　　　牛奶100毫升
馅料
胡桃100克　　　蛋清2个
黑糖100克

1. 过筛面粉。将黄油放软后，和细砂糖一起在沙拉盆中用手动或电动打蛋器搅打至发白。

2. 将鸡蛋磕开，分离蛋清和蛋黄。打散蛋黄后倒入黄油和细砂糖的混合物中，用刮勺拌匀。

3. 在混合物中像下雨一样一点点撒入面粉，之后依次放入泡打粉、盐和香草糖，持续搅拌，最后倒入牛奶。

4. 将直径20厘米的模具内刷上黄油后倒入面糊。

5. 将烤箱预热至200℃。

6. 制作馅料：将胡桃用刀切碎。将蛋清搅打成泡沫状，边打边一点点倒入黑糖，将混合物用橡皮刮刀铺在面糊上并将表面整平，之后撒上胡桃碎。

7. 放入烤箱烘烤35分钟。冷却后脱模。

行家分享

这款蛋糕可与芒果或苹果泥搭配享用。

蒙吉蛋糕 Gâteau manqué

准备时间：15分钟
制作时间：40~45分钟
分量：6~8人份
蒙吉面糊700克（详见第38页）
朗姆酒20毫升

1. 将蒙吉面糊做好后倒入朗姆酒。

2. 将烤箱预热至200℃。

3. 将直径24厘米的圆模内刷上黄油。

4. 将面糊倒入模具中，放入200℃的烤箱中烘烤15分钟，之后将烤箱温度调低至180℃，继续烘烤25~30分钟。可以用餐刀测试烘烤程度，当刀身抽出后无材料黏附即可。

5. 将蒙吉蛋糕放至微温后脱模，之后在网架上放凉。

柠檬蒙吉蛋糕 Gâteau manqué au citron

准备时间：30分钟
制作时间：40~45分钟
分量：6~8人份
蒙吉蛋糕
蒙吉面糊600克（详见第38页）
柠檬1个
糖渍香橼或糖渍柠檬皮100克
最后工序
蛋白糖霜70克（详见第72页）
糖渍香橼50克

1. 准备柠檬皮：将柠檬皮切下后浸泡在开水中2分钟，再浸泡冷水后沥干，薄薄地切成小片。将糖渍香橼或糖渍柠檬皮切成小丁。

2. 制作蒙吉面糊，在准备放入泡沫状蛋白霜的步骤前，先放入糖渍香橼或糖渍柠檬皮小丁以及柠檬皮薄片。将烤箱预热至200℃。

3. 在直径22厘米的圆模中倒入面糊，放入200℃的烤箱中先烘烤15分钟，之后将烤箱温度调低至180℃后再继续烘烤25~30分钟。用餐刀测试烘烤程度。待蛋糕微温后脱模，之后放至彻底冷却。

4. 制作皇家糖霜。

5. 待蛋糕彻底冷却后，在表面用橡皮刮刀铺上皇家糖霜，再饰以糖渍香橼。

大理石蛋糕 Gâteau marbré

准备时间：15分钟
制作时间：50分钟
分量：6~8人份
鸡蛋3个
黄油175克
盐1撮
面粉175克
泡打粉1/2小包
细砂糖200克
无糖可可粉50克

1. 将鸡蛋磕开，分离蛋清和蛋黄。将黄油加热至融化。将蛋清和盐持续打发成尖角直立的蛋白霜。

2. 过筛面粉和泡打粉。

3. 将融化的黄油和细砂糖用打蛋器拌匀，之后放入蛋黄并混合均匀，再像雨点般倒入面粉，拌匀。最后掺入蛋白霜，始终顺着同一方向轻柔地搅拌。

4. 将烤箱预热至200℃。

5. 将面糊分成2等份，在其中一份中掺入无糖可可粉。

6. 将直径22厘米的圆模内刷上黄油。先铺上一层可可面糊，之后是一层没有可可的面糊，反复几次直到模具完全填满为止。

7. 将模具放入烤箱中烘烤50分钟。用餐刀测试烘烤程度。

黄油酥饼 Kouign-amann

准备时间：20分钟
静置时间：5次共3小时30分钟
制作时间：45分钟
分量：6人份
面粉275克
盐6克
泡打粉5克
化黄油10克
水180毫升
黄油225克
细砂糖225克

1. 将过筛的面粉、盐和泡打粉在沙拉盆中拌匀，接着放入融化的黄油的和水，充分混合均匀，室温下静置发酵30分钟。

2. 将225克黄油大致揉捏成正方形。

3. 用擀面杖将面团擀开，在中间放上正方形黄油，将面皮上面的边向下折叠，放入冰箱冷藏20分钟。

4. 将面皮用擀面杖沿横向擀开，按照制作千层派皮（详见第18页）的方式折叠3次，裹上保鲜膜后在阴凉处静置1小时。

5. 用擀面杖再次擀开并重复折叠，之后在派皮表面撒上细砂糖，完成单一折叠

后，再次在阴凉处静置30分钟。

6. 用擀面杖将派皮擀成4毫米厚，裁切成边长约为10厘米的正方形，将四角向中间折叠。

7. 将直径10厘米的圆模和1个不粘烤盘内刷上黄油并撒上细砂糖。用手掌按压正方形的每条边，用慕斯模压出形状后放入不粘烤盘中，室温下静置发酵1小时到1小时30分钟。

8. 将烤箱预热至180℃。

9. 放入烤箱烘烤45分钟。取出后脱模。

香橙巧克力蛋糕

热那亚蛋糕 Pain de Gênes

准备时间：20分钟
制作时间：40分钟
分量：4~6人份

黄油 125克	细砂糖 150克
杏仁粉 100克	鸡蛋 3个
玉米淀粉 40克	盐 1撮
柑曼怡 50毫升	

1. 将黄油放软。

2. 将烤箱预热至180℃。

3. 将黄油和细砂糖在大碗中用打蛋器搅打至发白均匀，之后倒入杏仁粉并逐个放入鸡蛋，持续搅拌至混合物轻盈。

4. 此时小心地混入玉米淀粉，避免混合物过散，最后放入盐和柑曼怡，拌匀。

5. 将热那亚蛋糕模或直径22厘米的意大利海绵蛋糕模内刷上黄油，在底部铺上涂抹过黄油的圆形烤盘纸后，将混合物填入。

6. 放入烤箱烘烤40分钟，待微温后脱模并移除烤盘纸。

意大利海绵蛋糕 Pan di Spagna

准备时间：10分钟
制作时间：20~25分钟
分量：4~6人份

面粉 125克
柠檬 1个
鸡蛋 4个
盐 1撮
细砂糖 125克

1. 将水在大锅中加热。

2. 过筛面粉。

3. 将柠檬皮擦成碎末。

4. 在沙拉盆中打入鸡蛋后，和盐、细砂糖一起混合。

5. 将烤箱预热至180℃。

6. 在盛有微滚开水的大锅中放入沙拉盆，放入鸡蛋和细砂糖，持续搅打至混合物的体积膨胀为之前的2倍且略微浓稠。将沙拉盆从锅中取出，继续使劲搅打至混合物冷却。

7. 一点点倒入面粉，用刮勺轻柔地拌匀，之后放入柠檬皮碎末，小心地以略微上扬舀起的方式混合，直到混合物拌匀为止。

8. 将直径18厘米的圆模中刷上黄油后倒入面糊，放入烤箱中烘烤20~25分钟。用餐刀测试烘烤的程度，抽出后刀身无材料黏附即可。

李子蛋糕 Plum-cake

准备时间：30分钟
制作时间：45分钟~1小时
分量：6~8人份

黄油 160克	柠檬 1/2个
糖渍橙皮、香橼皮或柠檬皮 80克	
面粉 160克	泡打粉 2克
细砂糖 160克	鸡蛋 3个
葡萄干 170克	朗姆酒 1茶匙

1. 将黄油在沙拉盆中放软。

2. 将半块柠檬皮擦成碎末。

3. 将糖渍果皮细细切碎。

4. 一起过筛面粉和泡打粉。

5. 将烤箱预热至190℃。

6. 将黄油用餐叉搅软成膏状，小心地搅打成发白的乳霜状。

7. 将细砂糖倒入黄油中，持续搅打几分钟，再逐个放入鸡蛋并继续搅打。倒入糖渍果皮碎末、葡萄干。

8. 在混合物中放入面粉和泡打粉的混合物，最后放入柠檬皮碎末和朗姆酒。

9. 将长22厘米的长方形模具内铺上烤盘纸，比模具高出4厘米，将面糊填入模具的2/3处。

10. 放入烤箱烘烤45分钟至1小时。用餐刀测试烘烤程度，刀身抽出后无材料黏附即可。

11. 将蛋糕脱模，并在网架上晾凉。

磅蛋糕 Quatre-quarts

准备时间： 15分钟
制作时间： 40分钟
分量： 6~8人份
鸡蛋3个
与3个鸡蛋的重量相同细砂糖、黄油和面粉
盐 2撮
朗姆酒或干邑区科涅克白兰地 50毫升

1. 称取3个鸡蛋的重量，准备出同样分量的细砂糖、黄油和面粉。

2. 过筛面粉。将黄油加热至融化。

3. 将鸡蛋磕开，分离蛋清和蛋黄。将蛋清和1撮盐持续打发成尖角直立的蛋白霜。

4. 将烤箱预热至200℃。

5. 将蛋黄、细砂糖和1撮盐在大碗中搅打至发白。

6. 在上面的混合物中倒入融化的黄油，之后依次放入过筛的面粉和朗姆酒（或白兰地），每放一种原料拌匀后再放下一种。

7. 小心地放入打发的蛋白霜，用刮勺始终顺着同一方向搅拌，防止破坏面糊中的气泡。

8. 将直径22厘米的圆模内刷上黄油后倒入面糊，放入200℃的烤箱中烘烤15分钟，之后将烤箱温度调低至180℃，继续烘烤25分钟。

9. 待蛋糕微温后脱模。

奶酪圆蛋糕 Tourteau fromagé

准备时间： 15分钟+15分钟
静置时间： 2小时
制作时间： 10分钟+50分钟
分量： 4~6人份
油酥面团 400克（详见第14页）
鸡蛋5个
盐 2撮
新鲜的山羊奶酪 250克
细砂糖 125克
玉米淀粉 30克
干邑区科涅克白兰地 1茶匙或橙花水 1汤匙

1. 将油酥面团做好后放入冰箱冷藏静置2小时。

2. 将烤箱预热至200℃。

3. 将直径20厘米的圆模内刷上黄油。用擀面杖将面团擀成3毫米厚并嵌入模具中。

4. 将烤盘纸裁成圆形后铺在面皮上，压上干豆或杏仁核，放入烤箱烘烤10分钟，防止面皮在加热过程中膨胀变形。

5. 移除烤盘纸和干豆（或杏仁核）。

6. 将鸡蛋磕开，分离蛋清和蛋黄。将蛋清和1撮盐打发成尖角直立的蛋白霜。

7. 混合新鲜山羊奶酪、细砂糖、1大撮盐、蛋黄和玉米淀粉，一边搅拌一边倒入白兰地或橙花水，之后小心地掺入蛋白霜，始终顺着同一方向搅拌，防止破坏面糊。

8. 将上面的混合物倒在烤好的面皮上，放入180℃的烤箱中烘烤50分钟，直到蛋糕顶部成为很深的褐色为止。微温或冷却后食用。

甜点食谱
Les recettes de desserts

法式布丁、香滑布丁和用鸡蛋制作的甜点
Les crèmes, flans et desserts aux œufs

甜点中的奶油酱是用鸡蛋、牛奶和糖调配而成的。香滑布丁是将布丁面糊、水果和葡萄干等填入塔底制作而成。流动滑腻的萨芭雍是用酒、糖和蛋黄制作而成。

法式布丁 Les crèmes

杏仁牛奶冻 Blanc-manger

准备时间：40分钟
冷藏时间：四五小时
分量：4~6人份
杏仁牛奶400克（详见第55页）
明胶8片
细砂糖150克
法式发酵酸奶油600毫升

1. 制作前夜，将杏仁牛奶做好。
2. 在装有充足冷水的容器中，将明胶浸泡10~15分钟至软化，取出后挤干水分。
3. 将1/4的杏仁牛奶在小号平底深锅中加热，放入明胶后小心地搅拌至彻底融化。将平底深锅中的混合物倒入剩余的杏仁牛奶中，完全混合后倒入糖，搅拌至完全溶解。

4. 打发法式发酵酸奶油。在上面的混合物中用橡皮刮刀或木勺小心地放入打发的奶油。
5. 在直径18厘米的夏洛特模具中填入上面的混合物，放入冰箱冷藏四五小时。
6. 快速将模具浸泡在热水中，将杏仁奶油冻在餐盘上脱模，再饰以红色水果。

杏仁牛奶冻

草莓菠萝杏仁牛奶冻 Blanc-manger à l'ananas et aux fraises

准备时间：30分钟
冷藏时间：二三小时
分量：6~8人份
明胶 5片
杏仁牛奶 500毫升（详见第55页）
菠萝 50克　　　草莓 50克
薄荷叶 5片
液状法式发酵酸奶油 500毫升
糖衣杏仁
细砂糖 65克　　水 50毫升
细长杏仁片 50克
修饰
杏酱 150克　　覆盆子酱 150克
装饰
薄荷叶适量　　草莓 6~8颗
菠萝薄片 6~8片

1. 制作前夜，将杏仁牛奶做好。

2. 将烤箱预热至200℃。

3. 制作糖面杏仁：将水和细砂糖加热并持续沸腾30秒。在糖浆中浸泡杏仁片，之后放在铺有烤盘纸的烤盘中沥干。放入烤箱烘烤至杏仁外的糖浆成为焦糖。

4. 在装有充足冷水的容器中将明胶浸软，取出后挤干水分。

5. 将杏仁牛奶加热但不要煮开，放入明胶后拌匀。放凉备用。

6. 将菠萝和草莓切成小丁，细细将薄荷叶切碎，都放入杏仁牛奶中。

7. 打发法式发酵酸奶油，掺入上面的混合物中。

8. 将混合物倒入6~8个一人份萨瓦兰模具中，放入冰箱冷藏二三小时。

9. 将杏仁牛奶冻在餐盘中脱模。将杏酱用小勺逐个舀放在杏仁牛奶冻中央，在四周摆放上覆盆子。

10. 最后饰以薄荷叶、草莓丁、菠萝丁和糖衣杏仁。

让-皮埃尔·维卡多，阿比修斯餐厅（Jean-Pierre Vigato, restaurant Apicius）

行家分享

这款杏仁牛奶冻可与香菜汁（详见第105页）、香辛汁（详见第106页）或新鲜薄荷汁（详见第107页）搭配食用。

指形蛋糕布丁 Crème aux biscuits à la cuillère

准备时间：1小时
制作时间：35~40分钟
分量：6~8人份
指形蛋糕坯 200克
樱桃酒 50毫升
马拉斯加酸樱桃酒 50毫升
牛奶 1升
细砂糖 250克
鸡蛋 6个
蛋黄 10个
黄油 50克
香草荚 1根
对半分开的杏 16块
糖渍樱桃 50克

1. 将樱桃酒和马拉斯加酸樱桃酒对在一起，将指形蛋糕坯在里面略微浸泡后放在沙拉盆中。

2. 将牛奶和100克细砂糖加热至沸腾，之后浇在指形蛋糕坯上。

3. 用电动打蛋器持续搅打混合物1分钟，或小心地手动搅打直到非常均匀，之后用滤器过滤。

4. 将烤箱预热至190℃。

5. 将鸡蛋、蛋黄和100克细砂糖放入大沙拉盆中用打蛋器搅打均匀后，倒入步骤3中牛奶和指形蛋糕坯的混合物中，继续搅打。

6. 将直径20厘米的夏洛特模内刷上黄油后倒入混合物。

7. 在隔水加热的大锅中放入模具，放入烤箱烘烤35~40分钟。

8. 待布丁微温后在餐盘中脱模。

9. 布丁上桌前，在长柄平底煎锅中将黄油和剖开的香草荚一起加热至黄油融化，微微起泡时放入对半分开的杏，每面煎制1分钟后放入剩余的50克细砂糖，继续烩煮1分钟。

10. 在布丁四周将杏和糖渍樱桃围成一圈后，即可享用。

秘诀一点通

在冬天制作这款布丁时，可以使用糖渍杏，将其沥干后切成4片。

法式焦糖布丁 Crème brûlée

准备时间：25分钟
静置时间：30~40分钟
制作时间：45分钟
冷藏时间：3小时
分量：8人份
牛奶 500毫升
液体法式发酵酸奶油 500毫升
香草荚 5根
蛋黄 9个
细砂糖 180克
粗粒红糖 100克

1. 将香草荚剖开后刮掉籽，在平底深锅中与牛奶和法式发酵酸奶油一起加热至沸腾。离火后浸泡30~40分钟。将混合物用细网格的滤器或漏斗形筛网过滤。

2. 将烤箱预热至100℃。

3. 将蛋黄和细砂糖在沙拉盆中用木勺拌匀，之后一点点倒入牛奶和法式发酵酸奶油的混合物中，边倒边用木勺搅拌。

4. 将奶油酱再次过滤并分别填入8个陶瓷模具中，放入烤箱烘烤45分钟。可以晃动模具测试烘烤程度，以中间的奶油酱不再"颤动"为止。

5. 室温下晾凉后再放入冰箱冷藏至少3小时。

6. 布丁上桌前，先小心地用吸水纸吸掉奶油酱上析出的水分，之后撒上粗粒红糖。

7. 将布丁迅速地在烤箱的烤架下通过，使表面焦糖化，之后无须继续加热，即可享用。

行家分享

成功的焦糖布丁就是里面沁凉而表面的焦糖微温。

举一反三

开心果焦糖布丁

在奶油酱中添加80克开心果膏，再将粗粒红糖用大约60克薄薄的一层巧克力奶油酱（详见第51页）代替。

奶油焦糖布丁 Crème caramel

准备时间：25分钟
静置时间：1夜
制作时间：4人份
全脂牛奶 1升
鸡蛋 4个
蛋黄 3个
剖开并刮出籽的香草荚 3根
细砂糖 350克
水 60克

1. 制作前夜，将香草荚、香草籽和牛奶一起加热至沸腾，之后在阴凉处浸泡过夜。

2. 制作当天，捞出香草荚后再次将牛奶烧开。将鸡蛋和200克细砂糖在玻璃大碗中持续搅打30秒，再倒入烧开的牛奶，不停地搅拌。用漏斗形滤网过滤并静置15分钟，撇去浮沫后备用。

3. 将剩余的细砂糖和水在平底深锅中熬煮成漂亮的红褐色的焦糖，之后立刻浸入盛满冰水的隔水加热的容器中，阻止进一步焦化。在模具中小心且迅速地倒入尚能流动的焦糖，再倒入香草牛奶。

4. 将模具放入隔水加热的深烤盘中，置于烤架上用150℃烘烤2小时。

5. 室温下在网架上晾凉。待彻底冷却后，在模具上加盖，放入冰箱冷藏过夜。

6. 小心地用水果刀轻绕内壁使布丁脱离。轻柔地拍打模具底部，避免脆弱的焦糖开裂。将布丁倒扣在餐盘中，用蛋糕铲像切蛋糕一样切块。在布丁冰爽时享用。

焦糖大米和开心果奶油布丁

红色水果柠檬布丁 Crème au citron et aux fruits rouges

准备时间：1小时
静置时间：2小时
制作时间：20分钟
冷藏时间：6小时+3小时
分量：6人份
法式塔皮面团150克（详见第16页）

糖浆
香草荚 1根　　水 1升
橙汁 100毫升　　细砂糖 400克
薄荷叶 12片

什锦红色水果
草莓 350克　　醋栗 50克
黑加仑 50克（可酌选）
覆盆子 200克　　桑葚 50克
蓝莓 50克

滑腻的柠檬奶油酱
柠檬奶油酱150克（详见第51页）
明胶 1.5片
鲜奶油 150毫升
脂肪含量为40%的白奶酪 150克

1. 将法式塔皮面团做好后在阴凉处静置2小时。

2. 制作柠檬奶油酱。

3. 制作糖浆：将香草荚剖开后刮出香草籽，在平底深锅中和水、橙汁和细砂糖一起加热至沸腾。关火后放入薄荷叶，浸泡1小时左右，之后将糖浆过滤。

4. 将草莓清洗干净后去梗，将醋栗和黑加仑果粒从果串上摘下，分拣其他剩余的水果。在大号的平底深锅中再次将糖浆加热至沸腾，将每种水果3/4的量倒入糖浆中（剩余的留作装饰用），浸泡1分钟。将水果用漏勺捞出后放入在沙拉盆上方的滤器中沥干。在浅盘中放入1个直径20厘米的慕斯模，倒入什锦水果后将浅盘放入冰箱冷藏6小时。

5. 制作滑腻的柠檬奶油酱：在装有冷水的容器中将明胶浸软。打发鲜奶油。将明胶挤干水分，放入置于隔水加热容器中的沙拉盆，让明胶融化，之后放入1/3的柠檬奶油酱，拌匀。

6. 从隔水加热的容器中取出沙拉盆，倒入剩余的柠檬奶油酱，之后依次放入白奶酪和打发的鲜奶油。充分拌匀后将混合物倒在慕斯模中的什锦红色水果上，之后再次放入冰箱冷藏3小时。

7. 将烤箱预热至180℃。

8. 将法式塔皮面团用擀面杖擀开后嵌入直径24厘米的慕斯模中，放入烤箱烘烤20分钟。

9. 排干红色水果析出的汁液。将奶油酱连同慕斯模一起放到圆形塔皮上，移除慕斯模。饰以预留的什锦红色水果，即可享用。

秘诀一点通

制作前夜，将糖浆、水煮红色水果、柠檬奶油酱和法式塔皮面团提前做好。制作顺序为：前3小时制作柠檬奶油酱，将红色水果放在冰箱中冷藏保存。将圆形塔皮放在最后时刻制作。

巧克力布丁 Crème au chocolat

准备时间：30分钟
冷藏时间：3小时+1小时30分钟+4小时

分量：6人份
滑腻的巧克力奶油酱
黑巧克力 170克
牛奶 250毫升
鲜奶油 250毫升
蛋黄 6个　　细砂糖 125克
咖啡威士忌冰沙
浓缩咖啡 500毫升
细砂糖 50克
威士忌 70毫升　　橙子 1/4个
打发鲜奶油 250克（详见第51页）
米花 适量

1. 将巧克力用刀切碎后放入沙拉盆中。

2. 制作滑腻的巧克力奶油酱。将牛奶和鲜奶油在平底深锅中加热至沸腾。

3. 将蛋黄和细砂糖在容器中搅打均匀。

4. 在上面的容器中倒入1/4烧开的牛奶和鲜奶油的混合物，搅打均匀后再倒入盛放剩余牛奶和鲜奶油的平底深锅中，之后按照英式奶油酱的制作方式熬煮（详见第43页）。

5. 在巧克力碎上倒入一半的上述奶油酱，拌匀后再放入剩余的一半，混合均匀

后放入冰箱中冷藏3小时。

6. 制作冰沙：将咖啡泡好后，依次放入细砂糖、威士忌和橙皮碎末。将混合物倒在托盘中，之后放入冰箱冷藏1小时30分钟。

7. 将托盘取出，搅拌其中的混合物，之后再次放入冰箱冷藏三四小时。

8. 制作打发的鲜奶油。将滑腻的巧克力奶油酱用2只勺子做成球形，之后放入鸡尾酒杯中。将托盘表面的冰用勺子刮起，将冰沙盖在球形奶油酱上，浇上一层打发的鲜奶油并撒上米花即可。

葡萄布丁 Crème de raisin

准备时间：15分钟
制作时间：25分钟
冷藏时间：2或3小时
分量：4~6人份
红葡萄或白葡萄汁 1升
鲜核桃仁 100克
玉米淀粉 50克　　　冷水 100毫升
液体焦糖 1茶匙　　　肉桂粉 1茶匙

1. 在平底深锅中倒入葡萄汁后加热至沸腾。将火调小，以极微小的火熬煮，直到葡萄汁收干至750毫升为止。

2. 大致将鲜核桃仁切碎。将冷水和玉米淀粉混合拌匀后倒入熬煮的葡萄汁中，再用打蛋器或木勺快速搅拌。之后一直在火上加热，放入液体焦糖、肉桂粉和一半的青核桃碎。

3. 离火。待混合物微温后倒入高脚杯或浅口高脚杯中，将剩余的鲜核桃碎撒在上面，放入冰箱冷藏二三小时后享用。

100克葡萄布丁的营养价值

120千卡；蛋白质：1克；碳水化合物：19克；脂肪：4克

勃朗峰 Mont-Blanc

准备时间：1小时
制作时间：2小时45分钟
分量：4~6人份
意大利蛋白霜 200克（详见第41页）
黄油 80克　　　　　栗子膏 300克
栗子奶油酱 500克（详见第53页）
朗姆酒 50毫升
鲜奶油香缇 400克（详见第49页）
冰糖栗子碎 适量

1. 将烤箱预热至120℃。

2. 将意大利蛋白霜做好后填入装有直径1厘米裱花嘴的裱花袋中。

3. 将烤盘纸铺在烤盘上，用几个宽约6厘米的同心圆环组成直径为24厘米的蛋白霜环作为基底。

4. 将烤盘放入120℃的烤箱中烘烤45分钟，之后将烤箱温度调低至100℃，继续烘烤2小时。

5. 将黄油隔水或微波加热，成为柔软

的膏状物，放入栗子膏并小心地拌匀，之后倒入栗子奶油酱和朗姆酒，混合均匀。

6. 在装有小孔裱花嘴的裱花袋中填入上面的混合物，在蛋白霜基底上挤出细面条形状的奶油酱混合物。

7. 将鲜奶油香缇做好后填入装有星形裱花嘴的裱花袋中，在细面条状的奶油酱上挤出小的玫瑰花饰。

8. 将冰糖栗子碎撒在玫瑰花饰上。

香滑布丁 Les flans

樱桃蛋奶布丁 Clafoutis

准备时间：15分钟
静置时间：30分钟
制作时间：35~40分钟
分量：6~8人份
黑樱桃 500克
细砂糖 100克
面粉 125克　　　盐 1撮
鸡蛋 3个　　　　牛奶 300毫升
糖粉 适量

1. 将黑樱桃洗净去梗后放在沙拉盆中。倒入一半的细砂糖并晃动沙拉盆使糖散开，腌渍至少30分钟。

2. 将烤箱预热至180℃。

3. 将直径24厘米的馅饼模或陶瓷模内刷上黄油。

4. 将面粉过筛到容器中，放入1撮盐和剩余的细砂糖。将鸡蛋打撒后倒入上面的混合物中，拌匀后倒入牛奶，混合均匀。

5. 在模具内放上黑樱桃，再将混合物倒在上面，放入烤箱烘烤35~40分钟。待

微温后撒上糖粉。模具冷却后即可享用。

100克樱桃蛋奶布丁的营养价值

145千卡；蛋白质：4克；碳水化合物：25克；脂肪：2克

举一反三

可以按照上述方法制作黄香李蛋奶布丁。在原料中添加30毫升的水果蒸馏酒即可。

布列塔尼李子布丁 Far Breton

准备时间：15分钟
制作时间：1小时
分量：6~8人份
温热的淡茶水 1碗
葡萄干 125克　　李子干 400克
鸡蛋 4个　　　　面粉 250克
盐 1撮　　　　　细砂糖 20克
牛奶 400毫升　　糖粉 适量

1. 将茶泡好后放入葡萄干和李子干，浸泡约1小时。
2. 沥干葡萄干和李子干，将李子干去核。
3. 将烤箱预热至200℃。
4. 将鸡蛋打散。
5. 将面粉、盐和细砂糖放入沙拉盆中，拌匀后倒入蛋液和牛奶，混合均匀。
6. 放入葡萄干和栗子干，将面糊搅拌均匀。
7. 将直径24厘米的模具内刷上黄油后倒入面糊，放入烤箱烘烤1小时，直到布丁表面烤成褐色为止。将糖粉筛撒到表面。

奶油布丁苹果派 Flamusse aux pommes

准备时间：15分钟
制作时间：45分钟
分量：4~6人份
面粉 60克　　　细砂糖 75克
盐 1撮　　　　　鸡蛋 3个
牛奶 500毫升
红香蕉苹果 三四个
糖粉 适量

1. 在沙拉盆中放入面粉、细砂糖和盐。将鸡蛋打散后倒入混合物中，尽量用刮勺混合成顺滑的面糊。
2. 将牛奶一点一点倒入混合物中，边倒边混合。
3. 将烤箱预热至180℃。
4. 将直径22厘米的馅饼模内刷上黄油。
5. 将苹果削皮后切成薄片。逐片叠放在馅饼模内形成圆环，在上面倒面糊后放入烤箱烘烤45分钟。
6. 待微温后将苹果派脱模并筛撒上糖粉。微温时或冷却后享用。

100克奶油布丁苹果派的营养价值

110千卡；蛋白质：3克；碳水化合物：16克；脂肪：3克。

克里奥尔布丁 Flan Créole

准备时间：15分钟
制作时间：1小时
冷藏时间：1小时
分量：6~8人份
牛奶750毫升
牛奶酱120克（详见第319页）
鸡蛋 6个　　　　细砂糖 100克
焦糖模具
细砂糖 100克
水 30毫升　　　柠檬汁 4滴

1. 制作焦糖模具：在小号平底深锅中倒入细砂糖、水并滴入柠檬汁，熬煮成深色但不要变黑，之后立刻倒入同时转动模具，使焦糖流动并覆盖内壁，放凉备用。
2. 将烤箱预热至180℃。
3. 将牛奶倒入另一口平底深锅中加热但不要烧开，之后与牛奶酱混合。
4. 将鸡蛋和100克细砂糖在容器中搅打至起泡，倒入牛奶和牛奶酱的混合物中，用木勺拌匀。
5. 将模具中填满原料后，放入烤箱，隔水加热约1小时，直到烤成凝固的布丁。
6. 晾凉后，放入冰箱冷藏至少4小时后脱模。

秘诀一点通

如果没有时间提前制作牛奶酱，可以直接购买市面上现成的产品。

253

丹麦樱桃布丁塔 Flan de cerises à la danoise

准备时间：15分钟+15分钟
静置时间：2小时
制作时间：40~45分钟
分量：6~8人份
油酥面团 300克（详见第14页）
毕加罗甜樱桃 250克
细砂糖 195克
肉桂粉 1茶匙
黄油 125克
杏仁粉 125克
鸡蛋 2个
翻糖 100克（详见第71页）
朗姆酒 20毫升

1. 将油酥面团做好后在阴凉处静置2小时。

2. 将毕加罗甜樱桃清洗干净，去核后放入大碗中，与70克细砂糖和肉桂粉一起拌匀，室温下腌渍1小时左右。

3. 将烤箱预热至210℃。

4. 将直径24厘米的馅饼模内刷上黄油。

5. 用擀面杖将油酥面团擀成2毫米厚并嵌入模具中。

6. 沥干樱桃并保留析出的汁液。将黄油放软。

7. 在大沙拉盆中混合杏仁粉和125克细砂糖，放入打散的鸡蛋，拌匀后放入变软的黄油和樱桃汁液，充分搅拌均匀。

8. 在模具底部摆放上樱桃，在上面将混合物倒入。

9. 将模具放入210℃的烤箱中烘烤10分钟，之后将烤箱温度调低至190℃，继续烘烤30~35分钟。

10. 在软化的翻糖中倒入朗姆酒。

11. 从烤箱中取出布丁塔，晾凉后铺上翻糖镜面（详见第72页）。

鲜杏椰子布丁塔 Flan à la noix de coco et aux abricots

准备时间：30分钟
静置时间：2小时+2小时
制作时间：15分钟+1小时
冷藏时间：3小时
分量：6~8人份
油酥面团 300克（详见第14页）
鲜杏 350克
糖水 600毫升
牛奶 400毫升
鸡蛋 4个
椰子粉 100克
香菜粉 1撮
玉米淀粉 70克
细砂糖 200克
装饰
鲜杏或新鲜菠萝 100克

1. 将油酥面团做好后在阴凉处静置2小时。

2. 将面团用擀面杖擀成2毫米厚，之后裁切成直径30厘米的圆形面皮，铺在烤盘中，放入冰箱冷藏30分钟左右。

3. 将直径22厘米、高3厘米的塔模内刷上黄油后嵌入面皮。

4. 将模具外的面皮去除后再次放入冰箱冷藏2小时。

5. 将鲜杏去核后切成4大块。

6. 将烤箱预热至180℃。

7. 制作布丁塔：将糖水和牛奶在平底深锅中加热至沸腾。将鸡蛋打散。将椰子粉、香菜粉、蛋液、玉米淀粉和细砂糖放入沙拉盆中，一边搅拌一边少量地倒入烧开的糖水牛奶的混合物。之后再将上面的混合物倒回平底深锅中，加热至沸腾，期间持续搅打，以防原料粘在锅底。

8. 在塔模内的面皮上分散地撒上鲜杏切块，之后立刻将滚烫的布丁混合物倒在上面。放入烤箱烘烤1小时。

9. 晾凉后放入冰箱冷藏3小时。

10. 呈上布丁塔前，在表面饰以菠萝片或者去核且对半切开的鲜杏。室温下或放凉后享用。

秘诀一点通

在冬季制作这款布丁塔时，可以使用沥干并切成4块的糖渍杏。

柠檬蛋白酥布丁塔 Flan meringue au citron

准备时间：15分钟+30分钟
静置时间：1小时
制作时间：10分钟
分量：4~6人份
法式塔皮面团300克（详见第16页）
柠檬2个
鸡蛋3个
牛奶250毫升
面粉40克
细砂糖175克
化黄油40克
盐1撮

1. 将法式塔皮面团做好后在阴凉处静置1小时。

2. 将烤箱预热至190℃。

3. 用擀面杖将面团擀开后嵌入直径24厘米且内部刷上黄油的塔模中，放入烤箱烘烤三四分钟。

4. 将柠檬削皮，将其中一个柠檬榨汁。用热水汆烫柠檬皮2分钟，沥干后切成很薄的片。

5. 分离蛋清和蛋黄。将200毫升牛奶加热至沸腾。

6. 将面粉和100克细砂糖混合，倒入凉牛奶后拌匀，再倒入烧开的牛奶、化黄油，逐个放入鸡蛋，最后是柠檬皮薄片，小火熬煮15分钟直到浓稠，期间不停搅拌。

7. 离火后放入柠檬汁，拌匀后放凉备用。在面皮上倒入上面的混合物，将烤箱的温度调高至240℃。

8. 将蛋清、剩余的细砂糖和1撮盐持续搅打成尖角直立的蛋白霜，铺在混合物上方后用橡皮刮刀将表面整平，放入烤箱烘烤三四分钟至金黄色。彻底冷却后享用。

巴黎布丁塔 Flan parisien

准备时间：30分钟
静置时间：4小时30分钟
制作时间：15分钟+1小时
冷藏时间：3小时
分量：6~8人份
油酥面团250克（详见第14页）
牛奶400毫升
糖水370毫升
鸡蛋4个
细砂糖210克
布丁粉60克

1. 将油酥面团做好后在阴凉处静置2小时。

2. 将面团用擀面杖擀成2毫米厚，再裁切成直径30厘米的圆形面皮，铺在烤盘中，放入冰箱冷藏30分钟。

3. 将直径22厘米、高3厘米的塔模内刷上黄油，将面皮嵌入慕斯模后，整体放入塔模中。将慕斯模外多余的面皮去除后放入冰箱冷藏2小时。

4. 制作布丁塔：将牛奶和糖水倒入平底深锅中加热至沸腾。将鸡蛋、细砂糖和布丁粉倒入另一口平底深锅中搅打，接着一点点倒入烧开的牛奶糖水的混合物，持续用打蛋器搅拌。待混合物烧开后，离火。

5. 将烤箱预热至190℃。

6. 在面皮上倒入上面的混合物，放入烤箱烘烤1小时。待彻底冷却后再次放入冰箱冷藏3小时。布丁塔极度冰冷时享用，风味最佳。

芙纽多 Flaugnarde

准备时间：20分钟
浸渍时间：3~12小时
冷藏时间：30分钟
分量：6~8人份
李子干8个　　葡萄干100克
杏干4个
朗姆酒100毫升
鸡蛋4个　　　细砂糖100克
面粉100克　　牛奶1升
盐1撮　　　　黄油40克

1. 制作前夜：将李子干去核，在大碗中与葡萄干和切成小块的杏干一起浸泡在朗姆酒中至少3小时，如果时间允许，最好浸渍12小时。

2. 将烤箱预热至220℃。

3. 将鸡蛋和细砂糖在容器中搅打成起泡的混合物，一点点倒入面粉和1撮盐，拌匀后倒入牛奶，一直用木勺搅拌。

4. 将浸渍的果干连同朗姆酒一同倒入容器中。

5. 将长24厘米的焗烤大盘内多刷一些黄油，将混合物倒入后淋上焦化黄油，放入烤箱烘烤30分钟。微温后盛入盘中享用。

巴黎布丁塔

鸡蛋制作的甜点 Les desserts aux œufs

雪花蛋奶 Œufs à la neige

准备时间：30分钟
制作时间：10分钟
分量：6~8人份

牛奶 800毫升	香草荚 1根
鸡蛋 8个	盐 1撮

细砂糖 290克
焦糖 100克（详见第69页）

轻食谱

1. 将牛奶和香草荚一起加热至沸腾。

2. 分离蛋清和蛋黄。将蛋清和1撮盐搅打成泡沫状，一点点倒入40克细砂糖后持续打发成尖角直立的蛋白霜。将1汤匙蛋白霜放入烧开的香草牛奶中，熬煮2分钟后用漏勺翻面，捞出后放在餐巾上沥干。按照上面的方式逐勺将全部的蛋白霜煮熟，如果平底深锅够大，也可以一次煮5~7勺蛋白霜。

3. 将香草牛奶、蛋黄和剩余的250克细砂糖熬制成英式奶油酱（详见第43页）。放入冰箱至彻底冷却。

4. 制作焦糖。将煮熟的蛋白霜摆放在英式奶油酱上，少量地倒入温热的焦糖。在阴凉处保存。

100克雪花蛋奶的营养价值

170千卡；蛋白质：5克；碳水化合物：26克；脂肪：5克

圣女小德兰 "蛋"《Œufs》de sainte Thérèse

准备时间：1小时
制作时间：10分钟
分量：40个

蛋黄 10个
糖粉 250克
表皮未经处理的柠檬 1个
刷烤盘用的猪油 适量

1. 将柠檬皮擦成碎末，将果肉榨成柠檬汁。将烤盘内刷上猪油。将蛋黄在碗中打散后放入糖粉、柠檬皮碎末和柠檬汁，拌匀，直到成为柔软的面团。

2. 将面团揉搓成40个核桃大小的球，静置干燥20分钟。

3. 将烤箱预热至160℃。

4. 将小球放入烤箱烘烤10分钟，待"蛋"冷却后盛放在小纸盒中享用。

萨芭雍 Sabayon

准备时间：15分钟
制作时间：二三分钟
分量：4~6人份

蛋黄 6个
细砂糖 150克
白葡萄酒或香槟 250毫升
柠檬皮 1个

1. 将水在锅中加热。

2. 将蛋黄、细砂糖、白葡萄酒或香槟以及柠檬皮碎末倒入另一口平底深锅中拌匀。将平底深锅放入盛有微滚开水的锅中，持续搅打平底深锅中的混合物至起泡，且体积膨胀至之前的2倍。

3. 继续搅打30秒后将柠檬皮取出，将混合物立刻盛放在浅口高脚杯中，与饼干甜点或新鲜水果搭配享用。

雪花蛋奶

1001风味苹果萨芭雍 Sabayon à la pomme et aux 1001 saveurs

准备时间：30分钟
制作时间：15分钟
分量：6人份

香煎苹果

苹果800克	柠檬3个
细砂糖60克	香草粉2撮
黄油60克	杏仁片20克
松子20克	

苹果萨芭雍

橙子1/2个	柠檬3个
细砂糖65克	蛋黄5个
苹果汁150克	
胡椒粉	
小豆蔻1撮	肉桂1/2根
姜蓉1/2茶匙	

1. 将烤箱预热至180℃。

2. 将杏仁片放在烤盘中，在烤箱中烘烤5分钟。

3. 制作香煎苹果。将苹果削皮后对半切开并去子，根据半块苹果的大小切成三四块。

4. 将柠檬榨出3汤匙柠檬汁。在沙拉盆中放入切块的苹果、细砂糖、香草粉和柠檬汁。

5. 将黄油在平底煎锅中加热至融化，倒入苹果块，用大火煎成金黄色，但切勿熬煮成果泥。煎制最后放入杏仁片和松子。让苹果保持温热。

6. 制作萨芭雍。将橙皮擦成碎末。将柠檬榨出3汤匙柠檬汁。将细砂糖和蛋黄在沙拉盆中搅打至发白。

7. 将苹果汁在平底深锅中加热至沸腾，依次放入橙皮碎末、柠檬汁、研磨器旋转3圈分量的胡椒粉、小豆蔻、肉桂和姜蓉。

8. 将上面的混合物过滤，将其中的1/4倒入蛋黄和细砂糖的混合物中，再倒入平底深锅中，小心地搅拌。用中火继续熬煮，期间不停地搅打混合物直到浓稠、滑顺、起泡，之后离火。

9. 将苹果块、杏仁片和松子的混合物盛放在餐盘中，与旁边船形调味汁杯里的萨芭雍搭配享用。

秘诀一点通

可以将萨芭雍用电动打蛋器搅打至冷却后摆放上苹果块，将盘子逐个迅速通过烤架，将表面略微烤成焦黄色。

还可以在装有萨芭雍的船形调味汁杯里添加120毫升搅打后的液体法式发酵酸奶油。

英式乳酒冻 Syllabub anglais

准备时间：20分钟
冷藏时间：1小时
分量：4~6人份

鸡蛋2个
柠檬1/2个
细砂糖100克
牛奶100毫升
液体法式发酵酸奶油500毫升
白葡萄酒150毫升
肉豆蔻 适量
去皮杏仁40克

1. 将鸡蛋磕开，分离蛋清和蛋黄。将柠檬皮擦成碎末。

2. 将蛋黄和细砂糖混合并搅打成发白起泡的浓稠状，再一点点倒入牛奶、法式发酵酸奶油和白葡萄酒，持续搅打成顺滑的糊状混合物。放入柠檬皮碎末，并将肉豆蔻在糊状物上磨出1撮碎末，拌匀。

3. 将蛋清打发成尖角直立的蛋白霜，用刮勺掺入糊状混合物中并轻轻搅拌，以免破坏其中的气泡。

4. 平底煎锅中不放油，干煸杏仁，之后捣碎。放凉备用。

5. 在高脚杯或大的酒杯中放入乳酒冻，在表面撒上烘烤的杏仁碎，放入冰箱中冷藏1小时后即可享用。

举一反三

可以用100克罐头装天然番石榴、100克橘子和少量的干邑区科涅克白兰地制作出另一种口味的乳酒冻。

西班牙大馅饼 Tortada espagnole

准备时间：30分钟
制作时间：45分钟+30分钟
分量：6~8人份
鸡蛋 6个
细砂糖 500克
杏仁粉 250克
意大利蛋白霜 150克（详见第41页）
朗姆酒 1汤匙
蜂蜜 1汤匙
茴香 几滴（可酌选）
糖渍樱桃 50克

1. 将鸡蛋磕开，分离蛋清和蛋黄。
2. 将烤箱预热至180℃。
3. 将蛋清打发成尖角直立的蛋白霜。
4. 将蛋黄和250克细砂糖搅打至发白，倒入杏仁粉拌匀，之后再小心地掺入蛋白霜，注意不要破坏混合物。
5. 将上面的混合物倒入直径24厘米的圆模中，放入烤箱烘烤45分钟。
6. 制作意大利蛋白霜。
7. 在大号的平底深锅中将剩余的细砂糖和400毫升水混合并加热，之后倒入朗姆酒、蜂蜜，并根据个人口味选择性地添加茴香。保持微滚的状态，熬煮到混合物沾附于勺背为止。
8. 从烤箱中取出馅饼，将表面用毛刷蘸取糖浆润湿。
9. 在装有裱花嘴的裱花袋中填入蛋白霜，装饰馅饼周围，并在表面挤出十字的网格。
10. 将烤箱温度调低至120℃，将馅饼放入烤箱中烘烤30分钟。
11. 将糖渍樱桃填入十字网格中作为装饰。放凉后即可享用。

锡兰滑腻辛香椰味奶油冻 Vattalappam ceylanais

准备时间：15分钟
制作时间：1小时15分钟
分量：6~8人份
棕榈糖或黑糖 500克
椰奶 750毫升
肉桂粉 1撮
小豆蔻 1撮
盐 1撮
肉豆蔻粉 适量

1. 将鸡蛋磕开，分离蛋清和蛋黄。
2. 将烤箱预热至180℃。
3. 如果使用的是棕榈糖，需要将大块打碎，之后在温水中化开。
4. 将蛋清和盐搅打成泡沫状，之后依次放入蛋黄、椰奶、棕榈糖或黑糖、肉桂粉、小豆蔻和肉豆蔻粉。
5. 将长22厘米的长方形模具内刷上油后倒入上面的混合物。在表面铺上一张烤盘纸。将模具放入隔水加热的容器中，在烤箱中烘烤1小时15分钟。温热或冷却后均可享用。

行家分享

棕榈糖，在印度尼西亚叫做"爪哇红糖"，在马来西亚叫做"马六甲椰糖"。这是一种经过压榨的棕色的糖，可以在进口食品专卖店购买到块状的棕榈糖。

举一反三

可以在混合物中添加椰蓉并用牛奶稀释。品尝时可以撒上烘烤过的椰丝。

意大利消食甜酒 Zabaglione italien

准备时间：15分钟
制作时间：10分钟
分量：4~6人份
蛋黄 4个
鸡蛋 1个
细砂糖 100克
温水 1汤匙
马沙拉葡萄酒 1/2烈酒杯
肉桂粉 1撮（可酌选）

1. 将大碗放入隔水加热的容器中，倒入蛋黄、鸡蛋、细砂糖、温水和马沙拉葡萄酒，将混合物搅打至浓稠后，可以有选择地添加肉桂粉。
2. 离火，将混合物倒入酒杯中。
3. 可与饼干或意大利海绵蛋糕（详见第242页）搭配享用。

行家分享

可以将微甜的白葡萄酒和朗姆酒对在一起代替马沙拉葡萄酒。

百香果、栗子冻和抹茶奶油味焦糖布丁

用米、粗麦和谷物制作的甜点
Entrements de riz, semoules et céréales

圆粒米广泛运用于各种甜点：大米蛋糕、布满水果的皇冠蛋糕、米布丁等。粗麦也经常用来制作甜点：土耳其果仁糖、油炸粗麦饼和粗麦蛋糕。最好使用中等大小的粗粒小麦。

鲜杏布尔达卢 Abricots Bourdaloue

准备时间：40分钟
制作时间：10分钟
分量：6~8人份
粗麦粉布丁600克（详见第267页）

鲜杏调味汁

鲜杏 350克	细砂糖 50克
水 200毫升	樱桃酒 50毫升

淡味香草糖浆

香草荚 1根	细砂糖 650克
水 500毫升	较大的杏 8个
马卡龙 2个	细砂糖 1勺

1. 制作粗麦粉布丁。

2. 将其中2/3做好的布丁倒入直径24厘米的耐高温盘子中。

3. 制作鲜杏调味汁：将鲜杏去核后用电动打蛋器或果蔬榨汁机搅打成杏泥。将细砂糖和水在平底深锅中加热至沸腾，待糖完全溶解后放入杏泥，持续沸腾5分钟，不时用刮勺搅拌。将糖浆果泥用筛网或精细的滤器过滤后，放入樱桃酒。让调味汁保持微温。

4. 制作淡味香草糖浆：将香草荚剖开后刮出香草籽，在平底深锅中与水和细砂糖一起加热至沸腾。之后转小火熬煮。

5. 将烤箱预热至230℃。

6. 将鲜杏对半切开后去核。在糖浆中炖煮10分钟。沥干并擦干水分。

7. 用刀将马卡龙切碎。

8. 在粗麦粉布丁上摆放上对半切开的杏子，铺上剩余的粗麦粉布丁，再撒上马卡龙碎和细砂糖。

9. 放入烤箱烘烤7~10分钟。与另外盛放的鲜杏调味汁一同享用。

行家分享

还可以用香梨、蜜桃或者香蕉制作布尔达卢。如果这些水果并非应季，可以用糖渍水果代替。

孔代菠萝 Ananas Condé

准备时间：40分钟
冷藏时间：三四小时
分量：4~6人份
米布丁800克（详见第266页）
菠萝 8片
樱桃酒 50毫升　　细砂糖 30克
焦糖酱 150克（详见第104页）
糖渍樱桃 20克
糖渍当归 25克

1. 将做好的米布丁倒入直径22厘米的萨瓦兰模具中，放入冰箱冷藏三四小时。

2. 将菠萝去皮后切片，去除硬心后浸泡在细砂糖和樱桃酒的混合物中。

3. 制作焦糖酱。

4. 将模具在盛满开水的盘子中浸泡5秒钟，之后倒扣在餐盘中脱模，将菠萝片摆放在中间。

5. 饰以糖渍樱桃和切成菱形的当归片，与一旁船形调味汁杯中的焦糖酱搭配享用。

甜杏皇冠米蛋糕 Couronne de riz aux abricots

准备时间：30分钟
制作时间：1小时
分量：6~8人份
圆粒米 200克　　香草荚 1根
牛奶 1升　　　　盐 1撮
鸡蛋 2个
法式发酵酸奶油 30克
细砂糖 100克
糖渍杏子 1000克
朗姆酒 1汤匙
糖渍樱桃 20颗
糖渍当归 50克
细长的杏仁片 20克

1. 在锅中将水烧开。用滤器过滤在冷水中的圆粒米，之后将米倒入开水中煮2分钟，离火后沥干水分。

2. 将香草荚剖开并刮出香草籽。

3. 将之前煮水的锅倒空，将牛奶、圆粒米、盐和香草荚倒在锅里，用极微小的火熬煮45分钟左右，直到所有的牛奶被米吸收为止。捞出香草荚。

4. 将鸡蛋、法式发酵酸奶油和细砂糖在碗中搅打均匀，倒入圆粒米中，拌匀。

5. 将直径20厘米的萨瓦兰蛋糕模内刷上黄油并倒入圆粒米的混合物，在隔水加热的容器中放入模具，在烤箱中烘烤15分钟。

6. 沥干糖渍杏子。挑选出12块最漂亮的对半分开的杏子，用电动打蛋器或果蔬榨汁机将剩余的杏子搅打成泥。慢慢地将杏泥加热并对入朗姆酒。

7. 将米蛋糕在圆盘上脱模。将杏酱浇在表面，在中间饰以12块甜杏，再用糖渍樱桃和切成菱形的当归作为装饰，最后将杏仁片插在米蛋糕上。

水果蛋白酥米糕 Fruits meringués au riz

准备时间：45分钟
制作时间：15分钟
分量：6~8人份
米布丁500克（详见第266页）
细砂糖 650克　　水 500毫升
香草荚 1根　　　鲜杏 24个
意大利蛋白霜 300克（详见第41页）
杏酱 70克
醋栗果胶 70克

1. 制作米布丁。

2. 将水、细砂糖和剖开去籽的香草荚加热至沸腾，熬制成香草糖浆。将去核的鲜杏在烧开的糖浆中浸泡5分钟，捞出沥干。

3. 制作意大利蛋白霜。

4. 在直径24厘米的耐高温深圆盘内铺上米布丁。将对半分开的甜杏紧密地摆放在上面。

5. 将烤箱预热至160℃。

6. 在装有裱花嘴的裱花袋中填入意大利蛋白霜，在甜杏上挤出一层蛋白霜后用橡皮刮刀将表面整平。用装有5毫米裱花嘴的裱花袋在表面留出间隔地挤出多个圆形的小蛋白霜球。

7. 将圆盘放入160℃的烤箱中烘烤10分钟，之后将烤箱温度升高至220℃，继续烘烤5分钟，给蛋白霜上色。

8. 从烤箱中取出圆盘，将杏酱和醋栗果胶交错着填入蛋白酥小球的间隔中。温热或冷却时均可享用。

焦糖米蛋糕 Gâteau de riz au caramel

准备时间：30分钟

制作时间：45分钟

分量：4~6人份

甜点

米布丁400克（详见第266页）

鸡蛋3个

细砂糖175克　　盐1撮

焦糖

细砂糖100克　　柠檬汁1/2个

1. 制作米布丁。

2. 将鸡蛋磕开，分离蛋清和蛋黄。

3. 去除米布丁中的香草荚，将细砂糖和蛋黄放入后拌匀。

4. 将蛋清和盐搅打成尖角直立的蛋白霜，之后一点点掺入米布丁的混合物中。

5. 将烤箱预热至200℃。

6. 将细砂糖、柠檬汁和1汤匙水在大号平底深锅中加热并熬制成焦糖。迅速在直径20厘米的夏洛特模具中倒入一半的焦糖，转动模具使焦糖均匀地覆盖在内壁上。剩余的一半焦糖留下备用。

7. 在模具中填入并压实米布丁和蛋白霜的混合物，放入隔水加热的容器中，在火上将水加热至沸腾，之后整体放入烤箱继续烘烤45分钟。

8. 在餐盘上将米蛋糕放凉后脱模。将剩余的焦糖对热水拌匀后淋在米蛋糕上。

巧克力米蛋糕 Gâteau de riz au chocolat

准备时间：40分钟

制作时间：25分钟

冷藏时间：3小时

分量：4~6人份

苦甜巧克力150克

米布丁800克（详见第266页）

蛋清4个　　　　盐1撮

巧克力酱200毫升（详见104页）

打发鲜奶油120克（详见第51页）

1. 将巧克力隔水或微波加热至融化。

2. 制作米布丁并在最后放入融化的巧克力。

3. 将蛋清和盐搅打成尖角直立的蛋白霜。在沙拉盆中倒入巧克力米布丁，再一点一点掺入蛋白霜并始终顺着同一方向搅拌。

4. 将烤箱预热至180℃。

5. 将直径20厘米的模具内刷上黄油后倒入米布丁的混合物，放入烤箱烘烤25分钟。

6. 将米蛋糕晾凉后放入冰箱冷藏3小时。

7. 制作巧克力酱。

8. 将做好的打发鲜奶油与巧克力酱拌匀后在阴凉处静置备用。

9. 在餐盘上将晾凉的米蛋糕脱模。将打发鲜奶油和巧克力酱的混合物铺在蛋糕上，将剩余的混合物装在船形调味汁杯中。此外，还可以将米蛋糕切片后摆在盘中，在上面淋上巧克力鲜奶油酱。

大黄米蛋糕配草莓汁 Gâteau de riz à la rhubarb et au jus de fraise

准备时间：30分钟

制作时间：20分钟

冷藏时间：3小时

分量：6人份

米布丁800克（详见第266页）

蛋清4个　　　　盐1撮

大黄泥120克（详见第284页）

草莓汁200毫升（详见第106页）

草莓200克

1. 制作米布丁。

2. 将烤箱预热至180℃。

3. 将蛋清和盐搅打成尖角直立的蛋白霜。在大碗中放入米布丁，轻柔地用木勺搅拌，之后一点点掺入蛋白霜，边加边以略微上扬舀起的方式混合。

4. 将6个一人份蛋糕模具内刷上黄油并撒上高筋面粉（原料表外），将米布丁的混合物填入后放入烤箱烘烤20分钟。

5. 将米蛋糕取出并放凉，之后放入冰箱冷藏3小时。

6. 将大黄泥和草莓汁做好后在阴凉处保存备用。

7. 将草莓用冷水迅速冲洗后去梗。

8. 将米蛋糕在餐盘上脱模，逐个饰以大黄泥并淋上草莓汁，再用新鲜草莓作为装饰。

覆盆子粗麦蛋糕 Gâteau de semoule à la framboise

准备时间：15分钟
制作时间：15分钟
冷藏时间：3小时
分量：4~6人份
粗麦粉布丁800克（详见第267页）
柠檬1个　　　蛋黄4个
鲜奶油100毫升　覆盆子200克
细砂糖30克
马拉斯加酸樱桃酒1汤匙

1. 将柠檬皮擦成碎末。在粗麦粉布丁面糊快要熬煮完毕时放入柠檬皮碎末。
2. 将上面的混合物炖好后离火，逐个放入蛋黄，用木勺拌匀。
3. 放入鲜奶油后拌匀。
4. 在婆婆蛋糕模具中填入粗麦布丁面糊，放入冰箱冷藏3小时。

5. 将挑选后的覆盆子用餐叉压碎，浸泡在细砂糖和马拉斯加酸樱桃酒的混合物中。
6. 在热水中浸泡模具几秒钟，之后将粗麦蛋糕在餐盘上倒扣脱模。
7. 在餐盘中摆上切片的粗麦蛋糕，并在上面撒上压碎浸渍的覆盆子。

克里奥尔芋头蛋糕 Gâteau de taro créole

准备时间：20分钟
制作时间：25分钟+25分钟
分量：4~6人份
芋头500克
大橙子1个
黄油100克
鸡蛋4个
盐1撮
细砂糖20克
肉桂粉1茶匙

1. 将芋头削皮切块后放入盛满冷水的平底深锅中炖煮25分钟。将餐刀插入测试炖煮程度。沥干水分后放入果蔬榨汁机中搅打成泥。
2. 将橙皮擦成碎末，将果肉榨汁。将黄油加热至化开。
3. 将鸡蛋磕开，分离蛋清和蛋黄。将蛋清和盐搅打成尖角直立的蛋白霜。
4. 将烤箱预热至180℃。
5. 将芋泥、细砂糖和化开的黄油在容器中混合，再将蛋黄逐个放入，之后加入

橙皮碎末和橙汁，最后小心地掺入蛋白霜。
6. 将直径22厘米的舒芙蕾模内刷上黄油并撒上糖，之后倒入上面的混合物。放入烤箱烘烤25分钟左右。微温时享用口味最佳。

行家分享

芋头是来自非洲、亚洲和安的列斯群岛的类似于番薯的块茎类植物，很容易在进口食品杂货店中购买。

皇后蜜桃 Pêches à l'impératrice

准备时间：40分钟
制作时间：15分钟+5分钟
分量：4~6人份
水750毫升　　　细砂糖375克
香草荚1根　　　桃子6个
米布丁800克（详见第266页）
樱桃酒30毫升
马拉斯加酸樱桃酒20毫升
杏150克　　　马卡龙100克

1. 制作水煮桃子：将水、细砂糖和剖开去籽的香草荚一起加热至沸腾，在里面放入桃子并浸泡10~15分钟。将桃子捞出后去皮并对半切开，放在一旁备用。
2. 将米布丁做好后放入樱桃酒和马拉斯加酸樱桃酒。
3. 制作杏泥：将杏子切块后用电动打蛋器或果蔬榨汁机搅打成泥。
4. 将马卡龙用刀切碎。
5. 将烤箱预热至180℃。

6. 将直径24厘米的圆模底部铺上一层米布丁的混合物。将对半切开的水煮桃子摆在上面后，再薄薄地铺上一层米布丁，淋上杏泥并撒上马卡龙碎。将模具放入烤箱中烘烤5分钟，留意不要将表面烤糊。

秘诀一点通

在冬季，也可以用糖渍蜜桃和糖渍杏制作出这款甜点。

皇后米糕 Riz à l'impératrice

准备时间：1小时
制作时间：25分钟
冷藏时间：三四小时
分量：4~6人份

糖渍水果125克　朗姆酒50毫升
牛奶1升　　　　香草荚1根
盐 1撮　　　　　圆粒米250克
黄油 25克　　　 细砂糖150克
英式奶油酱500克（详见第43页）
明胶1片　　　　朗姆酒1汤匙
鲜奶油香缇250克（详见第49页）
香草糖1袋　　　糖渍樱桃 3颗

1．将糖渍水果切丁后浸泡在朗姆酒中。

2．将牛奶、香草荚、盐和黄油一起加热。

3．将1升水加热至沸腾后倒入圆粒米，炖煮2分钟后捞出沥干，再将米倒入烧开的香草牛奶中，调成小火后继续炖煮20分钟左右，直到将米熬烂为止。

4．在米中放入细砂糖后再熬5分钟。将糖渍水果丁连同朗姆酒一起倒在里面，拌匀后离火。放凉备用。

5．在冷水中将明胶浸软。制作英式奶油酱，快要熬好时放入挤干水分的明胶和朗姆酒，用细筛网过滤后晾凉备用。

6．使用香草糖制作鲜奶油香缇。

7．待米和英式奶油酱冷却后混合并拌匀。在里面放入鲜奶油香缇后轻柔地拌匀。在直径22厘米的萨瓦兰蛋糕模内倒入混合物，放入冰箱冷藏三四小时。

8．将模具浸泡在盛满开水的盘子中几秒钟，以便脱模，将米糕倒扣在餐盘上，饰以糖渍樱桃丁即可。

米布丁 Riz au lait

准备时间：15分钟
制作时间：30~40分钟
分量：4~6人份

牛奶900毫升
细砂糖70克　　　盐 1撮
香草荚1根（或肉桂粉1撮）
圆粒米200克　　　黄油 50克
蛋黄 二三个

1．将牛奶、香草荚（或肉桂粉）和细砂糖在大号平底深锅中加热。

2．将1升水加热至沸腾。将圆粒米清洗干净后倒入开水中煮2分钟，捞出后沥干水分，再浸泡于烧开的牛奶中。

3．调成小火后盖上锅盖，将米用微小的火炖煮30~40分钟。

4．待米煮好后，在里面放入黄油并逐个放入蛋黄，拌匀。微温或冷却后，与英式奶油酱（详见第43页）、覆盆子水果酱（详见第100页）或苹果泥（详见第276页）搭配享用。

杏仁米布丁配柑橘冻 Riz au lait d'amande et à la gelée d'agrumes

准备时间：30分钟
制作时间：15分钟+15分钟
分量：4人份

杏仁牛奶100毫升（详见第55页）
圆粒米80克　　　牛奶250毫升
细砂糖25克
法式发酵酸奶油200克
鸡蛋1个　　　　蛋黄1个
橙子 4个
粉红葡萄柚3个　　明胶2片

1．制作前夜，将杏仁牛奶做好。

2．将圆粒米洗净后在开水中炖煮2分钟。将牛奶和细砂糖烧开后浸入圆粒米。将火调小，使米炖煮至吸收掉全部牛奶。

3．将烤箱预热至120℃。

4．在炖煮好的圆粒米中倒入法式发酵酸奶油、鸡蛋、蛋黄和杏仁牛奶，拌匀后分别装入4个耐高温的盘子中，放入烤箱烘烤15分钟。取出，待盘子晾凉后放入冰箱冷藏。

5．将橙子和柚子皮削在沙拉盆中，取下几瓣果肉后将剩余的果肉榨汁。在充足的冷水中将明胶浸软，取出后挤干水分。

6．将柑橘汁在小号平底深锅中加热至微温，放入明胶搅拌至溶化。

7．在米中放入预留的橙子和葡萄柚果肉，搭配上柑橘冻。在布丁冰爽时享用。

粗麦粉布丁 Semoule au lait

准备时间：10分钟
制作时间：30分钟
分量：4~6人份

牛奶 1升　　　细砂糖 150克
盐 1撮　　　　香草荚 1根
粗麦粉 250克
黄油 75~100克

1. 将烤箱预热至180℃。
2. 将香草荚剖开去籽，与牛奶、细砂糖和盐一起加热。
3. 混合物烧开后，像雨点般撒入粗麦粉，拌匀后倒入黄油，搅拌均匀。
4. 将混合物倒入耐高温的盘子中，铺上涂有黄油的锡箔纸或烤盘纸，放入烤箱

烘烤30分钟。

秘诀一点通

可以根据个人口味有选择地放入事先用茶汤浸软的葡萄干、糖渍水果丁、杏干或李子干。

油炸薄米饼 Subrics d'entremets de riz

准备时间：30分钟
制作时间：10分钟
分量：4~6人份

米布丁 500克（详见第266页）
糖渍水果 100克
柑曼怡 50毫升
黄油 100克
醋栗冻、覆盆子冻或杏酱适量

1. 将糖渍水果浸泡在柑曼怡中。
2. 将米布丁做好后小心地与糖渍水果拌匀。
3. 将50克黄油加热至化开。在操作台铺上一张烤盘纸，在上面铺上4~6毫米厚的糖渍水果米布丁，在米布丁薄饼表面用毛刷刷上黄油，放入冰箱冷藏30分钟直到凝固为止。
4. 使用切割器或刀将糖渍水果米布丁薄饼裁切成圆形或方形。
5. 将剩余的黄油在长柄平底煎锅中加热，将米布丁薄饼两面煎至金黄色。
6. 将陆续煎好的米饼摆放在盘子中，在旁边放上1勺果冻或果酱即可。

举一反三

可以用粗麦粉代替米，按照上述方法制作粗麦炸薄饼，糖渍水果可有可无。

用水果制作的甜点
Les desserts aux fruits

　　用清爽且热量极低的水果制甜点作为大餐的收尾，或是在夏天享用，往往都会得到好评。水果制甜品简单易做，需要特别注意的是要选择完全成熟且没有损伤的水果。

焦糖香草烤菠萝 Ananas rôti à la vanille caramélisée

准备时间：30分钟
制作时间：1小时
分量：6人份
菠萝 1500克
香草荚 5根
糖浆
香草荚 2根
细砂糖 125克
香蕉 1/2根
新鲜姜薄片 6片
牙买加多香果 3粒
水 220毫升
朗姆酒 1汤匙

1. 将香蕉剥皮，将一半的香蕉在容器中压成30克香蕉泥。

2. 制作糖浆：将2根香草荚剖成两半并刮去香草籽。在平底深锅中放入细砂糖，不要加水，用小火干熬成深琥珀色的焦糖。将香草荚、姜片和多香果粒放在焦糖中，立刻加水并用木勺搅拌，加热至沸腾。在香蕉泥中倒入3汤匙糖浆，拌匀后对入朗姆酒，将混合物倒入盛放剩余糖浆的平底深锅中，搅拌均匀后备用。

3. 将烤箱预热至230℃。

4. 将菠萝用锋利的刀削去外皮，保持完整。将5根香草荚横着切成两半（不是剖开）后插在菠萝上，将菠萝放在深烤盘中。将糖浆过滤后淋在菠萝上。

5. 放入烤箱中烘烤1小时，不时在菠萝上淋糖浆并且翻面。

6. 待菠萝冷却后切片，摆放在盘子中，淋上烤盘中烘烤时析出的菠萝汁，冷热均可。

焦糖香草烤菠萝

菠萝的惊喜 Ananas en surprise

准备时间：40分钟
浸渍时间：2小时
冷藏时间：2小时
分量：4~6人份
菠萝 1个　　　　细砂糖 100克
朗姆酒 50毫升
卡仕达奶油酱 950克（详见第56页）
法式发酵酸奶油 100毫升
草莓 6~8颗

1. 将菠萝从上到下，小心地竖着切成两半，注意不要将皮弄裂。将菠萝肉挖出，留下几片菠萝薄片作为装饰备用。

2. 将菠萝果肉切成小丁，在100克细砂糖和朗姆酒的混合物中浸泡2小时左右。

3. 制作卡仕达奶油酱，将3个蛋清放在一旁备用。

4. 沥干菠萝丁，将浸渍的朗姆酒倒入奶油酱中，拌匀后放入冰箱冷藏2小时。

5. 迅速将草莓清洗干净。

6. 将预留的蛋清搅打成尖角直立的蛋白霜，再一点点小心地掺入奶油酱中，之后放入菠萝丁和法式发酵酸奶油。

7. 在对半切开并挖空的菠萝中填入混合物，再饰以菠萝片和新鲜草莓，放入冰箱冷藏保存，享用时取出。

安的列斯香蕉 Bananes antillaises

准备时间：10分钟
制作时间：15分钟
分量：6人份
香蕉 6根
橙子 2个
葡萄干 50克
黄油 50克
细砂糖 50克
香草糖 1袋
朗姆酒 100毫升

1. 将香蕉剥皮。将橙子榨汁。将葡萄干快速清洗干净，不要泡水。

2. 将餐盘用烤箱或微波加热。

3. 将黄油在平底不粘锅中加热至化开，放入沿纵向切成两半的香蕉，煎成金黄色，再放入细砂糖、橙汁和葡萄干，加热至沸腾后倒入一半的朗姆酒，用小火继续炖煮二三分钟。

4. 在温热的餐盘中放入煎好的香蕉和熬好的调味汁，呈放在餐桌上。

5. 将剩余的朗姆酒倒入小号平底深锅中迅速加热，浇在香蕉上后点燃。

举一反三

火焰香蕉

可以按照上面的做法，制作不含橙子酱的简单版火焰香蕉。将香蕉煎好，直接浇上朗姆酒后点燃，还可以与法式发酵酸奶油搭配享用。

博阿尔内香蕉 Bananes Beauharnais

准备时间：15分钟
制作时间：10~12分钟
分量：6人份
香蕉 6根　　　　细砂糖 30克
白朗姆酒 4汤匙
马卡龙 100克
高脂浓奶油 150克

1. 将烤箱预热至220℃。

2. 将香蕉剥皮。

3. 将耐高温的大盘内略微刷上黄油，仔细地将香蕉摆在盘中，撒上细砂糖和朗姆酒后，将大盘子放入烤箱中烘烤6~8分钟。

4. 将马卡龙用刀切碎。

5. 从烤箱中取出大盘，将高脂浓奶油淋在香蕉上，再撒上马卡龙碎，放入烤箱继续烘烤三四分钟，变成镜面后即可享用。

勃艮第火焰樱桃 Cerises flambées à la bourguignonne

准备时间：30分钟
制作时间：15分钟
分量：4~6人份
樱桃 600克　　　水 200毫升
细砂糖 260克
醋栗冻 二三汤匙
渣酿白兰地 50毫升

1. 将樱桃去梗去核。
2. 在小号平底深锅中倒入水和细砂糖后加热至沸腾。
3. 将樱桃浸泡在糖浆中，调成小火后炖煮10分钟左右。

4. 将二三汤匙醋栗冻放入后，小火熬煮五六分钟收干汤汁。
5. 在餐盘中倒入煮好的樱桃。将渣酿白兰地倒入小号平底深锅中，加热后浇在樱桃上，用火点燃，即可享用。

蜂蜜牛轧糖冰火蜜桃冻 Chaud-froid de pêches au miel et au nougat

准备时间：40分钟
冷藏时间：1小时
分量：6人份
薰衣草蜂蜜冰激凌
鲜奶油 100毫升
鲜牛奶 400毫升
薰衣草蜂蜜 150克
蛋黄 6个　　　牛轧软糖 50克
薰衣草蜂蜜煎蜜桃
桃子 1千克　　　黄油 50克
薰衣草蜂蜜 70克
胡椒粉少许　　　盐 1撮
柠檬 1个　　　牛轧糖 60克

1. 制作薰衣草蜂蜜冰激凌：将水和冰块填满大沙拉盆。将鲜牛奶、鲜奶油和一半的薰衣草蜂蜜放入平底深锅中，加热至沸腾。将蛋黄和剩余的蜂蜜在容器中搅打均匀后，倒入1/3烧开的蜂蜜牛奶的混合物中，使劲搅打。将上面的混合物倒入平底深锅中，用小火按照英式奶油酱（详见第43页）的做法熬制，轻柔地用打蛋器拌匀。
2. 奶油酱一熬好后立即倒入沙拉盆中，再浸入盛满冰块和水的大沙拉盆中冷却，之后放入冰箱冷藏。
3. 将牛轧软糖切成小块。
4. 将奶油酱用冰激凌机搅拌1小时，在最后2分钟时放入小块牛轧软糖。
5. 制作香煎蜜桃：将桃子去皮、去核

后切成8块。将黄油在平底煎锅中用中火加热至化开，之后放入薰衣草蜂蜜。调成最大的火后，放入桃子煎制，其间不时晃动平底深锅使桃子均匀上色且略微变成焦糖色。将柠檬榨汁，之后和1撮盐一起放入锅中，再放入研磨器旋转3圈分量的胡椒粉，晃动锅身后离火。
6. 将桃子分别盛放在盘中，撒上压碎的牛轧糖，将1大球薰衣草蜂蜜冰激凌摆放在桃子上，即可享用。

秘诀一点通

可以提前一晚将冰激凌做好，第二天放入冰激凌机中搅拌1小时，即可享用甜品。

烤榲桲 Coings au four

准备时间：15分钟
制作时间：30~35分钟
分量：4人份
完全成熟的榲桲 4个
法式发酵酸奶油 100毫升
细砂糖 195克　　　杏露100毫升

1. 将烤箱预热至220℃。
2. 将耐高温的盘子中涂上黄油。
3. 将榲桲去皮后，用苹果去核器挖掉内核，但不要穿透。
4. 将法式发酵酸奶油和65克细砂糖拌匀，之后用小勺填入榲桲中。

5. 将剩余的细砂糖撒在水果上并摆入盘中，在烤箱中烘烤30分钟左右，不时将杏露和烘烤时榲桲析出的汁液淋在榲桲上。
6. 温热时享用。

杏泥 Compote d'abricot

准备时间：10分钟
制作时间：2分钟
分量：4~6人份
杏 700克　　　细砂糖 75克
明胶 3片
杏子蒸馏酒 20毫升

1. 将杏子去核后，用电动打蛋器或果蔬榨汁机搅打成泥。将细砂糖放入杏泥中拌匀。

2. 将明胶用水浸软后挤干水分。在平底深锅中放入1/4的杏泥，放入杏子蒸馏酒和明胶，略微加热使明胶融化。将做好的混合物倒入剩余的杏泥中，使劲搅打混合。存放在阴凉处。

100克杏泥中的营养价值

85千卡；蛋白质：1克；碳水化合物：18克

行家分享

可以用香梨或黄香李蒸馏酒代替杏子蒸馏酒。这款杏泥与水果蛋糕可谓"绝佳的伴侣"。

烤杏泥 Compote d'abricot rôtis

准备时间：10分钟
制作时间：20分钟
分量：4~6人份
杏 600克
细砂糖 80克

1. 将烤箱预热至190℃。
2. 将杏洗净去核后，对半切开。
3. 将切开的杏子整齐地摆放在深烤盘中，撒上糖后放入烤箱烘烤20分钟。
4. 将杏泥盛放在高脚果盘中，微温或冷却后享用。

行家分享

这款果泥可与英式奶油酱（详见第43页）或香草冰激凌（详见第90页）与醋栗冻一起搭配享用。还可以与小饼干或布列塔尼小圆酥饼（详见第218页）一同食用。

越橘泥 Compote d'airelle

准备时间：15分钟
制作时间：15分钟
冷藏时间：1小时
分量：8~10人份
越橘 1千克
柠檬 1/2个
细砂糖 500克
水 200毫升

1. 从果串上摘下越橘粒后清洗干净。
2. 将柠檬皮擦成碎末。
3. 将细砂糖、柠檬皮碎和水拌匀后加热，持续沸腾5分钟，倒入越橘后大火熬煮10分钟。
4. 将越橘用漏勺捞出后放在高脚盘中。
5. 继续熬制糖浆直到收干约1/3为止。在越橘上淋上糖浆后放入冰箱冷藏至少1小时。

秘诀一点通

如果提前一二天制作这款果泥，可以将糖浆收干约1半左右，因为越橘会在放置时析出汁液。

举一反三

可以按照上面的方法，使用新鲜或速冻水果制作蓝莓或黑醋栗泥。

黑醋栗泥 Compote de cassis

准备时间：15分钟
冷藏时间：3小时
分量：6~8人份
罐头黑醋栗 150克
醋栗 100克
细砂糖 150克
明胶 5片
醋栗 1千克

1. 在塑料滤器中放入罐头黑醋栗，放置几小时沥干。

2. 分别将黑醋栗和醋栗用电动打蛋器或安装精细过滤网的果蔬榨汁机搅打成泥。将两种果泥和细砂糖在大沙拉盆中拌匀。

3. 在装满充足冷水的大碗中将明胶浸泡15分钟，变软后挤干水分放在清空的大碗中，在隔水加热的容器中化开。将2汤匙果泥与明胶混合后，倒入盛放果泥的大沙拉盆中，拌匀后倒入1千克黑醋栗。

4. 待果泥冷却后盛放在高脚杯或大碗中，放入冰箱冷藏3小时。在果泥冰爽时食用。

举一反三

可以用500克速冻覆盆子泥、70克细砂糖、1/2个柠檬的汁和6片明胶，按照上述方法制作覆盆子泥。

樱桃泥 Compote de cerise

准备时间：30分钟
制作时间：8分钟
分量：6~8人份
樱桃 1千克
细砂糖 300克
水 100毫升
樱桃利口酒 1烈酒杯

1. 迅速将樱桃清洗干净后去梗去核。

2. 在厚底的平底深锅中倒入细砂糖和水，将糖浆熬制成"大球"阶段（详见第67页）后倒入樱桃，用小火熬煮8分钟。

3. 沥干樱桃后倒入高脚盘中。

4. 将樱桃酒倒入糖浆后拌匀。浇在樱桃上，放凉后享用。

举一反三

黄香李泥

可以按照上述做法，用1千克黄香李、200克糖和80毫升水制作黄香李泥，与盛放在船形调味汁杯中的法式发酵酸奶油搭配食用。

蜜桃泥

用200克糖和80毫升水熬制糖浆后放入1根香草荚。将桃子快速水煮，轻松地剥去外皮，之后按照上面的做法制作果泥。

无花果干泥 Compote de figue séchée

准备时间：10分钟
浸渍时间：三四小时
制作时间：20~30分钟
分量：4~6人份
无花果干 300克　柠檬 1个
细砂糖 300克
红葡萄酒 300毫升

1. 在盛放充足冷水的容器中将无花果干浸泡三四小时，直到膨胀泡开为止。

2. 将柠檬皮擦成碎末。在平底深锅中放入细砂糖、红葡萄酒和柠檬皮碎末，加热至沸腾。

3. 沥干无花果上的水分后浸泡在烧开的混合物中，小火熬煮20~30分钟。趁微温时享用。

行家分享

这款果泥可与自己喜欢的饼干或香草冰激凌（详见第90页）搭配享用。

嘉瑞盍特皁每柑橘配红甜菜汁

草莓泥 Compote de fraise

准备时间：15分钟
分量：4~6人份
草莓 700克　　细砂糖 140克
水 100毫升　　香草荚 1根

1. 在滤器中快速清洗草莓并去梗。制作糖浆：剖开香草荚后去籽，在平底深锅中与细砂糖和水一起加热并持续沸腾5分钟。

2. 将不加烹煮的草莓直接摆放在高脚盘中，将烧开的糖浆淋在上面即可。

100克草莓泥的营养价值

100千卡；蛋白质：0克；碳水化合物：25克

轻食谱 RECETTE LÉGÈRE

芒果泥 Compote de mangue

准备时间：15分钟
制作时间：30分钟
冷藏时间：1小时
分量：4人份
芒果 2千克　　柠檬 2个
细砂糖 50克　　肉桂粉 2撮

1. 将柠檬皮擦成碎末，将2个柠檬榨汁。

2. 将芒果对半切开后去核，将果肉用小勺挖出并放在平底深锅中，在里面倒入柠檬汁、柠檬皮碎末和2撮肉桂粉；用水没过后加热至沸腾，撇去浮沫，转小火后熬煮30分钟左右。

3. 将芒果泥盛放在高脚杯中，放凉后在冰箱冷藏至少1小时。

栗子泥 Compote de marron

准备时间：45分钟
制作时间：45分钟
分量：4~6人份
栗子 700克
香草荚 2根
细砂糖 700克
水 700毫升

1. 剖开香草荚后去籽，在平底深锅中与水和细砂糖一起加热至沸腾。

2. 将一锅水加热。将栗子用锋利的小刀从周围深深切开，以便将两层隔膜同时切开。在开水中浸泡5分钟，捞出后趁热剥皮。

3. 在香草糖浆中浸入栗子，小火熬煮45分钟左右。

4. 用高脚盘盛放栗子和糖浆，晾凉后在冰箱中冷藏1小时后即可享用。

秘诀一点通

可以使用水煮栗子罐头加快这款栗子泥的制作，时间缩短为30分钟左右。

啤酒香梨泥 Compote de poire à la bière

准备时间：10分钟
制作时间：20分钟
分量：4~6人份
香梨 500克　　啤酒 500毫升
糖渍橙子 50克
糖渍柠檬 50克　　细砂糖 100克
科林斯葡萄干 100克
肉桂粉 1汤匙

1. 削去香梨皮，将梨肉切成2厘米见方的小块后放入平底深锅中，倒入啤酒没过。

2. 将糖渍橙子和柠檬切成极小的块，与细砂糖、葡萄干和肉桂粉一起倒入盛放香梨块的锅中。

3. 用小火炖煮20分钟，不时晃锅。

4. 室温下晾凉后，倒入一人份高脚杯或大碗中，与水果蛋糕或饼干搭配享用。

苹果或香梨泥 Compote de pomme ou de poire

准备时间：15分钟
制作时间：15~20分钟
分量：4~6人份
苹果或香梨 800克
水 100毫升
细砂糖 150克
香草荚 2根（或肉桂3根）
柠檬 1个

1. 将水、细砂糖和剖开并刮掉籽的香草荚或肉桂混合后加热至沸腾，制作成糖浆。

2. 将柠檬榨汁后倒入沙拉盆中。

3. 削去苹果或香梨的皮，切4块后去子，放入沙拉盆中。晃动沙拉盆使苹果块或梨块均匀地沾上柠檬汁。

4. 将水果块浸泡在烧开的糖浆中，炖煮至变软、变熟但切勿煮烂。微温或冷却时均可享用。

100克苹果或香梨泥的营养价值

65千卡；碳水化合物：16克

举一反三

将苹果块或梨块直接放入平底深锅中，用小火与半杯水、细砂糖和肉桂粉一起加盖炖煮，其间不时晃锅避免糊底。

李子泥 Compote de pruneau

准备时间：10分钟
制作时间：40分钟
分量：4~6人份
新鲜李子或李子干 500克
温热的淡茶 300毫升
白葡萄酒或红葡萄酒 100毫升
结晶糖 80克
柠檬 1个　　香草糖 1袋

1. 如果使用的是李子干，需要浸泡在温热的淡茶中泡开。

2. 待李子干膨胀后沥干去核，放入平底深锅中。将柠檬榨汁。用葡萄酒没过李子干，依次放入结晶糖、柠檬汁和香草糖。

3. 加热至沸腾后继续炖煮40分钟左右成泥状。待微温或冷却后享用。

行家分享

可以不去掉李子干的核，而是增加水或葡萄酒的分量，之后连同汁液一起享用软烂的李子干。

红毛丹薄荷泥 Compote de ramboutan à la menthe

准备时间：20分钟
浸渍时间：12小时
冷藏时间：1小时
分量：4人份
红毛丹 500克　　桃 2个
细砂糖 50克
麝香葡萄酒 2烈酒杯
新鲜薄荷叶 8片
新鲜的草莓 8颗

1. 制作前夜，制作浸渍水果：将一锅水加热。将桃子插在餐叉上，逐个氽水后立即浸泡在盛装冷水的碗中，剥去桃皮，切4块后去核，将桃块放入大碗中。

2. 剥去红毛丹的外皮，掰成两半并去核，之后也放入大碗中，将细砂糖和麝香葡萄酒淋在上面，拌匀后浸渍过夜。

3. 在平底深锅中放入水果和麝香葡萄酒的混合物，小火加热至沸腾，之后继续炖煮至少1小时30分钟。离火后晾凉，放入冰箱冷藏静置至少1小时。

4. 用剪刀将薄荷叶剪碎。迅速将草莓洗净并去梗，之后切成薄片。

5. 用一人份高脚杯盛装果泥，再饰以草莓和薄荷碎末。待彻底冷却后享用。

陈年酒酿葡萄泥 Compote du vieux vigneron

准备时间：40分钟
制作时间：15分钟
分量：6~8分钟
微酸的苹果 350克
细砂糖 250克
红葡萄酒 250毫升
丁香 1粒　　　　肉桂粉 1撮
香梨 250克　　　桃 250克
黄油 20克
新鲜的葡萄粒 90克

1. 削去苹果皮，切4块后去子，在厚底的平底深锅中，用小火与100克细砂糖一起加盖焖煮直到软烂。

2. 制作糖浆：将剩余的150克细砂糖、红葡萄酒、丁香和肉桂粉一起加热至沸腾。

3. 去掉香梨和桃皮，分别将香梨切4块去子，将桃对半切开后去核。将切块的水果连同流出的汁液一起放入烧开的糖浆中，炖煮15分钟。

4. 趁苹果泥温热时放入黄油，之后盛放在高脚盘中。将煮熟的桃和香梨用漏勺捞起，沥干后摆放在苹果泥上。

5. 在烧开的糖浆中放入葡萄粒，熬煮3分钟后捞出沥干，也摆放在苹果泥上。

6. 将糖浆中的丁香捞出后收干糖浆至浓稠。

7. 将糖浆淋在果泥上，室温下放至彻底冷却。

巧克力香蕉春卷 Croustillant choco-banane

准备时间：30分钟
制作时间：8分钟
分量：8人份
香草冰激凌 750毫升
黄油 200克　　　可可粉 60克
糖粉 40克　　　　春卷皮 8片
香蕉 4根　　　　柠檬 1个
可可粉 适量

1. 如果不使用现成购买的冰激凌，需要提前制作香草冰激凌。

2. 将烤箱预热至200℃。

3. 将黄油慢慢地在平底深锅中加热至化开，之后放入可可粉和糖粉。

4. 将每片春卷皮切成4小片，将上述混合物刷在表面，放在铺有烤盘纸的烤盘中，放入烤箱烘烤8分钟。

5. 剥去香蕉皮后撒上柠檬汁，用餐叉将香蕉压成泥。

6. 依次将1/4的春卷皮、香蕉泥、春卷皮、香草冰激凌叠放在一起，最后再用放上春卷皮作为结束，将可可粉撒在上面即可。

让-皮埃尔·维卡多，阿比修斯餐厅（Jean-Pierre Vigato, restaurant Apicius）

吉奈特草莓 Fraises Ginette

准备时间：20分钟
浸渍时间：30分钟
分量：4人份
柠檬雪葩 750毫升（详见第92页）
草莓 500克　　　细砂糖 100克
柑香酒 100毫升
香槟 1烈酒杯
冰糖紫罗兰 80克
糖渍橙皮 100克
乳皮奶油 200毫升
香草糖 1袋

1. 使用现成的冰激凌或者自己制作柠檬雪葩，使用时从冷冻柜中取出。

2. 在冷冻柜中放入4只空酒杯。

3. 将草莓在滤器中清洗干净后去梗。将其中较大的草莓对半切开后放入沙拉盆中，再放入40克细砂糖、柑香酒和香槟，拌匀后浸渍30分钟。

4. 将60克冰糖紫罗兰用擀面杖大致擀碎。

5. 将糖渍橙皮切成小丁或者薄片。

6. 将乳皮奶油与剩余的60克细砂糖以及香草糖一起打发。

7. 沥干草莓。在滤器中垫上细纱布，过滤浸泡草莓的糖浆。

8. 在冰冻后的酒杯中铺上柠檬雪葩。

9. 摆上草莓、糖渍橙皮和冰糖紫罗兰碎，将糖浆和打发的乳皮奶油淋在上面，再饰以剩余的20克冰糖紫罗兰碎即可。

马耳他草莓 Fraises à la maltaise

准备时间：15分钟
分量：6人份
血橙 3个
草莓 600克
细砂糖 70克
君度橙酒 30毫升
刨冰 适量

轻食谱 RECETTE LÉGÈRE

1. 将血橙用锯齿刀对半切开，将果肉用葡萄柚挖勺取出后放在沙拉盆中。
2. 将对半切开的橙子底部切掉，成为稳固的平面，放在盘中在冰箱中冷藏备用。
3. 将血橙果肉榨汁。
4. 在滤器中迅速将草莓清洗干净后去梗。
5. 将血橙汁细砂糖和君度橙酒拌匀后淋在草莓上，之后放入冰箱冷藏。
6. 上桌时，将草莓放入半个血橙皮小碗中，在酒杯中铺上刨冰后放上橙皮小碗，即可食用。

100克马耳他草莓的营养价值

65千卡；碳水化合物：14克

焗烤苹果配干果 Gratin de pommes aux fuits secs

准备时间：15分钟
浸渍时间：1小时
制作时间：10分钟
分量：4人份
无花果干 4个　开心果 30克
葡萄干 50克　朗姆酒 70毫升
苹果 3个　柠檬 1个
面包粉 40克　肉桂粉 1/2茶匙
杏仁粉 40克

1. 大致将无花果干和开心果切碎，放入大碗中与葡萄干一起，在朗姆酒中浸渍1小时。
2. 将柠檬榨汁后倒入另一只大碗中。将苹果削皮后将果肉在碗中擦成碎末，与柠檬汁拌匀，防止苹果氧化变黑。
3. 将烤箱预热至200℃。
4. 将两只碗中的混合物倒在一起，放入面包粉后拌匀。
5. 将4个鸡蛋形陶瓷模具内刷上黄油，倒入上面的混合物后，撒上肉桂粉和杏仁粉，放入烤箱烘烤10分钟，直到表面变成金黄色为止。微温或冷却后均可享用。

100克焗烤苹果配干果的营养价值

180千卡；蛋白质：3克；碳水化合物：20克；脂肪：6克

异域水果蛋白酥 Meringue aux fruits exotiques

准备时间：45分钟
制作时间：8~10分钟
分量：8人份
卡仕达奶油酱 200克（详见第56页）
鲜奶油香缇 250克（详见第49页）
完全成熟的芒果 1个
猕猴桃 1个　小菠萝 1个
百香果 8个　香草荚 1根
石榴 1/4个
蛋白霜 90克（详见第40页）

1. 将卡仕达奶油酱和鲜奶油香缇做好后放入冰箱冷藏备用。
2. 将芒果、猕猴桃和菠萝去皮后切块，放入沙拉盆中。切开百香果，将果肉挖出后也放入沙拉盆中。
3. 剖开香草荚后刮出香草籽，与剥下的石榴籽一起放入沙拉盆中。混合后，将卡仕达奶油酱倒入并拌匀，之后小心地掺入鲜奶油香缇。
4. 将意大利蛋白霜做好后填入装有圆形裱花嘴的裱花袋中。
5. 将烤箱预热至250℃。
6. 分别在一人份耐高温的小杯子中填入水果奶油酱的混合物，并在整个表面紧密地挤出蛋白霜玫瑰花饰。
7. 在烤箱中放入杯子并烘烤8~10分钟，取出后即可享用。

丝滑的惬意

舒芙蕾香橙 Orange soufflées

准备时间：45分钟
制作时间：30分钟
分量：6人份
表皮未经处理的大橙子6个
鸡蛋3个
细砂糖60克
玉米淀粉2汤匙
柑曼怡50毫升

1. 逐个将橙子上下两端切下来，使其能平稳地固定。
2. 将橙子内的果肉用葡萄柚挖勺小心地取出，注意不要破坏果皮。将果肉用小号滤器挤压并过滤出果汁。
3. 将鸡蛋磕开，分离蛋黄和蛋清。将蛋黄、细砂糖、玉米淀粉在大碗中搅打均匀，之后对入橙汁拌匀。
4. 将上面的混合物倒入平底深锅中，

小火加热且不停用木勺搅拌。
5. 待混合物熬至浓稠后离火，倒入柑曼怡，放凉备用。
6. 将烤箱预热至220℃。
7. 将蛋清搅打成尖角直立的蛋白霜，小心地掺入上面的橙子奶油酱中。在橙子容器中分别填入做好的慕斯。
8. 将橙皮容器摆放在耐高温的盘子中，放入烤箱烘烤30分钟。趁热享用。

波尔多蜜桃 Pêches à la bordelaise

准备时间：30分钟
浸渍时间：1小时
制作时间：10~12分钟
分量：4人份
桃4个　　　　　　细砂糖70克
波尔多红葡萄酒300毫升
方糖8块　　　　肉桂1根

1. 烧开一大锅水，放入桃余烫30秒，取出后立即浸入冷水中。剥皮后对半切开并去核。将桃放在沙拉盆中，撒上细砂糖后腌渍1小时。
2. 将红葡萄酒、方糖和肉桂放入另一口平底深锅中加热至沸腾。

3. 用小火在糖浆中将桃炖煮10~12分钟。
4. 沥干后摆放在玻璃杯中。继续收干熬煮桃的糖浆直到附着于勺子上为止，淋在桃上。放凉后即可享用。

薰衣草香煎蜜桃 Pêches poêlées à la lavande

准备时间：10分钟
分量：4人份
桃4个
干燥的薰衣草0.5克
柠檬1个
黄油30克
细砂糖30克

1. 将干燥的薰衣草用小刀细细切碎。
2. 剥去桃皮后对半切开，去核后再将半边的桃切成两半。
3. 将黄油放入平底煎锅中加热至化开，放入桃块和细砂糖，大火煎炒。
4. 快要煎好时倒入薰衣草碎，分别放

在每块桃上。之后将水果摆盘，晾凉。冷却后享用。

行家分享

这款香煎蜜桃与水果布里欧修（详见第204页）切片一起享用时非常美味。

香煎苹果配香料面包 Poêlée de pommes au pain d'épice

准备时间：25分钟
制作时间：10分钟
分量：6人份
香煎苹果
苹果 1.2千克 　柠檬 4个
橙子 1/2个 　黄油 80克
细砂糖 100克 　松子 80克
香料面包
香料面包 250克
黄油 40克
糖渍黑醋栗 100克

1. 准备苹果：将苹果削皮、对半切开并去子。再根据半个苹果的大小切成三四块。

2. 将柠檬榨汁。将半个橙子皮擦成碎末。

3. 将苹果块、4汤匙柠檬汁、橙皮碎末和细砂糖放入沙拉盆中，拌匀。

4. 将黄油在平底煎锅中用极大的火加热至化开，放入苹果块煎炒，用木勺时常搅拌，注意保持苹果的口感爽脆，快煎好时放入松子。存放时保持材料的温度。

5. 制作香料面包：将面包切成小丁。将黄油在另一口平底深锅中加热至化开，放入香料面包丁后煎炒几分钟上色，之后煎至酥脆为止。离火后沥干黄油，将面包丁摆放在吸油纸上。

6. 沥干黑醋栗。将微温的苹果块在盘中排列成花冠的形状，之后将黑醋栗和酥脆的香料面包丁撒在上面，即可享用。

沙尔皮尼香梨 Poires Charpini

准备时间：40分钟
冷藏时间：2小时
制作时间：20分钟
分量：6人份
卡仕达奶油酱 700克（详见第56页）
鲜奶油香缇 1/2升（详见第49页）
梨 6个 　结晶糖 适量
香草糖浆
细砂糖 750克 　水 750毫升
香草荚 1根

1. 将卡仕达奶油酱做好后放入冰箱冷藏2小时。

2. 将鲜奶油香缇做好后小心地与卡仕达奶油酱拌匀，存放在阴凉处备用。

3. 制作糖浆：将水、细砂糖和剖开并去子的香草荚在平底深锅中加热至沸腾。

4. 削去梨皮，对半切开后去子，放入糖浆中炖煮15~20分钟。

5. 将一半奶油酱的混合物铺在深底餐盘中，将对半切开的糖渍香梨摆在上面，再铺上剩余的奶油酱。

6. 在表面撒上结晶糖，将盘子放在烤箱里的烤架下烘烤1分钟，变成焦糖后取出。冷却后即可享用。

银塔餐厅（La Tour d'Argent）

苏玳烤香梨 Poires rôties au sauter nes

准备时间：1小时
制作时间：20分钟
分量：8人份
梨 8个 　黄油 200克
细砂糖 300克 　苏玳酒 1瓶
核桃冰激凌
牛奶 1升 　细砂糖 150克
蛋黄 6个 　核桃蓉 150克

1. 制作核桃冰激凌：将牛奶和一半的细砂糖加热至沸腾。将蛋黄和另一半细砂糖搅拌均匀，在里面倒入烧开的甜牛奶，持续搅打。之后用小火熬煮直到奶油酱附着于勺背上，此时将核桃蓉掺入。放凉后在冰箱中冷冻备用。

2. 制作烤香梨。将梨去皮，对半切开后去子。在平底煎锅中放入黄油和细砂糖，刚变成焦糖后立即放入香梨和苏玳酒，炖煮至香梨软糯为止。

3. 逐个在盘中放入香梨，淋上烤香梨时析出的汁液，最后放上一球核桃冰激凌。

米歇尔·侯斯堂（Michel Rostang）

葡萄酒香梨 Poires au vin

准备时间：20分钟
制作时间：10分钟+20分钟
冷藏时间：24小时
分量：8人份

梨 8个　　　　　柠檬 1个
红葡萄酒 1升　　蜂蜜 100克
粗粒红糖 150克　白胡椒适量
香菜籽适量　　　肉豆蔻粉适量
香草荚 3根

1. 将柠檬皮用削皮刀刮取后，在开水中浸泡2分钟。

2. 将梨去皮留梗后挤上柠檬汁。在平底深锅中放入梨皮，依次倒入红葡萄酒、蜂蜜、粗粒红糖、烫煮后的柠檬皮、少许白胡椒、几粒香菜籽、少量肉豆蔻和剖成两半的香草荚，加热至沸腾后转小火，继续熬煮10分钟后放入香梨，将梗留在液体外，盖上锅盖，小火焖煮20分钟。

3. 取出香梨后放入高脚盘中。将煮梨的汤汁过滤后浇在梨上。

4. 放凉后在冰箱中冷藏24小时，这样做会使汤汁在食用时呈现凝胶状。

埃尔维·辉蒙（Hervé Rumen）

100克葡萄酒香梨的营养价值

60千卡；碳水化合物：15克

巧妇苹果 Pommes bonne femme

准备时间：10分钟
制作时间：35~40分钟
分量：4人份

硬实果肉的苹果 4个
黄油 40克
细砂糖 40克

1. 将烤箱预热至220℃。

2. 将苹果转圈削皮至一半处并去核，之后放入刷过黄油的大焗烤盘中。

3. 逐个将苹果挖空的部分填入黄油和细砂糖的混合物，在焗烤盘中舀入几勺水。

4. 放入烤箱烘烤35~40分钟。将焗烤盘端上桌直接即可食用。

100克巧妇苹果的营养价值

125千卡；碳水化合物：17克；脂肪：6克

举一反三

卡尔瓦多斯白兰地火焰苹果

将80毫升卡尔瓦多斯白兰地倒入小号平底深锅中加热，浇在苹果上点燃后即可享用。

香槟利口酒生苹果 Pommes crues à la liqueur de champagne

准备时间：10分钟
分量：4~6人份

新鲜的苹果 4个
柠檬 2个
金黄色的葡萄干 750克
香槟利口酒 60毫升
脂肪含量40%的白奶酪 300克

1. 将柠檬榨汁后倒在沙拉盆中。

2. 将苹果削皮去子后切丁，放入沙拉盆中与柠檬汁拌匀，以防苹果氧化变黑。

3. 将葡萄干在滤器中迅速清洗。

4. 沥干苹果丁后放入高脚盘中，再放入葡萄干，倒入香槟利口酒，拌匀。置于阴凉处保存，享用时取出。

5. 逐盘放上1勺白奶酪并撒上苹果丁。

行家分享

这款甜点非常适合与意大利海绵蛋糕（详见第242页）或磅蛋糕（详见第243页）搭配享用。

咸味黄油蜂蜜苹果 Pommes au miel et au beurre salé

准备时间：15分钟
制作时间：10分钟
分量：6~8人份
红香蕉苹果8个
液体洋槐蜂蜜250克
咸味黄油70克

1．将烤箱预热至220℃。

2．削去苹果皮后对半切开，去掉硬心。

3．在烤盘中倒入蜂蜜后均匀地铺开。大火烘烤，令金黄色的蜂蜜受热成为焦糖，做成焦糖酱。

4．离火后，将对半切开的苹果放在烤盘或盘子中，弧形的一面向下，在平坦的一面放上核桃大小的咸味黄油。

5．放入烤箱烘烤10分钟。趁热或放至微温时在苹果上淋上焦糖酱，即可享用。

克里斯蒂安娜·玛诗雅（Christiane Massia）

拉斯多奶油李子干 Pruneaux au rasteau et à la crème

准备时间：15分钟
制作时间：15分钟
浸渍时间：3天
分量：6人份
李子干36个
波尔多清淡红酒500毫升
罗讷河谷拉斯多产区甜酒500毫升
柠檬1个　　橙子1个
特浓奶油膏180克

1．制作前夜：将两种酒对在一起后浸泡李子干。

2．次日：分别将橙子和柠檬切成厚片，放入在平底深锅中，用小火与李子干和浸泡用酒一起加热，并保持15分钟微滚状态。

3．将上述混合物全部倒入高脚盘中，放入冰箱冷藏3天。

4．捞出橙子和柠檬片，将李子干连汁液一起倒入汤盘中，搭配特浓奶油膏一同食用。

让和皮埃尔杜华高兄弟（Jean et Pierre Troisgros）

草莓大黄泥 Rhubarbe aux fraises

准备时间：30分钟
浸渍时间：3小时
制作时间：20~30分钟
分量：6~8人份
大黄1千克
细砂糖250克
完全成熟的草莓300克
香草冰激凌750毫升（详见第90页）

1．削去大黄的外皮并仔细地去除全部的纤维，均匀地切成四五厘米的块后，放入沙拉盆中，和细砂糖一起用木勺拌匀，腌渍3小时，期间不时用刮勺搅拌。

2．将沙拉盆中的原料倒入平底深锅中，小火炖煮20~30分钟。

3．清洗草莓，去梗后对半切开，也倒入平底深锅中，不过切勿熬煮超过5分钟。

4．将混合物全部倒入高脚盘中，放凉。

5．将甜点盛放在小玻璃杯中享用，可以与一球香草冰激凌搭配享用。

举一反三

可以制作不使用草莓的大黄泥，放至微温后享用。可以在上面淋草莓奶油酱。

巧妇苹果

丹麦红果鲜奶油Rødgrød danois

准备时间：30分钟
制作时间：25分钟
冷藏时间：2小时
分量：6人份

草莓 300克　　覆盆子 300克
细砂糖 150克　　柠檬 2个
打发鲜奶油 500毫升（详见第
51页）
糖渍橙皮或柠檬皮 50克

1. 迅速清洗草莓后去梗。分拣覆盆子。在平底深锅中放入水果后，小火熬煮10分钟。将其中一半倒入沙拉盆中，放在一旁备用。

2. 用装有精细滤网的果蔬榨汁机或电动搅拌器将剩余的水果搅打成泥，倒入平底深锅中加热，沸腾后倒入细砂糖和柠檬汁，拌匀。继续用小火熬煮10分钟左右。

3. 将水果酱盛放在容器中，放入冰箱冷藏2小时。

4. 制作打发的鲜奶油。

5. 在水果酱中倒入事先留出的水果，小心地拌匀，注意不要挤碎。分别将混合物装在6个一人份酒杯中，饰以打发的鲜奶油。细细将糖渍橙皮或柠檬皮切碎后撒在上面。

6. 与盛放在船形调味汁杯中的打发鲜奶油搭配享用。

柠檬马鞭草香橙沙拉 Salade d'orange à la verveine citronnelle

准备时间：25分钟
静置时间：20分钟
分量：6人份

橙子 1500克　　柠檬 1/2个
新鲜姜蓉 1茶匙
矿泉水 500毫升
柠檬马鞭草 1把
细砂糖 250克
黑胡椒 五六粒

1. 制作果汁：将半个柠檬皮和鲜姜擦成碎末。将柠檬马鞭草的叶片摘下。将水、细砂糖、柠檬皮碎末、黑胡椒和姜蓉放在平底深锅中加热至沸腾。大致将一半的柠檬马鞭草切碎。将锅离火后放入马鞭草碎。盖上锅盖，闷20分钟。将溶液过滤后放入冰箱冷藏备用。

2. 准备橙子：将橙子的两端用锋利的刀切掉，之后削去整个外皮及中间白色的部分。将橙肉切片后放在沙拉盆中，在阴凉处保存备用。

3. 将姜味马鞭草汁倒在橙子片上。留下两片完整的柠檬马鞭草叶片，细细地将剩余的马鞭草叶切碎。在橙子片上撒马鞭草碎末，再饰以两片完整的叶片。待彻底冷却时享用。

水果沙拉 Salade de fruits

准备时间：30分钟
分量：8人份

表皮未经处理的橙子 3个
表皮未经处理的柠檬 2个
细砂糖 100克　　香草荚 1根
薄荷叶 14片　　芒果 3个
木瓜 3个　　　杏 6个
桃 6个　　　　菠萝 1个
葡萄柚 1个
红色和黑色水果（黑醋栗、草莓和野莓、覆盆子、醋栗、桑葚）300克

1. 制作糖浆：分别切下并挑出长6厘米的3条橙皮和2条柠檬皮，放入平底深锅中，与细砂糖、500毫升水、剖成两半并刮出子的香草荚一起加热至沸腾。离火后放入10片薄荷叶，浸泡15分钟。过滤糖浆后放凉，之后存放在冰箱中冷藏备用。

2. 将橙子和柚子皮剥掉，仔细地撕掉中间白色的部分后切成4块。

3. 削去菠萝皮后，竖着将菠萝对半切开。分别去掉芒果和木瓜的皮、核和子。清洗桃子和杏，对半切开后去核。

4. 将菠萝用锋利的刀切成半圆形薄片。

5. 将所有剩余的水果尽量顺着长的一边切成薄片。

6. 迅速将草莓清洗干净后去梗，在滤器中沥干水分。分拣其他的红色或黑色水果。

7. 在每个汤盘中放入水果，将红色或黑色的水果撒在上面并淋上糖浆。用剪刀将剩余的4片薄荷叶剪碎后撒在水果沙拉上，即可享用。

舒芙蕾 Les soufflés

舒芙蕾是用牛奶面糊，或是果泥和糖浆制作而成。前者需要制作提味增香的卡仕达奶油酱，后者则需要制作添加果泥的糖浆。少量烈酒或利口酒可使水果更具风味。

舒芙蕾香蕉 Bananes soufflés

准备时间：45分钟
制作时间：5分钟+8分钟
分量：4~6人份
柠檬 1个
成熟但硬实的香蕉 6根
牛奶 200毫升
鲜奶油 200毫升
细砂糖 60克
鸡蛋 6个
面粉 10克
玉米淀粉 10克

1. 将柠檬榨汁后倒在沙拉盆中。

2. 将每根香蕉用锋利的小刀只取下一片外皮，将里面的香蕉挤出后放在沙拉盆中，裹上柠檬汁，以免氧化变黑。

3. 制作舒芙蕾面糊：将牛奶、鲜奶油和20克细砂糖在平底深锅中加热至沸腾。将鸡蛋磕开，分离蛋清和蛋黄。将蛋黄和20克细砂糖在容器中搅打至发白。一起过筛面粉和与玉米淀粉，一点点倒入混合物中，边倒边不停地搅拌。在混合物中倒入烧开的牛奶和鲜奶油，持续搅拌。再次将混合物倒入平底深锅中加热，烧开后保持沸腾30秒，离火。将蛋清打成泡沫状，将剩余的细砂糖一点点倒入后持续打发成尖

角直立的蛋白霜，之后掺入奶油酱中。

4. 将烤箱预热至200℃。

5. 从沙拉盆中取出香蕉，用餐叉挤压成泥后掺入舒芙蕾面糊中。

6. 在香蕉皮中填入面糊并将表面整平。

7. 放在耐高温的盘子中，放入200℃的烤箱中烘烤5分钟，之后将烤箱温度调低至180℃，继续烘烤8分钟。

100克舒芙蕾香蕉的营养价值

115千卡；蛋白质：1克；碳水化合物：21克；脂肪：2克

苹果的美味 Délicieux aux pommes

准备时间：40分钟
制作时间：20~30分钟+35
　　　　　分钟
分量：4~6人份
苹果 650克　　　鸡蛋 5个
细砂糖 100克
金黄色的面包粉 70克
结晶糖 适量

1. 将烤箱预热至190℃。
2. 削去苹果皮后去心。装在耐高温的盘子里，在烤箱中烘烤20~30分钟。取出后用餐叉压成果泥，放凉备用。
3. 将鸡蛋磕开，分离蛋清和蛋黄。将蛋清搅打成尖角直立的蛋白霜。将蛋黄和细砂糖在沙拉盆中搅打至发白。之后一点点地依次放入苹果泥、面包粉和蛋白霜，直到将上述材料全部掺入为止。
4. 将烤箱温度调高至200℃。

5. 将直径20厘米的舒芙蕾模具内刷上黄油并撒上面粉。将混合物填入，放入200℃的烤箱中烘烤5分钟，之后将烤箱温度调低至180℃，继续烘烤30分钟。
6. 将结晶糖撒在舒芙蕾表面后趁热享用。

100克苹果的美味营养价值

132千卡；蛋白质：1克；碳水化合物：21克；脂肪：3克

大使夫人舒芙蕾 Soufflé ambassadrice

准备时间：40分钟
制作时间：30分钟
分量：6~8人份
细长的杏仁片 80克
朗姆酒 30毫升
马卡龙 8个
卡仕达奶油酱 800克（详见第56页）
液体香草精 1茶匙
蛋清 12个

1. 将杏仁片在朗姆酒中浸泡15分钟。
2. 将马卡龙用刀切碎。
3. 将卡仕达奶油酱做好后，添加1茶匙液体香草精、马卡龙碎以及浸渍的杏仁片和朗姆酒。
4. 将烤箱预热至200℃。

5. 将蛋清搅打成尖角直立的蛋白霜，小心地掺入奶油酱的混合物中。
6. 放入200℃的烤箱中烘烤5分钟，之后将烤箱温度调低至180℃，继续烘烤25分钟。

香蕉舒芙蕾 Soufflé aux bananes

准备时间：40分钟
制作时间：30分钟
分量：6~8人份
香草荚 1根　　　牛奶 200毫升
细砂糖 70克　　　黄油 40克
柠檬 1个
完全成熟的香蕉 8根
过筛的面粉 20克
蛋黄 4个
樱桃酒或朗姆酒 50毫升（可酌选）
蛋清 6个　　　盐 1撮

1. 在牛奶中放入剖开去籽的香草荚和细砂糖，加热至沸腾。之后浸泡至彻底冷却。
2. 将黄油放软。
3. 将柠檬榨汁。剥去香蕉皮，将香蕉放入柠檬汁中防止氧化变黑。之后用筛网、电动打蛋器或装有精细滤网的果蔬榨汁机搅打成细腻的香蕉泥。
4. 在平底深锅中倒入过筛的面粉，一点点倒入烧开的香草牛奶，边倒边搅拌。继续熬煮2分钟，边煮边搅打。离火后放入香蕉泥、蛋黄和放软的黄油。可以有选择地添加樱桃酒或朗姆酒提味。

5. 将烤箱预热至200℃。
6. 将蛋清和1撮盐搅打成尖角直立的蛋白霜。掺入上述的混合物中，保持同一方向搅拌，防止破坏面糊。
7. 将直径20厘米的舒芙蕾模具内涂上黄油并撒上细砂糖。填入混合物后，放在烤箱中烘烤30分钟。

100克香蕉舒芙蕾的营养价值

195千卡；蛋白质：6克；碳水化合物：17克；脂肪：11克

修女舒芙蕾 Soufflé à la Chartreuse 👨‍🍳👨‍🍳👨‍🍳

准备时间：15分钟
制作时间：30分钟
分量：6人份
牛奶 250毫升
细砂糖 20克
鸡蛋 3个
指形蛋糕坯 2个
查尔特勒绿色甜酒 60毫升
黄油 30克
淀粉 15克
面粉 40克
香草糖 1袋

1. 将牛奶和细砂糖倒入平底深锅中加热至沸腾。

2. 将鸡蛋磕开，分离蛋清和蛋黄。

3. 用毛刷蘸取甜酒浸湿指形蛋糕坯。

4. 将黄油在另一口平底深锅中加热至化开，待奶油开始起泡时离火，倒入淀粉和面粉后拌匀，放入香草糖后将火打开加热。

5. 在上面的混合物中倒入烧开的甜牛奶，沸腾后持续搅拌。离火后放入蛋黄拌匀，接着对入剩余的甜酒。

6. 将蛋清搅打成尖角直立的蛋白霜，小心地掺入混合物中，切勿因过度搅拌破坏了里面的气泡。

7. 将烤箱预热至200℃。

8. 将直径16~18厘米的舒芙蕾模具内刷上黄油并撒上细砂糖。

9. 在模具中填入一半混合物，接着放入用酒浸湿且拆分成几块的指形蛋糕坯，之后用混合物将模具填满。

10. 放入200℃的烤箱内烘烤5分钟后，将烤箱温度调低至180℃，继续烘烤25分钟并保持烤箱门紧闭。出炉后即可享用。

行家分享

可以按照上述做法制作柑曼怡舒芙蕾，将查尔特勒绿色甜酒换作60毫升柑曼怡即可。

巧克力舒芙蕾 Soufflé au chocolat 👨‍🍳👨‍🍳👨‍🍳

准备时间：30分钟
制作时间：12分钟
分量：6人份
黄油 50克
苦甜巧克力 180克
细砂糖 70克
牛奶 60毫升
无糖可可粉 50克
鸡蛋 5个
糖粉 适量

1. 将黄油在容器中放软后搅打成膏状。

2. 将6个直径8~10厘米的陶瓷模具内刷上黄油并撒上少量细砂糖（原料外），放入冰箱冷藏备用。

3. 将烤箱预热至200℃。

4. 将巧克力和60克细砂糖放在容器中，隔水或微波加热至化开，之后将牛奶和无糖可可粉倒入混合。

5. 分离蛋清和蛋黄。逐个将蛋黄放入巧克力的混合物中，用刮勺拌匀。

6. 将蛋清搅打成尖角直立的蛋白霜，即将打好时放入10克细砂糖。一点点将蛋白霜掺入巧克力的混合物中，轻柔地顺着同一方向搅拌，避免破坏其中的气泡。

7. 将上述混合物填入冷藏的小陶瓷模具中，将表面用刮勺整平，放入烤箱烘烤12分钟。

8. 出炉后筛撒上糖粉即可享用。

法国巴黎拉贝罗斯餐厅

秘诀一点通

巧克力是不稳定且难处理的食材，不过仍有规律可循，掌握后便可轻松应对。化开巧克力时，需要了解的是温度只要达到30℃即可，因此切勿将巧克力置于明火或直接放在热源上，而是应该选择隔水加热或者600瓦微波加热的方式，慢慢地使巧克力化开。

肉桂苹果葡萄干咖喱舒芙蕾

柠檬舒芙蕾 Soufflé au citron 👨‍🍳👨‍🍳👨‍🍳

准备时间：40分钟
制作时间：40分钟
分量：6人份
柠檬 6个
牛奶 300毫升
黄油 100克
细砂糖 100克
面粉 40克
蛋黄 5个
蛋清 6个

1. 将4个柠檬的果皮取下后细细切碎，得到约2汤匙柠檬皮碎末。
2. 将剩余的2个柠檬榨汁。
3. 加热牛奶。过筛面粉。
4. 将黄油在另一口平底深锅中搅拌成膏状，之后依次放入60克细砂糖、过筛的面粉和烧开的牛奶，使劲搅拌。加热并持续沸腾1分钟，其间不停搅拌，直到变成像泡芙面糊一样干燥为止。
5. 将烤箱预热至200℃。

6. 一点点在蛋清中倒入40克细砂糖，持续搅打成尖角直立的蛋白霜。
7. 离火，依次在混合物中放入柠檬汁、5个蛋黄、蛋白霜和柠檬皮碎末，每放一种原料，拌匀后再放下一种，以便混合充分。
8. 将6个小舒芙蕾模具内刷上黄油，填入混合物后放在隔水加热的深烤盘中，放入烤箱中烘烤40分钟。

牛奶酱舒芙蕾 Soufflé à la confiture de lait 👨‍🍳👨‍🍳👨‍🍳

准备时间：30分钟
制作时间：40~50分钟
分量：4~6人份
牛奶 500毫升
细砂糖 120克
玉米淀粉 80克
牛奶酱 4汤匙（详见第319页）
鸡蛋 6个
模具用黄油 10克
盐 1撮

1. 烧开牛奶。将100克细砂糖、牛奶酱、蛋黄和玉米淀粉放入平底深锅中，一点点倒入热牛奶并用打蛋器持续搅拌，小火熬煮至奶油酱顺滑浓稠。放置约15分钟冷却。
2. 在此期间，将蛋清和盐搅打成尖角直立的蛋白霜。
3. 将舒芙蕾模具内刷上黄油并撒上剩余的20克细砂糖。
4. 将烤箱预热至170℃。

5. 在奶油酱中先用打蛋器掺入少量的蛋白霜，之后将剩余的蛋白霜倒入并轻柔地搅拌，防止破坏气泡。将混合物填入模具中。
6. 放入烤箱烘烤大约40~50分钟，待舒芙蕾表面烤成金黄色后即可享用。

秘诀一点通

可以购买并使用现成的牛奶酱。

草莓或覆盆子舒芙蕾 Soufflé aux fraises ou aux framboises

准备时间：30分钟
制作时间：25分钟
分量：6~8人份
卡仕达奶油酱 350克（详见第56页）
草莓 300克
蛋清 12个 　　盐 2撮

1. 将卡仕达奶油酱做好后备用。
2. 迅速将草莓清洗干净后去梗，用电动打蛋器或捣泥器做成草莓泥。
3. 将草莓泥掺入卡仕达奶油酱后拌匀。
4. 将蛋清和盐搅打成尖角直立的蛋白霜，一下一下地保持同一方向轻柔地搅拌，

防止破坏气泡。之后掺入草莓卡仕达奶油酱中。
5. 将烤箱预热至200℃。
6. 将直径18厘米的舒芙蕾模具内刷上黄油并撒上糖。放入200℃的烤箱中烘烤5分钟，再将烤箱温度调低至180℃，继续烘烤20分钟。

水果舒芙蕾 Soufflé aux fruits

准备时间：20分钟
制作时间：15分钟+20分钟
分量：4人份
柠檬 1个
梨 600克
覆盆子 150克
甜味剂粉末 1汤匙
蛋清 4个
盐 1撮
黄油 10克

轻食谱

1. 将柠檬榨汁。将梨去皮去核后切小块，淋上柠檬汁后与100毫升水一起炖煮15分钟。用电动打蛋器或装有精细滤网的果蔬榨汁机将梨块搅打成果泥，放凉备用。

2. 将覆盆子、1茶匙水和甜味剂粉末在平底深锅或微波炉中加热至微温。

3. 将覆盆子用餐叉挤碎后掺入梨的果泥中。

4. 将烤箱预热至190℃。

5. 将蛋清和盐搅打成尖角直立的蛋白霜，一点一点地掺入果泥中，保持同一方

向搅拌均匀，避免破坏里面的气泡。

6. 将加热至融化的黄油用毛刷刷在直径16厘米的舒芙蕾模具内。

7. 将混合物倒入模具中，放入190℃的烤箱中烘烤5分钟，将烤箱温度调低至180℃，继续烘烤25分钟。

100克水果舒芙蕾的营养价值

60千卡；蛋白质：2克；碳水化合物：9克；脂肪：1克

拉佩鲁斯舒芙蕾 Soufflé Lapérouse

准备时间：30分钟
制作时间：20分钟
分量：4人份
切丁的糖渍水果 50克
朗姆酒 100毫升
卡仕达奶油酱 300克（详见第56页）
糖杏仁粉70克　蛋清 5个
盐 1撮　　　　糖粉适量

1. 将糖渍水果丁在朗姆酒中浸泡15分钟。

2. 将卡仕达奶油酱做好后，在里面放入杏仁糖粉、浸渍的糖渍水果丁和朗姆酒。

3. 将烤箱预热至200℃。

4. 将蛋清和盐搅打成尖角直立的蛋白霜，小心地掺入卡仕达奶油酱的混合物中，保持同一方向轻柔地搅拌，避免破坏里面的气泡。

5. 将直径16厘米的舒芙蕾模具内刷上

黄油并撒上糖。

6. 在模具内填入奶油酱的混合物，放入200℃的烤箱中烘烤5分钟，之后将烤箱温度调低至180℃，继续烘烤10分钟。

7. 在舒芙蕾表面筛撒上糖粉后再次烘烤5分钟，直到表面形成焦糖为止。

巴黎拉佩鲁斯餐厅（Restaurant Lapérouse）

栗子舒芙蕾 Soufflé aux marrons

准备时间：30分钟
制作时间：25分钟
分量：4~6人份
卡仕达奶油酱 300克（详见第56页）
香草甜栗蓉 4汤匙
冰糖栗子 70克　蛋清 5个
盐 1撮

1. 将卡仕达奶油酱做好后备用。

2. 将香草甜栗蓉掺入奶油酱中拌匀。

3. 将蛋清和盐搅打成泡沫状的蛋白霜。将其中1/4掺入卡仕达奶油酱和栗蓉的混合物中，再放入一半捣碎的冰糖栗子，最后小心地用刮勺掺入剩余的蛋白霜。

4. 将烤箱预热至190℃。

5. 将直径18厘米的舒芙蕾模具内刷上黄油并撒上面粉。

6. 在模具中填入混合物并整平表面，再撒上剩余捣碎的冰糖栗子。

7. 将模具放入烤箱中，将烤箱温度调低至170℃，烘烤20~25分钟。

椰香舒芙蕾 Soufflé à la noix de coco

准备时间：20分钟
制作时间：10分钟+20分钟
分量：4人份
椰子粉 100克
牛奶 700毫升
大米 125克
细砂糖 100克
黄油 50克
鸡蛋 4个
盐 2撮
肉豆蔻 适量

1. 在平底深锅中将椰子粉和牛奶加热至沸腾，拌匀后继续熬煮10分钟。

2. 在滤器里垫上细纱布，将混合物在平底锅上方过滤，使劲拧紧细纱布，以便尽可能多的得到椰子味牛奶。

3. 将平底深锅放在火上再次加热至沸腾，放入大米和细砂糖后转小火，维持微滚的状态炖煮20分钟至液体蒸发收干，放入黄油后拌匀。

4. 将烤箱预热至200℃。

5. 将鸡蛋磕开，分离蛋清和蛋黄。逐个将蛋黄放入上面的混合物中，拌匀后调入盐和少许肉豆蔻。

6. 将蛋清和盐搅打成尖角直立的蛋白霜，小心轻柔地掺入混合物。

7. 将直径16厘米的舒芙蕾模具内刷上黄油后填入混合物。放入200℃的烤箱中烘烤5分钟，将烤箱温度调低至180℃后继续烘烤15分钟，保持烤箱门紧闭。出炉后即可享用。

100克椰香舒芙蕾的营养价值

276千卡；蛋白质：7克；碳水化合物：20克；脂肪：18克

罗斯柴尔德舒芙蕾 Soufflé Rothschild

准备时间：30分钟
浸渍时间：30分钟
制作时间：30分钟
分量：8~10人份
切丁的糖渍水果 150克
丹齐格蒸馏酒 100毫升
卡仕达奶油酱 1100克（详见第56页）
蛋黄 2个
盐、糖粉各适量

1. 将糖渍水果丁在丹齐格蒸馏酒中浸泡30分钟。

2. 将卡仕达奶油酱做好后，放入2个蛋黄、浸渍后的糖渍水果丁和蒸馏酒，拌匀后在阴凉处保存备用。

3. 将烤箱预热至200℃。

4. 将2个直径18厘米的舒芙蕾模具内刷上黄油并撒上糖。

5. 将6个蛋清（包括制作卡仕达奶油酱时未使用的）和1撮盐搅打成尖角直立的蛋白霜，小心地掺入奶油酱中。

6. 分别在2个刷过黄油的模具内填入混合物。

7. 放入200℃的烤箱中烘烤5分钟，再将烤箱的温度调低至180℃，继续烘烤20分钟，之后在舒芙蕾表面迅速筛撒上糖粉，再次放入180℃的烤箱中烘烤5分钟。

紫罗兰舒芙蕾 Soufflé aux violettes

准备时间：40分钟
制作时间：30分钟
分量：4~6人份
卡仕达奶油酱 700克（详见第56页）
紫罗兰精 五六滴
冰糖紫罗兰 30克

1. 将卡仕达奶油酱做好后滴入几滴紫罗兰精。将未使用的蛋清留存备用。

2. 将预留的蛋清搅打成尖角直立的蛋白霜，小心地掺入卡仕达奶油酱中，再放入冰糖紫罗兰，轻柔地拌匀。

3. 将烤箱预热至200℃。

4. 将直径18厘米的舒芙蕾模具内刷上黄油并撒上糖。

5. 将混合物倒入模具中，放入200℃的烤箱中烘烤5分钟，之后将烤箱温度调低至180℃，继续烘烤25分钟。

冰品 Les desserts glacés

冰激凌或雪葩、新鲜或煮熟的水果、果酱、利口酒、蒸馏酒等冰品的制作，体现了口味与浓稠度之间微妙的联系。某些水果皮的应用赋予了冰品新颖独特的摆盘；冰激凌高脚杯的装饰也特别值得观赏。

巴伐露冰镇菠萝 Ananas glacés à la bavaroise

准备时间： 45分钟
冷藏时间： 2小时
分量： 6人份
巴伐露奶油酱 500克（详见 44页）
大菠萝 1个
白朗姆酒 100毫升
椰子粉 70克

1. 将巴伐露奶油酱做好后置于阴凉处保存备用。

2. 从菠萝冠1.5厘米处切下，留存备用。在菠萝盅中保留1厘米厚的果肉，将剩余的果肉取出。将200克菠萝肉切丁后在50毫升的朗姆酒中浸泡1小时。将剩余的大约150克果肉用果蔬榨汁机或食品加工器搅打成泥，之后浸渍在剩余的朗姆酒中。

3. 将菠萝丁、菠萝泥和巴伐露奶油酱拌匀。

4. 倒入椰子粉。

5. 在菠萝盅内填入混合物后放入冰箱冷藏2小时左右。

6. 呈送冰品时盖上菠萝冠。

秘诀一点通

为了能够呈现漂亮的外观，尽可能选择形状规则、叶片颜色鲜艳的菠萝。

行家分享

可以制作并使用肉桂巴伐露奶油酱或香草巴伐露奶油酱。

克里奥尔冰镇菠萝 Ananas glacé à la créole

准备时间：35分钟
分量：6人份
菠萝 1个
切丁的糖渍水果 200克
朗姆酒 50毫升
菠萝雪葩 1升（详见第91页）
刨冰 适量

1. 将菠萝的上端切下后，小心地包好，避免叶片枯萎，置于非常凉爽的地方留存备用。将糖渍水果丁浸泡在朗姆酒中。
2. 小心地挖出菠萝的硬心后，将菠萝盅放入冰箱冷冻。
3. 如果不使用现成购买的原料，需要自己制作菠萝雪葩。

4. 沥干糖渍水果丁。在菠萝盅底部铺上一层雪葩，之后依次放入一些糖渍水果丁，一层雪葩，再一层糖渍水果，以此类推，反复堆叠至填满菠萝盅，盖上预留的菠萝盖，再次放入冰箱冷冻。
5. 提前1小时取出，享用时盛放在装有刨冰的高脚杯中。

香蕉船 Banana split

准备时间：20分钟
分量：4人份
香蕉 4根　　柠檬 1个
香草冰激凌 1/2升（详见第90页）
鲜奶油香缇 300克（详见第49页）
细长的杏仁片 50克
黑巧克力酱 250毫升（详见第104页）

1. 将柠檬榨汁。剥去香蕉皮后沿纵向切成两半。将香蕉放入柠檬汁中，防止氧化变黑。
2. 将鲜奶油香缇做好后填入装有星形裱花嘴的裱花袋中。
3. 将细长的杏仁片放入平底煎锅中焙烤。

4. 在每个高脚杯中放入2块半根香蕉，将2球香草冰激凌摆在中间，将冷却后的巧克力酱淋在上面并撒上杏仁片，最后在每个酒杯中饰以鲜奶油香缇。

马拉斯加雪糕饼干 Biscuit glacé au marasquin

准备时间：40分钟+提前24小时制作
分量：6人份
意大利海绵蛋糕面糊 400克（详见第37页）
黄油 250克
橙子 1个
柠檬 1个
鸡蛋 3个
细砂糖 250克
马拉斯加酸樱桃酒 50毫升

1. 将意大利海绵蛋糕面糊做好后留存备用。
2. 将烤箱预热至200℃。
3. 在铺有烤盘纸的烤盘中铺上面糊，放入烤箱烘烤五六分钟，取出后晾凉。
4. 将黄油放软。将橙皮和柠檬皮擦成碎末，将果肉榨汁。
5. 将鸡蛋磕开，分离蛋清和蛋黄。
6. 将黄油和细砂糖在容器中搅打成乳霜状。逐个加入蛋黄，拌匀后放入果皮碎末和3/4的果汁。

7. 将蛋清搅打成尖角直立的蛋白霜，一点一点掺入奶油酱中。
8. 将海绵蛋糕分别切成长8厘米、宽4厘米的小块，用马拉斯加酸樱桃酒浸透。
9. 将海绵蛋糕小块摆放在长24厘米的长方形蛋糕模具中，铺上一层奶油酱，再放上一层长方形蛋糕小块，之后再铺一层奶油酱，反复堆叠直到模具填满为止。
10. 将模具放入冰箱冷藏至少12小时。
11. 用热水快速冲泡模具，之后倒扣在餐盘上脱模。

香蕉船

阿尔罕布拉炸弹 Bombe Alhambra

准备时间：45分钟

冷冻时间：五六小时

分量：6~8人份

香草冰激凌1升（详见第90页）

炸弹面糊400克（详见第84页）

草莓200克

装饰

新鲜的草莓8个

樱桃酒50毫升

1. 如果不购买现成的冰激凌，需要自己制作香草冰激凌，在冰箱中冷藏1小时后便可以很容易地搅拌。

2. 迅速将草莓清洗干净后去梗。用电动打蛋器或装有精细滤网的果蔬榨汁机搅打成泥。

3. 将炸弹面糊做好后放入草莓泥。

4. 将直径20厘米的圆模内用香草冰激凌添加涂层（详见第90页），之后填入炸弹面糊，放入冰箱冷冻五六小时。

5. 迅速将装饰用草莓清洗干净后去梗，浸泡在樱桃酒中。用热水冲泡模具，之后倒扣在餐盘中脱模，最后饰以酒渍草莓即可。

举一反三

外交官炸弹

同样地使用香草冰激凌为模具添加涂层。在50毫升马拉斯加酸樱桃酒中浸泡150克切丁的糖渍水果。将炸弹面糊做好后调入70毫升马拉斯加酸樱桃酒和浸渍后的糖渍水果丁，最后饰以鲜奶油香缇和覆盆子。

大公炸弹 Bombe Archiduc

准备时间：1小时

冷冻时间：五六小时

分量：6~8人份

草莓冰激凌1升（详见第87页）

炸弹面糊350克（详见第84页）

杏仁巧克力70克

1. 如果不购买现成的冰激凌，需要自己制作草莓冰激凌，在冰箱中冷藏1小时后便可以很容易地搅拌。

2. 将炸弹面糊做好后放入杏仁巧克力。

3. 将直径20厘米的圆模内用草莓冰激凌添加涂层（详见第87页），之后填入炸弹面糊，放入冰箱冷冻五六小时。

4. 用热水冲泡模具，之后倒扣在餐盘中脱模。

行家分享

可以用鲜奶油香缇或烘烤后的榛子碎作为大公炸弹的装饰。

多利亚炸弹 Bombe Doria

准备时间：1小时

冷冻时间：五六小时

分量：6~8人份

开心果冰激凌1升（详见第89页）

冰糖栗子碎150克

朗姆酒50毫升

炸弹面糊400克（详见第84页）

鲜奶油200毫升

杏仁巧克力50克

对半切开的冰糖栗子4个

1. 如果不购买现成的冰激凌，需要自己制作开心果冰激凌，在冰箱中冷藏1小时后便可以很容易地搅拌。

2. 在朗姆酒中浸泡冰糖栗子碎。

3. 在制作炸弹面糊的糖浆中放入剖开去籽的香草荚，在做好的面糊中放入浸渍后的冰糖栗子碎和朗姆酒。

4. 将直径20厘米的圆模内用开心果冰激凌添加涂层（详见第89页）。

5. 之后填入炸弹面糊，放入冰箱冷冻五六小时。

6. 打发鲜奶油后放入杏仁巧克力，将混合物填入装有裱花嘴的裱花袋中。

7. 用热水冲泡模具几秒钟，之后倒扣在餐盘中脱模。最后饰以对半切开的冰糖栗子和打发的鲜奶油。

公爵夫人炸弹 Bombe Duchesse 👨‍🍳👨‍🍳👨‍🍳

准备时间： 1小时
冷冻时间： 五六小时
分量： 6~8人份
菠萝雪葩 1升（详见第91页）
新鲜的梨 二三个
细砂糖 400克　　水 500毫升
蜂蜜 100克
炸弹面糊 400克（详见第84页）
香梨酒 30毫升
装饰
鲜奶油香缇 200克（详见第49页）
香梨酒 20毫升

1. 如果不购买现成的雪葩，需要自己制作菠萝雪葩，在冰箱中冷藏1小时后便可以很容易地搅拌。

2. 削去梨皮后将梨切小丁，与细砂糖、水和蜂蜜一起在平底深锅中熬煮。

3. 将炸弹面糊做好后倒入香梨酒和熬煮后的梨丁。

4. 将直径20厘米的圆模内用菠萝雪葩添加涂层（详见第91页）。

5. 之后填入炸弹面糊，放入冰箱冷冻五六小时。

6. 将鲜奶油香缇打发后掺入香梨酒中。

7. 用热水冲泡模具几秒钟，之后倒扣在餐盘中脱模。

8. 在装有星形裱花嘴的裱花袋中填入香梨酒鲜奶油香缇，挤出奶油花作为装饰后即可享用。

蒙莫朗西樱桃炸弹 Bombe Montmorency 👨‍🍳👨‍🍳👨‍🍳

准备时间： 45分钟
冷冻时间： 五六小时
分量： 6~8人份
牛奶 150毫升
液体法式发酵酸奶油 500毫升
蛋黄 7个　　　细砂糖 150克
樱桃酒 70毫升
炸弹面糊 400克（详见第84页）
樱桃白兰地 40毫升

1. 按照英式奶油酱（详见第43页）的方法制作樱桃酒冰激凌，放至彻底冷却，期间不时搅拌。

2. 将冰激凌中掺入樱桃酒，之后放入冰箱冷冻。

3. 将炸弹面糊做好后掺入樱桃白兰地。

4. 将直径20厘米的圆模内用樱桃冰激凌添加涂层。

5. 之后填入炸弹面糊，放入冰箱冷冻五六小时。

6. 用热水冲泡模具几秒钟，之后倒扣在餐盘中脱模。

行家分享

这款炸弹冰品可与红色水果酱（详见第101页）搭配享用。

什锦水果炸弹 Bombe tutti frutti 👨‍🍳👨‍🍳👨‍🍳

准备时间： 30分钟+提前24
　　　　　小时准备
冷冻时间： 五六小时
分量： 6~8人份
香草冰激凌 1/2升（详见第90页）
草莓冰激凌 1/2升（详见第87页）
切丁的糖渍水果 150克
草莓奶油酱 1汤匙
草莓、覆盆子或醋栗 100克

1. 如果不购买现成的冰激凌，需要自己制作香草和草莓冰激凌，在制作其他配料时将冰激凌放入冰箱冷冻备用。

2. 将糖渍水果丁浸泡在草莓奶油酱中约1小时。

3. 将直径20厘米的夏洛特模具内用香草冰激凌添加涂层（详见第90页），放入冰箱冷冻10分钟至凝固。

4. 将浸渍的糖渍水果丁和草莓冰激凌拌匀，之后填入模具内未完全填满的孔洞中，压实后将模具放入冰箱冷冻五六小时。

5. 提前30分钟从冷冻柜中取出什锦水果炸弹。用热水冲泡模具几秒钟，之后倒扣在餐盘中脱模。饰以草莓、覆盆子或醋栗后即可享用。

行家分享

可以将草莓奶油酱用黑醋栗奶油酱代替。

列日咖啡 Café liégeois

准备时间：30分钟
分量：4人份
咖啡冰激凌 4球（详见第86页）
非常浓的冰咖啡 2杯
鲜奶油香缇 200克（详见第49页）
巧克力咖啡豆 24颗

1. 如果不购买现成的冰激凌，需要自己制作咖啡冰激凌。

2. 将鲜奶油香缇做好后填入装有星形裱花嘴的裱花袋中。

3. 在电动搅拌器中放入咖啡冰激凌和2杯冰咖啡，如果使用的是手持电动打蛋器或手动打蛋器的话，就将原料倒在沙拉盆中。持续搅打数秒至冰激凌和咖啡变成均匀的乳霜状。

4. 在大玻璃杯中倒入混合物，用装有裱花嘴的裱花袋挤出造型并摆放鲜奶油香缇，最后饰以巧克力咖啡豆。

秘诀一点通

可以用巧克力米代替巧克力咖啡豆进行装饰。

草莓夹心冰激凌 Cassate à la fraise

准备时间：40分钟
冷冻时间：1小时+5小时
分量：4人份
草莓冰激凌 1/2升（详见第87页）
香草冰激凌 1/2升（详见第90页）
切丁的糖渍水果 150克
君度橙酒 50毫升
法式发酵酸奶油 350毫升
蜂蜜 30克

1. 如果不购买现成的冰激凌，需要自己制作香草和草莓冰激凌。

2. 将糖渍水果丁浸泡在君度橙酒中1小时。

3. 将法式发酵酸奶油打发至坚挺，轻柔地与蜂蜜和剩余的君度橙酒一起拌匀，再以非常慢的速度添加浸渍的糖渍水果丁。

4. 在半球形模具内或沙拉盆中铺上香草冰激凌并覆上打发鲜奶油的混合物，放入冰箱冷冻1小时直到凝固为止。

5. 在上面铺上草莓冰激凌后小心地压实并整平。再次放入冰箱冷冻5小时。

6. 用热水冲泡模具几秒钟，之后倒扣在餐盘中脱模。

行家分享

这款冰激凌可以用新鲜的草莓或野莓作为装饰，还可与草莓酱搭配享用。

意大利水果夹心冰激凌 Cassate italienne

准备时间：30分钟
制作时间：15分钟
冷冻时间：4小时
分量：8人份
香草冰激凌 1升（详见第90页）
细长的杏仁片 60克
切丁的糖渍水果 60克
樱桃利口酒 1烈酒杯
炸弹面糊 400克（详见第84页）

1. 制作香草冰激凌。如果使用的是购买的冰激凌，提前1小时从冰箱中取出。

2. 将杏仁片放在平底煎锅中快速焙烤成金黄色。

3. 用樱桃酒浸渍糖渍水果丁。沥干。

4. 将炸弹面糊做好后放入杏仁片和糖渍水果丁。

5. 将直径18厘米的夏洛特模具内用香草冰激凌添加涂层（详见第90页）。将炸弹面糊填入中间的孔洞中，放入冰箱冷冻4小时。

6. 用热水冲泡模具几秒钟，之后倒扣在餐盘中脱模，即可享用。

行家分享

可以使用2种不同的冰激凌制作其他口味的水果夹心冰激凌，还可以在炸弹面糊中混合其他种类的糖渍水果，如樱桃、当归、甜瓜，或者使用草莓、榛子、开心果和葡萄干等。

红色水果菠萝冷杯 Coupes à l'ananas et aux fruits rouges

准备时间：40分钟
冷冻时间：30分钟
冷藏时间：1小时
分量：6人份
菠萝雪葩 3/4升（详见第91页）
鲜奶油香缇 300克（详见第49页）
覆盆子水果酱 100克（详见第100页）
野莓 300克
樱桃酒 70毫升

1. 如果不购买现成的雪葩，需要自己制作菠萝雪葩，并在制作其他配料时将其放入冰箱冷冻备用。

2. 将冰激凌高脚杯在冰箱中冷冻30分钟。

3. 制作非常厚实的鲜奶油香缇。

4. 制作覆盆子果酱。

5. 轻柔地将果酱与鲜奶油香缇拌匀。

6. 将混合物放入冰箱冷藏1小时。

7. 分拣野莓。

8. 在装有星形裱花嘴的裱花袋中填入鲜奶油香缇和覆盆子水果酱的混合物。

9. 用冰激凌高脚杯盛装菠萝雪葩球，在周围放上野莓并淋上樱桃酒，最后在杯子正中逐个挤上覆盆子风味的鲜奶油香缇作为装饰。

行家分享

可以将覆盆子水果酱用红色水果酱（详见第101页）代替。

冰激凌酒香樱桃冷杯 Coupes glacées aux cerises à l'alcool

准备时间：30分钟
冷冻时间：30分钟
分量：6人份
香草冰激凌 1升（详见第90页）
鲜奶油香缇 200克（详见第49页）
酒渍樱桃 36颗
细砂糖 100克

1. 如果不购买现成的冰激凌，需要自己制作香草冰激凌，并在制作其他配料时将其放入冰箱冷冻备用。

2. 将冰激凌高脚杯在冰箱中冷冻30分钟。

3. 在此期间，将鲜奶油香缇做好后填入装有星形裱花嘴的裱花袋中。

4. 沥干酒渍樱桃。在大盘中倒入细砂糖，放上并滚动樱桃使其表面均匀地沾裹上细砂糖。

5. 分别在6个冰激凌高脚杯中盛装香草冰激凌并点缀着裹着细砂糖的樱桃，最后逐个在杯中物的顶端饰以漂亮的鲜奶油香缇花朵。

冰激凌酸樱桃冷杯 Coupes glacées aux griottes

准备时间：30分钟
浸渍时间：1小时
冷藏时间：1小时
分量：6人份
酒渍酸樱桃 24颗
樱桃酒 50毫升
核香欧洲酸樱桃雪葩 1/2升（详见第94页）
糖渍水果冰激凌 1/2升（详见第89页）
鲜奶油香缇 300克（详见第49页）
杏味橘子酱 80克
巧克力米 适量

1. 将核香欧洲酸樱桃去核后在樱桃酒中浸泡1小时。

2. 将6个冰激凌高脚杯放入冰箱冷藏或冷冻10分钟。

3. 如果不购买现成的樱桃雪葩，需要自己制作酸樱桃雪葩。

4. 如果不购买现成的冰激凌，需要自己制作糖渍水果冰激凌。

5. 将鲜奶油香缇做好后备用。

6. 在6个冰激凌高脚杯底填入杏味橘子酱，在上面分别摆放2球酸樱桃或樱桃雪葩，以及1球或1小块糖渍水果冰激凌。

7. 在杯子里放上酸樱桃，随意地用鲜奶油香缇和巧克力米进行装饰。

冰激凌马卡龙与巧克力雪葩和薰衣草花

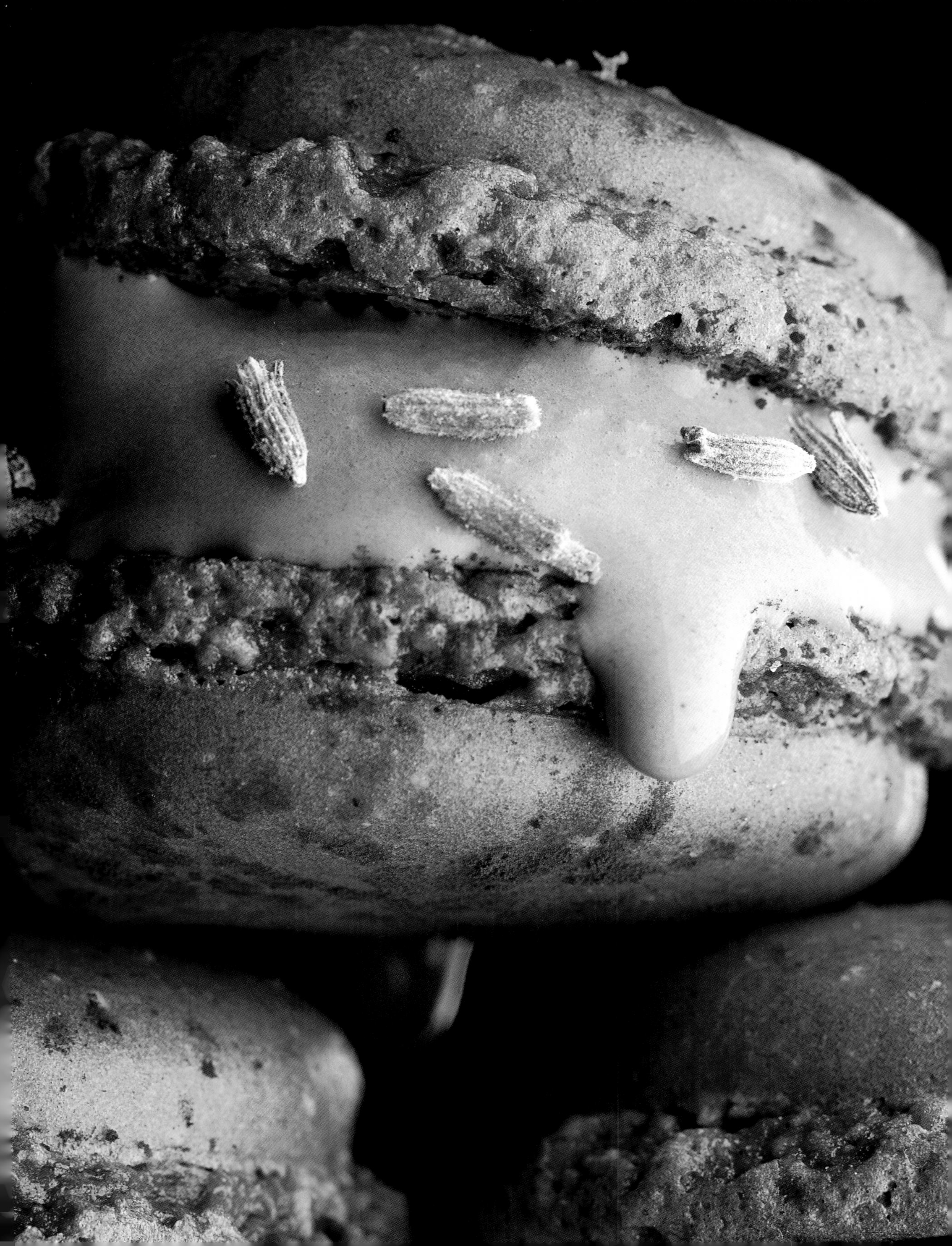

蜜桃马卡龙冷杯 Coupes aux macarons et aux pêches

准备时间：30分钟
冷冻时间：30分钟
分量：6人份
香草冰激凌3/4升（详见第90页）
半颗糖渍桃子6块
醋栗200克
鲜奶油香缇200克（详见第49页）
小马卡龙18个
樱桃酒50毫升

1. 如果不购买现成的冰激凌，需要自己制作香草冰激凌。

2. 将冰激凌高脚杯放入冰箱冷冻30分钟。沥干糖渍桃子。分拣醋栗。

3. 将鲜奶油香缇做好后填入装有星形裱花嘴的裱花袋中。

4. 将香草冰激凌做成球状或蛋形放入杯子中。

5. 在小盘中倒入樱桃酒，将马卡龙浸湿。

6. 在每只杯子中的香草冰激凌上摆放3个马卡龙和半颗糖渍桃子，将带有凹陷的一面朝上，并在凹陷处填入醋栗。

7. 将鲜奶油香缇挤成细条围绕在马卡龙底部，再在醋栗上方挤出少量的鲜奶油香缇作为装饰。

冰激凌糖栗冰杯 Coupes glacées aux marrons glacés

准备时间：30分钟
冷冻时间：30分钟
分量：6人份
香草冰激凌3/4升（详见第90页）
冰糖栗子碎150克
鲜奶油香缇400克（详见第49页）
巧克力米 适量

1. 制作香草冰激凌，需要令其保持柔软。如果提前制作或使用购买的冰激凌，需要提前30分钟从冷冻柜中取出回温。

2. 将冰激凌高脚杯冷冻30分钟。

3. 制作鲜奶油香缇。

4. 小心地将冰糖栗子碎与香草冰激凌拌匀，注意不要弄碎。将香草冰激凌做成球状或蛋形放入杯子中。

5. 用装有裱花嘴的裱花袋或小勺，在顶部用鲜奶油香缇做出小圆顶并撒上巧克力米。

举一反三

可以使用购买的栗子冰激凌代替冰糖栗子碎。将1升栗子冰激凌和等量的香草冰激凌混合均匀。

水果雪葩冰杯 Coupes de sorbets et de fruits

准备时间：45分钟
冷冻时间：30分钟
浸渍时间：15分钟
分量：6人份
柠檬雪葩1/2升（详见第92页）
草莓雪葩1/2升（详见第93页）

水 750毫升	细砂糖 375克
杏 4个	梨 2个
菠萝 2片	猕猴桃 2个
草莓 100克	樱桃酒 70毫升

1. 如果不购买现成的雪葩，需要自己制作柠檬和草莓雪葩。将冰激凌高脚杯放入冰箱冷冻30分钟。

2. 将水和细砂糖浆在平底深锅中加热至沸腾后熬制成糖浆。

3. 去掉杏核，削去梨皮，将菠萝切片，将水果全部成小丁，在糖浆中浸泡1分钟并放凉备用。

4. 削去猕猴桃的外皮，迅速将草莓清洗干净后去梗后，将两种水果同样切成小丁。

5. 待浸泡在糖浆中的水果冷却后，沥干并放入猕猴桃和草莓丁，再倒入樱桃酒，拌匀后浸渍15分钟。

6. 在杯子的一侧放上1球或1勺漂亮的蛋形柠檬雪葩，压实并垂直填满后，再在另一侧按照同样的方式摆放草莓雪葩，最后在中间铺上什锦水果丁。

莎拉伯恩哈特草莓 Fraises Sarah Bernhardt

准备时间：1小时
冷冻时间：2小时
分量：6人份
牛奶 500毫升
细砂糖 200克
蛋黄 12个
柑香酒 100毫升
液体法式发酵酸奶油 500毫升
菠萝雪葩 1/2升（详见第91页）
草莓 200克

1. 制作柑香酒冰激凌慕斯：将牛奶和100克细砂糖加热至沸腾。将蛋黄和细砂糖在沙拉盆中搅打至发白后，将烧开的甜牛奶一点一点倒在里面，持续搅打。将混合物倒入平底深锅中，按照英式奶油酱（详见第43页）的制作方式用小火熬煮，用木勺持续搅拌30余秒至奶油酱附着于木勺上。将熬好的奶油酱盛装在沙拉盆中，在冰箱冷藏备用。

2. 待奶油酱冷却后，放入70毫升柑香酒和法式发酵酸奶油，持续使劲搅打至起泡。将混合物分别填装在6个小舒芙蕾陶瓷模具中，放入冰箱冷冻2小时。

3. 如果不购买现成的雪葩，需要自己制作菠萝雪葩。

4. 迅速将草莓洗净去梗，切成4块后放入沙拉盆中。撒上细砂糖并倒入剩余的30毫升柑香酒，拌匀。

5. 在冰激凌高脚杯中逐个放上1个蛋形菠萝雪葩，再在上面摆放草莓。

6. 迅速将盛装柑香酒冰激凌慕斯的6个模具过热水后脱模。

7. 逐个在杯中添加冰激凌慕斯并摆上草莓后，即可享用。

开心果欧洲酸樱桃冰激凌 Glace à la pistache et aux griottes

准备时间：40分钟
分量：6人份
烤面屑 100克（详见第27页）
开心果冰激凌 800毫升（详见第89页）
欧洲酸樱桃 500克
黄油 20克　　橄榄油 20克
细砂糖 50克　　白醋 15毫升
胡椒粉 适量

1. 将烤箱预热至170℃。

2. 将面屑放入烤箱中烘烤20分钟。

3. 将开心果冰激凌做好后放入冰箱冷冻备用。

4. 将欧洲酸樱桃去核。

5. 将橄榄油倒入平底深锅中后放入黄油，加热至化开，再放入欧洲酸樱桃和细砂糖，大火熬煮三四分钟，淋上白醋并放入研磨器旋转2圈分量的胡椒粉，离火。

6. 将烤面屑和2勺或3球开心果冰激凌放在盘子中间，放上加热的欧洲酸樱桃后，即可享用。

草莓威士忌冰沙 Granité au whisky et aux fraises

准备时间：15分钟
冷冻时间：4小时30分钟
分量：4人份
矿泉水 500毫升
细砂糖 100克
威士忌 70毫升　　草莓 800克
柠檬 1/2个　　胡椒粉适量

1. 制作威士忌冰沙：将矿泉水、50克细砂糖和威士忌拌匀后放入冷冻柜中冷冻1小时30分钟。取出冰沙搅拌后，继续冷冻3小时。

2. 迅速将草莓洗净去梗后对半切开。

3. 将草莓在每个盘子中摆成花冠状。将柠檬榨汁后淋在草莓上，再撒上1汤匙细砂糖和研磨器旋转1圈分量的胡椒粉。

4. 用汤匙刮取冰的表面，将冰沙铺在草莓上，即可享用。

橘子冰霜 Mandarines givrées

准备时间：30分钟
分量：8人份
橘子8个
橘子雪葩1升（详见第95页）

1. 将橘子的顶端用锯齿刀切掉，将果肉用边缘锋利的勺子挖出，但不要损坏果皮。将橘子盅和顶盖放入冰箱冷冻备用。

2. 将橘子果肉放在滤器中，用橡皮刮刀挤压果肉，充分榨汁。将果汁过滤后，制作橘子雪葩。

3. 在装有星形裱花嘴的裱花袋内填入橘子雪葩，填满并超过边缘，盖上顶盖后放入冰箱冷冻，享用时取出。

举一反三

柠檬、橙子和柚子冰霜

可以用柠檬汁、橙汁和柚子汁做成雪葩，之后按照上述方法做成柠檬、橙子和柚子冰霜，最后在上面饰以菱形的糖渍当归片或叶片状的绿色杏仁糖膏。

冰镇香瓜 Melon frappé

准备时间：10分钟
冷藏时间：2小时
分量：6人份
香瓜雪葩1升（详见第95页）
香瓜6个
波尔图甜葡萄酒200毫升
刨冰 适量

1. 如果不购买现成的雪葩，需要自己制作香瓜雪葩。

2. 将香瓜带藤蔓的一侧切下一大块作为顶盖。用小勺挖去子和瓤，之后小心地用挖球器取出果肉，放在大碗中。

3. 倒入波尔图甜葡萄酒，放入冰箱冷藏浸渍2小时。将香瓜盅和顶盖放入冰箱也冷冻同样长的时间。

4. 将香瓜雪葩和香瓜球依次层叠地填入香瓜盅内，淋上浸渍用的波尔图甜葡萄酒，盖上顶盖。在盛放刨冰的1人份高脚杯中放入香瓜后，即可享用。

蛋白酥冰激凌 Meringues glacées

准备时间：30分钟
制作时间：45分钟+四五小时
分量：6人份
法式蛋白霜300克（详见第40页）
香草冰激凌1/2升（详见第90页）
草莓或覆盆子雪葩1/2升（详见第93页）
鲜奶油香缇200克（详见第49页）

1. 将法式蛋白霜做好后填入装有星形裱花嘴的裱花袋中。

2. 将烤箱预热至120℃。

3. 在铺有烤盘纸的烤盘中，挤出12个长约8厘米、宽4厘米的卷绳状蛋白霜带条。放入120℃的烤箱中烘烤45分钟，之后将烤箱温度调低至100℃，继续烘烤四五小时。

4. 如果不购买现成的冰激凌或雪葩，需要自己制作香草冰激凌和草莓或覆盆子雪葩。

5. 将6个盘子放入冰箱中冷冻30分钟。

6. 将鲜奶油香缇做好后填入装有星形裱花嘴的裱花袋中。

7. 逐个在盘中放入1球香草冰激凌和1球草莓或覆盆子雪葩，在每个球上摆放一块蛋白酥，轻轻按压固定，小心不要弄碎。最后在上面挤出卷绳状的鲜奶油香缇带条，即可享用。

蜂蜜牛轧糖雪糕 Nougat glacé au miel

准备时间：20分钟

冷冻时间：五六小时

分量：8~10人份

当归 25克

甜红樱桃或绿樱桃 50克

糖渍橙皮 25克

科林斯葡萄干 75克

柑曼怡 50毫升

打发鲜奶油 700克（详见第51页）

覆盆子水果酱 400克（详见第100页）

杏仁牛轧糖适量

细砂糖 75克　去皮杏仁 100克

白色蛋白糖霜适量

细砂糖 120克　水 30毫升

蛋清 6个　蜂蜜 250克

1. 将糖渍水果全部切碎，和葡萄干一起在柑曼怡中浸泡15~20分钟。

2. 制作杏仁牛轧糖：将细砂糖和去皮杏仁放入平底深锅中，大火熬至出现焦糖色。

3. 将杏仁牛轧糖放入刷过油的盘子中，晾凉后用大刀切碎。

4. 制作白色蛋白糖霜：将细砂糖和水倒入平底深锅中，熬煮成"大球"（详见第67页）阶段。在此期间，将蛋清搅打成泡沫状的蛋白霜。待糖浆温度达到121℃时，一点一点倒入蛋白霜中，持续搅打至彻底冷却，之后倒入蜂蜜拌匀。

5. 制作打发的鲜奶油。

6. 制作覆盆子果酱。

7. 将杏仁牛轧糖、糖渍水果碎、白色蛋白糖霜和打发的鲜奶油混合均匀。

8. 将混合物倒入1.5升的烤模中，放入冰箱冷冻五六小时。

9. 将蜂蜜牛轧糖雪糕切成片，放在盘中后淋上覆盆子果酱，即可享用。

皮埃尔餐厅（Restaurant Pierre）

行家分享

可以使用糖渍甜瓜、香橼或什锦柑橘类水果等其他糖渍水果制作牛轧糖雪糕。

可以将覆盆子果酱用杏酱或其他水果的果酱代替。

挪威蛋卷 Omelette norvégienne

准备时间：1小时30分钟

蛋糕坯烘烤时间：15~20分钟

分量：6人份

香草冰激凌 1升（详见第90页）

意大利海绵蛋糕面糊 500克（详见第37页）

法式蛋白霜 300克（详见第40页）

水 200毫升

细砂糖 260克

柑曼怡 200毫升

糖粉 适量

1. 如果不使用购买的冰激凌，需要自己制作香草冰激凌，在准备其他原料期间，放入冰箱中冷冻备用。

2. 将烤箱预热至200℃。

3. 制作意大利海绵蛋糕坯。

4. 在装有直径1厘米圆形裱花嘴的裱花袋中填入面糊，在铺有烤盘纸的烤盘中挤成椭圆形的蛋卷形状，放入烤箱烘烤15分钟。期间用刀尖测试烘烤的程度。放凉备用。

5. 将烤箱温度调高至250℃。

6. 将做好的法式蛋白霜填入装有1厘米星形裱花嘴的大号裱花袋中。

7. 将细砂糖和水加热至沸腾后熬成糖浆。晾凉后倒入100毫升柑曼怡。在椭圆形耐高温的盘子中放上意大利海绵蛋糕坯，将柑曼怡糖浆用毛刷刷在表面。

8. 将香草冰激凌脱模后铺在蛋糕坯底部。再将香草冰激凌和一半的法式蛋白霜包裹住整个蛋糕坯上，用抹刀将表面整平。

9. 在蛋卷上用剩余的蛋白霜画出网格状的条纹后撒上糖粉。

10. 将烤盘放入烤箱中，烘烤至蛋白霜变成金黄色。

11. 制作最后，将100毫升柑曼怡倒入平底深锅中加热并点燃，倒在蛋卷上后摆放在宾客面前燃烧，即可享用。

开心果冰激凌芭菲 Parfait glacé à la pistache

准备时间：30分钟
冷冻时间：6小时
分量：6人份
整颗开心果 40克
细砂糖 200克
水 80毫升
蛋黄 8个
开心果膏 80克
打发鲜奶油 300毫升（详见第51页）

1. 将开心果略微烘烤后捣碎。

2. 将水和细砂糖混合并熬至"大球"阶段，即温度为118℃（详见第67页）。

3. 在沙拉盆中放入蛋黄和开心果膏后拌匀。

4. 将熬制的糖浆一点一点倒入上面的混合物中，边倒边搅拌。之后持续搅打至彻底冷却。

5. 将打发鲜奶油做好后掺入上面的混合物中，轻柔地拌匀，最后倒入开心果碎。

6. 将混合物倒入芭菲模或直径16厘米的夏洛特或舒芙蕾模具中，放入冰箱冷冻

6小时。

7. 将模具过热水后倒扣在餐盘中脱模。

举一反三

可以将200克即食巧克力隔水或微波加热至化开，与蛋黄一起混合后制作巧克力冰激凌芭菲。还可以将5克的冷冻干燥咖啡用1汤匙热水稀释后，与蛋黄和50毫升的咖啡精一起制作咖啡冰激凌芭菲。

白衣夫人蜜桃 Pêches dame blanche

准备时间：45分钟
浸渍时间：1小时
分量：4人份
香草冰激凌 1/2升（详见第90页）
菠萝 4片
樱桃酒 1汤匙
马拉斯加酸樱桃酒 1汤匙
大桃 2个
细砂糖 250克
水 2500毫升
香草荚 1/2根
鲜奶油香缇 200克（详见第49页）

1. 如果不使用购买的冰激凌，需要自己制作香草冰激凌。在准备其他原料期间，放入冰箱中冷冻备用。

2. 在装有樱桃酒和马拉斯加酸樱桃酒的内凹汤盘中将菠萝片浸泡1小时。

3. 将水倒在大号平底深锅中加热至沸腾，放入大桃汆烫30秒后立刻过冷水，去皮后不要切块。

4. 将水、细砂糖和剖成两半的半根香草荚加热至沸腾后制作成糖浆。

5. 将整个桃在微滚的糖浆中浸泡大约10分钟，期间不时搅拌，之后离火。沥干桃后对半切开并去核。

6. 将鲜奶油香缇做好后填入装有直径1厘米星形裱花嘴的大号裱花袋中。

7. 将香草冰激凌填入4个杯子的底部，摆放上菠萝片和半个桃子。

8. 用环状的鲜奶油香缇围绕在桃周围，在奶油上插上菠萝片。

行家分享

这款甜点最好选用新鲜的菠萝进行制作。如果使用的是罐头菠萝，需要充分沥干后再浸泡于酒中。冬天里，可以用糖渍桃进行制作。此外，这款桃甜品与香草汁（详见第107页）可谓天作之合。

橘子冰霜

蜜桃梅尔芭 Pêche Melba

准备时间：30分钟
制作时间：约13分钟
分量：4人份
香草冰激凌1/2升（详见第90页）
覆盆子500克
桃（白桃最好）4个
糖浆
细砂糖500克　　水1升
香草荚1根

1. 如果不使用购买的冰激凌，需要自己制作香草冰激凌。

2. 用电动打蛋器或果蔬榨汁机将覆盆子搅打成泥。

3. 将桃在沸水中浸泡30秒后立刻过冷水，剥去外皮。

4. 将水、细砂糖和剖开后去子的香草荚加热至沸腾，制作成糖浆。将桃浸泡在糖浆中七八分钟后翻面。

5. 沥干桃并彻底放至冷却。对半切开后去核。

6. 在大杯或一人份高脚杯的底部铺上香草冰激凌，放上桃并铺上覆盆子泥。

行家分享

可以用香草糖浆熬煮香梨后，按照上述方法制作香梨梅尔芭。

珀涅罗珀蜜桃 Pêche Pénélope

准备时间：45分钟
分量：8人份
草莓500克　　　细砂糖400克
柠檬1/2个　　　香草糖1/2袋
意大利蛋白霜100克（详见第41页）
打发鲜奶油400克
水500毫升　　　桃4个
覆盆子200克
丝线糖（详见第74页）
萨芭雍200克（详见第257页）

1. 将草莓清洗干净后去梗，用电动打蛋器或果蔬榨汁机搅打成泥。与150克细砂糖、柠檬汁和香草糖拌匀。

2. 制作意大利蛋白霜，之后制作打发鲜奶油。

3. 将草莓泥与意大利蛋白霜混合后，再小心地掺入打发鲜奶油，拌匀。

4. 将上面的草莓慕斯分别填入8个直径10厘米的一人份舒芙蕾模具中，放入冰箱冷冻备用。

5. 将水和250克细砂糖加热至沸腾，

制作成糖浆。

6. 将桃在开水中浸泡30秒后立刻过冷水，剥去外皮后对半切开并去核。将半个桃在糖浆中炖煮六七分钟，沥干并放凉，之后放入冰箱冷藏备用。

7. 根据个人口味制作萨芭雍。

8. 在杯子中将慕斯脱模，逐杯放上半个桃并在周围撒上覆盆子。

9. 薄薄地覆盖一层丝线糖，与萨芭雍搭配享用。

糖渍香梨配巧克力酱香草冰激凌 Poire Hélène

准备时间：45分钟
制作时间：20~30分钟
分量：6人份
香草冰激凌1升（详见第90页）
细砂糖250克　　水500毫升
多汁香梨6个　　水60毫升
黑巧克力125克
特浓奶油膏60克

1. 如果不使用购买的冰激凌，需要自己制作香草冰激凌。

2. 将细砂糖和水加热至沸腾，制作成糖浆。

3. 削去梨皮，保留完整的梨和梗，放入糖浆中炖煮20~30分钟。

4. 待香梨煮软后，沥干，放入冰箱冷

藏备用。

5. 将60毫升水加热至沸腾。将巧克力掰块后切碎，在平底深锅中倒入烧开的水，待巧克力融化后放入特浓奶油膏。

6. 将香草冰激凌铺在每个高脚杯的杯底，摆放上糖渍香梨后淋上烧热的巧克力酱。

内斯尔罗德什锦果脯布丁 Pudding Nesselrode

准备时间：45分钟
冷冻时间：1小时
分量：6~8人份
糖渍橙皮和糖渍樱桃70克
马拉加麝香葡萄酒50毫升
科林斯和士麦那葡萄干60克
英式奶油酱1/2升（详见第43页）
栗子蓉125克
打发鲜奶油500克（详见第51页）
马拉斯加酸樱桃酒70毫升
冰糖栗子12颗

1. 分别将糖渍橙皮和糖渍樱桃切丁，之后浸泡在马拉加麝香葡萄酒中1小时。

2. 在温水中浸泡科林斯和士麦那葡萄干，使葡萄干泡发膨胀。

3. 将英式奶油酱做好后与栗子蓉一起拌匀。

4. 将打发鲜奶油做好后倒入马拉加麝香葡萄酒。

5. 将栗子奶油酱、糖渍水果丁、葡萄干和掺酒的打发鲜奶油混合至均匀。

6. 在直径18厘米的夏洛特模具中倒入混合物，之后覆上保鲜膜，放入冰箱冷冻1小时。

7. 将模具迅速过热水后在餐盘上脱模，在周围饰以一圈冰糖栗子。

香草冰激凌卷 Rouleau glacé à la vanille

准备时间：40分钟
冷藏时间：1小时
制作时间：10分钟
分量：4~6人份
巧克力230克　　鸡蛋4个
细砂糖100克　　面粉100克
香草冰激凌1/2升（详见第90页）
干邑区科涅克白兰地1汤匙

1. 将50克巧克力与1汤匙水和干邑白兰地一起隔水加热至化开。

2. 将鸡蛋和细砂糖持续搅打成浓稠起泡的乳霜状。

3. 在鸡蛋和细砂糖的混合物中倒入化开的巧克力的混合物，拌匀。将面粉筛入，小心轻柔地画圈搅拌，防止混合物散开。

4. 将烤箱预热至200℃。

5. 将面糊在铺有烤盘纸的烤盘中铺开，放入烤箱烘烤7分钟。

6. 将烤好的面皮在撒上糖的茶巾上脱模，之后立刻卷起来并晾凉备用。

7. 将面皮卷打开并填入香草冰激凌后，再次卷起，放入冰箱冷冻保存。

8. 在制作最后，将剩余的巧克力和3汤匙水一起隔水加热至化开。

9. 将香草冰激凌卷切开后与化开的巧克力一起享用。

大黄威士忌冰激凌 Rhubarbe à la glace au whisky

准备时间：40分钟
制作时间：30分钟
冷藏时间：2小时
分量：6人份
草莓汁500毫升（详见第106页）
大黄茎6根
高脂浓奶油100克
威士忌冰激凌
牛奶500毫升　　胡椒 六七粒
鲜奶油100毫升
蛋黄6个　　　细砂糖125克
威士忌50毫升

1. 制作草莓汁。

2. 小心地去掉大黄茎上的外皮，切成约15厘米的段，在平底深锅中与草莓汁一起，小火炖煮30分钟，注意不要烧开，煮到大黄段变软且用餐刀可以轻松地扎透为止。放入冰箱冷藏2小时。

3. 制作威士忌冰激凌：在牛奶中放入胡椒粒浸泡，之后按照英式奶油酱（详见第43页）的制作方法熬煮。快要熬好时，将混合物倒入沙拉盆中，浸泡在盛满冰块的隔水加热的容器中，迅速降温冷却。倒入威士忌后拌匀。将胡椒粒捞出后倒入冰激凌机中搅拌。

4. 将草莓清洗干净后去梗，分别摆放在盘子中。斜着将煮好的大黄段切成2厘米的小段，放在草莓周围。在上面浇上极冷的草莓汁，再放上1勺蛋形威士忌冰激凌和1小勺蛋形高脂浓奶油。

冰激凌夹心蛋糕

冰激凌夹心蛋糕 Vacherin glacé

准备时间：1小时
冷冻时间：2小时30分钟
制作时间：1小时+3小时
分量：6~8人份
香草冰激凌1升（详见第90页）
法式蛋白霜300克（详见第40页）
鲜奶油香缇200克（详见第49页）
装饰
草莓250克
覆盆子300克

1. 如果不使用购买的冰激凌，需要自己制作香草冰激凌。

2. 将烤箱预热至120℃。

3. 制作蛋白霜圆饼和外壳：将蛋白霜做好后填入装有直径1厘米裱花嘴的裱花袋中，在一二个铺有烤盘纸的烤盘中，螺旋地挤出2个直径20厘米的圆饼和16个长8厘米、宽3厘米的长条。

4. 放入120℃的烤箱中烘烤1小时，之后将烤箱温度调低至100℃，继续烘烤3小时。放至彻底冷却。

5. 将第一块蛋白霜圆饼放入直径22厘米、高6厘米的慕斯模中，铺上全部的香草冰激凌后摆上第二片蛋白霜圆饼，放入冰箱冷冻2小时。

6. 将鲜奶油香缇做好后填入装有星形裱花嘴的裱花袋中。

7. 将冰激凌夹心蛋糕取出后，放置3~5分钟。

8. 将鲜奶油香缇挤在蛋糕周围成环状，将蛋白霜外壳粘在上面，将鲜奶油香缇挤成圆环式的玫瑰花，放入冰箱冷冻30分钟。

9. 迅速将草莓清洗干净并沥干；分拣覆盆子。在冰激凌夹心蛋糕顶部的中央摆放好水果后，即可享用。

行家分享

这款冰激凌夹心蛋糕可以使用其他口味的冰激凌或雪葩制作，可以用巧克力刨花或糖渍水果作为装饰。

栗子冰激凌夹心蛋糕 Vacherin au marron

准备时间：20分钟
制作时间：1小时30分钟+提前24小时准备
分量：6~8人份
香草冰激凌1升（详见第90页）
栗子膏150克
栗子蓉150克
杏仁胜利面糊700克（详见第39页）
糖粉适量
冰糖栗子4颗

1. 制作栗子冰激凌：先制作1升香草冰激凌，当英式奶油酱熬煮完成时，放入栗子膏和栗子蓉拌匀。放凉后在冰箱中冷冻备用。

2. 将杏仁胜利面糊做好后填入装有直径1.5厘米裱花嘴的裱花袋中。

3. 将烤箱预热至160℃。

4. 在铺有烤盘纸的烤盘中，螺旋地挤出2个直径22厘米的圆形面糊饼。

5. 将烤盘放入160℃的烤箱中烘烤30分钟，之后将烤箱温度调低至140℃，继续烘烤1小时。如果烤箱不够大，可分别烘烤2块面糊饼。

6. 待面饼彻底冷却后，从烤盘纸上取下，放在铺有潮湿茶巾的操作台上。

7. 第二天享用前，先将冰激凌从冷冻库中取出，使其回温后变得柔软。在第一块圆形面饼上用橡皮刮刀铺上一层厚厚的冰激凌，在上面摆上第二块圆形面饼。撒上糖粉后饰以冰糖栗子。

伊斯法罕马卡龙玫瑰冰杯

糖果、水果糖浆和巧克力
Les confiseries, sirops de fruits et chocolats

果酱、柑橘果酱和水果软糖
Confitures, marmelades et pâtes de fruits

这些甜点都是以整个水果、果汁、果泥或果肉以及糖浆一起作为基底制作而成的。糖的使用量依照水果种类而有所不同。在果酱中，水果尚能辨认，而在柑橘类果酱中，水果则已完全化开。

果酱和果冻 Les confitures et les gelées

制作果酱和果冻时，始终需要选择铜质或不锈钢材料的器具进行制作，因为其他金属可能会令水果出现异味。

长柄刮勺或木勺是混合原料时必不可少的工具，而精细网格的滤器则是过滤果汁的必要工具。

最好使用独立螺旋盖的钢化玻璃罐或者有橡胶密封圈的玻璃罐，前者能够耐受105℃的高温，后者因其极佳的密封性，能够在冰箱中很好地保存开封后的果酱和果冻。而无论石蜡、圆形垫片还是包装用的玻璃纸，都无法达到以上的保存效果。

制作果酱前，必须将罐子连同盖子或橡胶密封圈一起浸泡在开水中，消毒杀菌3分钟。用漏勺分别捞出，戴上手套保护双手。将所有的物品倒扣在干净的茶巾或吸水纸上。

果酱装罐时，需要戴上手套保护双手。待果酱熬好后，在大盆中放入玻璃罐，将果酱用小勺填至与罐子边缘齐平，之后放在茶巾上，立即密封并倒扣，将空气从果酱中挤出，形成真空的状态自然除菌。小心地搅拌果酱后再填装剩余的罐子。

将罐子保持倒扣的状态静置放凉至少

24小时。

摆放在远离热源的橱柜中。果酱可以保存12个月左右；低糖果酱则较难长期存放。

要想成功地制作果酱，需要遵循以下基本原则：

对于果胶含量较少的水果，建议使用细砂糖来制作果酱。所以，制作柠檬、榅桲、醋栗、桑葚、橙子和苹果酱时，细砂糖并非必需品。

将水果按照种类去皮、去核或者切块后，在沙拉盆中和1.2千克细砂糖、1.5千克柠檬果肉、柠檬汁一起浸泡24小时。在此期间，水果吸收了糖分，最终变成糖浆。

将滤器置于大盆或平底深锅上15~20分钟收集糖浆。将糖浆加热，沸腾前搅拌2次，之后继续熬煮5分钟左右，直到温度达到109℃的粗线阶段。如果水果还未熟透或是水分依然较多，需要相应地延长熬

煮时间，令温度达到118℃的大球阶段。

立即将水果浸入糖浆，再次加热至沸腾。根据水果的性质确定熬煮时间，通常为5~15分钟，温度为106~107℃。期间不时搅拌，避免粘锅。制作最后撇去浮沫，以去除杂质。

以下的所有食谱中都会明确标注熬煮的温度。更多的细节详见第67页熬制糖浆的介绍。

待果酱熬好后，立即装罐并旋紧盖子，倒扣着静置存放至少24小时。

果酱装罐后，随着时间的推移会越来越浓稠。如果果酱太稀，可以再次熬煮。将罐中的果酱倒在置于大盆上的滤器中，将盆中收集的糖浆再次熬煮至109℃，由于此次糖浆更多，所以熬煮时间会较第一次更长。之后放入水果，按照第一次的方式熬煮。

杏酱 Confiture d'abricot

准备时间：1小时
浸渍时间：24小时
制作时间：约18分钟
分量：1千克果酱
去核的杏500克
细砂糖450克
柠檬1个
香草荚1根
去壳的杏仁6个

1. 将柠檬榨汁后得到1/2汤匙的柠檬汁。

2. 将杏对半切开后去核，再将半颗杏切成两半，放在罐子中，撒糖后浇上柠檬汁，拌匀。浸渍24小时。

3. 在置于大号平底深锅或大铜盆的滤器中倒入浸渍的杏。

4. 将剖开的香草荚和用刀尖刮出的香草籽一起放入糖浆中，接着放入杏仁。小火将糖浆熬煮至温度达到118℃。

5. 此时放入杏块，将火略微调小后，熬煮至温度达到106℃，接着按照拔丝糖浆的火候继续熬煮18分钟左右。

6. 如果想要立即使用，将果酱放至彻底冷却即可。否则需要装罐后密封，倒扣静置24小时。

行家分享

可以按照上述做法制作桃酱，需要用比食谱中多出2倍，即3汤匙柠檬汁浸渍。

柠檬、西瓜和橙子果酱 Confiture de citron, pastèque et orange

准备时间：1小时
制作时间：1小时20分钟
分量：2.5千克果酱
柠檬3个　　　　橙子5个
西瓜2千克　　　水150毫升
细砂糖 适量

1. 将一锅水加热至沸腾。将3个柠檬和3个橙子的果皮取下后，放入开水中汆烫。将果皮切成细长条。将柠檬和橙子榨汁，将果汁和果肉收集在一起。

2. 削去西瓜皮，将西瓜切大丁后放入果酱盆中，再放入水中煮20分钟左右。

3. 将果汁、果肉和果皮与西瓜一起，继续熬煮5分钟。

4. 称量混合物的重量，每1000克放入75克糖，用中火再次熬煮大约1小时，慢慢地将水分蒸发，使果酱变浓稠，且西瓜丁呈现出半透明的状态。

5. 将果酱装罐后立刻密封，倒扣静置24小时。

草莓果酱 Confiture de fraise

准备时间：20分钟
浸渍时间：24小时
制作时间：15分钟
分量：1.5千克果酱
完全成熟的草莓1千克
细砂糖1千克
柠檬1个

1. 制作前夜，将草莓放在滤器中，用水龙头的活水迅速清洗干净。去梗后放入罐中并撒上细砂糖拌匀。浸渍过夜。

2. 将柠檬榨汁。在大盆中倒入草莓和柠檬汁，用木勺拌匀。将混合物加热，并持续沸腾5分钟。将草莓用漏勺捞出后放入沙拉盆中。

3. 将糖浆加热并持续沸腾5分钟收干。将草莓放入后再熬煮5分钟，之后捞出。按照上述做法反复2遍，快要熬好时撇去浮沫。草莓总共经过了3遍捞出和每次5分钟的熬煮过程。

4. 离火后装罐。倒扣静置24小时。

覆盆子果酱 Confiture de 《framboises-pépins》

准备时间：20分钟
制作时间：10分钟
分量：1.5千克果酱
完全成熟的覆盆子1千克
细砂糖650克
柠檬3个

1. 在装有不锈钢刀片的食品加工器的内缸中倒入覆盆子，以高速持续搅打5分钟，将子全部搅碎。放入细砂糖后继续搅拌30秒。

2. 将覆盆子果泥倒入不锈钢盆或平底深锅中，加热并持续沸腾3分钟。

3. 将柠檬榨汁后得到3汤匙柠檬汁。

4. 将覆盆子泥离火后倒入柠檬汁，拌匀后立即装罐。倒扣静置24小时。这款加糖的果酱可以冷藏保存2个月。

100克覆盆子果酱的营养价值

190千卡；碳水化合物：46克

红色水果酱 Confiture aux fruits rouges

准备时间：20分钟
制作时间：40分钟
分量：10~12罐500克的果酱
欧洲酸樱桃 500克
草莓 500克　　醋栗 500克
覆盆子 500克　　水 500毫升
结晶糖 1.7千克

1. 将全部的水果清洗干净后去梗。将欧洲酸樱桃去核。仔细地从果串上摘下醋栗果粒。

2. 将水和结晶糖在果酱盆中加热至沸腾，继续将糖浆熬至116℃的大球阶段。

3. 在糖浆中放入欧洲酸樱桃，大火熬煮20分钟。不时撇去浮沫以去除杂质。

4. 之后放入草莓继续熬煮15分钟，期间不停撇掉浮沫。最后放入醋栗和覆盆子熬煮5分钟，期间也需要时常地撇掉浮沫。

5. 将果酱装罐后立刻密封并倒扣静置24小时。

牛奶酱 Confiture de lait

准备时间：1小时
制作时间：2小时30分钟
分量：1000克牛奶酱
全脂鲜奶 1升
细砂糖 500克
香草荚 1根

1. 在平底深锅中倒入牛奶后，放入剖开去籽的香草荚。倒入细砂糖后拌匀。

2. 用小火熬煮，期间不时轻柔地用木勺搅拌。待混合物刚开始沸腾时，转小火继续熬煮约2小时且保持微滚的状态，期间不时搅拌。

3. 待混合物变得浓稠时，增加搅拌的频率。捞出香草荚。继续熬煮直到牛奶酱变成像调味汁般浓稠为止，期间持续搅拌。

4. 当牛奶酱成为像贝夏梅尔奶油白色调味汁且呈现出金黄的焦糖色时，则说明已经熬制完毕。立即装罐，放置8天后再享用。

橙子柠檬果酱 Confiture d'orange et de citron

准备时间：25分钟
冷却时间：15分钟
制作时间：1小时
分量：2.5千克的果酱
橙子 1500克
柠檬 2个
鲜姜 3克
结晶糖 1.2千克
水 300毫升
豆蔻粉 1撮

1. 将水果清洗干净后整个放入锅中，用水没过，加热。当开始沸腾时保持这个状态持续炖煮30分钟。

2. 将水果沥干后再放入锅或大沙拉盆中，置于有水龙头的水池内，用活水冲15分钟，使水果冷却。

3. 将水果切成圆形的厚片放入盘中，去蒂、去子，将析出的果汁倒入沙拉盆中。

4. 将其中1/4的水果片对半切开。

5. 将剩余的水果片切小块。在装有果汁的沙拉盆上方沥干。

6. 切碎鲜姜。

7. 在平底深锅中倒入水和结晶糖，加热至沸腾，继续熬煮5分钟，直到糖浆的温度达到115℃。此时将果汁倒入后再次加热至沸腾，持续再熬煮5分钟，直到温度达到112℃的小珠阶段（详见第67页）。

8. 此时放入橙子、柠檬、豆蔻粉和姜末，熬煮至温度达到106℃的粗线阶段。

9. 将果酱装罐并立刻密封，倒扣着静置24小时。

塔坦苹果酱 Confiture de 《pomme-tatin》

准备时间：30分钟
制作时间：25~35分钟
分量：2.5千克果酱
微酸的苹果 2千克
柠檬汁 1/2个
水 300毫升
结晶糖 700克
半盐黄油 50克
香草荚 1根

1. 将苹果清洗干净后削皮去子，保留取下的果皮和子，一共得到1.5千克果肉。

2. 将苹果切4块后放入大号平底深锅中，倒入柠檬汁拌匀。将剖开并去籽的香草荚放入锅中。

3. 将水、果皮和籽倒入另一口平底深锅中熬煮5分钟。将滤器置于平底深锅上方过滤，用橡皮刮刀按压皮和子，尽可能多地挤出汁液。

4. 在过滤出的液体中放入结晶糖，加

热至沸腾后，大火熬制成深色的焦糖，倒入半盐黄油后拌匀，用大火再次熬煮。

5. 5分钟后，转中火，根据苹果的种类，熬煮15~25分钟。如果苹果很容易烂熟，时间就短一些，如果苹果析出很多汁液，时间就长一些。小心轻柔地搅拌以免弄碎苹果。

6. 将果酱装罐密封，倒扣静置24小时。

李子酱 Confiture de quetsche

准备时间：40分钟
浸渍时间：40小时
分量：2千克果酱
李子 1.2千克　　细砂糖 1千克
肉桂棒 1根　　　水 200毫升

1. 将李子清洗干净后去核。

2. 将水、细砂糖和肉桂棒放入盆中，中火加热。待糖浆澄清透明时，略微将火转大，熬煮至116℃。

3. 倒入李子后中火加热至沸腾。不时撇去表面的浮沫。再次烧开后持续炖煮20

分钟。

4. 捞出肉桂棒。将果酱滴入凉盘子中，如果迅速凝固，则说明果酱熬制完毕。

5. 将果酱立刻装罐密封，倒扣静置24小时。

大黄果酱 Confiture de rhubarbe

准备时间：40分钟
浸渍时间：8小时
制作时间：15分钟
分量：1.5千克果酱
大黄 800克
大橙子 1个
青苹果 600克
柠檬 2个
香草荚 1根
丁香粉 1撮
细砂糖 800克

1. 将200克细砂糖和100毫升水熬制成糖浆。

2. 将橙子两端的果皮切除不要，将橙子切片后浸泡在糖浆中。小火熬煮至橙子片变成半透明的状态。在糖浆中浸渍8小时。

3. 切去大黄茎的两端，将剩余部分切成大丁。

4. 削去苹果皮后将苹果也切成大丁。将柠檬榨汁。

5. 将橙子片和浸泡的糖浆、苹果丁、

大黄丁、香草荚、丁香粉、柠檬汁和剩余的细砂糖一起倒入果酱盆中，加热至沸腾后继续熬煮10分钟，期间轻柔地搅拌。

6. 用漏勺撇去表面的浮沫，继续熬煮4分钟。

7. 将果酱立即装罐密封，倒扣静置24小时。

克丽丝汀·法珀（Christine Ferber），涅代尔莫尔斯威尔（Niedermorschwihr）的女糕点师

橙子柠檬果酱

榅桲果冻 Gelée de coing

准备时间：20分钟
静置时间：12小时
制作时间：约1小时
分量：1千克果冻
完全成熟的榅桲1.5千克
白胡椒5粒、细砂糖、柠檬汁各
适量
水500毫升

1. 制作前夜：削去榅桲皮后切片，放入平底深锅中与500毫升水和白胡椒粒一起加热至沸腾，继续用小火熬煮45分钟至水果变软。

2. 将一锅水加热后放入茶巾烫煮，捞出后沥干并拧干水分。在置于沙拉盆上的滤器内放入茶巾后倒入榅桲片，静置沥干至少12小时。

3. 捞弃榅桲果肉。称量收集的榅桲汁，倒入果酱盆中，每1/2升相应地添加350克细砂糖和1汤匙柠檬汁。

4. 将上述混合物拌匀后小火加热直到糖浆均匀。烧开后持续沸腾10分钟，期间不要搅拌。频繁地撇去浮沫，确保无杂质残留。

5. 将果冻立即装罐密封，倒扣静置24小时。

草莓果冻 Gelée de fraise

准备时间：30分钟
制作时间：5分钟
分量：600克果冻
草莓500克　　　细砂糖400克
袋装胶凝剂20克　柠檬1个

1. 迅速将草莓清洗干净后去梗。用食品加工器或果蔬榨汁机搅打成泥。将草莓泥放入滤器中，用橡皮刮刀按压以便更好地过滤果泥。

2. 在平底深锅中倒入过滤后的果泥，放入细砂糖和胶凝剂，拌匀后加热，持续沸腾三四分钟，小心地撇去浮沫。

3. 将平底深锅离火后倒入柠檬汁。将果冻立即装罐密封，倒扣静置24小时。

番石榴果冻 Gelée de goyave

准备时间：30分钟
静置时间：五六小时
制作时间：25分钟
分量：2.5千克果冻
番石榴2千克
香草荚1根
细砂糖适量

1. 将番石榴洗净去皮后切块。将香草荚纵向剖开后刮出香草籽。在锅中放入上述材料，用水没过3/4处，加热并保持微滚状态持续炖煮10~15分钟直到番石榴变色。

2. 离火后静置10分钟左右。

3. 在大号滤器中铺上细纱布。将平底深锅或果酱盆里的番石榴倒入滤器中，静置五六小时，收集所有的汁液。

4. 丢弃果肉和子。称量收集的汁液，放入两倍于果汁的细砂糖，拌匀后加热至沸腾，不停地撇去浮沫，继续熬煮5分钟。

5. 将果冻立即装罐密封，倒扣静置24小时。

柑橘果酱 Les marmelades

杏子柑橘酱 Marmelade d'abricot

准备时间：30分钟
浸渍时间：24小时
制作时间：15~30分钟
分量：500克柑橘果酱

杏 500克　　　　香草荚 1根
细砂糖 150克　　柠檬五六个
黄油 50克

1. 将杏对半切开后去核。
2. 将香草荚剖开后刮出香草子。将柠檬榨汁后得到50克柠檬汁。
3. 在沙拉盆中放入对半切开的杏、细砂糖、香草荚和柠檬汁，拌匀后浸渍约24小时。

4. 在盆中或平底深锅中将黄油加热至融化，倒入沙拉盆中的混合物后小火炖煮15~20分钟至水果全部软烂。
5. 将混合物倒入大号的高脚盘中，冷却后放入冰箱冷藏。

薄荷草莓柑橘酱 Marmelade de fraise à la menthe

准备时间：30分钟
浸渍时间：24小时
制作时间：20分钟
分量：800克柑橘酱

草莓 600克　　　　细砂糖 150克
柠檬 五六个　　　　黑胡椒粉适量
新鲜薄荷 1把

1. 迅速将草莓洗净去梗后对半切开。将柠檬榨汁后得到50克柠檬汁。
2. 在沙拉盆中放入水果、细砂糖、柠檬汁和研磨器旋转4圈分量的黑胡椒粉，拌匀后浸渍约24小时。
3. 将上述混合物倒入平底深锅中，中

火熬煮20分钟至水果彻底软烂。
4. 剪碎新鲜的薄荷叶后放入锅中拌匀。
5. 将混合物倒入大号的高脚盘中晾凉。这款果酱可在冰箱中冷藏保存几天。

橙子柑橘酱 Marmelade d'orange

准备时间：30分钟
浸渍时间：24小时
制作时间：15~30分钟
分量：1.5千克柑橘果酱

大橙子 8个　　　　柠檬 1个
结晶糖 适量

1. 制作前夜：削去橙皮和柠檬皮，将果肉分成4块，小心地撕掉上面的白色筋络。完全去除后将其中一半的果皮薄薄地切片。
2. 称量柑橘和切成薄片的果皮，放入容器中，倒入与之等重的水，浸渍24小时。

3. 沥干水果和果皮后再次称重。在果酱盆中放入与之等重的结晶糖，加热至沸腾后继续熬煮15~30分钟至水果可以轻易压碎。
4. 将果酱立刻装罐密封，倒扣静置24小时。

越橘香缇柑橘酱 Marmelade de poire et d'airelle

准备时间：30分钟
制作时间：10分钟
分量：1.2千克柑橘酱
完全成熟的梨 2个

杏干 80克	核桃 30克
越橘 340克	葡萄干 160克
橙汁 120克	细砂糖 165克
肉桂粉 1茶匙	柑曼怡 1汤匙

1. 削去梨皮，去子后切丁。将杏也同样切成丁。

2. 将核桃切碎。

3. 仔细地分拣越橘。

4. 在平底锅中放入除核桃碎和柑曼怡外的所有材料，加热至沸腾，之后中火熬煮6分钟，期间不时用木勺搅拌。

5. 放入核桃碎和柑曼怡，继续熬煮三四分钟。

6. 离火后将混合物倒入沙拉盆中，晾凉。

秘诀一点通

这款柑橘酱可以像果酱一样装罐密封，在冰箱中可以冷藏保存1个月之久。

苹果柑橘酱 Marmelade de pomme

准备时间：30分钟
制作时间：1小时
分量：2千克柑橘酱
红香蕉苹果 2千克
细砂糖 1千克
柠檬 2个
香草荚 1根

1. 将苹果清洗干净但保留果皮，用苹果去核器去梗、去核、去子。将苹果在果酱盆或平底深锅中擦成碎末，将细砂糖和1颗柠檬榨的汁一点一点掺入其中。

2. 剖开香草荚并刮出香草籽，放入锅中，小火熬煮1小时，期间不时用木勺搅拌。

3. 熬煮即将结束时，放入第2颗柠檬榨的汁，拌匀。

4. 将果酱装罐密封后倒扣着静置24小时。

行家分享

可以使用香梨制作同款的柑橘酱，梨要选择外皮绿一些的。

李子干柑橘酱 Marmelade de pruneau

准备时间：30分钟
浸渍时间：12小时
制作时间：20~25分钟
分量：约1千克柑橘酱

李子干 500克	葡萄干 80克
小橙子 2个	柠檬 1个
细砂糖 50克	水 1升

丁香粉 1/4茶匙
肉桂粉 1/2茶匙
姜粉 1/4茶匙
去壳核桃 80克

1. 分别在两个容器中将葡萄干和李子干浸泡12小时。

2. 将李子干沥干后去核。

3. 将橙子和柠檬顶端带蒂的部分切掉，薄薄地将水果其余的部分切片，去子后大致切碎。

4. 在大号平底深锅或果酱盆中放入李子干、水、橙子和柠檬碎片，拌匀后小火熬煮10分钟。

5. 之后依次放入沥干的葡萄干、细砂糖、丁香粉、肉桂粉和姜粉，用木勺拌匀后，继续熬煮10~15分钟至果酱浓稠。

6. 将核桃切碎后放入果酱中，拌匀后立即装罐密封，倒扣静置24小时。

秘诀一点通

可以用温水和淡茶汤浸泡李子干和葡萄干。

行家分享

切碎的柑橘和核桃赋予了这款果酱独特的风味。

水果软糖 Les pâtes de fruits

水果软糖不是最简单易做的糖果。不过，如果购买并使用常见的以苹果果胶为主要成分的胶凝剂，则会轻松地达到很好的胶凝效果。

建议使用长柄刮勺和厚底的大号不锈钢平底深锅。

糖浆温度计可以随时掌握温度的情况。最后塑形方面，如果没有此类用途的方形中空模具，可以使用圆形中空模具替代。

要想成功地做好水果软糖，需要遵照以下基本原则：

要制作出1000克水果软糖，需要将500克水果熬煮成泥。

将果酱用袋装胶凝剂和60克细砂糖混合均匀。

在平底深锅中放入水果，加热至沸腾并不时搅拌。放入胶凝剂和细砂糖的混合物后，再次加热至沸腾。

熬煮1分钟后，放入225克细砂糖，再次加热至沸腾后，放入剩余的225克细砂糖。不时用刮勺搅拌，记得同时要刮平底锅的锅底。

最后将糖浆用大火熬煮至大球阶段，根据所选的水果不同，熬煮5~10分钟。共计熬煮15分钟。

在操作台铺上1张烤盘纸。如果没有方形中空模，则在上面摆上圆形中空模。将混合物倒入，静待其冷却凝固至少3小时。

将混合物的表面用蘸湿的毛刷润湿，之后切开。切成2厘米见方的小方块或长方形的块。逐批放在250克结晶糖中滚动后摆盘。如果想保存一段时间，可以装入密封盒中。

杏仁糖 Massepains

准备时间：15分钟
制作时间：5或6分钟
分量：24块小杏仁饼
杏仁软糖 500克（详见第327页）
橙花水 1茶匙
液体香草精 1茶匙
苦杏仁精 二三滴
糖粉适量
蛋白糖霜 250克（详见第72页）

1. 混合杏仁膏、橙花水、香草精和苦杏仁精。
2. 将烤箱预热至120℃。
3. 制作蛋白糖霜。
4. 将糖粉撒在操作台上。用擀面杖将杏仁膏擀成1厘米厚。在上面薄薄地铺上约1毫米厚的皇家糖霜。
5. 使用所选的花式切模将杏仁糖膏切成方形、圆形等。之后放在铺有烤盘纸的烤盘中，放入烤箱烘烤五六分钟。

秘诀一点通

可以使用售卖的各色杏仁膏，加速小杏仁糖的制作。

行家分享

这款杏仁糖是由伊苏丹的修女创造的。法国大革命期间，驱散的修女们在市区开了一间糕饼店。19世纪中期，伊苏丹的杏仁糖声名远播至俄国、巴黎的杜伊勒利宫以及梵蒂冈。因其以杏仁膏为主要原料，使用水果和蔬菜等上色和塑形，人们也将这些小糖果称为杏仁糖。

榛子香蕉水果软糖

杏仁软糖 Pâte d'amande

准备时间：25分钟
制作时间：15分钟
分量：500克杏仁膏
杏仁粉 250克
细砂糖 500克
葡萄糖 50克　　着色剂 5滴
糖粉 适量

1. 在平底深锅中将150毫升水、细砂糖和葡萄糖熬至小球阶段（详见第67页）。离火后倒入杏仁粉，使劲用木勺搅拌至混合物成为颗粒状。

2. 按照每100克糖膏添加1滴着色剂的比例进行调配。

3. 放凉。将糖粉撒在操作台上，用手一点点揉和糖膏至柔软。

4. 将糖膏揉和成不同的形状，始终从直径三四厘米的小圆柱体开始，之后均匀地切成等大的小段。将糖膏用手掌搓成球状。如果使用的是粉红色的着色剂，可以做成樱桃或草莓的形状；如果使用的是黄色的着色剂，则可以做成香蕉的造型。

榅桲软糖 Pâte de coing

准备时间：40分钟
制作时间：15分钟+5~7分钟
分量：40~50块方形软糖
榅桲 1千克　　水 200毫升
细砂糖 600~700克
柠檬 2个　　结晶糖适量

1. 将榅桲清洗干净，去皮、去心、去子后切成二三厘米见方的小块。

2. 将榅桲块放入平底深锅或果酱盆中，与水和柠檬皮一起，用小火熬煮成泥。

3. 称量果泥，之后按照每500克果泥添加600克细砂糖的比例进行配比，用木勺拌匀后再次熬煮五六分钟，期间不时撇去浮沫。测试熬煮程度的方法：用小勺舀起糖膏，倒入凉的盘子中，如果没有凝固仍然较稀，则需要继续熬煮一二分钟。

4. 在凸边烤盘或铺有1.5~2厘米厚的多张烤盘纸的盘子中倒入糖膏，在阴凉处（不是冰箱）静置凝固三四小时。

5. 将糖膏裁切成约2厘米见方的小块，在结晶糖中滚一滚，之后放入密封盒中，可以保存5~8天。

草莓软糖 Pâte de fraise 👨‍🍳👨‍🍳👨‍🍳

准备时间：20分钟
制作时间：12分钟
分量：24块方形软糖
草莓 1.2千克
果酱用糖 1千克
明胶 2片
结晶糖 适量

1. 迅速将草莓清洗干净并去梗，在果蔬榨汁机中搅打成泥。称量果泥，应得到1千克的草莓泥。按照比例：1千克果泥务必使用1千克果酱用糖。

2. 在果酱盆或平底深锅中倒入果泥，加热至沸腾后，放入一半的糖，再次烧开，期间用刮勺搅拌。当再次沸腾时，放入另一半糖，持续搅拌并保持沸腾状态六七分钟。

3. 在盛有冷水的碗中将明胶浸软，倒掉碗中的水后挤干。在盛放明胶的碗中倒入少量加热后的草莓泥，使明胶化开，之后将混合物倒入果酱盆中，拌匀。

4. 将烤盘纸铺在操作台上，在上面摆放圆形中空模具，倒入混合物，将表面整平后晾凉。之后裁切成小方块，在结晶糖中滚一滚。

糖浆、糖浆水果、糖渍和酒渍水果
Sirops, fruits au sirop, confits et à l'alcool

水果可用在许多甜点的制作中：将水果糖浆和糖的溶液添加到水中，便是解渴又实惠的饮料。水果还能做成糖煮果泥，或者浸渍在蒸馏酒中，延长其存放的时间。

糖浆 Les sirops

黑醋栗糖浆 Sirop de cassis

准备时间：20分钟
沥干时间：三四小时
制作时间：10分钟
分量：2瓶750毫升的糖浆
黑醋栗 4千克
细砂糖 适量

1. 将黑醋栗从果串上摘下，用果蔬榨汁机搅碎。

2. 将干净的细纱布铺在滤器的底部，置于沙拉盆上，将搅碎的黑醋栗放在里面，自然地过滤三四小时。不要挤压，因其富含果胶的果肉可以令糖浆凝结成胶状。

3. 称量过滤后的果汁，按照每500克使用750克细砂糖的比例进行配比。在果酱盆中倒入果汁和细砂糖，拌匀后加热，边倒边小心地搅拌至细砂糖彻底溶解。

4. 将2个750毫升的瓶子用沸水冲烫杀菌。

5. 熬至温度达到103℃的细线阶段时（详见第67页），撇去浮沫。将糖浆倒入瓶中后立即密封，置于避光阴凉处保存。

秘诀一点通

可以将瓶子放在盛水的大号双耳锅中加热至沸腾，或者将瓶子清洗干净后放入110℃的烤箱中烘烤5分钟，杀菌消毒。

樱桃糖浆 Sirop de cerise

准备时间：20分钟
发酵时间：24小时
制作时间：5分钟
分量：2瓶750毫升的糖浆
甜樱桃 2千克
细砂糖 适量

1. 将樱桃去核后用电动打蛋器或果蔬榨汁机搅打成泥。用细筛网或精细滤器过滤，室温下静置发酵24小时。

2. 将2个750毫升的瓶子用沸水冲烫杀菌。

3. 称量樱桃汁后放入果酱盆中，按照每千克果汁使用1.5千克细砂糖的比例进行配比。将糖浆熬至103℃的细线阶段（详见第67页），并继续熬煮5分钟。

4. 在瓶中倒入樱桃糖浆后立刻密封，置于避光的阴凉处保存。

巴旦杏仁糖浆 Sirop d'orgeat

准备时间：30分钟
浸渍时间：12小时
制作时间：三四分钟
分量：2瓶750毫升的糖浆
杏仁 300克
水 20毫升
细砂糖 适量
杏仁粉 100克
橙花水 20毫升
苦杏仁精 5滴

1. 制作前夜，将杏仁用刀大致切碎。

2. 将水、400克细砂糖和杏仁粉倒入平底深锅中加热至沸腾。煮沸后立即熄火，将混合物拌匀后浸渍约12小时。

3. 次日，再次将平底深锅加热并持续沸腾1分钟。将茶巾铺在沙拉盆上，将混合物倒在上面过滤。

4. 称重后，按照每500克果汁添加700克细砂糖的比例进行配比，拌匀后倒入平底深锅中，再次加热并持续沸腾三四分钟。

5. 将2个750毫升的瓶子用沸水冲烫杀菌。

6. 待糖浆晾凉后倒入橙花水和苦杏仁精。

7. 在瓶中倒入糖浆，密封后置于阴凉处保存。

秘诀一点通

待糖浆冷却后再放入橙花水和苦杏仁精，否则香气会因热度消散。

石榴糖浆 Sirop de grenadine

准备时间：30分钟
浸渍时间：二三小时
制作时间：5分钟
分量：1升糖浆
石榴 2千克
细砂糖 适量
橙花水 20毫升
苦杏仁精 2滴

1. 将石榴打开后，将所有的子剥出。在沙拉盆中放入石榴粒和300克细砂糖，浸渍二三小时。

2. 用电动打蛋器或果蔬榨汁机搅碎。

3. 将干净的细纱布铺在滤器的底部，将搅碎的石榴子和果肉倒在上面，自然地过滤三四小时。

4. 称重果汁，按照每500克果汁添加500克细砂糖的比例进行配比。加热并保持沸腾二三分钟，频繁地撇去浮沫，继续保持沸腾的状态熬煮2分钟。

5. 将1升的瓶子用沸水冲烫杀菌。

6. 待糖浆晾凉后放入橙花水和苦杏仁精。

7. 在瓶子中倒入糖浆，密封后置于避光的阴凉处保存。

圣诞香料橘子糖浆 Sirop de mandarineaux épices de Noël

准备时间：1小时
浸渍时间：12小时
制作时间：4分钟
分量：1.5升糖浆
表皮未经处理的橘子 4千克
细砂糖 适量
水 300毫升
肉桂 4根
茴香 2颗
香菜籽 6粒
丁香 1粒
姜粉 2撮
肉豆蔻粉 1撮
蜂蜜 200克

1. 制作前夜：将橘子对半切开，保留橘皮。将半颗橘子再切成4块后放入果酱盆或大号平底深锅中，与600克细砂糖、水、肉桂、茴香、捣碎的香菜籽、丁香、姜粉和磨出的1撮肉豆蔻粉末一起，用大木勺拌匀后浸泡12小时。

2. 次日：将果酱盆在火上加热至沸腾后熄火，将水果用研杵或大木勺小心地捣碎。

3. 将茶巾置于沙拉盆上，将果酱盆中的混合物倒在上面，戴上手套防止烫伤，用手将茶巾两端不断拧紧，尽可能挤出所有的果汁。

4. 称量收集的果汁，倒入平底深锅或盆子中，按照每500克果汁添加600克细砂糖的比例进行配比。

5. 拌匀后，将糖浆加热并持续沸腾三四分钟，频繁地撇去浮沫去除杂质。

6. 将2个750毫升的瓶子用沸水冲烫杀菌。

7. 待糖浆晾凉后灌入瓶中，立刻密封并置于阴凉处保存。

秘诀一点通

可以找人帮忙一起制作这款糖浆。两人一起拧紧茶巾会相对容易，也不会被轻易烫伤。不过，不管怎样都需要戴手套。

异域糖浆 Sirop exotique

准备时间：1小时
浸渍时间：二三小时
制作时间：5分钟
分量：1升糖浆
小菠萝 1个
橙子 500克
青柠檬 2个
猕猴桃 500克
百香果 500克
水 1升
细砂糖 适量
椰子粉 150克

1. 将1升的瓶子用沸水冲烫杀菌。

2. 削去菠萝皮，将果肉切成约2厘米见方的小丁。

3. 将橙子和青柠檬对半切开，之后再将半颗水果逐个切成6块。

4. 削去猕猴桃的外皮，将果肉切成约2厘米见方的小丁。

5. 将百香果对半切开，将果肉用小勺挖出，与其他切好的水果一起放在沙拉盆中。

6. 将水、100克细砂糖和椰子一起倒入平底深锅中加热并持续沸腾1分钟。

7. 将全部的水果倒入锅中，再次加热至沸腾并持续1分钟左右。熄火后静置浸渍二三小时。

8. 在果蔬榨汁机中将平底深锅中的混合物倒入后搅拌。

9. 将茶巾铺在置于沙拉盆上的滤器的底部，倒入混合物，让糖浆自然地过滤几小时。

10. 称量过滤后的糖浆，按照与之等重的比例添加细砂糖。将糖浆加热至沸腾，将细砂糖充分拌匀。熬至细砂糖彻底溶解，期间不时撇去浮沫以去除杂质。

11. 将糖浆灌入瓶中后密封，置于阴凉处保存。

新鲜薄荷草莓糖浆 Sirop de fraise à la menthe fraîche

准备时间：15分钟
浸渍时间：12小时
制作时间：10分钟
分量：750毫升糖浆
完全成熟的草莓 1千克
细砂糖 500克
柠檬 1个
薄荷 1/4把

1. 制作前夜：将草莓清洗干净后去梗，放入果蔬榨汁机或电动打蛋器中搅打成泥。在沙拉盆中放入草莓泥并覆上保鲜膜，放入冰箱冷藏过夜。

2. 将草莓泥倒入精细的滤器中，让果汁流下过滤。

3. 将柠檬榨汁。在平底深锅中放入草莓泥、细砂糖和柠檬汁，大火加热至沸腾，转小火继续熬煮10分钟左右。期间时常用漏勺撇去表面的浮沫直到再没有浮沫产生

为止。

4. 将薄荷切碎。

5. 将平底深锅离火。

6. 将750毫升的瓶子用沸水冲烫杀菌。

7. 将薄荷碎末倒入混合物中。将果汁倒入滤器中过滤，之后灌瓶，置于阴凉处保存。

行家分享

制作这款草莓糖浆也可以不加薄荷。

桑葚糖浆 Sirop de mûre

准备时间：25分钟
浸渍时间：12小时
制作时间：15分钟
分量：2瓶750毫升的糖浆
桑葚 3千克
细砂糖 适量

1. 制作前夜：将桑葚分拣后去梗。称量后按照每千克清洗干净的桑葚和1烈酒杯水的比例倒入容器中，静置浸渍至少12小时。

2. 用果蔬榨汁机或电动打蛋器搅打桑葚，将果泥放在茶巾中，将两端拧紧做成袋子，置于沙拉盆上，之后不断拧紧两端，使果汁从茶巾中流出，而果肉留在里面。

3. 称量收集的果汁并倒入果酱盆中，

按照每500克果汁添加800克细砂糖的比例进行配比。

4. 将糖浆加热至沸腾，继续熬煮10多分钟后，灌入冲烫过的瓶子中，立即密封并置于避光的阴凉处保存。

行家分享

可以按照上述方法制作醋栗或覆盆子糖浆。

橙子糖浆 Sirop d'orange

准备时间：40分钟
制作时间：10分钟
分量：2瓶750毫升的糖浆
橙子 4千克
细砂糖 适量

1. 选择完全成熟的橙子。小心地将其中几个的果皮去除，之后削去剩余橙子的橙皮。

2. 将果肉放入果蔬榨汁机中搅碎，之后倒入精细的筛网或潮湿的茶巾中。

3. 称量收集的果汁。按照每500克果汁添加800克细砂糖的比例进行配比。在果酱盆中放入所有原料，熬煮二三分钟，不时撇去表面的浮沫。

4. 将细纱布垫在置于大沙拉盆上的滤器中，在里面放入橙皮，待糖浆沸腾后，立刻倒在橙皮上，使糖浆充满橙皮的香气。

5. 将2个750毫升的瓶子用沸水冲烫杀菌。

6. 待糖浆晾凉后灌瓶，密封后置于避光阴凉处保存。

糖浆水果 Les fruits au sirop

糖浆杏子 Abricots au sirop

准备时间：30分钟
浸渍时间：3小时
制作时间：15~20分钟
分量：2千克糖浆杏子
杏 1千克
细砂糖 500克
水 1升

1. 选择品相好且成熟的杏子，去核后放在大沙拉盆中。
2. 在平底深锅中放入细砂糖和水，加热至沸腾后，倒入并没过杏子，浸泡3小时。

3. 沥干杏子后放在广口罐头瓶中。
4. 将糖浆再次加热并持续沸腾二三分钟，倒在杏子上后立即扣紧瓶盖。
5. 将瓶子浸泡在盛放开水的锅中，杀菌消毒10分钟。

茶渍黄香李 Mirabelle au thé

准备时间：30分钟
制作时间：10分钟
杀菌时间：1小时30分钟
分量：1个2升的广口瓶
黄香李 1.3千克
糖水 1.2升
伯爵茶 5茶匙
柠檬 1个
胡椒粉适量

1. 将广口瓶用沸水冲烫消毒。
2. 将黄香李清洗干净后去梗去核，放入瓶中。
3. 将600毫升水加热至微滚状态，倒入茶叶后盖上盖子闷泡三四分钟。
4. 将茶汤过滤后倒在黄香李上。
5. 将柠檬和半颗橙子榨汁。保留1/4的柠檬皮。将剩余的600毫升水、细砂糖、柠檬皮、柠檬汁和橙汁一起加热至沸腾，之后放入研磨器旋转2圈分量的白胡椒粉，

烧开后倒在黄香李上，将瓶子密封。
6. 将瓶子浸泡在盛放开水的锅中1小时30分钟以杀菌消毒。

行家分享

这款放至彻底冷却的茶渍黄香李非常适合与柠檬雪葩（详见第92页）、几勺略微搅打的高脂浓奶油、小酥饼或瓦片饼（详见第223页）搭配享用。

香草糖浆威廉姆斯多汁梨 Poires williams au sirop vanillé

准备时间：30分钟
制作时间：5~10分钟
分量：4~6人份
威廉姆斯多汁梨 1千克
柠檬 2个　　　　水 1升
细砂糖 500克　　香草荚 1根

1. 将柠檬榨汁后倒入沙拉盆中。削去梨皮后将梨放入沙拉盆中，沾上柠檬汁避免氧化变黑。
2. 将水、细砂糖、剖开去籽后的香草荚、梨和柠檬汁一起倒入平底深锅中加热至沸腾，保持微滚状态5~10分钟。离火

前，用餐刀测试香梨的成熟度，刀身轻松且无阻力的插入表明熬制完毕。
3. 在沙拉盆中倒入混合物，盖上小盘子，让梨完全闷泡在糖浆中，之后放入冰箱冷藏。

香草糖浆威廉姆斯多汁梨

糖浆李子 Prunes au sirop

准备时间：15分钟
制作时间：20分钟
分量：3千克李子
中等大小的李子3千克
香菜籽1汤匙　　丁香2粒
甜苹果酒1升　　细砂糖1千克
肉桂3根

1. 将李子清洗干净后在大沙拉盆中沥干。

2. 将香菜籽和丁香粒放入细纱布中，之后将其打结。在大号平底深锅中倒入甜苹果酒和细砂糖，搅拌至溶解。放入细纱布袋和肉桂。

3. 待糖浆加热至沸腾后，继续熬煮

20分钟。将平底深锅离火后晾凉。捞出肉桂和细纱布袋。

4. 用开水冲烫广口瓶，放入李子并从上面倒入糖浆，之后密封。置于阴凉处浸渍1个月，慢慢地让李子在糖浆的浸渍中成熟，之后即可享用。

糖渍水果 Les fruits confits

肉桂糖浆樱桃 Cerises au sucre cuit à la cannelle

准备时间：30分钟
制作时间：10分钟
静置时间：30分钟
分量：40颗樱桃
酒渍樱桃40克（详见第337页）
柠檬1个　　　　水100毫升
细砂糖300克　　肉桂粉1茶匙
胭脂红着色剂30滴
玉米淀粉1茶匙

1. 将糖渍樱桃放在吸水纸上沥干。将柠檬榨汁后得到1汤匙柠檬汁。

2. 将水和细砂糖加热至沸腾。熬煮3分钟后，依次放入柠檬汁、肉桂粉和胭脂红着色剂，继续熬煮至155℃的大碎裂阶段（详见第67页）。

3. 将玉米淀粉撒在樱桃上，略微拉起

吸水纸的四个角，让樱桃在里面滚动，充分干燥。捏着樱桃梗，将樱桃逐颗浸入糖浆，之后放在铺有烤盘纸的烤盘中，静置30分钟待糖浆凝固。

4. 因表层的糖浆会在酒精的作用下很快溶解，这款樱桃只能保存5小时，需要尽快享用。

糖渍橙皮 Écorces d'orange confites

准备时间：2小时
制作时间：1小时30分钟
分量：400克糖渍橙皮
厚皮橙子6个
水1升
细砂糖500克
橙汁100毫升

1. 将一大锅水加热至沸腾。

2. 将橙子的两端切掉。用小刀在橙子上划分成4部分，之后将1/4的橙皮逐块取下。浸泡在开水中，继续加热并保持沸腾1分钟。用滤器沥干水分后，过冷水。

3. 将另一锅水加热至沸腾。重复上面的步骤。

4. 在另一大锅水中放细砂糖和橙汁，加热至沸腾后放入橙皮，盖上锅盖，小火熬煮1小时30分钟。将橙皮浸泡在糖浆中冷却。

5. 在滤器中将橙皮沥干，之后放在吸水纸上。待橙皮干燥一段时间后放在密封罐中，放在阴凉处保存。

巧克力糖渍柚子皮 Zests de pamplemousse confits enrobés au chocolat

准备时间：40分钟
制作时间：1小时30分钟
浸渍时间：12小时
分量：40~50条柚子皮
柚子4个
水1升
细砂糖500克
八角1个
黑胡椒10粒
香草荚1根
柠檬1.5个
糖衣
涂层巧克力300克
可可粉200克

1. 制作前夜：将柚子两端切掉后，纵向将柚子皮切成宽条。将水在锅中加热至沸腾后，放入柚子皮，加热并持续沸腾2分钟，立即过冷水。重复2遍上述步骤后沥干。

2. 制作糖浆：将细砂糖、八角、磨碎的黑胡椒、剖开去籽的香草荚放入盛有水的锅中，一起加热至沸腾。

3. 在锅中放入果皮，盖上锅盖，小火焖煮约1小时30分钟，防止其变软。静置并浸渍过夜。

4. 次日：将柚子皮倒在滤器或筛网中沥干1小时，之后放入冰箱冷藏。

5. 将巧克力隔水或微波加热至融化，之后调温（详见第77页）。

6. 将柚子皮逐条浸蘸35~40℃的调温巧克力，并在可可粉中滚一下，之后放入滤器中沥干，并将多余的可可粉筛掉。

7. 这款柚子皮趁新鲜时享用十分美味，因此最好在制作当天品尝。不过也可以将剩余的柚子皮放入密封罐中，在冰箱中冷藏保存二三天。

秘诀一点通

可以将这款糖渍柚子皮切小丁，为水果蛋糕或苹果泥等甜点增香提味。将其浸泡在广口瓶中的糖浆中，可放入冰箱冷藏保存几个星期。

举一反三

这款糖渍柚子皮也可以不使用巧克力糖衣。将柚子皮裁切成1厘米厚长条，按照上面的做法糖渍后，可以在结晶糖中滚一滚。

酒渍水果 Les fruits à l'alcool

八角杏子 Abricots à la badiane

准备时间：15分钟
静置时间：15天+30天
分量：1个2升的广口瓶
鲜杏1千克
八角4个
蒸馏酒750毫升
细砂糖200克

1. 将水加热至沸腾后倒入广口瓶中，倒扣在干净的茶巾上。

2. 将鲜杏对半切开后去核。一层一层叠放在广口瓶中。

3. 将八角放入瓶中，倒入蒸馏酒后将盖子拧紧。

4. 两周后，打开瓶盖放入细砂糖。密封后，摇动瓶子并倒扣过来，将细砂糖混合均匀。在随后的30天中，每天重复上面动作。

5. 一个月后便可享用。这款水果可以保存几个月之久。

巧克力糖渍柚子皮

橙皮肉桂黑醋栗 Cassis à la cannelle et aux écorces d'orange

准备时间：15分钟
静置时间：15~20天
分量：1个2升的广口瓶
黑醋栗 1千克
表皮未经处理的橙子 1个
水 150毫升
细砂糖 400克
肉桂 4根
蒸馏酒 500毫升

1. 将水加热至沸腾后倒入广口瓶中，倒扣在干净的茶巾上。

2. 将橙皮用削皮刀宽而薄地削成带状，注意不要中间的白色部分，会有苦味。

3. 将水和细砂糖倒入小号的平底深锅中，加热至沸腾后放入橙皮和肉桂，浸泡五六分钟。在沙拉盆上铺上茶巾，将锅中的混合物倒在上面过滤。重复过滤一次后放凉备用。

4. 迅速将黑醋栗清洗干净，不要浸泡在水中。将黑醋栗放在茶巾上。将仔细分拣后的果粒放在另一块茶巾上，吸干水分。

5. 将完全干燥的黑醋栗放入广口瓶中，倒上冷却后的糖浆和蒸馏酒。拧紧盖子。

6. 期间将瓶子倒扣一二次，使黑醋栗、糖浆和蒸馏酒充分混合。

7. 静置存放15~20天后即可享用这款黑醋栗。

酒渍樱桃 Cerises à l'eau-de-vie

准备时间：30分钟
制作时间：二三分钟
分量：1个能装2.5千克的广口瓶
很酸的樱桃 2千克
丁香二三粒　　肉桂 1/2根
酒精含量为45%的蒸馏酒 2升
细砂糖 500克　　水 150克

1. 仔细地分拣出无损伤且不太成熟的樱桃。迅速清洗干净后晾干，保留樱桃梗一半的长度。

2. 将水加热至沸腾后倒入广口瓶中，倒扣在干净的茶巾上。

3. 待瓶子冷却后，将樱桃、丁香和肉桂一起放入。

4. 将水和细砂糖倒入平底深锅中，加热至沸腾后持续熬煮至糖浆略微上色。离火，倒入蒸馏酒。

5. 在樱桃中倒入平底深锅中的混合物，立即将瓶子密封。

6. 静置30天后即可享用这款酒渍樱桃。

酒渍草莓和覆盆子 Fraises et framboises à l'eau-de-vie

准备时间：30分钟
静置时间：30天
分量：1个2升的广口瓶
草莓 600克
覆盆子 400克
细砂糖 400克
覆盆子蒸馏酒 400毫升

1. 将水加热至沸腾后倒入广口瓶中，倒扣在干净的茶巾上。

2. 将草莓在滤器中迅速清洗干净后去梗。放在干净的茶巾上吸干水分。

3. 挑选覆盆子。

4. 将所有的草莓沿纵向切成4块。

5. 在瓶底铺上一层草莓后撒上糖。

6. 铺上一层覆盆子后撒糖。按着这种方法反复叠放，直到水果用完。最后倒入覆盆子蒸馏酒，务必让酒没过水果。

7. 将罐子密封，但不需要倒扣，以免将水果混在一起。静置30天后即可享用酒渍水果。

行家分享

这款酒渍水果可以与香草冰激凌球（详见第90页）搭配享用。

酒渍水果 Fruits à l'eau-de-vie

准备时间：30分钟

静置时间：40天

分量：1千克水果

覆盆子、草莓、樱桃、梨、苹果、李子、桃 共计1千克

细砂糖 500克

蒸馏酒 500毫升

1. 分别将草莓和覆盆子拣选后去梗。将樱桃梗留下一小截。

2. 分别将梨和苹果削皮去籽后切丁。

3. 将李子清洗干净后晾干。

4. 在一锅开水中放入桃，之后再放入盛放冰水的沙拉盆中，剥去外皮后切丁。

5. 将广口瓶用开水冲烫后，在一大锅持续沸腾的开水中浸泡5分钟。取出后倒扣在干净的茶巾上晾凉。

6. 将水果和细砂糖倒入广口瓶后再倒入蒸馏酒。将瓶子密封。

7. 将水果浸渍6周后享用。

秘诀一点通

如果使用大陶罐制作这款酒渍水果口味会更好。如果不能一次性装满，可以按照上面的比例添加水果和细砂糖。每一次装填都小心地摇晃罐子，避免损坏覆盆子。

蜂蜜苏玳黄香李 Mirabelles au sauternes et au miel

准备时间：30分钟

杀菌时间：1小时10分钟

分量：1个2升的广口瓶

黄香李 1.2千克　柠檬 1/2个

香草荚 1/2根　水 500毫升

洋槐蜜 200克

细砂糖 200克

苏玳酒 500毫升

1. 将广口瓶用开水冲烫杀菌。

2. 洗净并晾干黄香李后放入瓶子中。

3. 将1/2个柠檬榨汁。剖开香草荚后去子。将洋槐蜜、香草荚、细砂糖和柠檬汁放入盛有水的锅中，一起加热至沸腾。之后将混合物倒入黄香李中。

4. 倒入苏玳酒。

5. 将瓶子密封后，放入盛装开水的大号平底深锅或双耳盖锅中1小时10分钟杀菌消毒。放至冷却。

秘诀一点通

这款黄香李可以在阴凉处保存几个月。准备品尝前，先放入冰箱冷藏几小时，之后与香草冰激凌（详见第90页）一起搭配享用。

阿马尼亚克李子干和栗子 Pruneaux et marrons à l'armagnac

准备时间：10分钟

静置时间：30天

分量：1个2升的广口瓶

李子干 600克

冰糖栗子 300克

阿马尼亚克酒 500毫升

1. 将一大锅水加热至沸腾后倒在瓶子上杀菌。将瓶子倒扣在干净的茶巾上。

2. 待瓶子彻底冷却后，在瓶底铺上一层李子干，之后放上一层冰糖栗子，反复叠放直到用完两种原料，最后一层为李子干。

3. 将阿马尼亚克酒倒入瓶子中，务必没过李子干。

4. 将瓶子密封后不要晃动，避免破坏水果叠放的状态。置于阴凉处30天后享用。

秘诀一点通

这款酒渍李子干和栗子可与香草冰激凌（详见第90页）、焦糖冰激凌或者栗子冰激凌一起搭配享用。

水果干、糖衣水果、水果糖和水果焦糖
Fruits séchés, déguisés, bonbons et caramels

这些糖果是以新鲜水果为主要材料，经过烘干或者包裹上亮晶晶的糖衣保护层制作而成。糖果是由或硬或软的糖浆制成，焦糖则是由糖的化合物、葡萄糖、奶油酱、黄油及各种香料制作而成。

水果干 Les fruits séchés

草莓片 Chips de fraise 🎩🎩🎩

准备时间：30分钟
烘干时间：1小时30分钟
分量：150克草莓片
完全成熟的草莓500克
糖粉30克

1. 将烤箱预热至100℃。

2. 迅速将草莓清洗干净后去梗沥干。用锋利的小刀将草莓切成薄片。

3. 将烤盘纸铺在烤盘上，将草莓片紧挨着摆放并排列在烤盘中，但不要叠压。

4. 撒上糖粉后，放入烤箱烘烤1小时。

5. 翻面后撒上糖粉，继续烘烤30分钟。烘干至不再柔软且非常易碎时即可。

6. 晾凉后，因非常易碎，需要很小心地放入密封罐中。

行家分享

这款草莓片可以作为装饰插在草莓冰杯中的冰激凌球上。

苹果片 Chips de pomme

准备时间：15分钟
浸渍时间：12小时
烘干时间：至少2小时
分量：180克苹果片
青苹果3个
柠檬1个
细砂糖200克
水500毫升

1. 制作前夜，将柠檬榨汁后倒入沙拉盆中。

2. 将苹果用锋利的大刀薄薄地切片后放入沙拉盆中。轻晃盆身使苹果片与柠檬汁拌匀，避免氧化变黑，注意不要将苹果片弄碎。

3. 将水和细砂糖倒入平底深锅中加热至沸腾。将苹果片浸泡在糖浆中过夜。

4. 次日，将烤箱预热至100℃。

5. 将苹果片放在吸水纸上沥干。将烤盘纸铺在烤盘上，将苹果片紧挨着摆放在烤盘中。

6. 在苹果片上再覆盖一张烤盘纸后压上另一个烤盘，一起放入烤箱烘烤1小时。

7. 取出烤盘后，将压在上面的烤盘及中间的烤盘纸移除，再次将苹果片放入100℃的烤箱中，继续烘烤至少1小时。晾凉后，小心地放入密封罐中。

行家分享

这款苹果片如同小甜点般松脆，适合与冰激凌或开胃酒搭配享用。

干燥菠萝片 Tranches d'ananas séchées

准备时间：40分钟
烘干时间：50分钟~1小时
分量：30~40片菠萝片
菠萝1个
糖粉20克

1. 削去菠萝皮，将果肉用锋利的长刀切成一二毫米厚的片。小心地去除硬芯。在铺有吸水纸的盘子中将菠萝片放置10~15分钟吸收水分。

2. 将烤箱预热至100℃。

3. 将1个或多个不粘烤盘中撒上糖粉并摆放上全部沥干水分的菠萝片，将另一个烤盘压在上面，放入烤箱烘烤30分钟。

4. 移除压在上面的烤盘，将菠萝片继续烘烤20~30分钟，注意不要将菠萝片烤出棕色。

5. 存放在密封容器中避免受潮。

干燥香梨苹果片 Tranches de pomme et de poire séchées

准备时间：5分钟
烘干时间：至少2小时
分量：80片香梨苹果片
苹果2个
成熟的梨2个
柠檬1个

1. 将柠檬榨汁后倒入沙拉盆中。

2. 将烤箱预热至100℃。

3. 将水果逐个用锋利的刀薄薄地切片并去子。在沙拉盆中放入水果薄片后，轻晃盆身使其与柠檬汁拌匀，避免氧化变黑，注意不要将水果片弄碎。

4. 将烤盘纸铺在烤盘上，将水果片紧挨着放入烤盘中，注意不要叠压。放入烤箱烘烤1小时。

5. 取出烤盘，将水果片翻面后，再次放入100℃的烤箱中烘烤至少1小时。待水果薄片接近透明时表示已经烘烤完毕。

6. 小心地将干燥水果片放入密封罐中。

糖衣醋栗

糖衣水果 Les fruits déguisés

糖衣草莓 Fraises déguisés

准备时间：30分钟
制作时间：3分钟
分量：50颗糖衣草莓
草莓 500克　　　糖粉
翻糖 250克（详见第71页）
红色着色剂 5滴
樱桃酒 30毫升

1. 将草莓放入滤器中迅速用水龙头的活水清洗干净，留梗，用干净的茶巾擦干。
2. 将糖粉撒在烤盘纸上。
3. 在小号平底深锅中倒入翻糖，中火加热，期间时常搅拌。之后倒入着色剂和

樱桃酒，拌匀。
4. 逐个将草莓浸入翻糖的混合物后，摆放糖粉上。将草莓保持原状放入密封罐中，或者盛放在带褶皱的小纸杯中效果更佳。

冰糖水果 Fruits déguisés au sucre candi

准备时间：15分钟
浸渍时间：15小时
烘干时间：三四小时
分量：1.2千克冰糖水果
细砂糖 1千克　　　水 400毫升
李子干或其他的糖衣水果（详见上一个食谱）

1. 在平底深锅中倒入细砂糖和水，加热并持续沸腾2分钟，将平底深锅的内壁频繁地用蘸取冷水的毛刷擦拭，避免产生糖的结晶。放凉备用。
2. 将水果摆放在盘中，在上面淋糖浆，使水果浸泡在糖浆中。将烤盘纸盖在

上面，避免糖浆变成硬壳和产生结晶。静置浸渍15小时。
3. 在网架上沥干水果后，保持状态继续晾三四小时。可以即刻品尝，也可以在2周之内享用。

糖衣水果 Fruits déguisés au sucre cuit

准备时间：40分钟
制作时间：10分钟
分量：1.4千克糖衣水果
水果（去壳核桃、金橘、酸浆、白葡萄或黑葡萄、柑橘片）
1千克
糖浆
细砂糖 500克
葡萄糖 150克
水 150毫升

1. 制作糖浆：在大号平底深锅中倒入糖、葡萄糖和水，中火熬至155℃的大碎裂阶段（详见第67页）。从沸腾时起，需要将平底深锅的内壁频繁地用蘸取冷水的毛刷擦拭，因为稍微溅起的一点儿糖浆就可能产生结晶。
2. 将平底深锅立即浸泡在冷水中，阻止糖浆进一步升温。将锅放在一折四的茶巾上。
3. 非常迅速地将水果逐个浸入熬好的糖浆中，将小棒从水果的茎或叶片处插入。

每当糖浆因冷却变稠时，就以小火略微加热。
4. 将浸入糖浆的水果逐个摆放在铺有烤盘纸的烤盘中。两天之内享用即可。

糖衣水果拼盘
Assortiment de fruits déguisés

草莓、核桃、黄香李、葡萄、金橘、酸浆、柑橘瓣等等，几乎所有的水果都可以裹上糖衣。

糖衣醋栗 Groseilles déguisés

准备时间： 15分钟
分量： 25颗糖衣醋栗
醋栗 250克
柠檬糖浆 100克
结晶糖 150克

1. 分别将柠檬糖浆和结晶糖倒入两个碗中。

2. 将整串的醋栗经过挑选后迅速清洗干净，放在茶巾上晾干。

3. 逐串浸入柠檬糖浆后在碗边刮掉多余的糖浆，在装有结晶糖的碗中滚动一圈。

4. 用带有褶皱的小纸杯盛放醋栗串。

举一反三

橙香糖衣醋栗

将未经加工处理过的橙皮擦成碎末后与150克结晶糖拌匀。将醋栗清洗干净，趁表面仍然湿润，放入上面的混合物中滚一滚。

糖衣栗子 Marrons déguisés

准备时间： 35分钟
冷藏时间： 45分钟
冷冻时间： 1小时30分钟
制作时间： 15分钟
分量： 20颗糖衣栗子
黄油 50克
盒装甜味栗子膏 200克
冰糖栗子碎片 60克
玉米淀粉 15克
糖衣
细砂糖 250克
水 100毫升
即食巧克力 50克
柠檬 1/2个
黄油 5克

1. 在容器中放入黄油，室温下自然变软。

2. 将黄油用橡皮刮刀搅打成膏状后放入栗子膏，拌匀。放入冰箱冷藏45分钟，使其凝固。

3. 将玉米淀粉或糖粉撒在操作台上，将栗子黄油膏放在上面后切成两半，再分别搓成长条。

4. 分别将每个长条切成大小相同的10小块，再将每块揉搓成球形，将每个小球的顶端用拇指和食指捏出小尖，做成栗子状。

5. 将20颗"栗子"分别斜插在20把叉子上，放在大盘中，放入冰箱冷冻1小时30分钟或冷藏3小时。

6. 将1/2个柠檬榨汁。将水和细砂糖加热至沸腾。

7. 将巧克力隔水或微波加热至融化。

8. 慢慢地将糖浆倒在巧克力上，使劲拌匀后倒入平底深锅中，与黄油一起加热至沸腾，期间持续搅拌。

9. 继续熬煮1分钟后倒入柠檬汁。再次将混合物加热至大开。继续熬煮10分钟至混合物开始冒烟浓稠。附着于汤勺后，持续搅拌并加热至温度达到150℃。

10. 离火后，将平底锅放在一折四的茶巾上。

11. 迅速将叉子上的"栗子"逐颗浸入巧克力糖浆中，约4/5处，预留出靠近叉子的一圈，不要让叉子周围沾到巧克力。之后在小尖的部分会形成一条细细的梗。将叉子搭在盘子的边缘处，插着栗子的部分悬空。

12. 待几分钟栗子变硬后，切掉细梗，将栗子放入带褶皱的小纸杯中，在冰箱冷藏保存，24小时内享用。

秘诀一点通

巧克力糖浆很快就会凝固，如果有必要，可以在裹糖衣的过程中再次加热平底深锅中的混合物。

糖果 Les bonbons

南锡的佛手柑糖果 Bergamote de Nancy

准备时间：30分钟
制作时间：5分钟
静置时间：30分钟
分量：50~60颗佛手柑糖果
水 300毫升
细砂糖 1000克
葡萄糖 150克
柠檬汁 10毫升
佛手柑精油 5滴

1. 将水、糖和葡萄糖倒入平底深锅中加热并熬煮至155℃的大碎裂阶段（详见第67页）。

2. 在隔水加热的容器中放入冷水和冰块。

3. 将烤盘纸铺在烤盘中。

4. 将平底深锅离火后倒入柠檬汁，再次加热并持续沸腾30秒。

5. 此时滴入佛手柑精油，小心地拌匀，之后将平底深锅在盛放冰水的容器中浸泡15秒。

6. 在烤盘中倒入糖浆，摊开8~10毫米厚。将刀身浸在食用油中，在糖浆表面划出多道三四毫米深的槽，形成网格状。将糖浆静置30分钟直到凝固。

7. 抽掉烤盘纸。将方块用手指打碎。将佛手柑糖块放入密封罐中。这款糖果在干燥处可以存放5~10天。

爱情果 Pommes d'amour

准备时间：30分钟
制作时间：10分钟
静置时间：30分钟
分量：10个爱情果
小苹果10个　　　水 300毫升
细砂糖 1000克
葡萄糖 200克
红色着色剂 10滴　椰蓉适量
20厘米长的木签子 10根

1. 在隔水加热的容器中放入冷水和冰块。

2. 将水、细砂糖、葡萄糖加热并熬煮至155℃的大碎裂阶段（详见第67页）。

3. 在糖浆中滴入红色着色剂，用木勺拌匀。

4. 将平底深锅浸泡在隔水加热的容器中阻止进一步升温。

5. 在小盘子中倒入椰蓉。用木签子插住苹果，逐个浸入红色的糖浆。刮去多余的糖浆后，放入椰蓉中滚一滚。

6. 在盘中放入苹果，静置30分钟待糖浆凝固。

糖果仁 Praline de fruits secs

准备时间：30分钟
分量：60克果仁糖
水 50克
细砂糖 200克
杏仁、核桃、榛子或胡桃 300克

1. 将一大张烤盘纸铺在操作台上。

2. 将水和糖倒入平底深锅中加热并熬煮至135℃的大球阶段（详见第67页）。

3. 一次性倒入所选择的果仁，立即与糖浆拌匀。起先果仁会与糖浆混合在一起，之后会散开，并且外面包裹的糖浆会逐渐变成沙子般的糖粒。

4. 用木勺持续搅拌，直到糖浆慢慢上色成为淡淡的焦糖色。

5. 将果仁糖倒在事先铺好的烤盘纸上，摊开整平后晾凉。

6. 将果仁糖放入金属罐中，可以存放15~20天。

巧克力软焦糖

焦糖 Les caramels

巧克力软焦糖 Caramels mous au chocolat

准备时间：15分钟
制作时间：15分钟
分量：70颗软焦糖
苦甜巧克力 120克
鲜奶油 440毫升
葡萄糖 280克
半盐黄油 40克　　细砂糖 280克

1. 将巧克力切碎。将鲜奶油倒入小号平底深锅中加热至沸腾。
2. 将葡萄糖倒入另一口平底深锅中加热至融化，再倒入细砂糖，一起熬制成深琥珀色的焦糖。
3. 此时放入半盐黄油，拌匀后倒入烧开的鲜奶油，再次拌匀后倒入巧克力碎。

4. 将混合物熬煮至温度达到115~116℃。
5. 将焦糖倒入摆放在烤盘纸上的长方形框内或慕斯模中，放凉。
6. 将焦糖切成长方形小块，用玻璃纸包好，放在密封罐中保存。

柠檬软焦糖 Caramels mous au citron

准备时间：30分钟
制作时间：10分钟
烘干时间：五六小时
分量：65颗软焦糖
柠檬 3个　　　　细砂糖 500克
黄油 60克　　　　半盐黄油 65克
白巧克力 250克
牛奶巧克力 100克

1. 将取下的柠檬皮细细切碎，放在烤盘纸上与细砂糖一起用手摩擦混合，使糖沾满柠檬皮的香气。
2. 将柠檬榨汁。在平底深锅中倒入细砂糖与柠檬皮碎末的混合物、柠檬汁和两种黄油，一起加热并熬煮至温度为118~119℃。

3. 细细地将巧克力切碎，在上面淋上糖浆后用木勺拌匀。
4. 将混合物倒入长18厘米、宽15厘米的框里或中空模具内约2厘米厚。
5. 静置五六小时直到冷却并结晶。
6. 将焦糖裁切成2厘米见方的小块，用玻璃纸包好后，放在容器中保存。

香草杏仁焦糖 Caramels à la vanille et aux amandes

准备时间：30分钟
制作时间：10分钟
静置时间：30分钟
分量：80克焦糖
切碎的杏仁 50克
香草荚 2根
法式发酵酸奶油 500毫升
葡萄糖 350克
细砂糖 380克
黄油 30克

1. 将烤箱预热至170℃。
2. 在铺有烤盘纸的烤盘中放入切碎的杏仁，放入烤箱烘烤15~18分钟，期间不时翻动。
3. 将香草荚剖开后，在碗上取出并收集香草籽。
4. 将法式发酵酸奶油加热至沸腾。
5. 将葡萄糖倒入另一口平底深锅中，

小火加热至融化，再倒入细砂糖和香草籽，熬煮成焦糖。此时，放入黄油和烧开的法式发酵酸奶油，持续搅拌直到温度达到116~117℃，最后放入仍有余温的杏仁碎。
6. 将混合物倒入摆放在烤盘纸上的长方形框内或慕斯模中，放凉。
7. 将焦糖裁切成方形或条形，用玻璃纸包好，存放在密封罐中。

覆盆子焦糖

松露巧克力和巧克力糖果
Les truffes et les friandises au chocolat

人们钟情于巧克力，所以在牛轧糖方块、杏仁、酒渍水果和球状的巧克力淋酱外都裹上了巧克力。松露巧克力，这种以巧克力淋酱为主要原料的糖果，通常都裹着巧克力刨花或可可粉。

松露巧克力 Les truffes

松露巧克力 Truffes au chocolat

准备时间：30分钟
制作和糖衣时间：20分钟
冷藏时间：2小时
分量：45颗松露巧克力
黄油50克
苦甜黑巧克力300克
鲜奶油250毫升
糖衣
可可粉100克

1. 将黄油切小块后在室温下放软。
2. 细细地将巧克力切碎。
3. 将鲜奶油加热至沸腾，一点一点倒入巧克力碎中，持续轻柔地搅拌。
4. 待巧克力融化后放入小块黄油，持续用木勺搅拌均匀。
5. 在铺有烤盘纸的烤盘中倒入巧克力

淋酱后放入冰箱冷藏2小时。
6. 将可可粉倒入盘子中。将巧克力淋酱脱模后裁切成长30厘米、宽10厘米的长方形，之后滚上可可粉。
7. 将松露巧克力存放在盒子中，放入冰箱冷藏保存。

杏干松露巧克力

杏干松露巧克力 Truffes au chocolat et aux abricots secs

准备时间：45分钟
制作时间：15分钟
冷藏时间：2小时
分量：35颗松露巧克力
杏干 50克　　　　水 1汤匙
杏子蒸馏酒 15毫升
黄油 30克
黑巧克力 240克
鲜奶油 80毫升
杏泥 120克　　　可可粉 150克

1. 将杏干切成3毫米的丁，在平底深锅中与水、杏子蒸馏酒一起，用小火熬煮6~8分钟，使杏干吸收水分再次水化。
2. 将黄油切小块后放软。
3. 细细地将巧克力切碎。
4. 将鲜奶油和杏泥一起加热至沸腾，之后一点一点地倒入巧克力碎中，持续搅拌并放入水化后的杏干丁，最后放入小块黄油。拌匀。

5. 将烤盘纸铺在长28厘米、宽20厘米的长方形盘子中，将鲜奶油、巧克力和杏丁的混合物倒入其中，放入冰箱冷藏2小时。
6. 将可可粉倒在盘子中。将巧克力淋酱脱模后裁切成长30厘米、宽10厘米的长方形，之后滚上可可粉。

焦糖松露巧克力 Truffes au chocolat et au caramel

准备时间：30分钟
冷藏时间：2小时+30分钟
分量：80颗松露巧克力
黑巧克力 300克
牛奶巧克力 180克
鲜奶油 260毫升
细砂糖 190克　　半盐黄油 40克
糖粉 适量
可可粉 150克

1. 分别将两种巧克力细细切碎。
2. 将鲜奶油加热至沸腾。
3. 将细砂糖倒入平底深锅中慢慢地熬至完全上色。之后放入黄油和烧开的鲜奶油，拌匀后放入巧克力碎，持续搅拌至融化。
4. 将烤盘纸铺在盘子底部，倒入巧克力淋酱后放入冰箱冷藏2小时。
5. 将刀身绕着盘子划一圈，之后在烤

盘纸上倒扣脱模。将巧克力淋酱裁切成3厘米见方的小块。将糖粉撒在手中，将小方块逐个在掌心中滚搓成球形。
6. 将搓好的小球摆放在盘子中，放入冰箱再次冷藏30分钟。
7. 在大盘子中或烤盘里倒入可可粉，放入松露巧克力球，滚上可可粉，之后放入滤器，轻轻晃动筛除多余的可可粉。

覆盆子松露巧克力 Truffes aux framboises

准备时间：30分钟
冷藏时间：2小时
分量：40颗松露巧克力
黄油 30克
黑巧克力 320克
覆盆子 160克　　细砂糖 15克
鲜奶油 90毫升
覆盆子利口酒 1汤匙
覆盆子蒸馏酒 1/2汤匙
可可粉 100克

1. 将黄油在室温环境中放软。
2. 细细地将巧克力切碎。
3. 将覆盆子仔细地分拣后，用果蔬榨汁机或电动打蛋器搅打成约120克覆盆子泥，与细砂糖一起拌匀。将果泥倒入鲜奶油后加热至沸腾，将平底深锅离火。
4. 将巧克力碎一点一点地倒入混合物中并持续搅拌，之后依次加入放软的黄

油、覆盆子利口酒和蒸馏酒，拌匀。
5. 在铺有长28厘米、宽20厘米的烤盘纸的盘子中倒入巧克力淋酱。
6. 放入冰箱冷藏2小时。将巧克力淋酱脱模后裁切成长30厘米、宽10厘米的长方形。将可可粉倒在盘子中，放入长方形的巧克力淋酱块，滚上可可粉。在密封罐中冷藏保存。

开心果松露巧克力 Truffes à la pistache

准备时间：30分钟
制作时间：20分钟
冷藏时间：3小时
分量：40颗松露巧克力
开心果 150克
黄油 75克
鲜奶油 160克
开心果膏 50克
白巧克力 340克

1. 将烤箱预热至170℃。

2. 在烤盘中放入开心果，在烤箱中烘烤20分钟，期间时常翻动。放凉备用。

3. 将黄油切成小块后在沙拉盆中放软。

4. 将鲜奶油和开心果膏一起加热至沸腾，静置浸泡20分钟。将白巧克力切碎。

5. 将开心果鲜奶油的混合物倒入精细的滤器，过滤后再次加热，不时刮一刮锅底防止粘锅。沸腾后逐渐倒入巧克力碎，用木勺持续搅拌，最后放入黄油。将巧克力淋酱倒入沙拉盆中，在冰箱冷藏至凝固。

6. 在装有圆形裱花嘴的裱花袋中填入巧克力淋酱，将巧克力淋酱球挤在铺有烤盘纸的烤盘中，放入冰箱冷藏2小时。

7. 细腻地将烘烤后的开心果切碎。将松露巧克力与烤盘纸分离后，滚上开心果碎。放入密封罐中冷藏保存。

巧克力糖果 Les friandises au chocolat

酒渍覆盆子巧克力 Framboises à l'eau-de-vie et au chocolat

准备时间：40分钟
制作时间：15分钟
静置时间：45分钟+2小时
分量：45~50颗覆盆子巧克力
酒渍覆盆子 45~50个
苦甜巧克力 400克
翻糖 125克（详见第71页）
覆盆子蒸馏酒 50毫升

1. 将酒渍覆盆子放在吸水纸上吸收上面的液体。

2. 将300克巧克力切碎后隔水或微波加热至化开。待冷却接近凝固时，再次略微加热至31℃。

3. 用毛刷在小格状的巧克力模中涂上大量融化后的巧克力。检查巧克力涂层上是否有小洞。

4. 如果需要，可以在冷藏后的模具内再涂上一层巧克力。之后在阴凉处静置30分钟，使巧克力完全凝固。

5. 逐格放入一颗酒渍覆盆子。

6. 将翻糖慢慢地隔水或微波加热，倒入覆盆子蒸馏酒，使翻糖变软。待翻糖完全柔软后，用小勺舀入小格子中，注意不要填满。在阴凉处静置15分钟。

7. 将剩余的100克巧克力加热至融化，也用小勺舀入小格子中。放入冰箱冷藏2小时。

8. 将酒渍覆盆子巧克力脱模后放入盒子中，在冰箱中冷藏保存。

巧克力姜糖Gingembre confit au chocolat

准备时间：30分钟
冷藏时间：30分钟
分量：550克巧克力姜糖
糖渍姜块：250克
苦甜黑巧克力300克
细长杏仁片40克

1. 制作前夜：用热水冲洗糖渍姜块，将外面裹着的糖衣去掉，静置24小时以沥干全部的糖浆。

2. 将姜糖切成4毫米厚的块。

3. 将烤箱预热至180℃。

4. 在烤盘中放上杏仁片，放入烤箱，不时翻动，直到烘烤成金黄色。

5. 慢慢地将巧克力加热至化开后调温（详见第77页），用叉子插住姜块逐一浸入巧克力中。

6. 饰以烘烤后的杏仁片，将巧克力放在烤盘纸上晾干。放入冰箱冷藏30分钟后，再放入密封盒中冷藏保存。

行家分享

可以按照上述做法将糖渍橙皮（详见第334页）裹上巧克力涂层。

普罗旺斯干果拼盘 Mendiants provençaux

准备时间：30分钟
制作时间：15分钟
冷藏时间：15分钟
分量：400克干果拼盘
整颗去皮杏仁50克
整颗去皮榛子50克
糖渍橙皮50克（详见第334页）
黑巧克力300克 开心果50克

1. 将烤箱预热至180℃。

2. 在烤盘中放入整颗杏仁和榛子，放入烤箱烘烤四五分钟。晾凉。

3. 将糖渍橙皮切成五六毫米见方的丁。

4. 将巧克力慢慢地隔水或微波加热至化开后调温（详见第77页），之后填入装有5毫米圆形裱花嘴的裱花袋中。

5. 将直径4厘米的圆形巧克力挤在烤盘纸上。

6. 在上面立即撒上杏仁、榛子、糖渍橙皮丁和开心果。在阴凉处静置15分钟。

7. 待巧克力彻底凝固后，从烤盘纸上取下后摆盘。

干邑巧克力杏仁糖 Pâte d'amande au chocolat et au cognac

准备时间：40分钟
冷藏时间：15分钟
分量：400克杏仁巧克力糖
杏仁膏200克
冷冻干燥咖啡2茶匙
干邑区科涅克白兰地40毫升
糖粉
黑巧克力200克
青核桃仁30克

1. 用2汤匙热水稀释冷冻干燥咖啡。

2. 将杏仁膏切小块，与咖啡、干邑白兰地一起拌匀。

3. 将糖粉撒在操作台和擀面杖上。

4. 用擀面杖将杏仁膏擀成约8毫米厚，之后裁切成4厘米的菱形片。将多余的糖粉用毛刷扫掉。

5. 将巧克力慢慢地加热至化开后调温（详见第77页）。

6. 用叉子插住菱形的杏仁膏片，逐片浸入调温巧克力后沥干，摆放在烤盘纸上。在每片巧克力上摆放半颗核桃仁。

7. 将杏仁巧克力糖放入冰箱冷藏15分钟。

8. 将巧克力糖从烤盘纸上取下后存放在盒子中。

巧克力格里欧汀欧洲酸樱桃杏仁糖 Pâte d'amande aux griottines et au chocolat 👨‍🍳👨‍🍳👨‍🍳

准备时间：40分钟
冷藏时间：10分钟
分量：400克杏仁糖
杏仁软糖200克（详见第327页）
格里欧汀酒渍樱桃100克
糖粉
黑巧克力200克
巧克力米70克

1. 如果不购买现成的原料，需要自己制作杏仁软糖。之后切成极小的块。

2. 沥干欧洲酸樱桃，大致切碎，在沙拉盆中和杏仁膏小块一起用手揉搓混合。

3. 将糖粉撒在操作台上。将欧洲酸樱桃杏仁软糖切成两块，分别揉搓成直径二三厘米的长条，之后切成长2厘米的圆柱形小段。

4. 将烤盘纸铺在烤盘中。

5. 将小段逐块在掌心中滚搓成樱桃大小的球后摆放在烤盘纸上。

6. 将巧克力慢慢地隔水或微波加热至化开，之后进行调温（详见第77页）。

7. 在碗中倒入巧克力米。

8. 用叉子插住巧克力球，逐颗浸入调温巧克力中。将叉子轻磕沙拉盆边，抖掉多余的巧克力。

9. 将裹上巧克力的小球放入盛有巧克力米的碗中，用另一只叉子推动小球均匀地滚上巧克力米，之后摆放在盘中。

10. 待所有的巧克力球都滚上巧克力米后，将盘子放入冰箱中冷藏10多分钟。将杏仁糖盛放在独立的带褶皱的小纸杯中，摆盘。如果想存放久一些，可以保存在盒子中。

行家分享

比起普通的酒渍樱桃，格里欧汀酒渍樱桃更加甘甜美味。

巧克力杏仁岩石球 Rochers aux amandes et au chocolat 👨‍🍳👨‍🍳👨‍🍳

准备时间：40分钟
制作时间：1小时40分钟
静置时间：1小时
分量：400克岩石球
杏仁胜利面糊300克（详见第39页）
细长的杏仁片50克
黑巧克力300克

1. 将烤箱预热至180℃。

2. 制作杏仁胜利面糊。

3. 在烤盘中摆上杏仁片，放入烤箱四五分钟，期间不时翻动，直到烘烤成金黄色为止。

4. 将烤箱温度调低至120℃。

5. 待杏仁片冷却后，掺入杏仁胜利面糊中，小心地混合均匀。

6. 将烤盘纸铺在烤盘中。频繁地将小勺蘸冷水后，舀出小堆小堆的面糊摆放在烤盘中。

7. 放入120℃的烤箱中烘烤10分钟，之后将烤箱温度调低至90℃，继续烘烤1

小时30分钟。取出后将岩石球晾凉。

8. 将巧克力慢慢地隔水或微波加热至化开，之后调温（详见第77页）。

9. 将烤盘纸铺在烤盘中。

10. 用叉子插住岩石球，逐颗浸入调温巧克力中。将叉子轻磕沙拉盆边，抖掉多余的巧克力。

11. 待全部的岩石球都裹上巧克力后，在阴凉处静置1小时直到凝固，但不需要冷藏。

12. 将岩石球从烤盘纸上取下，装盘。放在密封罐中可存放2周。

糕点的实际制作
La pratique de la pâtisserie

容积重量换算表

如果手边没有精确的测量工具，就可以通过此表格估算原料的容积和重量，以便顺利按照食谱进行操作。下面的表格还包括法国、加拿大等量表以及缩写对照。

	容积	重量
1茶匙	5毫升	5克（咖啡、盐、糖、木薯粉）、3克（淀粉）
1甜点匙	10毫升	
1汤匙	15毫升	5克（奶酪丝）、8克（可可粉、咖啡粉、面包粉）、12克（面粉、米、粗麦粉、法式发酵酸奶油）、15克（细砂糖、黄油）
1摩卡杯	80~90毫升	
1咖啡杯	100毫升	
1茶杯	120~150毫升	
1早餐杯	200~250毫升	
1碗	350毫升	225克面粉、320克细砂糖、300克米、260克葡萄干、260克可可粉
1汤盘	250~300毫升	
1利口酒杯	25~30毫升	
1马德拉酒杯	50~60毫升	
1波尔多酒杯	100~150毫升	
1大杯	250毫升	150克面粉、220克细砂糖、200克米、190克粗麦粉、170克可可粉
1小杯	150毫升	100克面粉、140克细砂糖、125克米、110克粗麦粉、120克可可粉、120克葡萄干
1瓶	750毫升	

法国 - 加拿大等量表

重量		容积	
55克	2盎司	250毫升	1杯
100克	3盎司	500毫升	2杯
150克	5盎司	750毫升	3杯
200克	7盎司	1升	4杯
250克	9盎司		
300克	10盎司		
500克	17盎司		
750克	26盎司	为了便于测量容积，这里使用了250毫升的量杯（实际上，1杯=8盎司=230毫升）	
1千克	35盎司		
此等量表可以用来计算重量，会稍有几克的误差（实际上，1盎司=28克）			

缩写对照表

g	克
kg	千克
cl	厘升
Min	分钟
H	小时
Kcal	千卡
℃	摄氏度

基础用具
Le matériel et les ustensiles de base

制作糕点时必须严格遵守原料的比例以及制作的温度和时间。

　　然而，动手制作甜点前，至关重要的是拥有正确的用具。无论是初出茅庐的新手还是经验丰富的行家，使用适当的用具和设备是成功制作糕点的保证。

用具、配件和测量工具
Les ustensiles, accessoires et instruments de mesure

制作糕点时，需要使用一系列基本的厨房用具以及一些特殊的工具。

制作糕点时，原料的使用需要非常精确，因此某些测量工具是必不可少的。

小的基本用具 Le petits ustensiles de base

搅拌碗 Bol mélangeur 必须为广口和深底，如此才能使用打蛋器搅拌、揉和面团或者让面团在里面静置发酵。

半圆形不锈钢搅拌碗 Cul-de-poule 以不锈钢或铜为主要材质，特别适合用于将蛋清搅打成蛋白霜。铜质的有利于搅打出坚实的浓稠度，同时令蛋白霜的体积最大限度地膨胀。

木勺和刮勺 Cuillère et spatule en bois 前者用于搅拌混合，后者用于脱模和刮取。木头材质不导热，使用时不会烫手。

橡皮刮刀 Spatule en caoutchouc（又称maryse）用于抹平、混合或刮面糊。

抹刀 Palette métallique 柔韧的金属薄片适合涂抹或者铺上镜面。

打蛋器 Fouets（各种尺寸）用于打发蛋清。还有可以将鲜奶油搅打成坚挺浓稠的不锈钢硬丝打蛋器。

漏斗形滤器 Chinois 可以过滤酱汁、果酱和糖浆中杂质的圆锥形滤器。

网筛 Tamis 用于过筛并去除面粉中结块的工具。

各种用纸 Papiers divers

烤盘纸 Papier sulfurisé 两面做过防水处理的薄纸。可以铺在模具中，如果放在两种原料之间则需要事先涂抹黄油。

硅胶烤盘垫 Papier siliconé 制作糕点时铺在烤盘中，避免面糊附着。耐高温。

铝箔纸 Papier d'aluminium 用于包裹需要烘烤的材料，注意光亮的一面向内与食材接触。可用于食材的保温。

保鲜膜 Film plastique étirable 超薄型适合保存食品。较厚的可用于微波加热。

糕点用具 Les articles pour pâtisserie

压模或切割器 Emporte-pièce ou découpoirs 有多种尺寸和形状，如冷杉、动物和心形等，可以将饼干切割成各种式样。

糕点用网架 Grille à pâtisserie 将蛋糕置于上面冷却且不会因脱模而塌陷。

糕点用大理石板 Marbre à pâtisserie 大理石或花岗岩板材，光滑且冰冷，非常适于揉和制作面团。

平刷 Pinceau plat（以猪鬃最佳）用于在模具内涂抹黄油，为面糊涂抹蛋液以及粘住边缘。

糕点用烤盘 Plaque à pâtisserie 烘烤时使用，建议使用一些易于保养的不粘烤盘。

裱花袋与裱花嘴 Poches et douilles 填充泡芙、装饰蛋糕以及在烤盘中挤出面糊时必不可少的工具。有不同直径、形状与材质（塑料或不锈钢）的裱花嘴可供选择，令装饰丰富多彩。

擀面杖 Rouleau à pâtisserie 通常为木头制品，用于擀开面团。

花钳 Pince à tarte 用于制作漂亮的面团花边。

轮刀 Roulette cannelée 可以将面团裁切出非常规则的形状。

轮刀 Roulette cannelée

苹果去核器 Vide-pomme　削皮刀 Zesteur

处理水果的工具
Les outils de coupe

水果去核器 Dénoyauteur 用于去除樱桃、李子等水果的硬核。

苹果去核器 Vide-pomme 圆柱状边缘锋利的工具，去除苹果果核的同时仍能令苹果保持完整。

削皮刀 Zesteur 薄的刀片可将柑橘类水果皮削成细长的条。

打蛋器 Fouets

测量工具 Les instruments de mesure

厨房秤 Balance 有三种秤可用于厨房：机械、自动和电子。对于制作糕点使用的秤来说，必须能称出小于30克和大于2000克的重量。采用罗伯威尔平衡结构制作的托盘天平秤，是传统的机械型。实际操作时，最好使用自动秤，即表盘上的指针可以标示出重量，同时还能称量液体。数字电子秤，体积更小，还能精确到单位克。

刻度容器或称量器 Récipient gradué ou doseur 采用硬塑料、玻璃或不锈钢材质，有的带直柄和倾液嘴。容积从0、10到2升，可用于测量液体的容量，或者在没有厨房秤的情况下称量某些可流动的原料，如面粉、细砂糖、粗麦粉和可可粉等，此时刻度显示的体积与重量之间相互对应。然而，使用日常的小杯、汤匙、茶匙等物品（详见第356页的表格）进行称量，有时更为实用。

温度计 Thermomètre 制作糕点会用到好几种烹饪专用温度计。这种温度计通常由玻璃制作，用红色的液体显示温度，刻度为0~120℃，可以用于测量隔水加热容器的温度，例如奶油酱熬煮时的温度。糖浆或糖果温度计的刻度则是从80~200℃。圆形表盘的烤箱温度计的刻度则是从50~300℃。此外，还有数字电子温度计，因其装有探测器，所以精确度很高。

糖浆密度计或比重计 Densimètre à sirop ou pèse-sirop 用于测量糖浆的浓度，特别适用于果酱和糖果的制作过程中。带有刻度的浮标，可以根据密度的不同浮沉于液体中。

雪葩浓度计 Sorbeto-mètre 一种非常精确的光学仪器，专业的糕点师用于制作冰激凌和雪葩前测量浓度的工具。

定时器 Minuteur 可用于设定原料的制作时间。

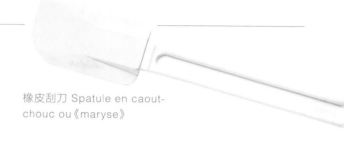
橡皮刮刀 Spatule en caout-chouc ou《maryse》

小型电子或机器设备 Les petits appareils électriques et robots

搅拌器 Batteur 用于搅拌少量置于热源上的原料。

食品搅拌器 Mixeur 最为简单的式样可以直接浸入平底深锅中，有的则配备了深底的玻璃容器，装有用于搅碎或搅拌的锋利刀片。可以用于做汤、果泥和果酱。

多功能电动食品加工器 Robot multifonction 通常由底座和固定在上面的大碗组成。除了必备的乳化搅拌头、搅面钩和混合用搅拌头这三种基本必备的配件外，还可以根据需求配备具有绞肉和切菜的刀头以及滤器。这种机器成本虽高，但其坚固和便利的优势可以长期使用。专业人士选用的某些型号具有卓越的性能。

冰激凌机 Sorbetières 用于制作雪葩和冰激凌的机器，务必在温度显著低于0℃的条件下混合搅拌。过去的手动冰激凌机已经基本上不再使用了。电动冰激凌机的内缸装有马达发动机。冰冷的温度则是由提前在冰箱中冷冻15小时的内缸壁或圆盘提供。自动冰激凌机售价较高，又被称为"冰激凌搅拌机"，是专业人士使用的机器的缩小版，搅拌与制冷功能都是全自动的。

糖浆比重计 pèse-sirop

烹饪专用温度计 thermomètre de cuisson

模具 Les moules

模具的形状、材料和品质不胜枚举。有蛋糕模、烤盘、巧克力或冰激凌模、多孔模或一人份甜点模等多种用途。

常用模具 Les moules classiques

布里欧修模 Moule à brioche 金属材质，有些带有不粘涂层，广口且内壁带凹槽。圆形或长方形，可以制作布里欧修或其他甜点。

磅蛋糕模 Moule à cake 长方形，直上直下或略呈广口。有不同的尺寸。最好选择不粘材质便于脱模。

夏洛特模 Moule à charlotte 桶形且略呈广口，带有耳柄，可轻松地倒扣脱模。还可用于布丁塔和布丁的制作。

蒙吉模 Moule à manqué 内壁或带凹槽或平滑，圆形或者方形。可用于意大利海绵蛋糕坯或指形蛋糕坯的制作。

萨瓦兰模 Moule à savarin 平滑或带凹槽，从中空处可辨，使蛋糕呈环形的外观。

舒芙蕾模 Moule à soufflé 圆形，最常见的是直上直下、带褶边的白色陶瓷模，也有玻璃材质的。有不同容量可供选择。

布丁模 Ramequin 这是一种小号的舒芙蕾模，

可用于制作焦糖布丁。通常为耐高温的陶瓷模，可在烘烤后放入冰箱冷藏，之后直接呈送甜品。

馅饼模 tourtière 又称作塔模。内壁平滑或带有凹槽，由不同材质制作而成。直径介于16厘米至32厘米不等，其中直径为22厘米、24厘米和28厘米的模具分别适合4人、6人或8人享用。制作水果塔时，最好使用底部可拆卸的圆形馅饼模。

一人份蛋糕模 Les moules individuels

奶油小圆饼模 Dariole 一种适用于制作一人份米蛋糕和婆婆蛋糕的圆形小模具。

圆锥模 Cornet 用于制作甜筒的金属圆锥模具。

花式小点心及迷你塔模 Moule à petits fours et à tartelettes 各式各样不同形状和大小的模具。有些底部可拆卸。也可用于糖果的制作。

巧克力模 Moule à chocolat 有动物、蛋形、钟罩形等多种多样的独立及多孔模具板。

6~24多孔模具板 Moule en plaque de 6 à 24 empreintes 烘烤饼干或小蛋糕时使用的模具板，可以同时烘烤24块糕点。其中以贝壳形状的玛德琳蛋糕模具板最为出名。

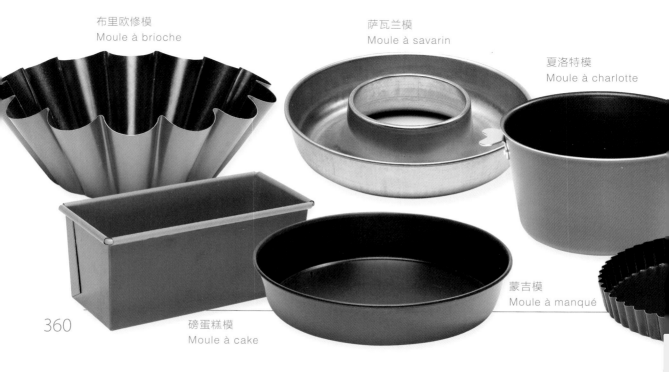

布里欧修模
Moule à brioche

萨瓦兰模
Moule à savarin

夏洛特模
Moule à charlotte

磅蛋糕模
Moule à cake

蒙吉模
Moule à manqué

特殊模具 Les moules spécifiques

蛋糕坯模 Moule à biscuit 长方形，用于烘烤后填馅卷起的蛋糕坯。

合叶式模具 Moule à charnière 金属材质，椭圆形或长方形，底部可拆卸。内壁可通过合叶取掉，脱模时非常方便。

冰激凌模 Moule à glace 金属材质最为适合。带有密封盖，可以防止冰块结晶的产生。光滑的内壁便于脱模。底部通常是凸起的。还有类似的雪糕模。

咕咕霍夫模 Moule à kouglof 带有倾斜凹槽的环状模具。通常为上釉的陶土材质，不过为了便于脱模，最好选用不粘材质。

方形或圆形中空模 Cercles et cadres 专业人士使用的借助烤盘做底的无底模具。解决了脱模的问题。有塔点用圆形中空模，以及制作甜点和夹心蛋糕所使用的较深的圆形中空模。直径从10厘米至34厘米不等。方形中空模有正方形或长方形两种。

意大利海绵蛋糕烤盘 Caisse à génoise 这是一种周边凸起，直上直下或广口的长方形金属烤盘。可用于烘烤意大利海绵蛋糕、布丁塔和米蛋糕等。

泡芙塔圆锥模 Cône à croquembouche 用于将泡芙堆叠在一起制作泡芙塔。

木柴蛋糕模 Gouttière à bûche 用于制作圣诞木柴蛋糕的模具。

松饼模 Gaufrier 两块接合的板子，通常为铸铁材质，可用于制作松饼和迷你松饼。有两种类型，一种是炉灶烘烤型，另一种是电加热型。

泡芙塔圆锥模
cône à croquembouche

咕咕霍夫模
moule à kouglof

花式小点心及迷你塔模
moule à petits fours et à tartelettes

布丁模
Ramequins

玛德琳蛋糕模具板
plaque à madeleines

馅饼模
tourtière

烹饪设备 Les appareils de cuisson

烹饪食物是通过加热来改变其物理状态、化学成分的过程，

最后突显食物在味觉上的特性。

只有通过不断实践积累经验，学习烹饪技巧，掌握其中的诀窍。

那么，究竟是使用燃气灶具还是电器呢？

选择能源其实与个人喜好与烹饪习惯有关，也会根据居住条件来确定。

众所周知，使用燃气的优势在于温度的迅速升降。

然而随着设备的不断改进，电器也同样有出众的烹饪效果。

灶台 Les tables de caisson

燃气灶 Brûleurs à gaz 多种功率和半径的灶眼，适用于不同大小的各种容器。间歇性开关火的小火灶眼和顺序式灶眼，使得小火熬炖菜肴时无需时时监管。

电热炉 Plaques électriques 热惯性相对偏大。可以在达到理想温度时使用调温旋钮关闭以切断电源，而当温度降低时再打开接通电源。

电陶炉 Table en vitrocéramique 表面有极耐冲击的光滑涂层。

优势：可以轻易地将容器放在面板上，保养也较为简单。大多数电陶炉都有一到两个卤素炉，具有升温快的特点。

电磁炉 Table à induction 采用了较新的电子加热技术，通过磁场传导加热金属容器。温度升高迅速，能精确控温。

注意：铜、铝、玻璃等材质的容器不能在电磁炉上加热。

微波炉 Les four à micro-ondes

微波炉中的磁控管产生极高频率的微波，直接或反射在隔板的内壁上，之后穿透食物，通过分子的震荡加热或烹饪。

微波炉的优势在于可以大大地缩短烹调时间，但不要理解为它能代替日常的炉灶。事实上不应该用微波炉制作糕点，微波会将面团做熟但却不能发酵，特别是不能令其上色。

然而，只要采取一些方法，微波炉还是可以完成很多工序。

例如：

1. 快速解冻水果、面糊。

2. 软化从冰箱中取出的黄油。

3. 在没有条件隔水加热时，微波加热并融化巧克力。

4. 加热牛奶却不会粘锅或溢出。

最为重要的是，要认真阅读厂家提供的商品使用说明书及注意事项。电子程序会精确地显示解冻、加热、保温和烹调的时间，但会因为微波炉功率的不同而产生时间上的显著差异。加热或制作食物时，务必使用"透明"的容器，即微波能穿过而不会反射或吸收。容器材质的选择非常多，有玻璃、耐高温玻璃、彩色上釉的陶土容器或没有任何金、银或铂金装饰的瓷器等，还有专门为微波炉设计的一整套塑料容器。

禁止：严禁使用金属容器和盖子、铝盒以及铝箔纸。但可以使用烤盘纸；可以在食物上覆盖戳洞后的保鲜膜以防过干；还可以使用厚且带洞的微波炉专用膜。

烤箱 Les fours

制作糕点时，最后的工序就是放入烤箱烘烤，因其会最终决定糕点的成功与否，基于这点，必须充分认识和了解烤箱。

烤箱通常都有调节温度的功能。总体来说，温度调节从50～300℃之间。有的调节旋钮的刻度为1~10之间。

燃气烤箱是通过燃烧保持热量的大规模流动。

电烤箱则因为自然流动的热空气较少，所以烤箱中上层和下层之间存在着温差。

因此，生产商通常会为电烤箱配备空气强制对流系统，又称热风循环、脉冲热或钎焊换热。通过风扇和涡轮，加速空气流动和热循环，使烤箱迅速达到理想的温度且受热均匀，因此满足了同时制作多种食物的需求。

专业的糕点师和面包师还会用到电烤箱的一项额外的功能——小型蒸汽锅炉。流动的极为潮湿的空气，不仅有助于烘烤的同时还可避免干燥。通常，烤箱都有自动中止烘烤的定时器。此外，大部分烤箱都有设置开始及烘烤结束时间的功能。

许多糕点的制作都需要提前将烤箱预热。总体来说，10~15分钟即可达到预期的温度。在蛋糕漂亮地上色前，应尽量避免在烘烤过程中打开烤箱门。

烤箱的清洁 Nettoyage du four

烘烤时，食物可能会析出或溅出油脂，因此必须进行清洁。根据不同的烤箱型号，可以采用两种不同效果的清洁方式：

• 催化作用降低了清洗的难度，但无法彻底清洁。烤箱的内部涂有一层特殊的多孔珐琅，可以摧毁油脂，但无法去除其他的污垢。

注意：多孔珐琅涂层异常脆弱，不能在上面使用磨料清洁剂或除垢产品。

• 只有电烤箱具有热解功能，对于污垢非常有效，可以清洁得十分彻底。用极高的温度加热空烤箱，可将所有的污垢烤焦成灰。

根据烤箱的脏污程度以及使用频率的不同，清洁时间也有长有短。

烘烤温度对照表		
温度调节器	温度	热度
1	100~120℃	刚刚温热
2	120~140℃	微温
3	140~160℃	很暖热
4	160~180℃	暖热
5	180~200℃	温度适中
6	200~220℃	中等热度
7	220~240℃	比较热
8	240~260℃	热
9	260~280℃	非常热
10	280~300℃	烫
以上对照表适用于传统的电烤箱。		
对于燃气烤箱和旋转式电烤箱，可以参考生产商提供的产品说明书。		

材质 Les matériaux

用于制作糕点和甜点的特殊容器，顺手、坚固且易于保养非常关键。认识不同材质的特性，尤其是了解快速导热或保温材料的特点，对于制作糕点很有帮助。

材质 Les matériaux et leurs qualités

钢 Acier　十分坚固但容易氧化。特别适合用于制造可丽饼煎锅和俄式长把平底薄饼煎锅。

不锈钢 Acier inoxydable 也称作inox。虽然成本略高，但不锈钢经久耐用、抗摔、不吸味且易于保养的众多优点，令其物超所值。

铝 Aluminium　这种金属价格适中，价格由品质和厚度决定。材质过薄会导致变形。特别适用于制造平底深锅和各种锅具。

铜 Cuivre　铜的造价很高且不易保养，需要经常焊补。然而铜的导热性极佳且受热均匀，这也是专业人士始终坚持使用铜制品的原因。铜可用于制造平底深锅、煎炒锅、搅拌盆、平底煎锅和有柄的熬制焦糖和糖浆的小锅。

镀锡铁/白铁 Fer-blanc 常用于糕点制作时使用的模具、烤盘和压模中，价格实惠。不过需要仔细擦拭模具和用具，避免生锈；千万不要长时间泡在水中。

铸铁 Fonte　黑色、很重、坚固，但可能摔破。是慢煮料理的理想选择。

搪瓷 Fonte émaillée 同样适用于制作慢煮料理。搪瓷还可用于制造炖锅、有柄小号平底深锅以及焗烤盘等。

耐高温瓷 Porcelaine à feu　散热较差，不过经过加热之后，可以长时间保温。耐高温瓷盘和瓷杯的优点还在于能够直接从烤箱取出后上桌。

塑料 Plastique　由三聚氰胺、聚碳酸酯和聚丙烯等不同材料所合成。塑料可制作碗、巧克力模以

及橡皮刮刀等用具，非常容易保养。

耐高温玻璃 Verre à feu 一般很厚且透明，具有很好的抗热性。

聚四氟乙烯P.T.F.E.（polytétrafluoéthylène） 是一种不粘材料。在以铝为主要材料时，它有一个更为人熟知的名称——铁氟龙。其易于保养，因此很多品牌都可以找到该材质制作的平底煎锅和煎炒锅等。不过，在使用时，要留意金属用具或磨料产品会将其刮伤。众多品牌都使用以铁为主要材料的P.T.F.E.的不粘涂层，可以找到蛋糕、布里欧修、迷你塔、萨瓦兰、意大利海

绵蛋糕、蒙吉模等系列产品。

硅胶模 Flexipan　由玻璃和硅化合物纤维制成，注册商标"Silocone"则深受专业人士的好评。可用于面糊、慕斯、奶油酱和液体的制作。

优势：无需用油便可以轻易地将柔软的面糊脱模。

注意：不要将此类模具直接置于明火或加热面板上；也不要在模具中切割材料。

很多器具都采用了不锈钢材质：模具、平底煎锅、煎炒锅、平底深锅、搅拌盆、压模以及各种手持工具等。

选购食材
Le marché et les ingrédients

　　糕点、甜点，即使制作得再精良，也还是由最为常见的面粉、鸡蛋、黄油、糖、水果以及醇香四溢的其他食材所组成。这就需要对食材精挑细选并恰当地使用。唾手可得的巧克力、咖啡、香草、肉桂则可以为糕点带来香气。

谷物及粗麦 Les céréales et les semoules

谷物，作为草本植物的果实，是许多国家人们的主食。

谷物的颗粒组成包括：谷皮，又称麸皮，其富含膳食纤维、蛋白质、维生素B_1和维生素B_2以及矿物质；胚乳，由蛋白质网中聚合的淀粉粒（碳水化合物）构成；胚芽，富含脂肪及维生素E。

仅仅脱去外壳的谷物叫做全谷。早餐中的谷物以片状、爆裂状以及膨化状为主。谷物经过碾压、捣碎、研磨和精制后，做成了粗麦粉、面粉和淀粉。

燕麦 Avoine

很久以前，罗马人就开始栽种燕麦，日耳曼人和高卢人则将其煮粥食用，直到本世纪初期，燕麦仍然是北欧国家的主食。

用途

这种谷物可以磨成面粉（详见第369页）或做成麦片，还可以制作饼干、饼类以及其他各种盎格鲁-萨克森的特色产品，如麦片粥。

100克（片状）=367千卡
蛋白质：14克
碳水化合物：67克
脂肪：5克

小麦 Blé

小麦主要用于制作面粉或粗麦粉，有时也会加工成谷粒的形式。

软粒小麦 Le blé tendre 又称"最优良的小麦"，可以制作成面包用粉。根据精制程度的不同，呈现出稍白或全白的颜色。

硬粒小麦 Le blé dur 含有较为丰富的面筋，可制作成小麦粉，用于面团或某些特定面粉的制作。

全麦 Le blé complet 不同早餐类谷物的主要成分。事先煮熟后就成为全麦粉，可用于制作不同的甜点和素食糕点。

小麦胚芽 Le blé germé 干燥后磨碎，可用在某些中东糕点的制作中。

黑麦 Le blé noir 也就是荞麦，因深色的谷粒而得名。虽然不能用于制作面包，但是一直到19世纪末期，用其磨出的面粉都是布列塔尼和诺曼底的

黑荞麦
blé noir sarrasin

主要食物。

薏仁 Le blé soufflé 用于制作甜食。

100克（粒状）=334千卡
蛋白质：11克
碳水化合物：67克
脂肪：2克

用途

小麦用于制作面粉（详见第369页）和粗麦粉。后者的制作不像面粉研磨的那般精细。其中较为精细的谷粒是小麦的谷仁，但外面可能仍有麦麸。这是小麦粉常见的形式，其营养价值（如矿物质和维生素）含量略高于制作较为精细的优质小麦粉。精制小麦粉可用于制作食用面团。

中等和粗粒小麦粉则可用于制作不同的甜点，如皇冠蛋糕、奶油酱、布丁、舒芙蕾和油炸粗麦饼。

100克=355千卡
蛋白质：12克
碳水化合物：73克
脂肪：1克

燕麦片
flocons d'avoine

薏仁 blé soufflé

研磨小麦粒
blé concassé

研磨精制小麦粒
blé concassé fin

玉米 Maïs

原产于美洲，通过科尔特斯引入欧洲。法国食用玉米主要集中在西南部和布雷斯地区，其产量则受到整个美洲大陆产量的影响。

甜玉米 Le maïs doux 玉米棒上浅色的玉米粒。在未成熟时采收，购买后需趁新鲜用沸水煮熟或烤熟后食用。还可以制作成罐头后销售。

爆米花玉米 Le maïs pop-corn 用于制作爆米花，加热后，玉米会膨胀后爆裂开。

100克＝534千卡
蛋白质：8克
碳水化合物：57克
脂肪：30克

玉米粒 Le maïs à grains 呈深黄色，可以加工成粗粒后用于制作玉米粥和玉米饼，还可以加工成玉米粉和玉米淀粉（详见第369页）。

加工成片状，则成为玉米片。

100克（熟）＝128千卡
蛋白质：4克
碳水化合物：22克
脂肪：2克

100克＝365千卡
蛋白质：10克
碳水化合物：78克
脂肪：1克

大麦 Orge

大麦粉中因面筋不足所以很难用于制作面包。将发芽后的大麦加热以阻止进一步发芽，之后磨粉后做成麦芽，成为制造啤酒、威士忌以及某些即食早餐麦粉的原材料。大麦去皮后经过两次研磨，变成小的珠粒状，即成为精磨大麦。尤其在德国，精磨大麦可用于制作浓汤、粥和甜食。

100克＝365千卡
蛋白质：8.5克
碳水化合物：78克
脂肪：1.1克

黍 Millet

黍有几种，也称为"小米"。其在非洲和亚洲地区常用，而欧洲范围内的食品制作中使用较少，通常像米一样做成咸味或甜味的制品。

小米 millet

面筋 Le gluten

面筋及谷物的蛋白质，遇水后形成网状。小麦面筋会阻挡发酵时产生的二氧化碳，继而使面团膨胀并呈现蜂窝状。其他谷类作物的面筋则较为缺乏这种可塑性。所以，黑麦面包和五谷面包不像小麦面包那般蓬松。

爆米花 pop-corn

精磨大麦 orge perlé

玉米 maïs

黑麦 Seigle

类似于精制小麦的谷物，特别适合在法国北部地区的山上和贫瘠的土壤中种植。

用途

黑麦主要做成面粉（详见第369页）及片状物，是瑞士麦片的主要成分之一。

100克（片状）=338千卡
蛋白质：11克
碳水化合物：69克
脂肪：2克

米 Riz

除了小麦，米是世界上各大洲种植最多的谷物。米有8000个品种，总体分为两大类：一种是颗粒分明的长粒米，另一种是烹饪时会粘在一起的圆粒米。

可以根据米的不同特质广泛应用于不同的地方。

稻谷 Le riz paddy 脱粒后收集的谷粒。

糙米 Le riz cargo 去壳，即去除第一层壳的米粒。

白米 Le riz blanc 没有胚芽和谷粒的硬壳（果皮）。

精白米 Le riz poli 去除谷粒表面面粉的白米。

加光米 Le riz glacé 裹上一些滑石粉的精白米。

蒸米或事先处理的米 Le riz étuvé ou prétraité 清洗干净后加热、去壳并烫熟的米。

半熟米 Le riz précuit 通过去壳并烫熟后，加热至沸腾，再以200℃进行干燥处理。在法国这种米最为常见。

卡莫里诺米 Le riz camolino 略微上油的精白米。

膨胀米 Le riz gonflé 经高压加热处理后的米。

米片 Les riceflakes 经蒸煮、去壳、压扁后制成的一种早餐谷类片。

米花 Le popped rice 像制作爆米花一样经加热处理的米，根据米种的不同而不同。

艾保利奥米 Le riz arborio 意大利上等米中一种。

印度香米 Le riz basmati 源自印度的米种，颗粒小、米身长。

卡罗莱纳米 Le riz caroline 一种美国进口米。目前不再限于一个品种，品质优良。

糯米 Le riz gluant 粒长，具有非常丰富的淀粉含量，适用于中餐和面点中。

香米 Le riz parfumé 也是长粒米，主要种植于越南和泰国，并作为这些国家的节庆用米。

苏里南米 Le riz Surinam 源自过去的荷属圭亚那地区，粒长且细。

菰米或野米 Le riz sauvage 草本科植物，水性杂草，原产于美国北部。粒细而小、色黑。

用途

长粒米适用于制作料理，而圆粒米适用于糕点制作。因圆粒米具有很强的吸水力，可使用水或牛奶进行烹煮，是众多点心和蛋糕的基本原料。

100克（熟米）=120千卡
蛋白质：2克
碳水化合物：20克
脂肪：0克

菰米或野米
riz sauvage

糙米 riz cargo

印度香米
riz basmati

长粒米
riz à grains longs

艾保利奥米
riz arborio

糯米 riz gluant

面粉与淀粉 Les farines et les fécules

面粉是由小麦、玉米、米、荞麦、黑麦等谷物，以及栗子等某些含有淀粉的植物经研磨加工而成。越是精制的面粉，其中的矿物质及维生素的含量就越少。小麦淀粉是面粉经过极为精制加工后的产物，其中只留下谷物的淀粉和碳水化合物。

小麦面粉 Farine de blé

小麦面粉可用于制作所有的面糊（团）。干燥时呈圆形的颗粒状。

将面粉压扁后，手上会留下薄薄的一层滑腻的精白粉末，且面粉会散发出小麦的香味。

用途

依据面粉精度以及小麦品种的不同，可将面粉分成以下几种：

普通面粉 La farine ordinaire 呈淡灰色。面筋较少，膨胀度低，仅参与制作简单的馅饼面糊、面皮等。

糕点用面粉 La farine pâtissière 有着最为丰富的面筋含量，膨胀度较高，适用于水果蛋糕、海绵蛋糕和磅蛋糕的制作。

特级面粉 La farine supérieure 纯度极高。其中上等面粉或精白面粉的发酵度非常好。无论是稀薄还是过筛后的面粉，均可为酱汁勾芡所用，还可以用于制作松饼和可丽饼。

其中蛋糕专用粉中含有发酵粉。

全麦面粉 La farine complete 添加麦麸后的白面粉，用于某些面包的制作。

不同种类的面粉 Les différents types de farine

特级面粉的特性在于其灰分含量和矿物质的保留。面粉中的灰分含量决定了面粉的种类。过筛最为精细的为低筋面粉，灰分含量为0.45%；不是很白的110号面粉（type 110），灰分含量为1.1%。55号（type 55）以上的面粉，因其麦味过重而无法用于糕点的制作中。

其他面粉 Autres farines

燕麦粉 La farine d'avoine 在斯堪的纳维亚及布列塔尼地区，燕麦粉用于制作咸味或甜味的粥、饼干和烘饼。

玉米粉 La farine de maïs 可用于制作饼干、可丽饼、烘饼和蛋糕。

水磨黏米粉 La farine de riz 经研磨后得到非常白的碎末。用于制作日式和中式糕点。

荞麦或黑麦粉 La farine de sarrasin（ou blé noir）混合牛奶后，可以制作诺曼底香煎料理。在布列塔尼地区一种用于制作成为"烘饼"的可丽饼、粥和奶油蛋糕。

黑麦粉 La farine de seigle 是某些香料面包，以及弗朗德勒面包和林茨面包的主要原料之一。

小麦淀粉 Fécules

小麦淀粉是淀粉含量极高的面粉，可达80~90%，是从米、玉米等谷物以及淀粉含量丰富的土豆、木薯等根茎类植物中提取制成的。可用于酱汁、奶油酱、肉馅及浓汤的勾芡，还可用于熬粥或蛋糕制作中。必须在未经加热时与冷的液体混合拌匀后使用。

用途

玉米淀粉 La fécule de maïs 作为增稠剂用于众多料理和糕点中。

米酱 La crème de riz 几乎就是纯淀粉，用法同上。

竹芋淀粉 L'arrow-root 从热带植物的根茎中提取的一种淀粉，精细光亮且易于消化吸收，用法同玉米淀粉。

土豆淀粉 La fécule de pomme de terre 用于为粥和奶油酱勾芡。

木薯淀粉 Le tapioca 从木薯根茎中提取的淀粉。非常易于消化吸收，可用于制作甜点。

脂肪 Les matières grasses

脂肪是固体或液体的食用类油脂，包括植物油、鲜奶油、黄油、人造奶油、猪油和鹅油等。上述脂肪都可以运用在菜品制作中，但不是所有的油脂都能用在糕点上，因为糕点必须保证其精致或中和的味道，还需要有香味作为支持。

高脂浓奶油
crème fraîche épaisse

鲜奶油 Crème fraîche

这款法式发酵酸奶油经由离心奶油分离器将乳制品中的牛奶脂肪收集制成的。其中分为几种，味道则根据加工制作的方式不同而有所区别。除了特浓奶油膏和淡奶油以外，其他所有的鲜奶油中的脂肪含量都在30%~40%之间。

生奶油 La crème crue 不常见，未经任何热处理和加工。味道和香味没有受到任何破坏。

高脂浓奶油La crème fraîche épaisse 经由从65℃加热至85℃的杀菌处理后制作而成，在表面撒上乳酸菌以最终形成其味道及浓稠度。

依思妮鲜奶油 La crème d'Isigny 享有AOC产区命名认证，其中脂肪含量为35%以上的鲜奶油。

特浓奶油膏 La crème double 经熟成制作但未经杀菌处理，脂肪含量为40%。

液状法式发酵酸奶油 La crème fraîche liquide 仅经过杀菌处理。

淡奶油 La crème légère 呈浓稠状或液态，脂肪含量仅为12%~15%。

液状杀菌鲜奶油 La crème liquide stérilisée 经加热使温度超过115℃，

液状鲜奶油
crème liquide

之后冷却。脂肪含量为30%~35%。

超高温液状鲜奶油 La crème liquide U.H.T. 在150℃的温度下加热2秒钟后迅速冷却而成。

牛奶奶油 La crème de lait （或乳皮 peau de lait）将生牛奶经加热至沸腾后其表面形成的乳皮。无法在市场上购买，可以自行在家中制作。

用途

液状或超高温鲜奶油可以用手动或电动打蛋器搅打至膨胀，随着空气的不断搅入而制成打发鲜奶油，当添加糖后，即可做成鲜奶油香缇。高脂浓奶油耐熬煮，可用于不同的糕点中，有时也可直接用于面糊中。打发鲜奶油时，应该倒入10%~20%的凉牛奶。打发的鲜奶油也可用于冰激凌的制作中。

100克=320千卡
蛋白质: 2克
碳水化合物: 2克
脂肪: 330克

始终需冷藏保鲜
Toujours au frais

所有的鲜奶油均有保质期。保质期从生鲜奶油的7天到杀菌鲜奶油的数月不等。始终需要在4℃的条件下冷藏保鲜，且开封后，基本上只能保存48小时。超过保质期限就会开始变质。

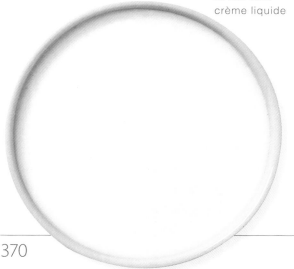

植物油 Huiles

植物油全部来源于对植物、种子或水果的萃取。温度在15℃时为流质，但不耐同等温度的加热及制作。植物提炼油是不同来源的油的混合物。其他的油则纯度高，来源也很精确。无论来源及外观，所有植物油的脂肪含量都为100%。

性质

除了所谓的"初榨冷压"的橄榄油之外，植物油始终是精炼而成的。将种子、果实捣碎后磨成糊状，经过加热后压榨以提炼出油脂。之后再通过多次的过滤或离心、中和、脱色等加工处理，使油脂状态保持稳定，并改善其香气和味道。

用途

东方和中东国家会在糕点制作中放植物油。此外，植物油主要用于油炸，如制作贝奈特饼。也出现在某些面糊（团）的制作中。

100克=900千卡
蛋白质：0
碳水化合物：0
脂肪：100克

人造黄油 Margarines

人造黄油从外观和使用上都与黄油相似，是19世纪由法国一位药剂师发明的。一直以来，人造黄油都是由动物性脂肪、水和牛奶制作而成。现在则因使用了植物性油脂而成分有所改变。人造黄油的成分会标注在包装上，按照法律规定，除了轻人造黄油的脂肪含量为41%以外，其他的人造黄油脂肪含量与黄油的83%保持一致。

性质

人造黄油有很多用途：涂抹用、菜品用和糕点用。其中涂抹用人造黄油中添加了丁二酮，使之具备类似黄油的味道。

用途

涂抹用人造黄油可代替糕点用黄油，特别是在制作千层派皮时，不过并不是总能带来同样的好味道。

100克=753千卡
蛋白质：0
碳水化合物：0
脂肪：83克

黄色橄榄油
huile d'olive jaune

绿色橄榄油
huile d'olive verte

花生油
huile d'arachide

植物油的保存
Conservation des huiles

油不喜光照，且会因热度变化而氧化，因此务必存放在远离热源的密闭橱柜中。

人造黄油 margarine

冷而不冻 Au frais mais pas trop au froid

黄油很容易吸附某种味道。因此，必须在冰箱的特定隔层中、以适当的温度密封保存。

脂肪率 Taux de matières grasses

根据1998年12月30日颁发的法令，黄油的名称受到法律保护。根据欧洲规章，黄油中必须包含至少82%的脂肪、约16%的水（此为最大值）和无脂的乳糖、蛋白质、矿物质等干燥物质。

黄油 Beurre

经由牛奶加工而成的鲜奶油，杀菌后撒上乳酸菌，经过十几个小时的熟成，再通过乳油分离，转化成黄油。

黄油的味道根据奶牛喂养的食物决定。奶牛生产牛奶，特别是当鲜奶油熟成后，通过乳酸菌发酵制成黄油。黄油味道的主要成分是丁二酮，为其带来类似榛子的香味。黄油分为很多种类。

生黄油 Le beurre cru ou crème crue 使用未经杀菌的鲜奶油进行制作。保质期：3~4℃，30天。

细、极细黄油 Les beurres fin et extra-fin 根据鲜奶油的性质所决定。要制作极细黄油，当收集到尚未凝结和脱酸的牛奶后，鲜奶油必须经过最多72小时的加工处理。然而这些黄油通常会在稍后凝结。保质期：14℃，24个月；3~4℃，60天。

乳制黄油 Le beurre laitier 来自乳制品加工、农民和农场。

低脂黄油 Le beurre allégé 脂肪含量为41~65%；由乳化的杀菌鲜奶油、淀粉、明胶或淀粉和大量的水制作而成；耐熬煮。

含盐黄油 Le beurre salé 含3%以上的盐，半盐黄油的含盐量为0.5%~3%。

涂抹专用乳制黄油 Les spécialité laitières à tartiner 通常也称为"低脂黄油"，成分依照品牌决定，由乳制品制造企业制作。脂肪含量为20%~41%，不耐熬煮。

性质

质量高的黄油不易碎，室温下也不易结块。与普遍的认知不同，黄油经过适当的加热是无害的（只有生黄油或100℃以下加热较易为人体吸收）。当温度达到120~130℃时，黄油开始分解，继而产生难以消化的物质，其中丙烯醛不仅刺鼻，其苦涩的味道还会刺激肠胃。

黄油含有脂肪，富含饱和脂肪酸和维生素A（每100克含708毫克）和胡萝卜素（505毫克）。

用途

若糕点中不添加黄油，很难想象其味道。黄油是制作所有面糊面团（除面包外）、各式奶油酱（包括法式奶油霜）以及各色糖果不可或缺的原料。

100克（普通黄油）=751千卡
蛋白质：0
碳水化合物：0
脂肪：83克

顶级产区 （grand cru） 与法定产区 （appellation d'origine contrôlée, A.O.C.）

法国有两大黄油产区：夏朗德和诺曼底。这两个产区都有顶级产区：其中圣瓦伦、艾许、叙尔热雷为顶级产区；依思妮、古奈、讷莎戴勒昂贝、圣母教堂小镇、瓦娄涅为次级产区。如果说夏朗德黄油为全球法定产区的代表，那么唯有诺曼底的依思妮产区可与之齐名。

乳制品 Les produits laitiers

乳制品包括牛奶和其发酵后的产品，而发酵奶酪、新鲜奶酪和酸奶很少用于糕点的制作。乳制品中含有蛋白质、脂肪、碳水化合物、B族维生素和矿物质。此外，乳制品是能够为饮食提供足够钙质的食品。

新鲜奶酪 Fromage frais

又称为"白奶酪"，是杀菌牛奶经由乳酸菌凝结所形成的，其中的水分极少或完全不丢失。新鲜奶酪种类繁多，顺滑或凝结成块，脂肪率为0~40%。

用途

新鲜奶酪通常用于烘饼、塔、冰激凌、奶油酱和舒芙蕾的制作中。其脂肪含量低，做出的甜点较为清淡。

100克，无论脂肪率为多少：
蛋白质：7克
碳水化合物：3克
脂肪率40%的新鲜奶酪100克＝116千卡
脂肪率0%的新鲜奶酪100克＝47千卡
脂肪：0克

酸奶 Yaourt

也写作"Yoghourt"或"Yogourt"。酸奶是从全脂、半脂或脱脂牛奶中，通过"保加利亚乳酸杆菌"和"嗜热链球菌"两个菌种发酵制成。所有的酸奶都有保质期限，且务必冷藏保存。酸奶种类繁多，脂肪率也各不相同。所有的发酵牛奶对消化系统和健康都有积极的影响。

用途

酸奶可用在凉爽或沁凉的甜点、冰激凌、布里欧修、蛋糕中等。加热会让酸奶快速分解，所以需要添加一些玉米淀粉以保持其状态的稳定。

原味酸奶100克＝49千卡
蛋白质：4克
碳水化合物：5克
脂肪：1克
全脂牛奶100克＝85千卡
蛋白质：4克
碳水化合物：4克
脂肪：3克

奶类 Lait

牛奶是唯一用于糕点制作的奶类。根据其保存方式和脂肪含量的高低可分为以下几种：

生乳 Le lait cru 极为少见，通常都应加热至沸腾以杀菌。均属全脂。

杀菌乳 Le lait pasteurisé 又称之为"鲜牛奶"，在72~90℃持续加热15~20秒，不需要烧开。味道与生乳类似。

全脂牛奶100克＝64千卡
蛋白质：3克
碳水化合物：4克
脂肪：3克
半脂牛奶 100克＝45千卡
蛋白质：3克
碳水化合物：4克
脂肪：1克
脱脂牛奶 100克＝33千卡
蛋白质：3克
碳水化合物：4克
脂肪：0克

高温杀菌乳 Le lait stérilisé 通过加热以杀除所有的细菌，以确保长时间保存。常见的程序为通过极高的温度以尽可能保持牛奶的风味。牛奶在均质状态下，加热至140℃或150℃并持续2~5分钟，之后立即将牛奶放入无菌包装中。这款牛奶与杀菌牛奶营养成分相同。

无糖浓缩乳 Le lait concentré non sucré 水分不少过45%且经过高温杀菌。

100克＝130千卡
蛋白质：6克
碳水化合物：9克
脂肪：7克

炼乳 Le lait concentré sucré 水分仅为25%，添加了40~45%的糖。

100克＝338千卡
蛋白质：8克
碳水化合物：55克
脂肪：9克

奶粉 Le lait en poudre 将水分彻底去掉，可制成全脂、半脂或脱脂。

用途

牛奶是制作所有的奶油酱、冰激凌、布丁塔和众多甜点如贝奈特、可丽饼、松饼等液状面糊必不可少的原料。其中，若使用半脂或脱脂牛奶，即可制作成为较为清淡口味的糕点。

蛋 Les œufs

如果没有特别的标注，"蛋"这个字通常指的就是鸡蛋。在薄薄的蛋壳的保护下，鸡蛋由半透明水团状蛋白质（约3克）的蛋清以及凝结了剩余蛋白质（约3.5克）、所有脂类（约6克）和具有乳化剂性质的卵磷脂的蛋黄（约占总重量的33%）所组成。蛋壳内部还有一层膜，在鸡蛋较圆的一端有名为"气室"的空间，随着鸡蛋的老化，气室的体积会不断地变大。因此，将鸡蛋放入盛有水的平底深锅中，越是上浮的鸡蛋越不新鲜。

天然保护
Une protection naturelle

鸡蛋不需要清洗，因为蛋壳表面有一层天然的保护膜，洗后反而会让微生物或味道渗透进去。当蛋壳破裂后应当丢弃鸡蛋，并且绝对不要购买蛋壳表面很脏的蛋，因其很可能带有有害的细菌，特别是沙门氏菌。

泡沫状蛋清和
"冷藏杀菌蛋白液"
Blancs en neige et
《 blancs cassés 》

需要打发成尖角直立的蛋白霜以及准备直接制作成慕斯的蛋清，都必须非常新鲜。如果需要将蛋清用于制作做熟的原料中，则最好提前二三天分离蛋清和蛋黄，并将蛋清放入密封罐中冷藏保存。按照这种方式冷藏后的蛋清能打出顺滑的泡沫，但无法在加热时膨胀，放入1撮盐则有利于后续的制作。

性质与种类
Qualités et catégories

所有的鸡蛋，无论蛋壳是白是红，蛋黄的颜色是浅是深，其营养与性质完全相同。

人工饲养的鸡生的蛋很少有细菌，可以保存得更好。农场散养的鸡，如果通过良好的喂养，鸡蛋则会带有独特的风味。

特鲜蛋 Les œufs extra-frais 在盒子上会用红色或白色的条带作为标识。会将包装日期（一般为产蛋当日）以及保质期注明在包装上。通常，特鲜蛋在8~10℃的阴凉处可保存3周，尖端朝下，避免破坏气室。鸡蛋时间越长，蛋清液化的就更明显。

新鲜蛋 Pour les œufs frais 盒子上没有条带标识，但也会标注出上述日期以及鸡蛋的种类。此类鸡蛋为A类。

B类则是指经过冷藏保存后的鸡蛋。

重量及分类
Poids et classement

根据直径和相应的重量，可以将鸡蛋划分为从少于45克的7号蛋到70克以上的1号蛋。最为常用的鸡蛋是55~60克的4号蛋以及60~65可的3号蛋。以上两种鸡蛋的蛋黄重量约20克，蛋清重约34克。

用途

如果没有鸡蛋，糕点则不复存在。鸡蛋是大多数奶油酱（英式、卡仕达等）、慕斯和萨芭雍的主要成分。同时，鸡蛋赋予面糊以质感、厚度、香气、顺滑和味道。鸡蛋可用于加稠、勾芡和乳化。蛋黄可作为涂抹蛋液用，蛋清则可以打发成泡沫状。

55克的鸡蛋1个（4号）=76千卡
蛋白质：6.5克
碳水化合物：0.6克
脂肪：6克

红壳鸡蛋
œuf roux

白壳鸡蛋
œuf blanc

蜂蜜 Le miel

蜂蜜是蜜蜂酿造的含有糖的产物。蜜蜂将采集的花蜜储存在蜂箱的蜂巢中并加以转化，之后通过将蜂巢离心、过滤和净化等步骤萃取出蜂蜜。古时候，蜂蜜称之为神明的食粮，也是唯一含糖的食物，直到后来被砂糖所取代。刚刚提炼出的蜂蜜是液态的，因为它是葡萄糖、果糖和蔗糖的饱和溶液，所以很容易产生结晶。不过，加热时会再次变为透明的液体。

蜂蜜与健康
Miel et santé

作为纯天然的产物，蜂蜜被赋予了众多疗效，然而这些功能并未得到科学上的论证。不过因其含有少量的甲酸，对于喉咙疾病的功效早已得到证实。

糕点用蜂蜜
Les miels utilizés en pâtisserie

根据不同的种类和地区，蜜源植物的性质各有特点，令蜂蜜具有独特的香味和颜色。蜂蜜经常会用在糖果和糕点的制作中，不仅能用于制作蜂蜜香料面包，还能制作饼干、杏仁香脆片、东方千层派皮、蛋糕、冰激凌、司康等。几乎可以用蜂蜜取代糖使用。

洋槐蜜 Miel d' acacia 澄清且优质，来自法国的几个地区、匈牙利、波兰和加拿大。适合作为佐餐蜂蜜，可以为饮料增加甜味。

欧石楠蜜 Miel de bruyère 呈红色，十分浓稠，产自朗德、索洛涅和奥弗涅地区。很适合用于制作水果蛋糕、饼干和蜂蜜香料面包。

苜蓿蜜 Miel de Luzerne 呈黄色，浓稠，法国各地都有生产，适用于各种糕点的制作。

橙花蜜 Miel d'oranger 澄清的金黄色，香味十足，采自阿尔及利亚和西班牙，十分稀有。

冷杉蜜 Miel de sapin 产于孚日和阿尔萨斯地区。颜色很深，有麦芽的甜味。适合用于佐餐以及制作阿尔萨斯地区的糕点。

荞麦蜜 Miel de sarrasin 呈深红色，味道浓烈，产自索洛涅、布列塔尼，以及加拿大。十分适合用于制作蜂蜜香料面包。

椴树蜜 Miel de tilleul 在法国、波兰、罗马尼亚和远东地区都可以找到，呈黄色，很稠，香气馥郁。适用于佐餐以及部分菜肴的制作。

百花蜜 Miel toutes fleurs 不同蜂蜜混合而成，食用人数众多且价格便宜。可能产于山区或平原。

100克=397千卡
蛋白质：0
碳水化合物：76克
脂肪：0

橙花蜜
Miel d' oranger

欧石楠蜜
Miel de bruyère

洋槐蜜
Miel d' acacia

椴树蜜
Miel de tilleul

冷杉蜜
Miel de sapin

糖与甜味剂 Le sucre et les édulcorants

从古时起，糖便已经存在。无论是甘蔗还是甜菜，其食用价值和甜味完全相同。这种纯的碳水化合物被称之为"蔗糖"。甜味剂与糖是不同的产物，其甜味度很高，有些会用于糕点的制作中。

常用的糖 Sucres courants

白糖又称为精制糖，而红糖，无论来自于甜菜还是甘蔗，都属于非精制糖，因杂质的存留以形成颜色和独特的味道。红糖与白糖具有相同的食用价值。

100克=400千卡
蛋白质：0
碳水化合物：100克
脂肪：0

方糖 Le sucre en morceaux 主要产自法国，直到1847年才发明出来。在糖浆还温热时塑成小丁或者平行六面体的形状。成品可用于热饮中，也可以用于制作糖浆或焦糖。

结晶糖 Le sucre cristallisé 是糖浆的结晶物，可用于制作果酱、水果软糖和糕点的装饰中，是比较便宜的糖。

细砂糖 Le sucre en poudre ou sucre semoule 研磨成细小的颗粒，即便在冷水中，也能迅速溶解。广泛用于糕点、甜点、点心和冰激凌的制作中。

果酱专用糖 Le sucre spécial confitures（或凝胶糖 Le sucre gélifiant）这种糖添加了0.4%的果胶和0.6~0.7%柠檬酸，有利于果酱的凝固。

糖粉 Le sucre glace 研磨得极细且添加了3%的淀粉。用于筛撒在烤好的糕点和糖果表面，作为装饰或包裹的使用。

香草糖 Le sucre vanillé 添加了至少10%的天然香草精的细砂糖，可为点心或面糊增添风味。

香味糖 Le sucre vanilliné 添加了合成香草的细砂糖，用途与香草糖相同。

结晶糖
sucre cristallisé

甜度 Pouvoir sucrant

纯糖（蔗糖）是甜度测量的标准，数值设置为1。果糖为1.1~1.3；葡萄糖为0.7；蜂蜜为1.2~1.35。多元醇的甜度小于1。合成甜味剂中的环磺酸盐为25~30，糖精则为300或400，这些数值说明了合成甜味剂之所以成为细小药丸状的原因。

糖粉 sucre glace

冰糖 sucre candi

珍珠糖 sucre en grains

粗粒红糖 cassonade

其他碳水化合物 Autres sucres

冰糖 Le sucre candi 白色或棕色，是糖浆黏附在麻布或棉布上的结晶糖。结晶的块大，不易溶解。不适于用在糕点制作中。

珍珠糖 Le sucre en grains 从精纯的方糖中研磨后得到的透明圆粒糖，可用于糕点的装饰。

粗粒红糖 La cassonade 红色的结晶蔗糖，带有淡淡的朗姆酒的味道。可以为布里欧修蛋糕和塔带来特别的风味。

黑糖/红糖 La vergeoise 红色的甜菜结晶糖。黑糖（或红糖）是经由第一道糖浆压榨过后形成的固体残留物，而二砂糖则是经由第二道糖浆精制过后的产物。黑糖和粗粒红糖十分相像，这种糖特别多用于法国北部及比利时的某些甜点制作中。

液体糖 Le sucre liquide （或糖浆 sirop de sucre）无色的糖溶液，通常用于食品加工中。装瓶销售，可用于制作潘趣酒和部分甜点。

废糖蜜 La mélasse 很浓稠的棕色糖浆，取自无结晶蔗糖的部分。在魁北克地区一直作为糖的替代品，也用于部分糕点的制作中。

翻糖 Le fondant 是添加了葡萄糖的一种糖浆，熬至"大球"（详见第67页和71页）阶段后，持续搅拌成浓稠且不透明的糊状，通常会再染色和调味。隔水加热至融化后，可用于包裹酒渍樱桃、新鲜水果、果干和小杏仁饼，还可以作为泡芙、闪电泡芙、海绵蛋糕、千层派的镜面使用。

转化糖 Le sucre inverti 糕点师经常使用，不过在市面上几乎买不到。可以从药店中购买葡萄糖代替。

天然甜味剂 Les édulcorants naturels

枫糖浆 Le sirop d'érables 由糖枫树的汁液制成，只有加拿大西北部地区的1~4月期间，从糖枫树的树干切口处采集获得。1升的枫糖浆需要收集30~40升的汁液，其中碳水化合物含量为65%以上，枫糖浆也因此颇为珍贵。枫糖浆可淋在可丽饼、冰激凌和司康上，还可以为舒芙蕾、慕斯和干果派调味使用。

葡萄糖 Le glucose 从玉米淀粉中提炼的纯糖，可用于代替转化糖，甜度没有糖那么高。

果糖 Le fructose 从水果中萃取而来。在保健品专柜中以粉末的形式出售。

多元醇 Les polyols 从加工淀粉或蔗糖中取得，通常用于制作糖果、口香糖等糖果业中。其热量比糖低，且尤其不会导致蛀牙。

合成甜味剂
Les édulcorants de synthèse

合成甜味剂又称为"强效增甜剂"：阿斯巴甜（E951）、安赛甜（E950）、糖精（E954）和环磺酸盐（E952）。以上甜味剂甜度极高，高达糖的400倍，且没有任何热量。

在法国，只有前三种甜味剂允许用在食品加工中，可以在称为"低热量"的食品中找到上述甜味剂。合成甜味剂在粉末状或经过压缩后，使用方法与糖一样，且的确对于需要减少糖摄入的人群十分有用。粉末状的阿斯巴甜可用于糕点制作中。

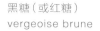
黑糖（或红糖）
vergeoise brune

枫糖浆
sirop d'érable

可可和巧克力 Le cacao et le chocolat

可可是可可树结的果实可可豆。将取出的可可豆在太阳下晾晒、拣选、清洗后干燥，再进行烘焙。可可树分为以下几类：克里奥罗（产量10%，产自墨西哥、尼加拉瓜、危地马拉、哥伦比亚和马达加斯加等），易碎，出产的可可豆香气十足；弗拉斯特洛，较硬实，能确保70%的产量（产自巴西和东非）；千里塔里奥的产量最大，不过其品质参差不齐，满足了剩余的产量需求。

可可脂
Le beurre de cacao

硬实，呈乳黄色，从可可中压榨获得。部分会用于巧克力的制作。很少在糕点制作中使用。

可可膏
La pâte de cacao

一经烘焙即可磨碎，使外壳、胚芽和果仁分离。果仁可以在加热至70℃的研磨器中磨碎，将其制作成顺滑苦涩的可可膏，其中可可脂含量为45%~60%。糕点师和糖果生产商通常会使用可可膏来增加巧克力的味道，不过很难在市场上买到。

可可粉 La poudre de cacao

可可粉于1828年由荷兰人范·侯登发明，是将去除部分可可脂的可可磨成粉末，制作成苦甜低脂可可粉（可可脂含量8%）或一般可可粉（可可脂含量20%）。将可可粉与水混合调匀后，可以制作巧克力雪葩以及各种甜食及点心，还能用于制作巧克力饮品。可以根据想要的苦味度适当添加少量的糖。

100克=325千卡
蛋白质：20克
碳水化合物：43克
脂肪：20克

含糖或甜味可可粉 cacao sucré en poudre ou cacao sucré、巧克力粉 chocolate en poudre、无脂甜味可可粉 cacao maigre sucré 可可混合物以及100克可可粉中最低含糖量为32克的可可粉等，其使用方法与可可粉相同。

100克巧克力粉=376千卡
蛋白质：6.4克
碳水化合物：80克
脂肪：7克

巧克力粉及巧克力颗粒 Les poudres et granulés de chocolat 可可粉（至少20%）、卵磷脂（2%）和糖混合而成，最后聚合成颗粒的形状。可用于制作巧克力饮品。

100克=385千卡
蛋白质：4克
碳水化合物：88克
脂肪：7克

早餐巧克力或可可 Les petits déjeuners chocolates ou cacaotés 不同比例的可可、糖以及面粉与牛奶调和而成的混合物。

100克=约400千卡
蛋白质：6克
碳水化合物：83克
脂肪：5克

可可豆 cabosses

可可膏
pâte de cacao

可可粉
poudre de cacao

巧克力 Le chocolat

巧克力是可可膏和糖根据不同比例制作而成的混合物。还可以添加可可脂、牛奶、水果或合乎比例的香料。将可可膏和糖拌匀后捣碎，再精炼24~72小时即可。精炼的过程是在贝壳状的机器中进行，在80℃下持续搅拌。可可膏脱水后去酸。通常大多数的可可脂会在精炼的最后阶段放入。巧克力的品质不仅根据可可豆的质量确定，还会依照精炼的品质和时间来决定。根据可可含量、性质和外观，巧克力而有所不同。

涂层巧克力 Le chocolat de couverture 至少含有16%的可可，质量上乘的涂层巧克力中可可脂含量远超于此，可以高达70.5%。此类巧克力富含可可脂，因而熔点降低。此类巧克力分为几种：略微加糖的、黑巧克力和牛奶巧克力。通常以1千克的块状售卖给专业人士。市场上能够买到100克或200克的巧克力砖。涂层巧克力可用于制作糕点和糖果。

嚼食或即食巧克力 Le chocolat dit《à croquer》 可可含量至少35%。市场上可以买到100克、200克或500克的巧克力砖，用途广泛。

100克=550千卡
蛋白质：5克
碳水化合物：65克
脂肪：30克

苦甜巧克力 Le chocolat amer、苦味巧克力bitter、黑巧克力noir、糕点用或特级巧克力 pâtissier ou supérieur 可可含量至少43%。事实上，这些巧克力以浓黑巧克力为主，大部分的可可脂含量更高，有的甚至高达75%。将其制作成100克、200克或520克的巧克力砖，可用于制作蛋糕、甜点、慕斯、奶油酱和冰激凌等。

牛奶巧克力 Le chocolat au lait 可可含量至少25%，特级或特别精制的牛奶巧克力中则至少含有30%的可可。将可可膏与奶粉或浓缩牛奶混合，通常会加入香草调味。可以作为即食巧克力，还可以用来制作甜点。

100克=557千卡
蛋白质：8克
碳水化合物：59克
脂肪：32克

白巧克力 Le chocolat blanc 可可脂（至少20%）、牛奶和糖混合而成，通常会用香草精调味，没有可可膏。可以作为即食巧克力，可以用于制作甜点或"多口味巧克力"糕点，还可作装饰使用。

100克=532千卡
蛋白质：6.2克
碳水化合物：62克
脂肪：28.5克

巧克力的功效 Les vertus du chocolat

食用巧克力后，会促进大脑分泌脑内啡的分子或快乐分子，还会促进血清素和神经介质的分泌。脑内啡给人带来快乐的感受，神经介质则会在其中使心理获得平衡。即便如此，食用巧克力并不会刺激性欲。但是因可可中含有可可碱、咖啡因、苯乙胺（化学结构与安非他命类似），会对人体产生振奋的作用。

白巧克力 chocolat blanc

涂层巧克力
chocolat de couverture

咖啡和茶 Le café et le thé

众所周知，咖啡和茶中都含有咖啡因，具有令人振奋的效果，是饮用后能让人愉悦的饮品，因此广受欢迎。咖啡和茶叶还经常用来为甜点和糕点增添风味。

咖啡 Café

咖啡树是源于苏丹的一种小型灌木，果实为红色的小浆果。将这些种子经过清洗加工后制作成绿色的咖啡，再用200~250℃的高温烘焙。烘焙期间不断搅拌并慢慢加热，是令咖啡成为深褐色、形成味道、香气以及咖啡因含量的重要操作步骤。美国咖啡为浅焙型，意大利咖啡为深焙型，法国咖啡则介于两者之间。

阿拉比卡 L'arabica 味道细腻且咖啡因含量较低：平均1杯为60毫克。各产区的咖啡品质不等，有些产区的产量相当低。

罗巴斯塔 Le robusta 味道较为浓烈且咖啡因含量高：平均1杯约为250毫克。在市场上可以找到不同的阿拉比卡、罗巴斯塔或者两者混合的咖啡豆或咖啡粉。

也有以下种类的咖啡：无咖啡因咖啡 décaféinés 最多含有0.1%的咖啡因；

速溶咖啡粉或粒 solubles, en poudre ou granules 通常是阿拉比卡、罗巴斯塔，或者两者混合制成的咖啡。

用途

以上所有品种都制作成为叫做咖啡的饮料。除无咖啡因的咖啡之外，所有咖啡都在糖果制造业和糕点制作作业中广泛地作为香料使用。此外，也有仅限于制作糕点的咖啡精。

茶和健康 Thé et santé

平均1杯茶中含有75毫克咖啡因、可可碱（令咖啡有利尿作用）和氟。茶中含有丰富的草酸和单宁酸（绿茶具有减脂的特性）。

茶 Thé

茶汤，始于山茶属的嫩叶。茶树生长在气候湿热的高海拔地区。分别可采摘嫩叶的芽（白毫）和一片叶子（顶级采摘）、两片叶子（优质采摘）或三片叶子（次级采摘）。茶叶根据叶片大小、白毫数量、等级可分为两个种类：小叶片的中国茶以及大叶片的阿萨姆茶。

红茶 Les thés noirs 产量占世界茶总量的95%。通过萎凋、揉捻、发酵、干燥和拣选5道程序制作，根据茶叶的等级进行分类。

中国红茶 Les thés noirs de Chine 烘焙后用手揉捻，有时会进行烟熏。

绿茶 Les thés verts 未经发酵的茶，来自中国台湾和日本，无等级区分。

窨香茶 Les thés parfumés 这类茶品种繁多，香味来自茉莉、玫瑰等花香，还有香草等香料香，以及苹果、桑葚等水果香。

用途

根据国别的不同，泡茶的习俗也不尽相同。泡茶的时间为3~5分钟，过久则会析出单宁的苦涩味道。无论是原味茶还是经过调味的茶，都可以用来为奶油酱、冰点和慕斯增添风味。茶汤也经常用于浸渍干果。

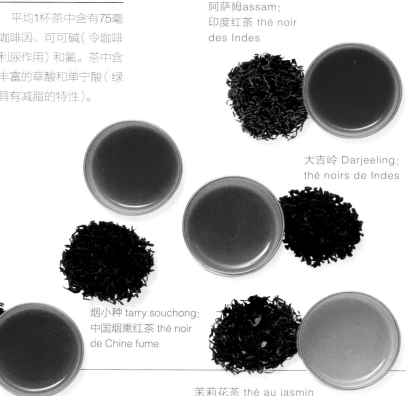

阿萨姆assam：
印度红茶 thé noir des Indes

大吉岭 Darjeeling：
thé noirs de Indes

烟小种 tarry souchong：
中国烟熏红茶 thé noir de Chine fume

伯爵茶 earl grey：
佛手柑窨香红茶
thé noir parfumé à la bergamote

茉莉花茶 thé au jasmin

核果 Les fruits à noyau

核果基本上为夏季水果。富含水分（通常为90%），新鲜时食用十分解渴，也是制作果酱和夏季甜点的基本原料。核果中维生素的含量及其味道，很大程度上取决于其成熟与否。

杏 Abricot

从3月中旬开始，就可以看到来自突尼斯、西班牙、希腊和意大利的杏，而法国的杏通常成熟得较晚。杏极易腐坏，保存时间很短。其橙色的果肉十分绵密且非常香甜。不过，杏在成熟前采摘并放入冷库中保存的做法，会大大降低其口味。而且，一经采摘后便会停止继续熟成。杏富含维生素A。

品种

贝吉隆 Le Bergeron 个大且长，以一面红色一面橙色而闻名。

卡尼诺 Le canino 颗大，橙色。味道较为一般。

强波克或古德里奇 Le jumbocot ou goldrich 大且硬，略酸。

鲁泽 Le luizet 个大且呈椭圆形，果肉绵软，香气很足。

波兰或普罗旺斯橙 Le polonaise ou orangéde Provence 带有斑驳的红色表皮，果肉硬实，略酸。

瑟娜红 Le rouget de Sernac 中等大小。

鲁西永红 Le rouge du Roussillon 表皮呈带有红色条纹的橙色，果肉硬实，较甜。

季节

收获于6月至8月。

用途

杏可以直接食用或者做成水果沙拉。可以用在不同的点心和蛋糕上，特别常见的是用于制作塔。可以将煮熟的杏制作成糖煮果泥、柑橘果酱和果酱等。也可以将其速冻。还可以搅打成果泥或酱汁，倒入冰激凌和雪葩中。杏仁可以放入酒、果酱和柑橘果酱中进行调味。无论罐装、原味还是浸泡过糖浆的杏，都可以按照新鲜杏的方式来使用。

100克（1个杏约为40克）=44千卡
蛋白质：0
碳水化合物：10克
脂肪：0

樱桃 Cerise

樱桃树属于两种安纳托利亚品种，分别是：欧洲甜樱桃树或甜樱桃树、欧洲酸樱桃树或酸樱桃树。小而红的樱桃富含糖分。

品种

甜樱桃 Les cerises douces 采摘于欧洲甜樱桃树上，包括长柄黑樱桃和毕加罗甜樱桃。最为常见和食用的是布尔拉樱桃，果肉入口即化；霍顿斯皇后樱桃多汁；赫韦尚樱桃的果肉结实爽脆。

酸樱桃 Les cerises acides 采自欧洲酸樱桃树，包括小且酸的蒙莫朗西樱桃以及红到发黑且入口即化的酸樱桃。

英国樱桃 Les cerises anglaises 杂交品种的樱桃，个小，呈亮红色，味道略酸。虽然名为英国樱桃，但却在法国各地都能找到。

季节

收获于5月中旬至7月中旬。

用途

将甜樱桃清洗干净后，每一个品种就是很棒的甜点。可以用于制作糖煮果泥、水果沙拉、舒芙蕾、贝奈特、塔，尤其适合制作克拉芙提。将樱桃去核后研磨成泥，制作成上好的糖浆。做成糖煮果泥的樱桃，可以为水果蛋糕和布丁增加风味，还可以装饰众多甜点。酸樱桃经过酒渍后可以很好地保存。各种酸樱桃都可以制作成果冻、果酱、雪葩和冰激凌。樱桃还可以通过清炖的方式保存，同时还是阿尔萨斯樱桃酒、英国樱桃酒和安茹樱桃酒等众多利口酒的主要原料。

100克（1颗樱桃约重5克）=77千卡
蛋白质：1克
碳水化合物：17克
脂肪：0

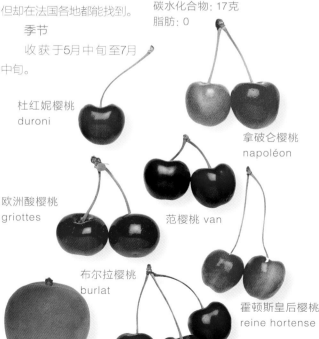

杜红妮樱桃 duroni

拿破仑樱桃 napoléon

欧洲酸樱桃 griottes

范樱桃 van

布尔拉樱桃 burlat

霍顿斯皇后樱桃 reine hortense

强波克樱桃 jumbocot

卡尼诺樱桃 canino

波兰樱桃 polonaise

欧楂 Nèfle

欧楂树属蔷薇科家族。欧楂只有几颗果核以及很少的果肉，但其汁液非常丰富。市场上很难找到，很少用于糕点制作中，却是制作上乘糖煮果泥的原料。

100克=46千卡
蛋白质: 0
碳水化合物: 10克
脂肪: 0

欧楂 nèfles

桃子和油桃 Pêche, nectarine et brugnon

桃子和油桃同属蔷薇科家族。桃子的表皮细腻且带有绒毛；油桃的果皮则很光滑。油桃的果肉与果核相连，桃子和油桃的品种繁多，其中绝大部分都因运输的原因而进行了品种的改良，也因此失去了桃类本身的味道。

品种和季节

白色果肉桃 Les pêche à chair blanche 亚历山大、阿林、安妮塔、黛茜、多萝西、马衣、蜀葵、红罗宾、红翼、软桃和白衣女郎等品种，易损，香味十足。6月起上市，持续至8月中旬。

黄色果肉桃 Les pêche à chair jaune 果肉较硬实，汁液较少，通常多在成熟前采摘，所以不是很好吃。品种有: 优雅女郎、顶级风味、五月峰、旋律、欧亨利、红顶、皇室明月、春浪、春女郎、夏日富饶、交响乐、顶级女郎等，均在7月至9月间采摘。

血桃或葡萄桃 Les pêches sanguines ou pêches de vigne 香味很浓，果肉呈紫红色。原来的品种基本上已经没有，新品种具有粉质口感。

油桃 Nectarines et brugnons 果肉既有白色也有黄色，其中白色果肉有11个品种，采收季节为7月中旬至8月底；黄色果肉也有11个品种，采收季节从6月底至9月中旬。

用途

桃子和油桃通常以原味、水煮或糖煮果泥的方式制作并食用。桃子可用于多种糕点的制作，其中最负盛名的就是于1894年由奥古斯特·埃斯科菲耶创造的蜜桃梅尔芭。此外，桃子还能用于制作塔和点心等。

桃子可以糖渍、存放在蒸馏酒中或者制作冰激凌、雪葩和果酱。桃汁可以制作利口酒和蒸馏酒。

油桃的使用方法和桃子相同。

100克 (1颗水果)=50千卡
蛋白质: 0
碳水化合物: 12克
脂肪: 0

果皮问题
Problèmes de peau

务必将油桃清洗干净。桃子最好剥去外皮，因桃子通常需要进一步加工处理，其制作的产品可能会引起食用者的过敏反应。

如果果实成熟度不够，则难以剥去外皮。可以浸泡在开水中，之后即可将果皮轻松地去除。

黄色果肉的优雅女郎桃
pêche elegant lady à
chair jaune

白色果肉软桃
pêche tendresse à chair blanche

黄色果肉的贝尔顶油桃
nectarine bel topà chair jaune

李子 Prune

李子的品种繁多，大小、颜色以及味道各不相同。不过，李子都具有光滑的表皮和多汁的果肉，最为常见的果肉颜色为黄色，也有绿色的果肉。紫色李子经过干燥处理后，称为李子干（详见第398页）。

品种和季节

克劳德皇后 Les reines-claudes 该品种绝大多数产自法国西南部，个大且圆（有时和杏子一般大小），香气很足。巴维的果皮和果肉均为淡黄色；绿色的品种会带有金黄色的光泽；福来个头较大，其特色为淡紫色的外皮包裹着黄色的果肉。这些品种均在7月中旬至9月中旬可以找到。

美日 Les américano-japonaises 该品种果肉最为肥厚，但香气不明显。日本金李个大且色黄，是美日中最为上乘的品种。南非出产的美日李子，从6月底上市，可一直持续到冬季。

洛林黄香李 Les mirabelles de Lorraine 个小且圆，橙黄色，十分香甜。收获期很短，仅从8月中旬至9月。

洋李 Les quetsches 呈椭圆形，表面为黑蓝色和紫色。果肉呈淡黄色，味道酸甜。9月初即可找到。

用途

所有的李子清洗干净后可以直接食用。可以制作成塔、克拉芙提、布丁等，还能制作上乘的糖煮果泥和果酱。可将李子存放在蒸馏酒中，也可以用黄香李或洋李等酿酒。

100克（1颗李子约为30克）= 52千卡
蛋白质：0
碳水化合物：12克
脂肪：0

购买与保存 Achat et conservation

以上水果仅能存放几天时间。可以将已经完全成熟的水果存放在冰箱中，不过还是会令味道改变。所以最好可以每天或隔天购买，且尽量挑选完全成熟的水果。

富含膳食纤维 Richesse en fibres

有核水果，尤其是樱桃，均富含膳食纤维。纤维主要存在于果皮中。当大量食用以上水果时（150克以上），最好不要再饮水，因其果肉会随之膨胀，特别当饮品中带有气体时，会出现令人不适的胃肠胀气现象。

总统李 prune president

日本金李 prune golden Japan

克劳德皇后福来 reine-claude friar

绿色的克劳德皇后 reine-claude verte

克劳德皇后巴维 reine-claude de Bavay

洛林黄香李 mirabelles de Lorraine

洋李 quetsches

383

柑橘类水果 Les agrumes

柑橘属柑橘类水果的特点是其略酸的口味。此类水果原产于亚洲，地中海地区的国家都有种植，在佛罗里达和加利福尼亚也几乎全年可以在市场上买到。此类水果的果皮较厚，因此可长时间储存，其富含维生素C，碳水化合物含量低，为6~12%。

柠檬
citron jaunes

佛手柑 Bergamote

佛手柑种植在科西嘉、中国和加勒比海地区。果实和小黄橙相似，十分酸。佛手柑果皮含有可用于糖果制造业的精油。果皮还可以为部分糕点增香提味。

酸橙 Bigarade

酸橙也叫苦橙，果皮粗糙，呈绿色或黄色。果肉汁少且味苦，可用来制作柑橘果酱。其果皮香气十足，是君度橙酒、柑曼怡等利口酒的原料之一。酸橙花可用于制作橙花水，时常会在制作糕点中使用。

枸橼 cédrat

枸橼 Cédrat

枸橼与大个的柠檬类似。冬季收获于法国科西嘉和蔚蓝海岸地区。可用于制作果酱和柑橘果酱。其果皮经糖渍后可用于饼干、水果蛋糕和布丁的制作中。在科西嘉地区，会用枸橼制作枸橼利口酒，香气十足。

柠檬与青柠 Citron et citron vert

柠檬与青柠是柑橘类水果中最酸的品种，所以不能像一般水果那样直接食用（除糖渍外），多以果汁形式出现。又称作"莱姆"的青柠，小而圆，味道比柠檬更酸。

品种和季节 Variétés et saisons

欧利卡 L'eureka 暗绿色的果皮，美国全年均有产出。

因泰多纳托 L'interdonato 果肉细腻且无子。产于西西里和南意大利，收获于9月和10月。

普墨菲奥 Le primofiore 特点是顶部凸起。汁液很丰富。产自意大利和西班牙，收获于10月至12月。

维尔黛 Le verdelli 深绿色，汁少且香气不足。产自意大利和西班牙，收获于5月至9月。

韦赫娜 Le verna 色极黄，无子且汁多。产自意大利和西班牙，收获于2月至7月。

青柠 Le citron vert 汁多，味极酸。产自安的列斯群岛和南美。古姆巴瓦是一种特别细腻的青柠，产自泰国。

用途

整个水果可用于制作冰霜或冰激凌。可以切成圆形薄片或四瓣，制作成印度酸辣酱、果酱、柑橘果酱、塔等。

其果汁广泛应用于冰激凌、冰沙和雪葩中。其中的果酸可以抵抗氧化作用，因此经常涂在削去外皮的苹果或香梨上，以避免氧化变黑。瓶装果汁与鲜榨果汁的味道完全不同。将果皮擦成碎末或切成细丝后可为奶油酱、布丁、慕斯、舒芙蕾或塔增香提味。糖果和利口酒制造业中会将其萃取物用作天然的香料。

100克=32千卡
蛋白质：1克
碳水化合物：8克
脂肪：0

安的列斯群岛青柠
citron vert des Antilles

巴西青柠
citron vert du Brésil

金橘 Kumquat

原产于中国，在远东、大洋洲和美洲均有种植。果皮呈黄色或橙色，有时味苦，但通常柔软且味甜，果肉则略带酸味。收获于12月至3月。

用途

可连同果皮一同食用，通常会制作成糖渍水果。可以用于制作果酱、柑橘果酱和部分糕点、蛋糕中。

100克=40千卡
蛋白质：0
碳水化合物：10克
脂肪：0

橘子和细皮小橘子
Mandarine et clémentine

橘子原产于中国，也长在热带国家。在法国，橘子慢慢地取代了细皮小橘子，市场上也很难见到这种小橘子了。两者都是冬季水果，味道十分接近，只是橘子的子较多，而细皮小橘子几乎没有子。

品种和季节

橘子的种类和杂交的品种繁多，可分为三大类：

橘子 La mandarine 产自西班牙、美国、意大利、摩洛哥、突尼斯，南美洲也盛产。收获于9月中旬到来年的4月底。

橘柚 La tangelo 橘子和葡萄柚的改良品种。产自西班牙、以色列、美国等。收获于1月中旬至3月中旬间。

橘橙 La tangor 橘子和橙子的改良品种。产自南美洲，西班牙、摩洛哥和以色列也广泛种植。收获于2月中旬至6月中旬。

对于细皮小橘子而言，科西嘉出产的小橘子其特色在于无子，通常连同几片叶子一起采摘。而其他品种，如贝克瑞亚、蒙特利尔细皮小橘子、普通、优质、努勒和欧荷沃等均产自西班牙和摩洛哥。收获于9月底到来年2月底。

用途

细皮小橘子和橘子的用法与橙子相同。可以存放在蒸馏酒中，还可以制作成糖渍水果。

100克=46千卡
蛋白质：0
碳水化合物：10克
脂肪：0

加工处理和保存
Traitement et conservation

大部分柑橘类水果都会用二苯基处理（标签上务必标明），避免发霉变质。所以，在选择果皮时，最好选择表皮未经处理过的柑橘类水果，或者认真仔细地刷洗果皮。所有的柑橘类水果都可以在室温下很好地保存几天，在冰箱的底部则可以保存数周。

金橘 kumquats

西班牙诺瓦橘子
mandarine nova
d'Espagne

西班牙财富橘子
mandarine fortuna
d'Espagne

南美艾伦黛尔橘橙
tangor ellendale
d'Amérique du Sud

意大利帕拉泽利橘子
mandarine palazelli
d'Italie

橙子 Orange

橙子是全球食用最为普遍的水果之一，也是较为容易保存的水果。其果肉多汁，从橙色到红色都可找到，可分为4瓣。果肉受到橙色且有时带有斑纹的果皮的保护。

品种和季节

优质的金黄香橙 Les blondes fines 产自摩洛哥和西班牙的撒鲁斯缇亚娜品种，收获于12月至来年3月，果皮细致；以色列出产的夏梦提，收获于1月至3月，果皮粗糙；瓦伦希亚雷特橙分别产自以色列，收获于3月至7月，产自西班牙和摩洛哥的，收获于4月至7月，产自乌拉圭、阿根廷和南非的，收获于7月至10月，果皮光滑。

金黄脐橙 Les blondes navels 纳维林娜脐橙，产自西班牙和摩洛哥，收获于11月至来年1月；晚脐橙分别产自西班牙和摩洛哥，收获于3月至6月，产自南美和南非的，收获于7月至10月；华盛顿脐橙分别产自西班牙和摩洛哥，收获于12月至来年4月间，产自乌拉圭、阿根廷和南非的，收获于6月至9月，汁不多，个大且质脆。

血橙 Les sanguines 产自西班牙、摩洛哥和意大利的超优质品种，收获于2月至5月；产自突尼西亚的马耳他品种，收获于12月至来年4月；产自意大利的莫洛品种，收获于12月至来年5月。以上三种血橙都十分多汁。此外，还有产自意大利的达罗科品种，收获于12月至来年5月。

用途

此类水果可直接整颗食用，也可以糖渍或铺上糖霜食用。将此类水果切成1/4片或圆形薄片，可以作为塔和水果沙拉的原料之一。果汁可以做成冰激凌或雪葩。还可以用于贝奈特、饼干、果酱、奶油酱、点心、舒芙蕾和阿尔比的环形小饼干等特色甜点增香提味。

将果皮擦成碎末或切成细丝，可以为水果蛋糕、奶油酱、点心、舒芙蕾等增添香气。糖渍果皮可以用作饼干的香料，将其裹上巧克力，就做成了好吃的糖渍香橙条。

橙子精可以用来为众多糖果增香提味，同时也是利口酒的原料之一。

100克水果=39千卡
蛋白质：0
碳水化合物：8克
脂肪：0
100克新鲜或听装果汁=49千卡
蛋白质：0
碳水化合物：10克
脂肪：0

马耳他橙 orange maltaise

纳维林娜脐橙 orange navelina

晚脐橙 orangenavelate

葡萄柚和柚子 Pamplemousse et pomelo

葡萄柚的直径可达到17厘米。黄色或暗绿色的果皮保护着黄色且微酸的果肉。柚子、葡萄柚和中国橙子的杂交品种，个头没有那么大，果肉的颜色为玫瑰黄色。

品种和季节 Variétés et saisons

玛仕无子柚 Le marsh seedless 果肉呈金黄色，无子，是味道最酸的品种。产自以色列的，收获于11月至来年9月，产自南非和阿根廷的，则收获于5月至9月。

汤普森 Le Thompson 果肉呈玫瑰色，产自佛罗里达，收获于12月至来年5月。

红宝石 Le ruby red 果肉呈玫瑰色，产自佛罗里达和以色列的，收获于11月至来年5月，产自南半球的，收获于5月至9月。

星彩红宝石 Le star ruby 果肉呈红色，产自佛罗里达州、德克萨斯州和以色列，收获于12月至来年5月。

用途

葡萄柚通常都是直接品尝其原味，但也可以用于制作蛋糕和各种点心。果皮可以糖渍，果汁可以为点心和蛋糕增香调味，还可以制作冰激凌和雪葩。

100克水果=43千卡
蛋白质：0
碳水化合物：9克
脂肪：0

红宝石葡萄柚 pamplemousse ruby red

浆果和红色水果 Les baies et les fruits rouges

黑醋栗、草莓、覆盆子、桑葚、蓝莓中的子富含果胶，有助于果酱成形。事实上，葡萄是带子的假浆果。以上水果除葡萄外，热量都较低，不含脂肪，几乎没有蛋白质，不过维生素C的含量十分丰富。

黑醋栗Cassis

黑醋栗树所结的果实，原产于北欧，目前尤其出产于法国的奥尔良和勃艮第地区、德国、比利时和荷兰。这种串状的黑色小果实味道略酸，维生素C和膳食纤维特别丰富。十分容易凝结。

品种

勃艮第黑 Le noir de Bourgogne 深而亮的小子，具有出众的香味与味道。

威灵顿 Le wellington 子明显较大，水分含量最高。

季节
夏末。

用途

迅速地清洗干净后晾干，可以制作成红色水果沙拉，可以作为甜点的装饰，可以制作果酱、巴伐露、夏洛特、雪葩、舒芙蕾和塔，可以制作成精良的果冻和果酱，还可以制作黑醋栗奶油酱。

100克=41千卡
蛋白质: 1克
碳水化合物: 9克

草莓 Fraise

草莓属蔷薇科匍匐植物。其品种日益繁多，虽耐运输，但品质却日渐低劣。因多从以色列进口，所以终年都可购买到草莓。然而草莓应属夏季水果，本身易损而无法长期存放。

品种Variétés

草莓有20多种，可分为以下4类：圆锥形、心形、圆形和三角形，此外还有野莓。其中部分草莓是"四季开花"，收获于秋天。然而，大部分种类没有太多香味，果肉上也带有很多绒毛。

其中，嘉瑞盖特品种，汁多且香气十足。

季节

产于西班牙，收获于3月至11月。

用途

除野莓外，草莓都需要去梗后在滤器中清洗干净。使用完全成熟的草莓，无论原味、加糖还是搭配法式发酵酸奶油，就成为了一道美味的甜点。草莓可用于塔、巴伐露、慕斯、舒芙蕾等糕点的制作中，还可用来制作糖果。最后，草莓还可以做成漂亮的果冻，此外使用整颗草莓还可以制作出十分精良的果酱。

100克的水果=36千卡
碳水化合物: 7克

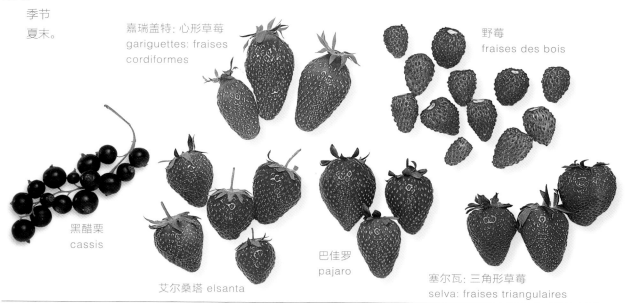

嘉瑞盖特：心形草莓
gariguettes: fraises cordiformes

野莓
fraises des bois

黑醋栗
cassis

巴佳罗
pajaro

艾尔桑塔 elsanta

塞尔瓦：三角形草莓
selva: fraises triangulaires

覆盆子 Framboise

覆盆子是最易损坏的水果之一。野生覆盆子十分稀有，但其香味独特。种植于气候温和的罗讷河谷和卢瓦尔河谷。

品种

劳埃德·乔治的遗产等四季开花的品种在夏末结束其第二次收获期。米克尔和梅琳·普利蜜斯等非四季开花品种只有一次收获期。但两者的外形和味道相同。桑葚和覆盆子的杂交品种罗甘莓，个大色红，形圆但无味。

季节

在温室中收获于4月中至10月。

用途

用法与草莓相同。注意不要清洗覆盆子。可以速冻，不过一旦解冻后，会软化不成形，无法盛盘示人，不过可以作为其他食品的制作原料。

100克=41千卡
碳水化合物：8克

醋栗 Groseille

原产于斯堪的纳维亚，醋栗不适宜在较热的地区生长。有红色和白色品种，种植于罗讷河谷、科多尔和卢瓦尔河谷地区，还会从波兰和匈牙利进口。

品种

红醋栗中，红湖的果实很大；斯坦扎的果实小，呈深红色，味道极酸。白醋栗中，包括萨伯隆之光品种，味道较甜。

季节

收获于7月至8月。

用途

品尝纯天然的醋栗时，需要加糖。从果串上摘下的醋栗果实可以做成水果沙拉、点心和塔。搅碎后可以做成美味的调味酱汁淋在点心和海绵蛋糕上。醋栗主要还是用于制作果酱和果冻，也时常在糕点中见到。

100克=28千卡
蛋白质：1克
碳水化合物：5克

鹅莓 Groseille à maquereau

鹅莓是个大的蛋形浆果，呈圆形，有深绿色或白色，光滑，不是很甜。很少在法国市场上见到，通常种植于比利时、荷兰。

品种

主要品种有惠纳姆产业，果实呈深红色；无忧无虑的果实呈淡绿色。

季节

收获于7月。

用途

鹅莓特别适合用来制作果冻或镜面糖浆。可以用在制作塔点和某些点心上。还可以用于制作可口的雪葩。

100克=39千卡
碳水化合物：9克

桑葚 Mûre

桑树结的多肉果实或野生桑葚，果粒都是黑色且彼此粘连。汁多味涩，十分特别。

品种

桑葚主要分成两大类：非常酸的喜马拉雅巨莓，以及较甜的俄勒冈无刺莓。

季节

收获于9月至10月。

用途

桑葚可制作红色水果沙拉、糖煮果泥，特别适合制作果酱、果冻和糖浆，都非常可口。还可以制作众多冰点、派和塔，以及美味的水果软糖。

100克=57千卡
蛋白质：1克
碳水化合物：12克

覆盆子 framboises

醋栗 groseilles

桑葚 mûre

麝香葡萄
muscat

莎斯拉
chasselas

葡萄 Raisin

古时候葡萄便已经存在。一直以来都是葡萄酒的原料，同时也以新鲜或干燥的形式出现在餐桌上。几百年以来，葡萄的品种不断增加，用于酿酒的葡萄品种与食用品种则有所不同。

品种

食用葡萄有30多种，其中又分为以下两大类：

白葡萄 Les raisins blancs 果粒呈黄色或金黄色，最常食用的是十分甜美、中等果粒大小、呈金黄色的莎斯拉，以及略带麝香味道、呈黄绿色的大颗意大利葡萄。

黑粒或紫粒葡萄 Les raisins à grains noirs ou violets 最为常见的品种有：粒大且多汁的红衣主教；果粒略长、微微带有麝香味道的汉堡麝香葡萄。

季节

收获于8月中旬至11月初；产自智利的葡萄收获于2月至5月。

用途

葡萄特别适合用于制作糕点。可以做成水果沙拉，也可以制作塔和米制的点心，制作时应去皮、去子。

100克=73千卡
碳水化合物：16克

选择美味的葡萄
Choisir un bon raisin

购买食用的葡萄，务必要清洁、完全成熟、果粒硬实、色泽匀称，且仍有"果霜"，即只要葡萄新鲜就会覆盖在表面的蜡质物质。果梗不干燥而应该坚固且易折断，干燥则表明不是近期采摘的果实。

蓝莓 Myrtille

蓝莓是生长在山区的野生浆果。现在也有人工种植的品种，但果实较硬，口感有粉质感。

品种

野生蓝莓包括红越橘和深受喜爱的加拿大品种矮蓝莓。森林蓝莓的颜色较深且颗粒较大，其中包括味道独特的美国蔓越莓和灌木蓝莓。

季节

收获于6月中旬至10月。

用途

蓝莓可用于制作点心、冰激凌、雪葩和塔；可以为布丁增香提味；还可以制作糖煮果泥、果酱、果冻或糖浆。

100克=66千卡
碳水化合物：14克

蓝莓 myrtilles

有子水果 Les fruits à pépins

有子水果的唯一共同之处就是都有子。尽管种类、成熟季节和味道各不相同，但都富含水分。其中有些水果几乎没有任何热量。

无花果 Figue

无花果非常甜美，果肉中有很多细小的子。极软、易损坏，不能冷藏保存。收获于6月底至11月。

品种

白无花果 Les figues blanches 特别是产自阿根廷的白无花果，果皮最为细腻。

紫无花果 Les figues violettes 其中索利耶的紫无花果，虽然果汁不多，但十分美味。可以干燥处理（详见第398页）。

用途

无花果可以直接食用，也可以水煮或烘烤。可以用于制作塔，也能制作成上乘的糖煮果泥和优质的果酱。

100克=54千卡
蛋白质：1克
碳水化合物：12克
脂肪：0

榅桲 Coing

榅桲树结的果实，蔷薇科木。榅桲硬实呈黄色，果皮外覆盖着一层薄薄的绒毛；果肉涩口，但香气浓郁。冠军榅桲的形状似苹果，而葡萄牙产的榅桲则形状较长。秋天可以找到此类水果。

用途

榅桲只能煮熟后加糖，食用起来味道才会较为柔和。可以制作成糖煮果泥，因其富含果胶，特别适合制作成优质的果冻和好吃的软糖。也是果子酒的原料之一。

100克=28千卡
蛋白质：0
碳水化合物：6克
脂肪：0

甜瓜 Melon

甜瓜属葫芦科，具有多汁香甜的果肉。较难挑选。甜瓜很重、很香，有不同的品种：网纹甜瓜、罗马甜瓜、冬季甜瓜。其中在罗马甜瓜中，夏朗德表皮光滑，呈圆形，有明显的垂直条纹。产自瓜德罗普岛的甜瓜，收获于1月至5月；产自摩洛哥、西班牙、普罗旺斯、普瓦图-夏朗德的甜瓜，收获于6月至10月，约占产量的95%。

用途

甜瓜可以直接原味食用，或者做成前菜、甜点、水果沙拉等食用。极易凝结，所以也可以制作成可口的果酱。

100克=27千卡
蛋白质：1克
碳水化合物：5克
脂肪：0

黄色果肉的夏朗德卡瓦荣甜瓜 charentais Cavaillon à chair jaune

西瓜 Pastèque

与甜瓜一样同属葫芦科，但西瓜果实较大，表皮呈绿色，果肉很红，子多，富含水分。十分清爽。可以直接切片食用或者做成水果沙拉。还可以做成果酱。

100克=30千卡
蛋白质：0
碳水化合物：6克
脂肪：0

白无花果
figue blanche

紫无花果
figue violette

西瓜
pastèque

帕西冬梨
passe-crassane

威廉姆斯多汁香梨
williams

伯黑哈代梨
beurré hardy

梨 Poire

通常，梨的汁水十分丰富，应选择完全成熟的。易损，需小心处理。

品种与季节

夏梨 Les poires d'été 威廉姆斯多汁香梨和朱尔斯古佑，个大色黄，果肉细腻，有时略酸，收获于7月中旬至10月。

秋梨 Les poires d'automne 伯黑哈代梨和考蜜斯梨味道甜美；路易斯邦蜜梨，略微鼓起的梨肚，汁水较少，收获于9月至12月。

冬梨 Les poires d'hiver 帕西冬梨，入口即化，收获于10月至4月。

用途

梨是很好的食用水果。红酒烩梨是一道十分经典的甜品。梨在糕点制作中，用法与苹果类似，可用于制作塔、馅饼、蛋糕、贝奈特、夏洛特等；还可用于制作可口的糖煮果泥、精制果酱、冰激凌和雪葩。白蒸馏酒——梨酒和香梨利口酒都十分香甜。梨很容易氧化，因此削皮后必须立即淋上柠檬汁。有梨罐头和糖浆水果等保存形式。

100克水果=55千卡
蛋白质：0
碳水化合物：12克
脂肪：0

苹果 Pomme

苹果是全球种植最为广泛的水果，也是法国、英国和美国最常使用的水果，全年都有供应。

品种

苹果的品种超过200种，现存18种，可分为以下6类：

双色苹果 Les bicolores 最常见的品种有博斯科普美人苹果、红香蕉皇后苹果和梅尔罗斯。

白苹果 les blanches 嘉尔维尔白苹果，果肉柔软，甜美多汁。

灰苹果 Les grises 加拿大的灰斑皮苹果。

金黄苹果 Les jaune doré 最为常见的品种有黄香蕉苹果、芳香斑皮苹果和杜曼苹果。

红苹果 Les rouges 红元帅苹果，微酸中透着淡淡的甜味。

青苹果 Les vertes 史密斯老奶奶青苹果，因偏酸的口味而受到欢迎。

用途

苹果可以原味直接食用，还可以煮熟后搭配黄油和糖食用，或者制作成糖煮果泥。其在料理制作中使用广泛，可用于制作贝奈特、法式苹果包、布丁、塔等，最为经典的则是英式苹果派和奥地利薄酥卷；可以焰烧、制作蛋白霜、淋上糖浆后做成加拿大脆皮馅饼；还可以制作果冻、软糖和苹果糖。因其富含果胶，可在其他水分较多的水果果冻中添加苹果汁。此外，还可以做成苹果酒，并进一步加工成蒸馏酒和卡尔瓦多斯白兰地。

100克=50千卡
蛋白质：0
碳水化合物：11克
脂肪：0

红元帅苹果
red delicious

史密斯老奶奶苹果
granny smith

博斯科普美人苹果
belle de boskoop

红香蕉皇后苹果
reine des reinettes

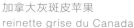

加拿大灰斑皮苹果
reinette grise du Canada

嘉尔维尔苹果
calville

进口水果 Les fruits exotiques

现代的运输方式使得水果的进出口更为便利。随着需求量的增加，使得水果文化的发展进入到更高的阶段。这些水果主要来自于全世界的热带国家，当苹果和梨过季，而夏季水果还未成熟时，进口水果就会出现在冬季和春季的市场上。

菠萝 Ananas

菠萝主要产自于科特迪瓦，以色列和安的列斯群岛。果肉呈黄色，汁多，富含膳食纤维、碳水化合物和维生素C。处理菠萝需要一把好用的刀，以便去除菠萝很厚的果皮、布满的钉眼和顶端如羽毛般的绿叶。成熟的菠萝，柔软且颜色匀称，羽状的绿叶色泽鲜艳，果实则散发出令人愉悦的淡淡幽香。

品种

卡因 Le cayenne 酸甜多汁，是最为常见的品种。

皇后 Le queen 个小、汁少，不是很甜。

红色西班牙 Le red spanish 果皮呈鲜红色，果肉呈淡黄色。

季节

收获于2月中旬至3月中旬。

用途

菠萝可以切片或切丁，原味或淋上朗姆酒、樱桃酒，与奶油酱或冰激凌一起搭配享用。可以放在水果沙拉中，或者作为点心、冰激凌、雪葩、蛋糕和塔的制作原料之一。也有清煮或糖浆的菠萝罐头。

100克=52千卡
碳水化合物：11克

菠萝 ananas

无花果香蕉
banane figue

绿香蕉
banane verte

红香蕉
banane rose

黄香蕉
banane jaune

香蕉 Banane

香蕉终年都从安的列斯群岛和非洲进口。青绿色时采摘，用装有特殊设备的船舶运输，务必会在催熟室放置一段时间。香蕉含糖丰富。果皮应该全部为黄色。完全成熟时果皮上会布满棕色的斑点。

品种

卡文迪什大香蕉 La giant cavendish 长而弯，果肉入口即化，十分香甜。

无花果香蕉 La banana figue 外形非常弯曲，特别甜。

都佑 La doyo 长而直，果肉细腻。

季节

全年收获。

用途

香蕉剥去外皮并去掉粘在果肉上的纤维即可食用。还可以切成圆片，做成水果沙拉；也可以经过水煮、香煎或焗烤，制作成舒芙蕾；特别适合用朗姆酒或樱桃酒进行焰烧。此外，还可以制作贝奈特、慕斯、冰激凌和塔。

100克=83千卡
蛋白质：1克
碳水化合物：19克

千万不要冷藏
Jamais au froid

菠萝十分不耐冷藏，如同香蕉一样，冷藏后很快就会变黑。所以，最好将这两种水果置于阴凉处保存。

牛油果 Avocat

牛油果中的大果核很容易与淡绿色的果肉分离；其果肉像黄油般绵密，伴有缕缕榛子的清香。牛油果若太硬，则表明尚未成熟；若过软，则表示熟过了头。此外，牛油果不应该有斑点。

品种

艾丁格牛油果 L' Ettinger 个大，果皮光滑且有光泽，略呈淡紫色。

哈斯牛油果 Le Hass 个小略长，果皮呈深绿色且粗糙带有颗粒状。

季节

全年都有收获，所有的品种混合在一起。

用途

特别适合用于制作慕斯、雪葩和冰激凌。

100克=220千卡
蛋白质：1克
碳水化合物：3克
脂肪：22克

艾丁格牛油果
avocat Ettinge

椰枣 Datte

椰枣是枣椰树结的果实，成串生长。通常连茎一起称重或装罐销售。椰枣水分不多，但富含糖分。质量上乘的椰枣一定是柔软的。

品种

戴格蕾爱诺 La deglet-el-nour 富含糖分，是最常食用的种类。

突尼斯肉豆蔻 La muscade de Tunisie 该品种可通过其光滑细腻的果皮辨别。

哈拉维 La halawi 果肉特别甘甜。

卡勒赛 La khaleseh 果皮呈棕红色，香味很足。

季节

全年都有收获，特别是10月份。

用途

椰枣可以直接像糖果般原味食用。也可以糖渍、做成糖衣水果后填入杏仁膏，或者裹上糖面。可以制作成贝奈特，或者果酱和牛轧糖。

100克=300千卡
蛋白质：2克
碳水化合物：73克

仙人掌果实
Figue de Barbarie

原产于热带美洲地区的肉质植物的果实，在地中海地区非常普遍。果实呈椭圆形，得到绿色、黄色、橙色、粉红色或红色的果皮的保护，布满细小的刺，需要戴上手套去除。其粉红色的果肉中有许多子。

季节

收获于8月至10月。

用途

仙人掌果实务必用刀叉剥去外皮。可以原味或者淋上柠檬汁后食用，也可以制作成沙拉。去子搅打成果泥后，可以做成雪葩和果酱。

100克=68千卡
碳水化合物：17克

百香果
Fruit de la Passion

百香果原产于热带的藤本植物上，在非洲、大洋洲和东南亚也很普遍。形状呈蛋形，果皮很厚，呈黄色或棕色；果肉为橙黄色，微酸且布满黑色的小颗子粒。

季节

收获于1月初到2月中旬。

用途

百香果可以原味品尝，或者淋上樱桃酒、朗姆酒享用，还可以混入水果沙拉中食用。通常会将其削皮后榨汁，过滤掉其中的子后制作成果汁，也可以制作成果冻、冰激凌和雪葩。

100克=36千卡
蛋白质：2克
碳水化合物：6克

百香果
fruit de la Passion

仙人掌果实
figue de Barbarie

新鲜椰枣
dates fraîches

番石榴 Goyave

番石榴果实个大，几乎在所有的热带地区都有种植。果皮薄而黄，成熟时会布满黑色的斑点。果肉为橙黄色，香味足，子多且硬。

品种

梨形番石榴 La pirifera 又称作"印度香梨"，因其形似梨状。

苹果番石榴 La pomifera 呈圆形，形似苹果。

草莓番石榴 La goyave-fraise 产自中国，核桃般大小。

季节

产自巴西和安的列斯群岛的番石榴，收获于12月至来年1月；产自科特迪瓦和印度的番石榴，收获于11月至来年2月。

用途

番石榴可以直接食用，也可以做成水果沙拉享用。如果尚未完全成熟，可以加入糖和朗姆酒。还能制作成果酱。番石榴汁可以做成可口的雪葩。

100克=64千卡
碳水化合物：15克

番石榴 goyave

石榴 Grenade

石榴大小适中，外皮为橙红色，较硬。皮内格子中充满了大颗子，果肉香气足且味道甜美。广泛种植于各热带地区，法国南部也有生长。

季节

收获于11月到来年1月。

用途

石榴直接食用较为不便。石榴汁可以制作奶油酱或雪葩。

石榴
grenade

100克=64千卡
碳水化合物：15克

狝猴桃 Kiwi

狝猴桃是攀爬类植物狝猴桃树所结的果实，最早种植于新西兰，之后引入法国南部和意大利。也称其为"中国醋栗"。呈椭圆形，果肉为绿色，多汁，外皮成棕绿色并布满绒毛。

季节

全年均有收获。

用途

狝猴桃可使用小勺直接挖食，或者制作成沙拉享用。切成圆形薄片后可作为甜点和蛋糕的装饰，或者嵌在塔中。狝猴桃榨汁并过滤后，果汁可以制作巴伐露、慕斯和雪葩。

100克=57千卡
蛋白质：1克
碳水化合物：12克

狝猴桃 kiwis

柿子 Kaki

柿子树所结的果实，起源于东方，在地中海地区也有生长。柿子形似橙色的番茄。其果肉像果酱一般绵软，亦为橙色，有的品种里面有6~8颗黑色的大子。

季节

产自意大利、西班牙，中东也盛产柿子，收获于12月至来年1月。

用途

柿子可用小勺直接挖食，也可以制作成糖煮果泥、果酱和雪葩。搅打成果酱后可淋在巴伐露、冰激凌、可丽饼和蛋糕上。

100克=70千卡
碳水化合物：19克

柿子 kakis

山竹 Mangoustan

山竹的大小与橙子类似，产自马来西亚。外皮呈淡红色，厚实，包裹着味道细腻的白色果肉。

季节

收获于3月至11月。

用途

可以直接食用，或者淋上红色水果酱享用。还可用于制作蛋糕、布丁和雪葩。

100克=68千卡
蛋白质: 1克
碳水化合物: 16克

山竹 mangoustan

荔枝 Litchi

荔枝，又称作"中国樱桃"，大小与小李子类似，果肉透明且多汁。

品种

产自远东的荔枝，味道特别细腻；产自安的列斯群岛的荔枝则很甜。

季节

收获于11月至来年1月。

用途

可以直接原味食用，或者做成水果沙拉后享用。还能制作冰激凌和雪葩。

100克=64千卡
碳水化合物: 16克

荔枝 litchi

芒果 Mangue

芒果的果皮有暗绿色、黄色、红色或紫色斑纹几种；果肉为橙色，附着在大且扁平的果核上。味道丰富，会让人想到柠檬、香蕉，甚至是薄荷的味道。

品种

巴西的芒果收获于冬季；科特迪瓦产的芒果则收获于春季，汁液特别丰富。

季节

全年都有收获，各个品种混合在一起。

用途

芒果可以直接食用，也可以制作成糖煮果泥、果酱、调味汁、果冻、柑橘果冻和雪葩等享用。

100克=65千卡
碳水化合物: 15克

芒果 mangue

木瓜 Papaye

木瓜呈大颗的卵形，果皮为淡黄色且带有棱纹，果肉为橙色，清爽多汁，中间有一条充满黑子的腔。

品种

索罗木瓜，源自夏威夷地区，是最为常见的木瓜品种。现在亚洲、南美洲和非洲的木瓜品种也越来越容易见到。

季节

全年都有收获。

用途

完全成熟的木瓜用法与甜瓜类似，可放入少量糖、奶油酱，或者淋上一些朗姆酒或波特酒。木瓜也可以做成漂亮的果酱。还可以使用听装木瓜汁，作为水果沙拉的调味汁，或者制作成可口的雪葩。

100克=40千卡
碳水化合物: 10克

木瓜 papaye

酸浆 Physalis

酸浆是源自秘鲁的浆果，生长于大西洋和地中海热带海岸地带的围篱和矮树林中。呈黄色或红色，包裹在如膜一般的棕色花萼中，味稍酸。

品种

根据地区的不同，品种也各不相同，有红姑娘、爱之笼、冬之樱、秘鲁酸浆等。

季节

收获于秋冬季。

用途

酸浆可直接食用或者放在水果沙拉中享用。还可以做成果酱、冰激凌、雪葩和糖浆。

酸浆 physalis

带壳坚果 Les fruits à coque sèche

坚果普遍水分较少但油脂丰富。坚硬的外壳使内部的果仁免于损害和变质，不过并不能无期限地存放。糕点和糖果制作中特别需要坚果来增香提味。

杏仁 Amande

杏树所结的果实，呈卵形，果壳为绿色，其中有一二颗白色的杏仁。新鲜的果实会被同样的白色的皮包裹。新鲜的成熟杏仁只有夏季才能收获。经过去壳、干燥后，包裹的皮会变成棕色。去掉这层皮后可将杏仁制作成片状或粉状进行销售。

品种

甜杏仁有以下几类：艾伊、菲拉杜尔和菲拉格乃斯，收获于普罗旺斯和科西嘉地区；马赫歌纳和普拉内达产自西班牙。苦杏仁因其特别强烈的味道，使用时量总是很少。

用途

杏仁可以整颗、切片、捣碎或磨碎后使用，是众多饼干和糕点的原料之一。

杏仁粉 Le poudre d'amande 是制作杏仁膏的基本原料，通常用于制作糖果和杏仁奶油酱。还用于填入国王饼和制作杏仁奶油千层糕里的法兰奇巴尼奶油霜。也会与不同比例的面粉混合后，制作油酥面团和甜酥面团。

杏仁牛奶 Le lait d'amande 杏仁粉经研磨与水调和，之后与明胶混合而成，是杏仁牛奶冻和冰激凌杯等部分甜点的基础原料。

100克干杏仁=620千卡
蛋白质：20克
碳水化合物：17克
脂肪：55克

栗子
Châtaigne et marron

栗仁包裹在带刺的绿色果壳中。夏代妮栗子，三颗挨靠在一起，而玛红栗子只有一颗。夏代妮，个小且呈扁平型，玛红则很圆。两种栗子都收获于秋季，产自法国的塞文山脉、法国西南部、科西嘉，以及意大利和西班牙。

品种

夏代妮通常会加以烘烤。与面粉混合后制成地方蛋糕面糊的原料之一。可用于制作果酱和栗子奶油酱。玛红则会经过糖渍，做成冰糖栗子。

100克夏代妮或新鲜的玛红栗子=200千卡
蛋白质：4克
碳水化合物：40克
脂肪：2.4克
100克栗子奶油酱=296千卡
蛋白质：2克
碳水化合物：70克
脂肪：1.2克
100克冰糖栗子=305千卡
蛋白质：2克
碳水化合物：72克
脂肪：1克

红榛子
noisettes rouges

绿榛子 noisettes vertes

榛子 Noisette

市面上销售的榛子主要产自法国西南部的果园，以及土耳其、意大利和西班牙等。榛子带有果壳，新鲜的榛子9月上市。全年都可以在市场上找到散装或包装的去壳榛子。

品种

榛子有10多个品种，大颗，呈圆形或卵形的有山麓榛子、达威亚娜、莫薇尔博尔维莱；其他的品种如塞戈尔韦，颗粒较小。所有的榛子香气都很足。

用途

榛子除制作糖果外，很少整颗使用。捣碎后，可以作为牛轧糖的原料之一；磨碎后，可以为甜点增添酥脆的口感；磨成粉后，可以制作不同种类的饼干和蛋糕。

100克干榛子=655千卡
蛋白质：14克
碳水化合物：15克
脂肪：60克

杏仁 amandes

夏代妮栗子 châtaigne

核桃 Noix

核桃仁受到绿色外皮，即青皮的保护。敲碎后，得到两颗核桃仁。果仁很白，上面包裹着一层淡黄色的苦皮。食用鲜核桃时务必去除这层皮。

品种与季节

美国8个品种的核桃均产自加利福尼亚。其中味道最为突出的是尚德勒。法国的8种核桃，弗兰克提和拉哈在法国各地种植；戈赫内、格朗让、粗绿和马赫波产自多尔多涅省和科雷兹省；玛耶特和巴黎产自伊泽尔省。每年的9月中旬至11月底，便可在市场上找到新鲜的核桃。意大利的菲尔崔娜和索伦托核桃也在同时期出产。全年都可找到现成的清煮核桃仁。因富含油脂的核桃很容易变质，所以必须要特别注意其新鲜程度。

用途

可以用整颗核桃仁进行装饰。核桃可以用于糖果中以及制作糖衣水果。切碎或磨粉后，可以制作不同种类的蛋糕、塔、饼干和布里欧修。

外边的青皮可以制作果子酒、利口酒和加香葡萄酒。

100克干核桃=660千卡
蛋白质：15克
碳水化合物：15克
脂肪：60克

开心果 Pistache

开心果种植于伊拉克、伊朗和突尼斯。开心果的种子呈淡绿色，包裹着一层淡红色的薄膜，外面有硬壳作为保护。全年都可以买到散装、成包或罐装的开心果。

用途

将开心果切碎后可用于制作希腊、土耳其和阿拉伯糕点。通常会人工着色加强其本身的绿色，之后大量运用在不同种类的奶油酱、冰点和冰激凌的制作中。也是牛轧糖的制作原料之一。

100克=630千卡
蛋白质：21克
碳水化合物：15克
脂肪：54克

椰子 Noix de coco

椰子是大的热带水果，外壳非常坚硬，里面有一层硬实的白色果肉，芳香味美。椰子成熟前，会有甘甜的白色液体，也就是椰子水。

用途

新鲜的椰肉可以直接食用。但椰子主要以包装、切碎或干燥的形式为主。可用于制作饼干、蛋糕和冰激凌，还能作为糕点的装饰使用。

椰奶是捣碎的果肉和水的混合物，多为罐装，可用于制作异国菜肴。

100克干椰子=630千卡
蛋白质：6克
碳水化合物：16克
脂肪：60克

核桃 noix

胡桃 noix de pecan

开心果 pistache

椰子 noix de coco

胡桃 Noix de pécan

胡桃是胡桃树所结的果实，盛产于美国东北部地区。果核薄而滑，味道与核桃类似。可以买到成包的去壳胡桃仁。

用途

胡桃捣碎或磨碎后，可以制作美国当地的许多饼干、塔、蛋糕和冰激凌。

100克干胡桃=580千卡
蛋白质：8克
碳水化合物：18克
脂肪：68克

果干 Les fruits séchés

新鲜水果经过热带地区的阳光或在烤箱、干燥管中烘干处理，以保存其味道。之后可用水发泡。除了因受热而破坏流失的维生素C，果干的营养价值比新鲜水果高出三四倍。

杏干 Abricots secs

杏干呈金黄色，味略酸。全部为进口，最好的杏干产自土耳其，其他则产自伊朗、美国和澳大利亚。全年都可以买到散装或罐装杏干。

用途

杏干可直接食用。还可用温水浸泡2小时，泡开后可摆放在布丁、蛋糕和塔上。

100克=272千卡
蛋白质：4克
碳水化合物：63克

杏干
abricots secs

无花果干 Figues séchées

绝大部分的无花果干都产自土耳其，是经过日晒的白无花果干。用海水清洗干净后，以烤箱烘干。每年10月起上市，此时的无花果干特别膨胀和柔软，随着冬季的到来会逐渐因干燥而收紧变扁。意大利产的无花果干不那么精致，希腊的则较硬。切开并压实后，成包或装罐销售。

用途

可直接食用，或者对半切开，夹着杏仁或核桃一同享用。与酒同煮，可以做成精良的糖煮果泥。与米布丁或香草冰激凌一起搭配享用也很可口。

100克=275千卡
蛋白质：4克
碳水化合物：62克

李子干 Pruneaux

李子干是由呈卵形的大颗紫色的李子在干燥管中干燥。可浸泡在含糖的热溶液中水化，此时的李子干因膨胀比鲜李更大，且可以直接食用。无论是半干还是全干，使用前务必都要先泡水或浸入温热的茶汤中。李子干富含膳食纤维，经常食用可调节肠道功能。

用途

李子干与水或红酒同煮，可以做成糖煮果泥；也可以放入水果沙拉，或制作成果泥。李子干可用于多种糕点的制作中，也是冰激凌的制作原料之一。包裹起来即为糖果，还可以浸泡在阿马尼亚克酒中保存。

100克=290千卡
蛋白质：2克
碳水化合物：70克

李子干
pruneaux

无花果干 figues séches

葡萄干 Raisins secs

不同品种、甜美的无子葡萄可制作成葡萄干。成箱的葡萄干产自法国南部，个小，味道不甜。粒小且色深的科林斯葡萄干产自希腊，味道特别。士麦那葡萄干，呈透明的金黄色，不是很甜。马拉加葡萄干，呈紫色，粒大且略带麝香味。全年都可以买到散装或成包的葡萄干。

用途

可将葡萄干浸泡在温水、酒或朗姆酒中。葡萄干可以放入发酵面团（制作葡萄干面包）中，放入米或麦制的糕点中味道更加突出，还可以为布丁和水果蛋糕带来丰富的味道。可在水果沙拉中放入淋上柠檬汁或朗姆酒葡萄干，起到调味的作用。

100克=325千卡
蛋白质：3克
碳水化合物：75克

士麦那葡萄干
raisins de Smyrne

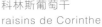

科林斯葡萄干
raisins de Corinthe

蔬菜 Les légumes

蔬菜主要用于菜肴的制作中，不过基于古老的传统或因其自身含糖的缘故，一些蔬菜也经常会用于糕点和甜点的制作中。

铃铛胡萝卜
carottes grelot

大黄 Rhubarbe

胡萝卜 Carotte

胡萝卜是富含糖分的根，有甜味。5月底至9月食用口味最佳。

用途

胡萝卜是几款水果蛋糕和蛋糕的基础原料。将胡萝卜用榨汁机做成果汁，与橙汁一起可以制作出味道特别的雪葩。

100克=35千卡
蛋白质：1克
碳水化合物：7克

甜菜 Bette

不同的地区，甜菜的写法有所不同，分别写作"blette"、"poirée"或"ôte"。大而绿的叶子没有任何味道。属夏季收获的蔬菜。

用途

将叶子上的叶脉除去后，可以做成尼斯甜馅饼。

100克=20千卡
蛋白质：2克
碳水化合物：3克

南瓜 Courges

"南瓜"一词代表着众多葫芦科蔬菜的属，果肉呈肉质，富含水分。有几个不同的品种，部分可用于制作甜食。

用途

南瓜、绿笋瓜和大南瓜，统称南瓜，用姜提味后，可以制作出上乘的果酱。此外，还可以用在制作各种塔、蛋糕和布丁中。

100克南瓜=20千卡
碳水化合物：4克

甘薯 Patate douce

甘薯的果肉分别呈淡红色、紫色或灰色，为粉质，味道比马铃薯甜。全年都可在专门的商店中购买。

用途

将甘薯煮熟或搅打成果泥后，便成为克里奥尔蛋糕的原料之一。

100克=90千卡
蛋白质：1克
碳水化合物：20克

番茄 Tomate

事实上，番茄是一种水果，但通常都被当作蔬菜使用。番茄的种类繁多，有圆形、卵形、成串的、樱桃形等。全年都可买到，夏季的番茄口味最佳。

用途

红色或绿色的番茄可以制作成漂亮的果酱。将完全成熟的番茄搅碎后可以做成口味清爽的雪葩。

100克=12千卡
碳水化合物：3克

大黄 Rhubarbe

大黄很久以来一直是药用植物，18世纪时正式成为蔬菜植物。大黄的茎呈红色，有时略带紫色，味酸。4月中旬至6月底可以在市场上买到。

用途

将大黄煮熟并放入充足的糖以中和其酸味，特别是再加入姜、肉豆蔻或柠檬皮增香提味后，可以制作成深受欢迎的糖煮果泥。大黄也可以做出精良的果酱。加拿大的众多食谱中，将大黄与苹果或红色浆果一起，用来制作蛋糕、玛芬、塔点、冰激凌和雪葩。

100克=12千卡
碳水化合物：3克

甘薯
Patate
douce

甜菜 bettes

番茄
tomates

香料 Les épices

香料从古时候便已使用，是将植物中的芳香物质提炼而成的，并由拜占庭人引入欧洲。因其长时间的防腐特性而用于食材的保存，现在则更多地用于为部分菜肴增香提味。所有的香料都应该盛放在密封罐中于室温下保存。冰箱较低的温度，事实上会影响其香味。

姜 Gingembre

姜是块茎，原产于印度和马来西亚，普遍种植于热带国度。可新鲜、糖渍或磨成粉状后使用。味道十分辛辣。

经过糖渍的姜，是深受东南亚国家欢迎的糖果。存放时间过长会产生肥皂味。姜可以各种形状，大量作为饼干、蛋糕、糖果和果酱的调味料使用。

香料的功效

香料，特别是胡椒、辣椒、匈牙利红椒粉和姜等"发热"香料，传说有刺激性欲的作用，但科学上并未证实。此类香料还能促进消化道的活动，引起骨盆的血管扩张。这些生理现象只是伴随香料的使用而长期流传下来的说法。

肉桂 Cannelle

肉桂是不同国家樟科灌木的果皮，经干燥处理后制作成卷装。可以找到保持原状的、浅色或深灰色的肉桂，还有粉状和肉桂萃取液。肉桂的香气浓郁，味辛辣。可为酒调味，特别是温热的酒。还可以为糖煮果泥和点心增添香气。肉桂是欧洲和东方糕点制作中必不可少的调味料之一。

丁香 Clou de girofle

丁香的味道十分辛辣，是马格里布混合香料和中国五香粉的原料之一。可与肉桂一起为热酒调味，为糖渍水果增添典雅的香味，还经常用在蜂蜜和果干糕点的制作中。

姜 gingembre

丁香 clous de girofle

肉豆蔻 Muscade

肉豆蔻是肉豆蔻树结出的芳香馥郁的果实，呈卵形，是一种硬实且棕色起皱的小果仁，味道十分浓郁。通常肉豆蔻都会削碎后使用，也会制作成粉末状。肉豆蔻可作调味料用于蜂蜜或柠檬蛋糕、糖煮果泥、水果塔、水果蛋糕、瑞士巴塞尔坚果脆饼和一些香草味点心中。还可以用在制作利口酒上。

肉豆蔻 noix muscade

肉桂棒
cannelle
en bâtons

匈牙利红椒粉
Paprika

匈牙利红椒粉使用的是红椒品种，经干燥后磨成粉末，主要用于菜肴的制作中，但也会用于某些甜点中。在盘中撒红椒粉可为甜点增添特别的色彩。

盐 Sel

匈牙利红椒粉 paprika

四香粉 Quatre-épices

四香粉通常是胡椒粉、肉豆蔻碎末、丁香粉和肉桂粉的混合物。在埃及，将四香粉和面粉混合，起到为面包或糕点调味的作用。四香粉也可为某些香料面包和点心增香提味。

藏红花 Safran

藏红花原产于东方，是一种稀有的香料，在法国的加蒂讷和昂古莫瓦省均有种植。藏红花呈棕色的细丝状，是花的柱头，有时是呈橙黄色的粉末。香气浓郁，味略苦。

藏红花可用在某些点心、冰激凌和雪葩的制作中。

藏红花 safran

盐 Sel

制作糕点时，像使用香料一样小心仔细地使用盐，有时可以起到突出某些香味的作用，还可以中和过度的甜味。所有的面糊制作时都会添加1撮盐。

胡椒 Poivre

胡椒是最为普遍并最受人们喜爱的香料之一。一直以来，胡椒主要用于菜肴的制作，直到近几年才开始用于糕点制作，而现在胡椒则成为制作冰激凌、雪葩、部分点心和甜点的配料，在这些制作中，通常使用的是如中国四川白胡椒这种不常见的种类。

香草 Vanille

香草是糕点制作中最常使用的香料，味道十分香甜，有新鲜的香草荚、香草粉、香草精（先将果实浸渍在酒精中，之后浸泡在糖浆里）和香草糖（详见第376页）几种类型。墨西哥的菜和菜格香草是最为稀有的品种。产自印度洋地区的波旁香草是最常见的品种。此外，还有产自圭亚那、瓜德罗普岛、留尼旺和大溪地的香草。

香草可为奶油酱、蛋糕坯面糊、糖煮果泥、清煮水果、点心和冰激凌提香增味，还经常用在糖果和巧克力的制作中。同时也是潘趣酒、巧克力和热酒的经典味道。

香草 vanille

四香粉 quatre-épices

黑胡椒 poivre noir

长胡椒 poivre long

芳香植物 Les aromates

香料源自发散香气的植物，通常所使用的是这些植物香味最浓烈的叶片、种子、果实或茎的部分。大多数芳香植物一旦干燥后，香味就会部分流失。存放时间过长，则会产生枯草的气味。香料应各自存放在不同的密封罐中，避免接触空气。

当归 Angélique

当归是与芹菜长得类似的伞形科植物。原产于北欧各国，香气散发出热烈的麝香味道。

茎呈绿色，经糖渍后可为水果蛋糕、香料面包、布丁和舒芙蕾增香提味或者用其作为装饰。糖渍当归茎也是深受好评的甜食，是尼奥尔市的特产。在酸味水果制作的糖煮果泥中加入糖渍当归茎，可中和酸味。当归的根茎可用于密里萨香草酒、查尔特勒绿色甜酒、维斯贝托健胃酒和金酒等不同的利口酒中。

茴香 Anis

香料植物原产于东方，茴香则是来自古老中国的一种神圣的植物。

绿色的茴香子很久以前就用于面包、"8"字形盐粒薄饼、普罗旺斯叶形香草面包、饼干、蛋糕和部分香料面包的制作中。茴香也是弗拉维尼糖衣果仁糖的主要原料。此外，茴香也用于蒸馏酒制造中，有茴香酒和茴香利口酒。

小豆蔻 Cardamome

小豆蔻是原产于印度的香料植物，经干燥后会产生胡椒的味道，不同的绿色、黑色或白色的小豆蔻种子的味道而有所不同。在北欧小豆蔻常常为热酒、糖煮果泥、塔和冰激凌增香提味。也为开胃烈酒阿夸维调味。

黑色小豆蔻
cardamome noire

绿色小豆蔻
cardamome verte

八角 Badiane ou anis étoilé

八角是木兰科灌木八角树所结的果实，呈八角星的形状，所以称作"八角"，味道与茴香种子类似。香气浓烈。

将八角浸泡在水中，其溶液可为各种奶油酱、冰激凌、雪葩和蛋糕增香提味，特别常用于北欧糕点和饼干的制作中。还可以制作茴香利口酒，作为茶的调味品。

葛缕子 carvi

葛缕子 Carvi

葛缕子因味道与外观与孜然类似，所以又称作"草地孜然"或"山地孜然"，也被称为"假茴香"。其种子和孜然一样呈椭圆形，但麝香味不明显。多用于匈牙利和德国的糕点中，还用于英国的饼干制作中。在孚日糖衣果仁中增香提味。还是制作德国茴香酒、维斯贝托健胃酒、德国烧酒和阿夸维等利口酒和酒精的原料。

香菜 Coriandre

香菜常被称作"阿拉伯香芹"或"中国香芹"，很早以前希伯来人就有使用。其种子经过干燥，可以整颗或磨粉后销售。香菜有着浓郁的麝香和柠檬的味道，十分独特。常用于制作地中海国家的糕点中。在法国使用并不是很广泛，特别会用在制作查尔特勒绿色甜酒和衣扎拉等利口酒中。

八角 badiane (anis étoilé)

当归 angélique

绿色八角种子
grains d'anis vert

新鲜香菜
coriander fraîche

香茅 Citronnelle

这款芳香草本植物的茎部，通常用于亚洲菜肴和糕点的制作中。香茅也用于一些甜点和奶油酱中。

香茅 citronnelle

密里萨香草 Mélisse

密里萨香草因带有柠檬的香气，所以又被称作"柠檬香草"。其叶片可以在新鲜时或干燥后使用，为橙子或柠檬为主要原料的蛋糕、点心、水果沙拉和糖煮果泥增香提味。古老的药酒加尔默酒就是在密里萨香草酒的基础上制作而成的。

薄荷 Menthe

薄荷因其香味、味道及帮助消化的功效而最为常用。薄荷有以下几个品种：最为普遍的绿薄荷或甜薄荷；胡椒薄荷味道最为刺激；带有果香的柠檬薄荷或佛手柑薄荷等。日本薄荷可用于制造薄荷脑。

整片或切碎的新鲜薄荷叶大量用作甜点和点心的装饰物，可为水果沙拉或红色水果果盘增香提味。绿薄荷经干燥后可为茶叶调味，泡出美味的茶汤。胡椒薄荷常常用于糖果的制作中，可为糖果和各种巧克力增香提味。众多酒精与非酒精饮料，也多以薄荷为基底，与糖浆搭配调和。

百里香 Thym

百里香常见于菜肴的制作，因其香气过于浓郁，很少用在糕点中。百里香可制作助消化剂和一些手工利口酒。极微量的柠檬百里香与新鲜水果甜点搭配起来十分美妙。

野生百里香 thym
sauvage（farigoule）

柠檬百里香
thym-citron

马鞭草 Verveine

马鞭草的叶子很香，可在新鲜时或干燥后使用，味道流失得很快。新鲜的马鞭草可为水果沙拉、桃或草莓甜点增香提味。浸泡后的马鞭草，可为某些香草布丁或木布丁调味。干燥后的马鞭草可以制作成有帮助消化功效的药物。

密里萨香草
mélisse

薄荷
menthe

胡椒薄荷
menthe poivrée

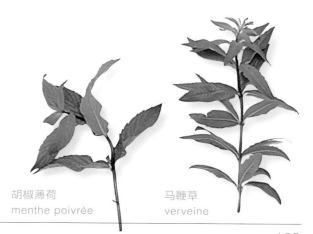

马鞭草
verveine

花 Les fleurs

长期以来，某些去掉雌蕊和雄蕊的花一直用于糕点和糖果的制作中。花朵，无论是新鲜的还是经过加工处理的，其装饰性都很强，也带有甜味。

玫瑰 rose

洋槐花 fleur d'acacia

玫瑰 Rose

玫瑰花瓣颜色鲜艳，因此通常用于糖果制作。玫瑰花可制作千层糖、玫瑰膏、糖渍或冰糖花瓣。玫瑰花瓣经过糖渍后，可以制作出美味的果酱。玫瑰水和玫瑰精多用于为奶油酱、冰激凌、面糊、利口酒和花酒增香提味。玫瑰精也用于制作玫瑰软糖。将玫瑰糖与蜂蜜同煮，就制成了玫瑰蜜。玫瑰花干燥处理后磨成粉，也可以作为香料使用。

旱金莲 Capucine

旱金莲有黄色、橙色和红色之分，带有淡淡的辛香味道。可为奶油酱、点心和果冻增香提味，也可为利口酒、酒或茶调味，还可以装饰蛋糕和水果沙拉。

洋槐花 Acacia

洋槐花，色白，芳香馥郁，花期为5月。

在一些地区，多用洋槐花制作贝奈特。将其用甜烧酒浸渍，便得到精良的甜酒或手工利口酒。

茉莉 Jamsin

茉莉花香气浓郁并具有甜味。阿拉伯茉莉花可为茶、葡萄酒和利口酒调味。中国茉莉花则可用于果酱、奶油酱、果冻和雪葩的制作中。

紫罗兰 violettes

茉莉 jasmin

旱金莲 capucines

玻璃苣 Bourrache

玻璃苣的花朵呈星形，富含花蜜。可以做成贝奈特。经糖渍处理后，可作为糕点和糖果的装饰材料。

薰衣草 Lavande

薰衣草花呈蓝紫色，芳香馥郁。新鲜和干燥均可使用。

薰衣草可以为果酱、奶油酱、果冻和雪葩、利口酒、葡萄酒和茶增香提味。金黄色的薰衣草蜜格外幽香。

紫罗兰 Violette

紫罗兰花添加冰糖并经过干燥后，便成为了冰糖紫罗兰，可作为装饰，或为奶油酱和点心增香提味。一些糖果会使用紫罗兰精调味，再经过染色处理，塑造成花朵的形状。

玻璃苣 bourrache

薰衣草 lavande

其他用于糕点制作的食材 Autres ingrédients utilisés pâtisserie

没有比起想要制作甜点时，手边却没有必需的原料更令人懊恼的事情了。对于面粉、小麦粉、泡打粉、小麦淀粉、鸡蛋、黄油、牛奶、鲜奶油、糖、巧克力和水果等基本食材的选择原则，可以参考第365页到404页，里面介绍了这些食材相关的所有知识。如果经常制作糕点，最好在家中存放一些专用的食材。其中很多可以方便地在食品商店和超市中选购。其他材料则只能在高品质食品商店、进口食品店或营养品商店购买。

杏 Abricot

杏子镜面果胶 Le nappage à l'abricot 常用来修饰糕点。可以方便地购买罐装杏子果胶，也可以自己制作。将杏子柑橘酱放至微温，对水拌匀即可。

杏核 le noyaux d'abricots 可用于防止空心烘烤的面糊膨胀变形。夏季时可预留出一罐的杏核备用。

杏干 Le abricots secs 很容易购买到成包或散装的杏干。使用时，通常需要用水或温热的茶汤浸泡几小时。

酒 Alcools

用于糕点制作的酒主要有：阿马尼亚克、干邑区科涅克白兰地、卡尔瓦多斯白兰地、覆盆子、樱桃或香梨蒸馏酒、朗姆酒、伏特加和威士忌。如果只是用于糕点制作而平时不饮酒，购买时最好选择小瓶包装。

杏仁 Amande

杏仁 Les amandes 杏仁的形状根据不同的食谱有以下几类：去皮未经加工的整颗杏仁、片状、捣碎和磨成粉的杏仁。不管是何种杏仁，都需要尽快使用，因为杏仁很容易变质。

杏仁膏 La pâte d'amande 在超市和高品质的食品商店中可以轻松地买到。未经着色且非常实用，可以选择为其染上不同的颜色。也可以购买现成的不同颜色的杏仁膏。

苦杏仁精 L'essence d'amande amère 会经常用到

的一种香料，可以轻松地购买到。味道十分浓郁，需要按照剂量的要求添加，滴管是必不可少的工具。

杏仁牛奶 La lait d'amande 明胶和研磨杏仁的混合物，对入牛奶调和而成，如果买不到现成的制品，可以按照第55页的做法自己制作。

指形蛋糕坯 Biscuits à la cuillère

这款含有丰富鸡蛋和糖的蛋糕坯，普遍用于糕点制作中，非常干燥且易碎。如果经常制作夏洛特，则需要预留一盒作为备用。也可从糕点零售店购买。在密封盒中保存。

咖啡 Café

咖啡在制作糕点中，使用量很少。速溶咖啡使用起来较为方便，最好选择阿拉比卡咖啡。

咖啡精 L'extrait de café liquide 有时会用于糕点和糖果制作中的一种香料。常备一小罐很有帮助。

食品着色剂 Colorants alimentaires

可以在优质的食品商店中买到为翻糖、杏仁膏、一些慕斯和冰激凌染色的着色剂，例如开心果冰激凌就是使用了着色剂才变成绿色的。需要按照剂量的要求添加，滴管是必不可少的工具。

果酱和果冻 Confitures et gelées

覆盆子、草莓、樱桃果酱，榅桲、醋栗和覆盆子果胶常用于糕点制作中。可用来与米布丁、可丽饼和松饼等搭配。罐装的果酱和果胶打开后需要冷藏保存。

装饰 Décors

必备的装饰有一包咖啡巧克力豆、一包巧克力米、一包圆形或长方形的花边纸盘垫、用来摆放蛋糕的几张金色圆形纸板，以及几十个用来盛装法式花式小点心的褶皱小纸杯。以上必备的产品可以在超市和餐桌艺术专卖店中买到。

橙花水 Eau de fleur d'oranger

橙花水，由橙树的花制作而成，可为奶油酱、可丽饼面糊、贝奈特等增香提味。需要在家里的橱柜中常备一小罐。

薄脆和春卷皮 Feuilles de brik

一种非常薄的突尼斯煎饼皮，由水煮小麦粉制作而成，需要非常讲究地使用橄榄油煎炸。某些糕点中会使用到薄脆和春卷皮，可以在进口食品商店中购买。

翻糖 Fondant

翻糖是添加了葡萄糖的糖浆，熬煮至121℃时用刮勺持续搅拌直到成为浓稠且不透明的糖膏。糕点中会使用到原味或调味的翻糖，例如巧克力、咖啡、草莓、覆盆子、柠檬或橙子风味等，可作为泡芙、闪电泡芙、海绵蛋糕、千层派的镜面。

糖果制作中，翻糖则作为糖衣包裹小杏仁饼、果干、樱桃蒸馏酒等。可以按照第71页的方法自己制作，也可以在优质的食品点中购买现成的制品。

糖浆水果 Fruits au sirop

杏、桃、香梨和菠萝是用在夏洛特和塔点中的基本糖浆水果。如果喜欢在冬天享受此类甜点，或者想要快速制备果泥，则需要提前预留几罐。

糖渍水果和果皮 Fruits confits et écorces confites

将樱桃、当归、枸橼或姜等糖渍水果切丁，可掺在布里欧修或水果蛋糕等的面糊或冰激凌中。糖渍水果是布丁和众多甜点和点心必不可少的原料和装饰物。糖渍橙皮和柠檬皮也很常用。以上都是很容易找到的制品。

明胶 Gélatine

可以买到粉状或透明片状的明胶，是常用材料，可用于制作慕斯、夏洛特、巴伐露和果冻等甜点。超市中即可轻松买到。应保存在密封盒中，以免受潮。

葡萄糖 Glucose

葡萄糖是罐装的糖浆状纯糖。可用于涂抹在糖果上。某些食谱会建议使用葡萄糖粉，可以在药房中购买。

利口酒 Liqueurs

主要用于糕点制作中的利口酒有：柑曼怡、樱桃酒、君度橙酒、查尔特勒绿色甜酒、柑香酒、马拉斯加酸樱桃酒。100~250毫升的小容量瓶装酒最为实用。

栗子 Marron

栗子在不同的糕点食谱中形式有所不同。最常见的是栗子奶油酱（甜栗子泥），可用于制作巴伐露、冰激凌和冰激凌夹心蛋糕等冰点；还可以放在船形蛋糕、可丽饼、蛋糕卷等糕点和点心上；也可以直接使用原味栗子与鲜奶油香缇搭配享用。

罐装的水煮栗子和栗子奶油酱在超市中可以买到。栗子膏只能在优质食品店中找到。冰糖栗子和冰糖栗子碎可以在优质食品店和糖果店购买。

叶子酥皮 Pâte à filo （ou phyllo）

叶子酥皮是源自东方的一种面皮，在几种糕点中会用到，可以在进口食品店中购买。通常以片状销售，用锡箔纸包好后放入冰箱冷藏，也只能保存二三天。

开心果 Pistache

糕点制作中会用到去皮的整颗开心果，有时则需要用到从优质食品店购买的开心果膏（la pâte à pistache）。

布丁粉 Poudre à flan

布丁粉十分适合用于制作甜布丁塔，是一种在任何超市都能轻松购买到的普通产品。

杏仁糖膏 Pralin

杏仁糖膏是用杏仁或榛子（或两者的混合物）为主要原料的糖膏，包裹着焦糖，再捣碎使用。可为奶油酱和冰激凌增香提味，可以填入糖果或巧克力夹心中。很容易变质，在密封罐中可以保存几天。优质食品店基本上都有销售。

图隆牛轧糖 Touron ou Turrón

这种牛轧糖原产于西班牙，是由研磨的杏仁、蛋清和糖制作而成。也可以掺入开心果、整颗杏仁、核桃仁或果干。可用于一些糕点的制作中。可以在优质食品商店和糖果店中购买。

营养学与甜点
La diététique et les desserts

近年来，随着科学的不断进步，研究表明美食不再与营养学为敌，剥夺享用美食的行为有时可能比暴饮暴食的危害更大。碳水化合物也不是体重增加的必然原因。因此，需要了解的就是如何做到均衡营养。

营养研究的相关政府部门制定了简单的均衡饮食的标准：日常生活中的热量，15%必须由蛋白质供给，30%~35%来自脂肪，50%~55%来自碳水化合物。事实上，人们会摄入肉类、鱼类、面包、蔬菜、面糊、米、水果和甜点，但总不能随身携带磅秤和饮食成分表来计算每餐所含的营养度日。均衡饮食的总体规则就是摄取所有的食物，同时将这些食物分散在三餐中享用：

早餐，包括：茶和咖啡等饮品；提供蛋白质和钙质的牛奶、酸奶或白奶酪等乳制品；提供碳水化合物的谷物类，例如面包；如果喜欢，可以再添加一些黄油和果酱；提供碳水化合物和维生素的一种水果或果汁。

午餐和晚餐，包括：提供蛋白质和铁质的一种肉类或鱼类；提供碳水化合物和维生素的蔬菜、面或米；提供蛋白质和钙质的奶酪，新鲜的最好；以及提供维生素的水果或者提供碳水化合物的甜点、面包等。

摄入量的多少，则根据每个人及当时的需求而有所不同，是由人的身体状况所决定的。实际上，只有在人体需要碳水化合物时才会产生真正的饥饿感，即上一餐的碳水化合物已经被吸收和代谢后。饱腹感会在进食的过程中逐渐产生，摄入的碳水化合物会将信号传送到掌控这种感觉的中枢神经系统，饥饿感也随之消失。脂肪则没有这样的功能。身体是一台十分精密的机器，受到生物和极其复杂的化学机制的支配，而至今人们也未能完全破译这种机制的奥秘。因此，多年来才会有各种不同的营养学理论。

营养成分 Nutriments

营养成分是指能直接且完全被人体吸收的食物物质，即水、蛋白质、脂肪、碳水化合物、矿物质等。所有食物中均含有营养物质，但一种物质不能包含所有营养成分。

营养成分与新陈代谢 Nutriments et métabolisme

按照人体对食物和能量的需求，营养学家研究并确定出营养的供给。人体对营养物质的需求是根据每个人的摄取和消耗而定的，这些能量的转化和生成就是新陈代谢，即为人体的综合反应（合成代谢）或退降（分解代谢）进行整体转化。

身体中有数以亿计的细胞需要营养 Les corps: des milliards de cellules à nourrir

对于65千克的平均体重而言，身体是由40千克水、11千克蛋白质、9千克脂肪、4千克矿物质、1千克碳水化合物和少量维生素所构成。其中数以亿计的细胞组成了包括器官在内的不同组织，接着形成如血液循环、神经、骨骼等不同的系统，执行着各自特殊的功能。细胞根据性质和生命长度的不同，有着不同的生、死、成长、繁殖和再生的节奏。因此，细胞需要从饮食中摄取营养素和物质，之后经过几个小时的物理和化学变化，送到不同的目的地，再创造出蛋白质、脂肪和碳水化合物，即肌肉和其他组织、脂肪和能量。

营养膳食 Des aliments aux nutriments

原则上，一日三餐，时常还会更频繁，不过所能摄取的能量仅限于此。从食物放入口中的那一刻起，就会开始一整套消化的过程，将食物转化为有用的营养物质。首先，消化开始发挥其化学作用，分泌出酶，使食物得到降解；与此同时，有意识的咀嚼和无意识的胃肠收缩等活动展开，将食物压碎、软化并变成糊状。

在经历了长时间的过程后，蛋白质彻底分解成为氨基酸，脂肪则变成脂肪酸，碳水化合物则分解为单糖。再经过及其复杂的机制，将这些转化后的营养物质，包括部分水、维生素和矿物质，通过肠壁与血液循环和淋巴系统汇合。营养物质会根据当时的不同需求被分配到细胞中，蛋白质替代之前被破坏掉的同类，脂肪则预留备用，碳水化合物则用于供给能量。

剩余的残渣、膳食纤维和水则会进入大肠中，在这里与细菌群混合，大部分的水得到吸收，而残余物质就会被排出体外。

消化作用在神经系统和不同的肠胃激素的控制下，刺激并促成分泌降解不同食

物所需的各种酶。这解释了人体可能出现的各种消化问题，而且也揭示了心理现象对饮食方式所带来的巨大影响。以上所有在人体中的营养物质下一步会变成什么？而它们又是如何组合转变为每个细胞提供所需的能量和物质呢？

能量的永恒需求 Des besoins permanents en énergie

工作、睡觉、呼吸，所有的活动的进行都是能量的功劳。能量通过身体的活动和热度表现出来，是生命力的固有体现。

能量的来源取决于蛋白质和碳水化合物的氧化作用。这是一种极其复杂的破坏现象，使二氧化碳得到释放、水的生成、体热的发散，即身体的运转。这种现象也导致老化现象的出现，因为这一过程中降解的残渣"自由基"会攻击细胞壁。这种外界的氧化如同腐蚀金属的锈一样，如果不采取保护措施，就会逐渐破坏金属，氧化作用也是如此，时时刻刻在人体的各个细胞中发生，也会产生同样的效果。好在保护系统可以抵消部分自由基的破坏，但不是全部，否则人类就不会衰老了。

无论饮食中还是人体所必需的能量，都是以千卡或焦耳为单位计量。为了达到热量的平衡，供给与消耗必须等同，然而却不容易做到。这点可与银行账户的资产负债表进行类比，好比资产栏（收入）超出负债栏（支出）很多时，相应地人体就会产生多余的体重。

能量的消耗 Dépenses énergé-tiques

为了更好地了解能量的需求，首先应该知道能量是如何消耗的。就像预算中不同的条目一样，不同的人对此需求也有所不同。

第一条对应的是基础的新陈代谢，即人在休息时必须消耗掉来维持生命的最低

热量需求，会根据身高、体重、性别、年龄、生理和心理状况的区别而不同。男性的基础新陈代谢高于女性。这一条在生长发育期时较高。而发烧、疼痛、焦虑也都会促使新陈代谢的加快。

第二条对应的是体温调节，即让体温保持在37℃时所要与外界冷热发生对抗所消耗的能量。能量消耗因气候、季节和生活方式的区别而不同。

第三条对应的是饮食活动，即一天进食几次的行为。不能忽视因饮食的专门动态行为所消耗的能量。实际上，蛋白质、脂肪和碳水化合物的转化和储存过程都需要能量的参与。

但是，基本上消耗最高的条目是肌肉运动的相关消耗，为每分钟1.5~2千卡（6~8千焦），当人坐着进行较为紧张的活动时为4~6千卡（15~34千焦）。如行走1小时，人体会消耗250~300千卡。当该条目消耗的热量不够多时，热量平衡的数值则是趋向收入的正值，通常就会转化成多余的体重。

卡路里和焦耳 Calories et joules

千卡是热量的度量单位，已经使用了很长时间。1978年1月1日，焦耳作为国际标准的能量单位开始使用。换算方法为：1千卡（kcal）= 4.18千焦（KJ）；1千焦（KJ）= 0.239千卡（kcal）。但是，营养学家继续使用卡路里作为单位。不过，在所有食品标签上的营养成分说明表中都使用的是焦耳和千卡。

烹饪法则 Recettes réglementées

均衡的饮食务必要有蛋白质、脂肪和碳水化合物等营养物质，如同在精确的比例中提供不同的维生素和矿物质一样。如果个别或全部的营养物质供给不足或过剩，则会导致营养不均衡，可能会造成体重增加或者营养素的缺乏。

蛋白质——营养的制造者

蛋白质构成人体的所有细胞，由23种氨基酸组成，其中包括8种人体自身不能合成但必需的氨基酸。如果后者在饮食中的量不足，身体的蛋白质就不能正确地重建。蛋白质也有区分，根据不同的组织，起到的作用和构成方式均有不同。目前，蛋白质还未完全得到分辨和认识。人体每日摄取蛋白质的比例是每千克体重需要1克，基本上可与每日能量的12~15%相对应。

平均能量需求表		
个人	千卡	千焦
1~9岁的儿童	1360~2190	5700~9200
10~12岁的男孩	2600	10900
10~12岁的女孩	2350	9800
13~15岁的少男	2900	12100
13~15岁的少女	2310	9700
经常久坐的男性	2100	8800
经常久坐的女性	1800	7500
有正常活动的男性	2700	11300
有正常活动的女性	2000	8400
以上数据仅表示平均值。能量的需求根据不同的个人而有所差异。这些变化机制了解清楚后，能量需求则主要取决于基因。		

食物中的蛋白质

所有的食用蛋白质每克提供4千卡热量。均衡的饮食与健康摄取的蛋白质中至少有1/3需要来自于动物，因为动物性蛋白质含有所有好的且人体必需的氨基酸，这些恰恰是植物性蛋白所没有的。仅仅不吃肉类和鱼类的素食者并没有危险，但如果拒绝一切动物性食物的纯素食者就不是这样了。

生活中不重视谷物摄入的饮食习惯，很少能够达到上述建议中所讲的均衡饮食，即摄入1/3动物性蛋白质、2/3植物性蛋白质。事实上，这个比例经常是颠倒的，即摄入2/3动物性蛋白质、1/3植物性蛋白质。这种饮食方式会对健康带来隐患，因为动物身上所富含的油脂带来的不均衡的营养会损害身体，导致肥胖和心血管疾病的发生。

富含蛋白质的食物 Les aliments riches en protéins

蛋白质含量最高的是经过发酵的奶酪，为18~25%，而新鲜奶酪为8~10%；其次是肉类、贝壳类和甲壳类动物，蛋白质含量为15~25%；再次为蛋白质含量分别为10%和8%的鸡蛋和面粉。干燥的蔬菜和面包中也分别含有8%和7%的蛋白质。

每日蛋白质建议摄入量	
1~10岁的儿童	22~26克
10~12岁的男孩	78克
10~12岁的女孩	71克
13~15岁的少男	87克
13~15岁的少女	75克
16~19岁的少男	92克
16~19岁的少女	69克
经常久坐的男性	63克
经常久坐的女性	54克
有正常活动的男性	81克
有正常活动的女性	60克
发育成长期间对蛋白质的需求量很大。肌肉活动，如怀孕和哺乳期间，也会相应增加对蛋白质的需求。	

碳水化合物——优质的能量营养物质

所有含有碳水化合物的食物或多或少会带有甜味，本书"甜食"中的甜则是难以描述和表达的。碳水化合物因其化学成分而得名，又称之为"糖"，通常这样描述会带来混淆，特别是将其分为快糖、慢糖，以及单糖、多糖时（快糖即单糖，慢糖即多糖）。碳水化合物还被称作导致肥胖的元凶，但它却是维持均衡饮食所必不可少的部分，提供人体每日所必须的一半热量。过多地摄入碳水化合物会带来危害，但是过极端地剥夺其摄入，严重时反映在饮食行为和健康上。

人体中的葡萄糖

葡萄糖是身体中所有细胞的基本食粮，为身体细胞提供活动所需的能量。最简单的糖类分子即为"葡萄糖"，是所有的可食用糖类经消化道降解后所产生的。当葡萄糖送达至血液后（通常每升血液中含有1克葡萄糖），就永远留在细胞中了。葡萄糖的送达和使用都受到胰腺所分泌的胰岛素所控制。在持续用力的情况下，肌肉细胞可以使用脂肪酸，而脑细胞却只能依靠葡萄糖来提供养分。没有葡萄糖，脑细胞就会受到损害并迅速死去。事实上，未达到如此极限，仅仅普通的血糖（即血液中的葡萄糖含量）下降，就会立即对人体造成影响，由此带来的疲劳、精神空虚的不愉快和饥饿感就会随之而来。

然而，身体的脂肪组织中储存着令人不可思议的，不能轻易也无法迅速使用的能量，但其中几乎没有囤积糖类。主要是以糖原的形式存在于肝脏和肌肉中，最高可达到300~400克，这个数据代表了约12小时所储备的能量。这也是每餐都必须食用碳水化合物的原因所在。

富含糖类的食物 Les aliments riches en glucides

糖和糖果属于纯糖类，含量100%；饼干和干燥水果中含量为65%~88%；面包中的含量为55%。以上为糖类的主要来源。其次，煮熟的米和马铃薯一样，含有20%的糖类。乳制品中含有3%~6%，蔬菜的平均含量为7%，量很少。至于水果，则含有5%~20%的糖类不等。

富含脂肪的食物 Les aliments riches en lipids

油的脂肪含量为100%，是纯脂肪。此外脂肪还大量存在于黄油和植物性奶油等脂质以及一些猪肉食品中。富含油脂的肉类含有30%，发酵的奶酪中油脂的含量从15%~30%不等；鲜奶油中的油脂含量为15%~35%。

食物中的碳水化合物

每克碳水化合物都提供4千卡热量。根据分子数可将其分为单糖和多糖。"真正的单糖"由单一分子构成，数量很少，又被称作葡萄糖、半乳糖、果糖和甘露糖。其中后面三种会在肝脏或细胞中转化为葡萄糖。

蔗糖、乳糖和麦芽糖也成为单糖。事实上这些糖原本是由两个分子构成的双糖，但会在消化开始时迅速分裂。蔗糖是来自甘蔗或甜菜的块状或粉末状糖，由一个葡萄糖分子和一个果糖分子构成；乳糖是乳类中的糖，由一个葡萄糖分子和一个半乳糖分子构成；麦芽糖则是淀粉或麦芽在热作用下部分水解的产物。

单糖具有相同的物理性质，其中最为重要的就是可溶解性。基于这点，人体对单糖的吸收很快，也因此称作快糖。

多糖是谷物、豆科植物、块茎、根和鳞茎中的淀粉类物质，由彼此相连的葡萄糖分子组成，这些分子根据淀粉性质的不同，需要或多或少的时间进行分解，也因此称作慢糖。

糖类，特别是快糖（单糖），过去一直被认为是体重增加的物质。然而现在慢糖和快糖的理论已经得到更正，即无论吸收是快是慢，通常都会在人体中得到燃烧。如果过量食用糖类，超出人体的自身能量需求，摄入的糖类则会转化为脂肪。

脂肪——美学与能量

人体内的脂肪有几种功能。在包裹肌肉的脂肪组织内部重新聚集，则塑造成身体的体型。

脂肪是最为重要的能量容器。由于每克脂肪可供给9卡的热量，一个65千克的人平均的脂肪含量为9~10千克，热量储备即为81千卡~90千卡，至少可以存活40天。

最后，脂肪也参与构建细胞膜和神经细胞。

这些细胞由甘油和脂肪酸组成，就是以这种方式存在于脂肪细胞之中。当人体需要能量却没有足够的糖原时，脂肪酸会通过十分精密的代谢循环作用，为细胞提供所需的能量。

食物中的脂肪

脂肪酸分为饱和脂肪酸、单元不饱和脂肪酸和多元不饱和脂肪酸三种。这些并不精确的描述性词汇说明了异常复杂的化学结构。这些脂肪酸因其在心血管系统中各自的有害或有益的作用而为人所熟知。

饱和脂肪酸基本上存在于动物性油脂中，如黄油、鲜奶油、奶酪和肉类等。这类物质很容易辨别：当油脂在18~22℃的室温条件下变得越硬，则其饱和脂肪酸含量就越高。

油脂中富含单元不饱和脂肪酸和多元不饱和脂肪酸，因每种油来源的不同，其所含的不饱和脂肪酸的比例而有所差异。即便油脂的外观透明且流动，会给人造成错觉，然而所有的油脂都含有100%的脂肪，并且都不清淡。

当脂肪在饮食中摄入的比例过高，即超过总热量的30%~35%且每日超过约80克时，所有的油脂就很容易在人体内囤积，极有可能导致体重增加的风险，特别是对有基因的人群而言。

目前，西方人的饮食习惯为每日摄入由脂肪提供的40%~45%的热量，抛弃了碳水化合物的摄入，特别是由谷物所提供的那部分。

矿物质和微量元素 Les sels minéraux et les oligoéléments

所有的矿物质在人体中多少都会占有一定的比例，且各自发挥着不同的作用。其中有一些为人所熟知，另一些则很少有人知道。微量元素则表示某些矿物质是以极小的分量存在于人体和饮食中的。

胆固醇
Le cholestérol

胆固醇是人体自然分泌且必不可少的，是合成几种激素的基础。胆固醇参与了血清脂蛋白（HDL和LDL）的构成。其中后者将脂肪输送到人体内，之后根据基因确定将多少脂肪排出体外。简单地说，HDL是"好胆固醇"，而LDL则是"坏胆固醇"，后者会附着于动脉壁上，继而导致心血管疾病。多元不饱和脂肪酸和单元不饱和脂肪酸在这种异常复杂的疾病中起着保护的作用。动物性脂肪中含有胆固醇，而植物性油脂中则没有。

维生素都在哪里？
Où trouver ses vitamines?

维生素A：存在于黄油、鲜奶油和所有未经脱脂的乳制品中。作为维生素A的代表胡萝卜素，则存在于果蔬中。

B族维生素：B族维生素或多或少地分散在各种食物中，其中维生素B$_{12}$则仅仅存在于动物性食品中。

维生素C：仅存在于果蔬中，特别是水果中。其中柑橘类水果和进口水果中含量最为丰富。每餐务必吃些水果来摄入日常所需的维生素C的量（每天为80毫克）。

维生素E：存在于油脂中。

矿物质

矿物质主要有钙、氯、镁、磷、钾和钠。

钙和磷 Calcium et phosphore 从量上看，这两种元素是人体中最为重要的，因其构成了人体的骨骼结构，所以必须大量地靠饮食供给，每日为800~100克。此外，钙和磷也发挥其他的作用，尤其是对神经系统和神经肌肉的兴奋度的作用。

所有的食物中都含有磷，与此不同的是，钙则基本上由乳制品所提供。若牛奶中含有125毫克钙，酸奶中则为140毫克；奶酪中所含的钙量不等，其中100克软质奶酪中含有50毫克钙，等量的硬质奶酪中则含有950毫克。所以，人们需要在白天饮用牛奶，且每餐必须要摄入奶酪、乳制品或乳制甜点。

铁 Le fer 构成血液中红细胞的成分。对于全体细胞的呼吸和免疫防御的作用起着至关重要的作用。通常女性需要18~24毫克的铁，而男性需要19毫克，但这一需求并非总是能够得到满足。事实上，人体很难吸收铁，食物中这种元素也很少见。通常会因为红肉的摄入量不足而导致缺铁。很多蔬菜都含有铁，但却不是以人体能够吸收的方式存在。市面上有富含铁质的食品，对于补充缺乏的营养素很有帮助。

镁 Le magnésium 镁对于神经细胞和神经肌肉兴奋度会起到一定的作用。人体对镁的需求量很大（每天300~500毫克），然而摄入量却时常不同，因为食物中除巧克力（每100克含290毫克）、干燥水果（50~250毫克）、干燥蔬菜（60~80毫克）和粗粮以外，食物中的镁含量十分匮乏。人体镁的缺乏十分常见，通常会表现出疲劳、肌肉障碍，有时甚至会发生痉挛。所以，通常需要通过药物加以补充。

钠 Le sodium 在人体中起着决定性的作用，因为它掌控人体中所有的水平衡。人体从来不缺钠，往往还会出现过量的现象。盐（氯化钠）的摄入为人体提供了钠，甚至会超出需要。几乎每种食物中都有钠。过量的钠可能会使某些有家族遗传的人罹患高血压。

钾 Le potassium 存在于所有的细胞中，起着重要的代谢作用。食物中都含有钾，特别是蔬菜和水果，所以没有摄入不足的危险。

微量元素

微量元素有铜、铬、氟、碘、锰、钼、硒和锌。其中人体对于铜、铬、锰、钼和硒的需求，人们并不十分了解。

碘 L'iode 是合成甲状腺素所必不可少的元素。在碘缺乏的饮用水中以及鱼类摄入不足的地区，仍存在碘不足的现象。然而，富含碘的食用盐已经使法国几乎没有这种现象的存在了。

氟 Le fluor 是人体发育所必需的元素，也是牙齿中珐琅质的成分之一。饮用水中所含的氟已经能够完全满足一名成年人对氟的需求。

锌 Le zinc 无数酶组成的元素，也是蛋白质合成是所必不可少的元素。锌存在于鱼类、贝类、海产品和肉类中。锌摄取不足或吸收不好可能会导致发育迟缓和皮肤状况不好的现象出现。

生命中必不可少的维生素 Les vitamines: essentielles à la vie

维生素是所有器官发育、繁殖和良好运转时不可或缺的元素。然而，人体无法自行生成，除了维生素D，其他都只能通过饮食的摄入。维生素D则基本上是通过阳光中紫外线的作用而生成的。

12种维生素是用A、B、C、D、E、K等字母表示，其中数量最多的是B族维生素。不同的维生素B和维生素C属水溶性维生素，而A、D、E和K则属于脂溶性维生素。目前，某些维生素的全部作用还不得而知。以胡萝卜素为代表的维生素A，以及维生素C和维生素E，起着重要的抗氧化作用，或者还能抵抗部分癌症和心血管疾病。

水溶性维生素，特别是维生素C，都十分脆弱，对于热、气和光都很敏感，人体中无法储存，所以必须从每天的饮食中摄取。与此相反，脂溶性维生素则会在体内堆积，所以基本上没有匮乏的风险，而B族维生素，特别是维生素C的情况就并非如此了。

除了纯的糖以外，其他所有的食物都含有维生素，然而没有一种食物含有所有的维生素，所以摄取不同的食物就十分有必要了。

维生素摄入不足的情况是存在的，特别是饮食不均衡时，当糖分和油脂摄入过多，而谷物和果蔬摄取不足时，会造成维生素B和维生素C的匮乏。然而这还不是全部的问题，只要缺乏一种维生素，就会对身体造成影响，首先会以身体疲劳的方式显现出来。这种少量的匮乏尤其会出现在那些白天乱吃东西的孩子身上，或者担心肥胖以及年长且常年独居而过分限制饮食的男性和女性身上。吸烟者通常缺乏维生素C，因为尼古丁会显著地增加他们对于维生素C的需求（每天为120~150毫克）。

必不可少的水 L'eau:une nécessité absolu

水，作为人体的主要成分，会持续更新。身体中的所有细胞都浸泡在水中并自身含有水分，其营养物质则在水中分解。全部的代谢和交换都通过水发生，所有的细胞反应都需要水的支持才能完成。水可帮助体温调节，也是代谢残渣的媒介。人体每天会将二三升水排出体外，再通过摄入饮食中的水分进行更替。

人体可以承受几周的断食，却无法超过24小时不喝水。当水的摄入不足5~10%，就会带来极强的疲劳感，而不足

20%的话，则会让人致命。所以，人每天必须饮用至少1升水。

酒精：营养和毒物 L'alcool: nutriment et toxique

每克酒精的能量为7千卡，其中除了极少的能量可为人体使用以外，酒精不起任何的代谢作用。人一滴酒也不喝，照样能很好地活着。酒精对神经系统的影响是即时的，会带给人愉悦感并迅速刺激身体和大脑。正是上述的功效带来了对酒的需求，以及酒在社会节庆时发挥的作用。但过度饮酒时，酒就成为了毒物。急性酒精中毒、醉酒等会导致精神运动行为的暂时性错乱。而经常为人所忽略的慢性酒精中毒，则会逐渐破坏干细胞和神经细胞。人体会代谢酒精，然而代谢的量很有限，因此男性每天饮酒不应该超过1瓶，而女性则不该超过半瓶。

均衡饮食而不放弃甜点 Équilibrer sans se priver de desserts

饮食不均衡主要由两大原因造成：乱吃零食破坏饮食节奏，导致产生多余的热量，身体接收不到正常时产生的"饥饿"信号，此外就是脂肪的过量摄入。一方面，脂肪会囤积，而碳水化合物则必然会燃烧；另一方面，脂肪的摄入并不会带来饱腹感。事实上，在无意识的情况下，只要人体摄取的碳水化合物没有达到一定的量，而又因为身体需要，所以必须继续吃。而吃的东西越油腻，就会为了满足日常所需的碳水化合物而继续增加饮食。结果，导致总量不断增加且超出所消耗的能量，吸收的脂肪开始囤积，人体则因此而发胖。

若面包、土豆、面食和米、新鲜和干燥的蔬菜、水果以及甜点摄取不足，即碳水化合物摄取不足，是体重超重的主要原因。不摄取碳水化合物，好比在无意识状态下不食用甜点，并非为了均衡饮食所

必不可少的膳食纤维 Les fibres: Le lest indispensable

膳食纤维并不是营养物质，因此不会为人体吸收，也不能发挥任何代谢作用。尽管如此，为了维持肠道的良好运转，膳食纤维是必不可少的物质，食物残渣可以在其作用下清除得更快更干净。膳食纤维可从果蔬中摄取，动物性食物中则没有该物质。

能做的最好的事情。此外，以上食物，尤其是糕点和甜点，是味蕾享受的源泉，可以促进神经介质的分泌，有助于调节心理、睡眠和身体其他功能的平衡，身体中此类平衡主要受到碳水化合物代谢的控制。

必须要树立起少吃些油的概念。尽可能避免食用油脂含量过多的食品，如猪肉制品、奶酪和油类。要是用一块好吃的蛋糕作为一餐的结束，则不要用熟肉酱或者油醋汁浸泡的沙拉开始一餐。

绝大部分的糕点和甜点中都富含脂肪。为了不放弃甜点，一餐中的其他食物尽量不含脂肪或者少含脂肪就可以了。此外，也要注意接下来的一餐中的脂肪含量。

通常，无论出于怎样的理由，当前一天的饮食摄入的油脂过多时，可以在次日少吃些油来作为弥补。均衡的饮食取决于互补而不是放弃。

烘焙术语
Les termes de pâtisserie

A

擀薄的面团Abaisse：在撒上薄面的操作台上，用擀面杖将面团擀开，形成想要制作的形状和厚度。

擀Abaisser：将面团用擀面杖擀开并压平。

面糊Appareil：烘烤或冷却之前，形成的一种与甜点不同的混合物。

加香料，使芳香Aromatiser：将利口酒、咖啡、巧克力、玫瑰花水等芳香物质混入原料中。

B

隔水加热Bain-marie：用来为容器保温的烹调方法，可以让巧克力、明胶和黄油等原料融化却不至于烧焦。或者用开水的热度，温和地制作菜肴。通常是将装有原料的容器放入另一个较大且盛有开水的容器中。

搅打Battre：使劲搅拌某种食材或原料，以改变其浓稠度、外观和颜色。为了让发酵的面团成形，会在大理石板上用双手揉和；为了将蛋清打成泡沫状，会在碗中用打蛋器搅打。

涂黄油Beurrer：将黄油混入原料中，或者将其融化或软化后用毛刷涂在模具、慕斯圈或烤盘中，避免食物在烘烤过程中粘底或附着在内

壁上。

使发白Blanchir；氽烫：将蛋黄和细砂糖用打蛋器使劲搅打，直到混合物起泡且颜色变淡。将杏、桃等水果放入沸水中，去皮或使水果变软。

结块、凝粒Brûler：在混合面粉和油脂做成油质的混合物时，由于这一过程过于缓慢，称这时的面糊为结块。当蛋黄和细砂糖混合后不搅拌时，会析出鲜黄色的小颗粒，而这些小颗粒很难与奶油酱、面糊混合，称此时的蛋黄为凝粒。

C

（糖）结晶成冰糖Candir：将包裹在杏仁膏中的水果放入带有滤网的浅盘（或带有和浅盘同样大小网架的长方形容器）中，浸入"冷"的糖浆中，最后形成薄薄的一层结晶糖。

划出纹路Canneler：用削果皮刀在柠檬、橙子等水果，表面削出平行且不深的V形条纹；用带凹槽的切割器切割面皮时，也称作"划出纹路"。"纹路"裱花嘴即锯齿状的星形裱花嘴。

焦糖化Caraméliser：将糖用小火加热转化为焦糖；在模具中涂上焦糖；用焦糖为米布丁提味；为糖衣水

果、泡芙等覆盖上焦糖镜面。焦糖化还可以指将糕点表面撒上糖后烘烤上色的过程。

环形切割Cerner：在果皮上用刀浅浅地切割；准备加热苹果前，在上面稍做环形切割，避免爆裂开。

涂上保护层Chemiser：在模具内壁或底部厚厚铺上一层配料，使糕点不会沾附在容器上，且能够轻松地脱模，或者铺上构成整个糕点的不同原料。

刻装饰线Chiqueter：在千层派皮的边缘上用刀尖轻轻划出规则的斜线，有利于烘烤时膨胀，同时也更漂亮。

澄清Clarifier：通过过滤或倾析，使糖浆、果冻等变得更加清澈透明。黄油的澄清则是通过隔水加热将其融化，期间不要搅拌，以便去除形成的沉淀的乳清。

上胶Coller：在原料中混入明胶，增加稳定度，使果冻成形。

染色Colorer：将原料的颜色通过着色剂增强或改变。

刮Corner：将容器内壁上沾附的材料用刮板刮下并聚拢。

塑形Coucher：用装有裱花嘴的裱花袋在烤盘中挤出泡芙面糊。

去除淀粉Crever：将米在盐水

中迅速加热至沸腾，以去除一部分淀粉。这样做有助于更好地制作米布丁。

D

倾析Décanter: 将混浊的液体静置一段时间，待悬浮的杂质沉淀后，再倾倒液体；将成品中不能食用的芳香原料移除。

掺水熬稀Décuire: 将加热糖浆、果酱或焦糖的火转小，一点点倒入冷水，边倒边搅拌，直到形成顺滑的浓稠度。

脱模Démouler: 将模具中的制品取出。

密度Densité: 物体质量和体积的比值，以及同样体积的水在4℃时的比值；糖浓度的测量单位称作密度，特别是果酱、糖果和甜食的制作时，而不再使用波美度（°B, degré Baumé）。会使用有刻度的浮标糖浆比重计，根据沉入液体的深浅来表示密度大小。

去核Dénoyauter: 将某些水果的果核用钳子或去核器去除。

挥发水分Dessécher: 将原料用小火加热以去除多余的水分，尤其用于泡芙面糊的第一次烘烤时；用大火将水、黄油、面粉、盐和糖的混合物加热，并用刮勺快速搅拌直到面团脱离容器内壁，使多余的水分在与鸡蛋混合前蒸发。

裁切Détailler: 用压模器或者刀，将面皮切成一定的形状。

稀释Détendre: 在面糊或面团中适当地倒入液体或牛奶、蛋液等物质。

基础面团Détrempe: 用不同比例的面粉和水混合而成，是面团与黄油、鸡蛋、牛奶等原料混合之前的原始状态。基础面团包含面粉及其所吸收的必要水分，用指尖揉和。

醒发Développer: 当面团、奶油酱、蛋糕等材料在烘烤过程中膨胀而体积增加，或者面团发酵时，称为"醒发"。

使伸长Donner du corps: 将面团揉和至最佳的弹性状态。

涂上蛋液Dorer: 将面团用毛刷涂上有时会掺水的牛奶和蛋液；"蛋液浆"经过烘烤后会变成鲜艳且光泽度好的表皮。

摆盘Dresser: 将食材均匀地摆放在盘中。

E

撇去浮沫Écumer: 撇去烧开的糖浆、熬煮的糖、果酱等液体或原料在加热过程中表面形成的泡沫。用漏勺、小勺或汤匙进行。

切细长片Effiler: 将杏仁等原料沿纵向切成薄片。

沥干Égoutter: 将原料或食材置于沥水架、滤器、漏斗形滤网或网架上以去除上面多余的液体。

切成薄片Émincer: 将水果切片，切长形薄片或圆形薄片，厚度尽可

能保持一致。

去皮Émonder: 将某些水果或杏仁、开心果等坚果经汆烫后放入冰水中以去除果皮。

乳化Émulsionner: 将一种液体在另一种无法与之相溶的液体（或物质）中散开。例如：将鸡蛋在黄油中散开的过程就是乳化。

裹糖衣Enrober: 让食物包裹上一层较厚的材料。为花饰小甜点、甜食等裹上巧克力、翻糖或糖浆等。

挖空Évider: 小心仔细地将果肉挖出而不损坏外皮；用苹果去核器挖去苹果果核。

压榨Exprimer: 通过榨汁获得植物中的水分或食物中多余的液体。要想榨取柑橘类果汁，可以使用柑橘榨汁器或柠檬榨汁器。

F

塑形Façonner: 将面团或原料塑造成特定的形状。

筛撒面粉Fariner: 将面粉覆盖在食物上，或者在模具或操作台上撒面粉；也会在擀面团或揉面团前，在大理石或砧板上撒薄面。

剪出花边Festonner: 在一些蛋糕的边缘剪出圆形花边，如杏仁奶油千层糕。

过滤Filtrer: 在漏斗形筛网中倒入糖浆、英式奶油酱等，以去除杂质。

焰烧Flamber: 在热的甜点上淋酒精或利口酒，然后用火点燃。

撒薄面Fleurer: 将薄面撒在操作台或模具中, 避免面团沾附。

膨胀Foisonner: 将蛋清、奶油酱或其他原料经过搅打, 混入空气而使体积增加。

套模Foncer: 将面皮嵌入模具底部和内壁, 并可根据模具的大小和形状, 事先将面皮用模具裁切, 或者嵌入后用擀面杖擀模具的边缘, 去除四周多余的面皮。

基底Fond: 不同原料、形状和稀稠度的面糊基底, 用于制作蛋糕或点心。

融化Fondre: 将巧克力、固体油脂等用加热的方式化开。为了防止烧焦, 通常会采用隔水加热的方式。

凹槽Fontaine: 将面粉堆放在大理石板或砧板上, 在面粉中央挖出洞形成"井", 以便倒入不同的原料制作面团。

打发Fouetter: 将原料用手动或电动打蛋器快速搅拌至均匀, 例如将蛋清打发成泡沫状、将奶油酱搅打成坚挺而膨松的状态等。

填馅Fourrer: 将奶油酱、翻糖等填入一些原料中。

揉面Fraiser: 将准备嵌入模具的面团用手掌在大理石板上揉和并压扁。揉面是为了让面团更加紧实、匀称且富有弹性。

冰镇Frapper: 让奶油酱、利口酒和面糊等原料迅速冷却的方式。

微滚Frémir: 液体在烧开前的微微滚动和上下翻动。

油炸Frire: 将原料浸在高温的油脂中加热。通常会将原料裹上面粉、贝奈特面糊、可丽饼面糊、泡芙面糊等, 之后会形成色泽漂亮的外层。

G

覆上镜面Glacer: 将热或冷的果胶或镜面巧克力薄薄地覆盖在甜点上, 使其色泽光亮且美味可口; 也指在蛋糕上覆盖一层翻糖、糖粉、糖浆等; 还指在烘烤的最后阶段, 将糖粉筛撒在蛋糕、点心、舒芙蕾上, 使其表面焦糖化后变得更加光亮的做法。

涂树胶Gommer: 将刚出炉的花式小点心用毛刷涂上阿拉伯树胶, 使点心闪闪发光; 也指将糖衣杏仁薄薄地涂一层阿拉伯树胶后再裹糖衣。

使成粒状Grainer: 因无法聚合而结成许多小颗粒; 这个词汇可用于形容松散的蛋白。通常, 形成这一现象的原因是材料上油脂没有去除干净。这个词也用于描述容易结晶和变得混浊的糖浆, 或者是过度加热的翻糖膏上的物质。

润滑Graisser: 将烤盘、慕斯模或模具内刷上黄油, 避免材料在烘烤的过程中沾附, 同时便于脱模。也指熬煮糖的时候加入葡萄糖以产生小颗粒的做法。

烘焙Griller: 在烤盘中放上杏仁片、榛子、开心果等, 放入预热的烤箱中, 不时翻动, 让原料略微且均匀地上色。

H

切碎Hacher: 将杏仁、榛子、开心果、香草、柑橘类果皮等原料用刀或搅拌器切成很细的碎末。

均质化Homogénéisation: 将牛奶的脂质球在高压的作用下, 爆裂成非常微小的颗粒, 这些微粒因此均匀地散开, 而不会再次浮到表面。

涂油Huiler: 将模具内壁、烤盘薄薄地涂上一层油, 避免沾附; 也指表面光亮的杏仁膏、杏仁巧克力等。

I

浸透Imbiber: 将婆婆蛋糕等一些蛋糕坯用糖浆、酒精或利口酒浸透, 使之变得柔软且富有香气。也叫做"浸以糖浆"。

切开、割开Inciser: 在食材上用锋利的刀切割出较深的切口。通常将糕点切开起到装饰作用, 将水果切开以便剥皮或切块。

混合Incorporer: 在原料或面糊中加入面粉和黄油等材料, 之后搅拌均匀。

雕刻Incruster: 在原料或糖果表面用刀或切割器划出较深的装饰性花纹。

浸泡Infuser: 在香料上倾倒滚烫的液体, 静置后使液体带有香料的香气。比如将香草浸泡在牛奶中, 或者将肉桂棒浸泡在红酒中等。

L

酵面Levain: 用面粉、酵母和水的混合物制作而成的面团,待其体积膨胀至原来的两倍大后再与面团混合。

发酵Lever: 指面团因发酵而使体积膨胀的现象。

勾芡Lier: 将液体、奶油酱等原料通过添加面粉、小麦淀粉、蛋黄、鲜奶油等而形成某种黏稠度。

上光Lustrer: 在原料上涂某种材料使其光亮,以改善外观。对于热菜,可以在上面用毛刷涂上澄清黄油上光;如果是凉菜,则可以刷上即将凝固的果胶;如果是点心和糕点,则可以使用果冻或果胶为其上光。

M

浸渍Macérer: 在酒精、利口酒、糖浆、酒和茶汤等液体中浸泡新鲜、糖渍或干燥水果,使其充满液体的芳香。

揉和Malaxer: 将油脂、面团等物质用手揉捏,使其变得柔软。有些面团必须经过长时间的揉捏才会变得匀称。

拌和Manier: 将一样或几样食材在容器中用刮勺混合均匀,比如将黄油和面粉拌和,可用于制作反千层派皮。

大理石花纹Marbrer: 部分糕点表面形成的有颜色的纹路。制作大理石效果的方法:先用颜色不同的圆锥形纸袋在翻糖表面、果冻上划出平行的条纹,之后再用刀尖划出匀称的花纹,比如:千层派。

修饰Masquer: 将顺滑且十分浓稠的奶油酱、杏仁膏、果酱等材料完全覆盖在点心和蛋糕上。

团、块Masse: 十分浓稠的原料,可以参与制作众多的糕点、糖果、点心和冰激凌。构成这些团块的糖膏有:糖杏仁、榛子牛奶巧克力、巧克力淋酱、杏仁膏、翻糖等。

堆积Masser: 用来形容制作过程中逐渐形成的糖。

铺上蛋白霜Meringuer: 打成尖角直立的蛋白霜;指在糕点上铺蛋白霜,也指在蛋清中加入糖后打发成泡沫状。

混合Mix: 指用于制作冰激凌的混合物,也指面糊。

去皮Monder: 将杏仁、桃、开心果等放入滤器中,在开水中浸泡几秒,之后去皮。需用刀尖小心地去皮,小心不要损伤果肉。

打发Monter: 将蛋清、鲜奶油或含糖面糊用手动或电动打蛋器搅打,使其充满一定的空气,并在增加体积的同时,形成浓稠度和特殊的颜色。

使布满斑点Moucheter: 在甜点的某部分或用杏仁膏制成的花样上,将巧克力或着色剂的小点喷洒在上面。

加汁水Mouiller: 将液体加入原料中熬煮或制作成调味汁。这种汁水可以是水、牛奶和酒。

被模塑Mouler: 在模具中倒入流动或糊状的物质,经过加热、冷却或冷冻,改变浓稠度的同时凝固成形。

起泡Mousser: 将面糊搅打至膨松且产生泡沫。

N

果胶Nappage: 用过滤的柑橘类果酱作为基础的果冻,通常会添加凝胶剂。果胶可以用来修饰水果塔、婆婆蛋糕、萨瓦兰和各种各样的点心。

淋上浇层Napper: 尽可能均匀并完全地将调味汁、奶油酱等淋在菜肴上。将英式奶油酱加热至83℃以达到一定的浓稠度,使其附着在勺背上。

P

使呈杂色Panacher: 将两种或多种颜色、味道或形状的食材混合在一起。

修整Parer: 将塔点、点心、千层派等的两端或周围修饰平整。

使芳香Parfumer: 通过添加香料、酒等为食物或原料增添额外的香味,同时与其原本的味道调和。

过滤;筛Passer: 将十分顺滑的精制奶油酱、糖浆、果冻、调味汁等,倒入漏斗形滤网中过滤。

起酥面团Pâton: 指揉和好的制作千层派皮的面团。

揉；和Pétrir：将面粉和一种或多种材料用手或揉面机搅拌，使其充分混合，制作成顺滑且均匀的面团。

研磨Plier：将杏仁、榛子等原料磨成粉状或糊状。

捏；掐Pincer：烘烤前，将面团的边缘用花钳捏出沟纹，用于修饰甜点的外观。

扎；戳Piquer：在面皮表面用餐叉扎出规则的小孔，防止面皮在烘烤过程中膨胀鼓起。

水煮Pocher：将水果放入大量的水、糖浆等汁水中熬煮，始终保持微滚的状态。

基础发酵Pointer：使发酵面团揉和结束后开始发酵，让面团在翻搅之前膨胀至自身原来的两倍大。

膏Pommade：将黄油搅拌成膏状，也就是将软化的黄油搅拌成浓稠的膏状。

发胀、膨胀Pousser：用来形容发酵作用下面团的体积膨胀。

掺入或撒上杏仁糖碎屑Praliner：在奶油酱、面糊中放入杏仁巧克力。将坚果裹上糖浆，再搅拌成沙状，这是制作杏仁巧克力的基础。

R

使结实Raffermir：将面团、糕点面糊长时间在冰冷处静置，以增加其浓稠度、硬度和结实度。

冰镇Rafraîchir：将蛋糕点心、水果沙拉或奶油酱放入冰箱中冷藏，冰凉后使用。

擦成碎末Râper：将固体食物，如柑橘皮等用擦丝器擦成碎末。

画横格Rayer：在涂上蛋黄液准备要烘烤的糕点上用刀尖或餐叉划出装饰。比如在千层烘饼上划出菱形格，在杏仁奶油千层糕上划出玫瑰花饰等。

浓缩Réduire：通过蒸发减少液体的体积，保持持续沸腾，通过浓缩加强酱汁的味道，使液体更加顺滑或浓稠。

松弛Relâcher：用来形容制作后变软或变稀的面团或奶油酱。

做记号Repère：在蛋糕上做出标记，以便装饰或组装。也指用面粉和蛋清的混合物，将装饰面团的材料沾附在材料或盘子的边缘上。

预留备用Réserver：将之后要使用的食材、混合物或原料置于阴凉处或保温。为了避免损坏，通常会用烤盘纸、锡箔纸、保鲜膜或茶巾进行包裹。

形成方格纹路Rioler：将直条或带花边的面条，等距地间隔摆放在蛋糕的表面上，构成方格。

翻搅Rompre：多次折叠发酵后的面团，以便暂时中止发酵。这个步骤会在制作过程中重复两次，使面团在之后能够适度地发酵。

缎带状Ruban：形容蛋黄和细砂糖的混合物，趁热或冷却时搅拌至非常顺滑且均匀的浓稠度，当混合物从刮勺或打蛋器下落时呈连续状态，不会中断，海绵蛋糕坯面糊就需要打发成缎带状。

S

成为沙状Sabler：将用于制作油酥面团和法式塔皮面团的原料混合成易碎的状态。也指用刮勺搅拌，使糖浆呈颗粒状和沙状的团块。

使紧实Serrer：用打蛋器快速转圈搅打，以完成将蛋清打成泡沫的动作，使蛋清形成坚挺且均匀的质感。

用糖浆浸透Siroper：将婆婆蛋糕、萨瓦兰等用发酵面团制作的蛋糕坯用糖浆、酒精、利口酒多淋几次，直到完全浸透为止。

划条纹Strier：在一些蛋糕上用餐叉、梳子、毛刷等划出条纹。

T

过筛Tamiser：将面粉、酵母粉或糖用筛网过筛，以去除结块，有时也对稍呈流质的原料进行过筛。

擦油Tamponner：将奶油酱表面用一块黄油轻轻抹过，黄油融化的同时，会为奶油酱擦上一层薄薄的油脂，从而避免表面干燥结皮。

调温Tempérage：将装饰用镜面巧克力进行温度的调配，以非常精确的方式进行测温，让巧克力保持完美的光泽度、顺滑度和稳定度。

拉糖Tirer：将大碎裂阶段的糖浆进行拉伸，并多次折叠，使糖像绸缎一样顺滑的制作方式。

折叠Tourer: 制作千层派皮时进行必要的折叠步骤, 有单折或双折的方式。

混合均匀Travailler: 指将糊状或液状的原料略微用力地混合, 无论是混合不同的食材、还是使配料均匀顺滑或者结实光滑。根据原料的不同性质, 在火上、离火后或者在冰上, 用刮勺、手动打蛋器或手持式电动打蛋器、混合搅拌器、电动搅拌机或者干脆直接用手来完成。

V

通过搅拌防止干燥Vanner: 当奶油酱或面糊温度变化时, 使用刮勺或打蛋器搅拌, 以保持其均匀度, 特别是避免表面形成干皮。同时, 搅拌还能加速冷却。

形成凸边Videler: 一点点将面团翻起, 在面皮周围做出凸起, 从外往里折叠, 制作成卷起的边, 烘烤时可以起到固定馅料的作用。

覆上一层薄丝Voiler: 为泡芙塔或冰点等薄薄地覆盖上一层大碎裂和粗线糖。

Z

削皮Zester: 将鲜艳且芳香四溢的柑橘类水果的果皮用削皮刀取下。

皮埃尔·埃尔梅的"心中挚爱"
Les《coups de c œur》de Pierre Hermé

即将呈现给您的这20款甜品是皮埃尔·埃尔梅大师的"心中挚爱"。每款甜品都是味道与口感的精妙演绎，上演着诸如巧克力与薰衣草、葡萄与咖喱以及法式焦糖布丁与焦糖米的绝妙搭配。皮埃尔·埃尔梅还不忘在甜点中使用胡椒、姜、肉桂、薄荷叶、马鞭草、甜菜等大量香料、芳香植物和某些蔬菜。

香梨、薄荷叶和柠檬叶贝奈特 Beignets de poire, feuilles de menthe et feuilles de citronnier 🎩🎩🎩

准备时间：40分钟　　　　**制作时间：**10分钟　　　　**分量：**6人份

水磨黏米粉100克　　细砂糖90克　　蛋黄1个　　盐1撮
白胡椒粉少许　　冰水250毫升　　梨4个　　柠檬2个
薄荷1把　　柠檬叶20~24片　　油炸专用油适量

1. 制作贝奈特面糊：将水磨黏米粉、40克细砂糖、蛋黄和盐倒入沙拉盆中用打蛋器拌匀。放入研磨器旋转4圈分量的白胡椒粉。一边搅打一边少量多次地掺入冰水，按照制作蛋黄酱的方式拌匀直到没有结块为止。将面糊放入冰箱冷藏备用。

2. 削去梨皮，根据梨的大小分别切成4块或8块，之后将柠檬汁涂在表面。

3. 洗净并晾干柠檬叶。将薄荷叶3片为1束分好。

4. 将油炸专用油加热至170~180℃。

5. 在贝奈特面糊中分别浸入梨块、薄荷叶束和柠檬叶，接着先后放入热油中油炸至金黄色，用漏勺捞起，放在铺有吸油纸的盘子中，吸除多余的油脂。

6. 在加热后的盘子中放入贝奈特，撒上细砂糖，再添加几滴柠檬汁，趁热食用。

行家分享

柠檬叶本身不能食用，在这款甜点中，只是食用包裹在充满柠檬叶香气上的油炸面皮。

图片见第203页

柏林油炸球 Boules de Berlin 🎩🎩🎩

准备时间：30分钟+馅料　　**制作时间：**10~12分钟　　**酵面和面团静置时间：**6小时30分钟~7小时　　**分量：**25个柏林油炸球

酵面
酵母粉5克　　20℃的水175℃。　　面粉275克
面团
面粉250克　　盐之花11克　　细砂糖65克
蛋黄5个　　酵母粉60克　　全脂牛奶60毫升
黄油65克　　葡萄子油或植物油1升
馅料
李子酱（详见第320页）、杏酱（详见第317页）、覆盆子果酱（详见第318页）、橙子柑橘酱（详见第323页）或卡仕达奶油酱（详见第56页）中的任意一种
装饰用细砂糖适量

1. 开始制作酵面。在大碗中将酵母粉弄碎。将酵母粉和水用手指混合。将滤器置于大碗上过筛面粉。将面糊混合至均匀且稀滑。在上面覆盖上茶巾，将酵面发酵1小时30分钟~2小时，直到表面产生小气泡为止。

2. 在装有搅面钩的搅拌机的碗中放入酵面，之后依次放入过筛的面粉、盐之花、细砂糖、蛋黄、弄细碎的酵母粉和全脂牛奶，中速持续搅拌20分钟左右，直到面团与碗壁脱离为止。放入切成小丁的黄油，拌匀。之后取下搅拌机的碗，在上面覆盖茶巾，静置发酵直到面团膨胀至原本体积的2倍。

3. 捶打面团使其恢复到最初的体积。将面团分成25块，逐块揉搓成圆球后摆放在略微潮湿的茶巾上，撒上面粉，小球间留出5厘米的距离。铺上茶巾后静置备用。

4. 待小球再次经发酵膨胀至原本体积的2倍时，将油锅中的油加热至160℃，放入小球，根据油锅的大小，一次放三四个小球，油炸10~12分钟，中途用漏勺翻面。放在吸油纸上吸除多余的油脂。

5. 在装有圆形裱花嘴的中等大小的裱花袋中填入果酱。将裱花嘴的顶端插入小球的中间，填入馅料。用大量细砂糖包裹油炸球。

图片见第196页

香橙巧克力蛋糕 Cake au chocolate et à l'orange 👨‍🍳👨‍🍳👨‍🍳

准备时间： 30分钟（提前4天准备）　　　　　　**制作时间：** 1小时　　　　　　**分量：** 2个长18厘米、宽8厘米的蛋糕

葡萄干 125克　　面粉 200克　　可可粉 50克　　泡打粉 5克
黄油 250克　　糖渍橙皮 350克　　细砂糖 390克　　鸡蛋 5个
水 150毫升　　柑曼怡 130毫升　　杏桃镜面果胶 50克
装饰用糖渍香橙 1块

1. 制作前夜，将清洗干净的葡萄干浸泡在水中。

2. 一起过筛面粉、可可粉和泡打粉。

3. 分别将2个模具内刷上黄油并撒上面粉。将黄油放软。

4. 沥干葡萄干。将糖渍橙皮切成小丁。

5. 将烤箱预热至250℃。

6. 将黄油和250克细砂糖搅打至起泡，逐个放入鸡蛋，之后倒入过筛的面粉、可可粉和泡打粉的混合物。

7. 待面糊搅拌均匀后，放入葡萄干和糖渍橙皮丁，将面糊用木勺以略微上扬舀起的方式混合。

8. 将面糊倒入模具中，立即将烤箱温度调至180℃，烘烤1小时。待表面形成软壳时，顺着长边将中间用蘸过融化黄油的刀划开后继续烘烤。将餐刀插入蛋糕中测试烘烤的程度，抽出后刀身无材料沾附即可。

9. 将蛋糕在烤箱中静置10分钟至微温，之后置于网架上脱模。

10. 将水和140克细砂糖倒入小号平底深锅中，加热至沸腾后离火，倒入柑曼怡。将熬好的糖浆淋在蛋糕上。

11. 将杏桃镜面果胶加热至微温，涂抹在蛋糕上。在蛋糕表面及侧面粘上糖渍香橙片。将蛋糕用保鲜膜裹好后，放入冰箱冷藏保存。

图片见第240页至第241页

覆盆子焦糖 Caramels à la framboise 👨‍🍳👨‍🍳👨‍🍳

准备时间： 45分钟　　　　　　**制作时间：** 约15分钟　　　　　　**分量：** 约70颗焦糖

新鲜覆盆子 250克　　液体法式发酵酸奶油 200毫升
液体葡萄糖 280克　　细砂糖 300克　　半盐黄油 20克

1. 将覆盆子用手持电动打蛋器倾斜着搅打成泥，之后倒入法式发酵酸奶油后搅拌均匀。将果泥的混合物加热至沸腾后静置备用。

2. 将液体葡萄糖倒入平底深锅中加热但不要煮沸。倒入细砂糖后熬煮成漂亮的深琥珀色焦糖。

3. 将覆盆子果泥的混合物倒入热焦糖中，注意防止飞溅。将混合物拌匀，边加热边用烹饪温度计测量温度，

直到熬煮至118℃。离火后放入半盐黄油，用画"8"字的方式搅拌。

4. 不要放置，直接将混合物倒入直径22厘米且铺有烤盘纸的圆模中。静置冷却至室温的温度。

5. 抽出烤盘纸，将整块焦糖放在砧板上后切成小方块。逐块用玻璃纸包好，放入密封盒中保存。

日内瓦糕点师乔治·戈贝（Georges Gobet）的食谱
图片见第347页

白巧克力夏洛特配大黄和红色水果 Charlotte au chocolat blanc, à la rhubarbe et aux fruits rouges 👨‍🍳👨‍🍳👨‍🍳

准备时间：1小时　　　　　冷藏时间：4小时　　　　　分量：8~10人份

大黄泥
新鲜大黄 300克　　　柠檬汁 4汤匙　　　细砂糖 40克
香草荚 1根　　　明胶 2片
白巧克力慕斯
白巧克力 250克　　　鲜奶油 830克　　　果汁　　　百香果 14~16颗
指形蛋糕坯 18个
装饰　　　新鲜薄荷叶 1片　　　新鲜草莓、覆盆子、醋栗各适量

1. 制作大黄泥：将大黄的茎切成块。将柠檬榨汁后得到4汤匙柠檬汁。在平底深锅中倒入大黄块、细砂糖、柠檬汁、剖开并去籽的香草荚，小火熬煮至液体收干。在盛有冷水的容器中将明胶浸软，挤干水分后隔水加热至化开，放入冷却的果泥中。

2. 制作白巧克力慕斯：将白巧克力切碎后隔水或微波加热至化开。将200克鲜奶油加热至沸腾后倒在巧克力碎上，搅打均匀并放至微温。将剩余的鲜奶油打发，与上面巧克力与鲜奶油的混合物拌匀。

3. 制作果汁：将百香果对半切开，将取出的果肉放入置于碗上的滤器中。用汤匙背尽量挤压果肉以便得到尽可能多的果汁。

4. 制作夏洛特：将直径18厘米的模具中涂上黄油后撒糖。将指形蛋糕坯平着浸泡果汁，接着并列地围放在模具内壁。在模具底部倒入一半白巧克力和鲜奶油的混合物，之后铺上一半大黄泥，之后再覆盖一层浸泡果汁的指形蛋糕坯。

5. 将剩余的白巧克力鲜奶油铺在上面，接着是剩余的大黄泥，最后是一层浸泡果汁的指形蛋糕坯。放入冰箱至少冷藏4小时。

6. 为夏洛特饰以红色水果和新鲜薄荷。

图片见第185页

伊斯法罕马卡龙玫瑰冰杯 Coupe glacée Ispahan 👨‍🍳👨‍🍳👨‍🍳

准备时间：50分钟　　　　　制作时间：2分钟　　　　　分量：8人份

覆盆子雪葩 1升（详见第93页）　　　鲜奶油香缇 200毫升（详见第49页）
荔枝玫瑰风味雪葩　　　矿泉水 180毫升　　　细砂糖 180克
新鲜荔枝 约1400克　　　玫瑰糖浆 25毫升
覆盆子果酱
覆盆子 300克　　　细砂糖 40克　　　玫瑰花瓣 8片
装饰
玫瑰马卡龙 16块（可酌选）

1. 制作荔枝玫瑰风味雪葩：剥去荔枝皮，对半切开后去核。将荔枝果肉搅打成600克果泥。

2. 将矿泉水和细砂糖加热至沸腾。离火后室温下晾凉。待糖浆冷却后，放入荔枝泥和玫瑰糖浆，用手持电动打蛋器多次搅打，直到成为细腻柔滑的液状混合物。

3. 根据所选的不同工具制作雪葩。做好后立即使用或放入冰盒中冷冻备用。

4. 制作果酱：将覆盆子和细砂糖搅打后过滤，放入冰箱冷藏保存。

5. 将鲜奶油香缇倒入冷冻过15分钟的大碗中，用电动打蛋器搅打，开始凝固时倒入细砂糖，之后持续搅打至坚挺。在装有星形裱花嘴的裱花袋中填入打发的鲜奶油香缇，放入冰箱冷藏保存。

6. 分别将覆盆子果酱装在8个杯子的底部。在上面放上2球覆盆子雪葩和1球荔枝玫瑰风味雪葩。可以根据个人喜好，在雪葩球之间摆放3块马卡龙，并在上面挤上漂亮的鲜奶油香缇（详见第49页）玫瑰花饰。

图片见第312页至第313页

焦糖大米和开心果奶油布丁 Crème brûlée à la pistache et riz caramélisé

准备时间: 40分钟　　　　**静置时间**: 45分钟　　　　**冷藏时间**: 3小时　　　　**分量**: 6~8人份

金黄色葡萄干60克　　米布丁800克（详见第266页）　　黄油30克
蛋黄2个　　牛奶500毫升　　开心果膏50克　　蛋黄5个
细砂糖80克　　粗粒红糖40克　　覆盆子1盒　　蓝莓1盒
柠檬糖浆、马鞭草叶各适量

1. 在平底深锅中放入金黄色葡萄干，用水没过，加热几分钟使葡萄干膨胀，之后沥干水分。

2. 制作米布丁：待米吸收了大量的水分后，舀出一二汤匙米与蛋黄在碗中拌匀。将碗中的混合物倒入装有米的平底深锅中，再次拌匀，之后放入黄油和葡萄干，加热至微滚。将混合物倒入直径20厘米的舒芙蕾模具中，放凉备用。

3. 将烤箱预热至100℃。

4. 制作奶油布丁：将牛奶和开心果膏拌匀，之后加热至沸腾。将蛋黄和细砂糖经搅打后倒在牛奶和开心果膏的混合物中，边倒便使用刮勺搅拌。之后将混合物一次性倒在米布丁上，将模具放入烤箱烘烤45分钟。晾凉后放入冰箱冷藏3小时。

5. 准备享用前，将奶油布丁表面用吸水纸轻拭，之后撒上粗粒红糖，在烤架下略微烘烤成焦糖。

6. 在布丁表面放上蓝莓和覆盆子，淋上少量柠檬糖浆调味，最后饰以切碎的马鞭草叶。

图片见第250页

百香果、栗子冻和抹茶奶油味焦糖布丁 Crème brûlée aux fruits de la Passion, gelée de marrons, crème au thé vert

准备时间: 45分钟　　　　**制作时间**: 约70分钟　　　　**分量**: 8人份

焦糖布丁
蛋黄7个　　细砂糖125克　　百香果8个
鲜奶油380毫升　　明胶1.5片　　柠檬汁10毫升
百香果冻
带果肉的橙汁25毫升　　细砂糖40克　　百香果七八个
栗子冻　　明胶3片　　栗子泥150克　　栗子奶油酱150克
抹茶奶油酱
白巧克力50克　　鲜奶油50毫升
抹茶4克　　整颗栗子200克　　黄油30克
装饰
香草荚1/2根　　粗粒红糖30克　　盐之花、胡椒各适量
冰糖栗子16颗

1. 将烤箱预热至90℃。

2. 制作焦糖布丁：将蛋黄和细砂糖搅打均匀后，与百香果肉和鲜奶油一起拌匀。

3. 在8个马天尼酒杯中填入上述混合物，摆放在烤盘中放入烤箱中烘烤1小时，晾凉后放入冰箱冷藏备用。

4. 制作煎栗子：大致将栗子弄碎，与热黄油、香草荚和红糖一起，大火煎三四分钟，撒上一点盐之花和研磨器旋转三四圈分量的胡椒粉。在焦糖布丁上分别放上煎好的栗子。

5. 制作百香果冻：在冷水中将明胶浸软，捞出后沥干。将60毫升水、柠檬汁、带果肉的橙汁和细砂糖加热至沸腾，离火后，放入明胶使其融化。之后放入百香果肉，拌匀。晾凉且变得浓稠后，放入冰箱冷藏保存。

6. 制作栗子冻：在冷水中将明胶浸软，捞出后沥干。将栗子泥、栗子奶油酱和150毫升水混合并搅打。将明胶隔水加热至融化，一点点倒入栗子泥和栗子奶油酱的混合物中。

7. 在焦糖布丁上分别铺上栗子冻，放入冰箱冷藏保存。

8. 制作抹茶奶油酱：将巧克力用锯齿刀切碎，隔水加热至融化。将鲜奶油加热至融化，之后放至60℃，倒入抹茶，边倒边搅打。将1/3的抹茶鲜奶油掺入融化的巧克力中，拌匀。之后重复上述步骤2次。在栗子冻上分别铺上抹茶奶油酱，放入冰箱冷藏保存。

9. 在抹茶奶油酱上铺上百香果冻和少量百香果肉，放入冰箱冷藏保存。

10. 准备食用时，在酒杯中放入冰糖栗子。

图片见第261页

烈焰柔情 Émotion Exaltée 👨‍🍳👨‍🍳👨‍🍳

准备时间：35分钟　　　　　　制作时间：15分钟

番茄冻
番茄 500克　　　明胶 3.5片　　　细砂糖 35克
橄榄油白巧克力慕斯
鲜奶油 400毫升　　　剖开去籽的香草荚 1/4根
橄榄油 75毫升　　　白巧克力 120克
咸甜柠檬草莓
去梗的草莓 800克　　　盐渍柠檬 15克（罐装，可在进口食品货架上找到）
糖渍柠檬 40克　　　柠檬汁 15毫升　　　新鲜薄荷叶 8片
装饰
番茄皮干 8片

1. 将烤箱预热至210℃。

2. 将番茄清洗干净后晾干，去蒂后切成4块，放入烤箱的滴油盘中烘烤15分钟。

3. 在冷水中将明胶浸软。用手持电动打蛋器将热番茄搅打成泥，过滤番茄汁，之后依次放入浸软并挤干水分的明胶、细砂糖和90毫升水。放入冰箱冷却备用。

4. 制作白巧克力淋酱：将大碗放入冰箱冷冻15分钟。将白巧克力用锯齿刀切碎后隔水加热至化开。在平

分量：8人份

底深锅中将剖开去籽的香草荚与50毫升鲜奶油一起加热至沸腾，之后捞出香草荚。将烧开的混合物倒在白巧克力碎上，拌匀。待混合物的温度降至35~40℃时，倒入橄榄油。

5. 用力将剩余的350毫升鲜奶油在冷冻后的大碗中搅打至坚挺。白巧克力淋酱的温度不要超过28℃。在白巧克力淋酱中掺入1/4打发的鲜奶油，之后小心地掺入剩余打发的鲜奶油。

6. 将草莓和薄荷叶清洗干净并晾干。将草莓梗去掉后切成4块。将糖渍柠檬切小丁。将薄荷叶切碎。之后将所有原料和柠檬汁一起拌匀。

7. 分别在8个直径1.5厘米的玻璃杯底部或无脚杯中铺上糖煮番茄泥。将草莓的混合物填至杯子的2.5厘米处。接着填入5毫米高的橄榄油白巧克力慕斯。放入冰箱冷藏30分钟后即可食用。可以用干燥的番茄皮作为装饰。

图片见第176页

嘉瑞盖特草莓柑橘配红甜菜汁 Fraises gariguettes aux agrumes et au jus de betterave rouge 👨‍🍳👨‍🍳👨‍🍳

准备时间：40分钟　　干燥时间：1小时~1小时30分钟　　　制作时间：1小时20分钟　　浸渍时间：3小时　　分量：4~6人份

煮熟的红甜菜 1个　　　糖粉适量　　　草莓 1.5千克　　　罐头红甜菜 1罐
橙子 4个　　　柠檬 1个　　　黑胡椒适量　　　高脂浓奶油150克
细砂糖 60克　　　草莓雪葩 500毫升（详见第93页）

1. 将烤箱预热至120℃。将煮熟的红甜菜切成薄片，放在铺有烤盘纸的烤盘中，撒上糖粉后，再铺上一张烤盘纸并压上网架。放入烤箱烘烤1小时~1小时30分钟，待45分钟后，移除网架和上面的烤盘纸。出炉后置于干燥处备用。

2. 清洗草莓并去梗。在耐高温的玻璃容器中放入600克草莓，覆上保鲜膜后放入隔水加热的容器中加热45~60分钟。过滤并收集草莓汁。

3. 沥干罐头甜菜，保留浸渍的汁液，用极小的火与草莓汁一起熬煮20多分钟。

4. 在上述混合物中依次放入橙皮薄片、柠檬汁和研

磨器旋转三四圈分量的黑胡椒粉。浸渍至少3小时。

5. 沥干甜菜后切4块并摆入盘子中。将1/4罐头里的甜菜汁倒入上面甜菜和草莓的调味汁中，将混合物置于阴凉处保存。

6. 制作打发鲜奶油：将打发鲜奶油与60克细砂糖一起，在沙拉盆中搅打至起泡，之后置于阴凉处备用。

7. 将橙子的果皮及中间的白色部分去掉，掰成4瓣。

8. 将剩余的900克草莓对半切开，与甜菜块和橙子瓣一起分别摆放在4~6个中空的盘子中。倒入调味汁。在盘中放入1球雪葩和1球打发的鲜奶油，之间插上干燥的甜菜薄片，即可食用。

图片见第274页

维多利亚蛋糕 Gâteau Victoria

准备时间：10分钟+50分钟　　　**制作时间：**5分钟+35分钟　　　　**面糊静置时间：**2~10分钟　　　**分量：**6~8人份

达克瓦兹蛋糕坯

椰子粉 25克　　　杏仁粉 35克　　　糖粉 55克

蛋清 2个　　　细砂糖 20克　　　膏状黄油 80克

椰子慕斯林奶油酱

椰蓉 40克　　　白朗姆酒 5毫升　　　椰奶 170毫升

卡仕达奶油酱 170克（详见第56页）　　　意大利蛋白霜 70克（详见第41页）

菠萝馅料

小菠萝 1个　　　青柠檬 1/2个　　　香菜叶 8片

黑胡椒适量　　　橙子柑橘果酱 4汤匙

1. 制作前夜，制作达克瓦兹蛋糕坯。一起过筛椰蓉、杏仁粉和糖粉。将蛋清打发成尖角直立的蛋白霜，一点点倒入55克糖粉。仔细地将蛋白霜与椰蓉的混合物用橡皮刮刀混合均匀。

2. 在装有2号圆形裱花嘴的裱花袋中填入上述混合物。在铺有烤盘纸的烤盘中，从中间开始向外螺旋挤出直径为22厘米的圆形面糊。沿着面糊的外缘挤出一个挨着一个的小球。在上面筛撒糖粉。静置10分钟后再次重复上述的步骤。

3. 将烤箱预热至150℃。

4. 将面糊放入烤箱烘烤35分钟。取出后置于烤架上晾凉。用保鲜膜裹好后，放入冰箱冷藏保存。

5. 次日，制作卡仕达奶油酱（详见第56页）和意大利蛋白霜（详见第41页）。用电动打蛋器搅打膏状黄油，之后掺入椰蓉、朗姆酒和椰奶。倒入卡仕达奶油酱，并将意大利蛋白霜用橡皮刮刀混合。

6. 削去菠萝的外皮并切掉两端，之后切成4块，去掉硬心。将菠萝果肉切片，接着再切成小条，置于筛网上沥干。将1/2颗青柠檬的皮取下。切碎香菜叶。在最后时刻，将青柠皮和香菜叶碎末放入沥干的菠萝里，之后撒上研磨器旋转4圈分量的黑胡椒粉。

7. 将橙子柑橘果酱加热至沸腾。将椰子慕斯林奶油酱填入装有10号圆形裱花嘴的裱花袋中，铺在蛋糕坯底部。在上面摆上菠萝小条作顶。将烧开的果酱用毛刷刷在表面后即可食用。

图片详见第146页。

红色水果布列塔尼黄油酥饼 Kouign-amann aux fruits rouges

准备时间：30分钟　　　**制作时间：**35~40分钟　　　**冷藏时间：**约3小时　　　**面团静置时间：**90分钟　　　**分量：**12个1人份蛋糕

千层发酵面团

酵母粉 10克　　　水 320~350毫升

55号中筋面粉 550克　　　盐之花 15克　　　黄油 495克

细砂糖 470克　　　醋栗 100克　　　蓝莓 100克

红色水果酱

覆盆子 100克　　　黑加仑 100克　　　凝胶糖 1小袋（约50克）

1. 将酵母粉用水稀释。将20克融化的黄油、稀释的酵母粉和盐之花倒入过筛的面粉中。迅速搅拌直到面团成形。将面团用保鲜膜裹好，放入冰箱冷藏30分钟。

2. 在操作台撒上薄面，将面团擀成正方形。在中间放上450克黄油，之后将面皮的每个侧边向中心的黄油折叠。放入冰箱冷藏20分钟。

3. 将面皮擀成长为宽3倍的长方形。以单一折叠法（详见第19页）折叠3次。之后放入冰箱冷藏1小时。

4. 将红色水果准备好。将水果和凝胶糖一起加热至沸腾，持续沸腾2分钟后离火，晾凉备用。

5. 将面团再次擀成长方形。撒上350克细砂糖，之后采用单一折叠法折叠，接着放入冰箱冷藏30分钟。

6. 用擀面杖将面团擀成4毫米厚的长方形。将面皮裁切成边长为厘米的12个正方形。在面皮中间放上1勺红色水果酱，将4个角略微上提并向中央折叠。轻拍方形面皮，做成圆形，再次放入冰箱冷藏30分钟。

7. 将25克软化的黄油刷在12个直径8厘米的慕斯模中。将120克细砂糖撒在烤盘中。将慕斯模摆在上面，再放上圆形面皮。在28℃的环境下静置90分钟，使面团的体积膨胀1/3。

8. 将烤箱预热至180℃。将慕斯模放入烤箱烘烤35~40分钟，之后置于烤架上晾凉。当天食用口味最佳。

图片见第212页

冰激凌马卡龙与巧克力雪葩和薰衣草花 Macarons glacés, sorbet au chocolat et fleurs de lavande 👨‍🍳👨‍🍳👨‍🍳

准备时间：45分钟　　　　制作时间：12分钟　　　　分量：6人份

巧克力雪葩900毫升（详见第92页）　　薰衣草2撮
巧克力马卡龙面糊500克（详见第219页）

1. 将巧克力雪葩做好后放入薰衣草，新鲜的最好。之后放入零下15℃冷冻，确保其质感。

2. 将烤箱预热至140℃。

3. 将铺有烤盘纸的烤盘放入另一个烤盘上。

4. 将巧克力马卡龙面糊做好后填入装有8号裱花嘴的裱花袋中，在双层烤盘中挤出直径2厘米的小马卡龙。室温下静置，直到表面形成薄薄的干燥面皮，之后放入烤箱烘烤12分钟。

5. 烤好后，在烤盘纸下倒一些水，小马卡龙会在蒸汽的作用下更容易脱离。在网架上晾凉。

6. 将马卡龙倒扣过来，在雪葩球上将马卡龙的平面两两叠放在一起。摆盘后盖上保鲜膜。如果不是立即享用，可以放在冰箱冷冻保存。或者冷藏半小时后食用。

行家分享

需要严格遵守薰衣草的分量，因为巧克力和薰衣草之间有着十分微妙的平衡关系。

图片见第301页

藏红花杏桃马卡龙 Macarons pêche abricot safran 👨‍🍳👨‍🍳👨‍🍳

准备时间：15分钟　　　制作时间：10~20分钟　　　静置时间：15分钟　　　分量：20个大马卡龙或80个小马卡龙

马卡龙面糊
糖粉480克　　杏仁粉280克　　蛋清7个
食用红色着色剂1滴　　食用黄色着色剂2滴
巧克力淋酱
白巧克力225克　　桃200克　　柠檬汁15克
液状法式发酵酸奶油15毫升　　藏红花丝0.3克
切成2毫米小丁的软杏100克

1. 制作马卡龙面糊（详见第219页）。将几滴着色剂用橡皮刮刀混入，再将面糊沿着大碗的边缘搅拌。

2. 将铺有烤盘纸的烤盘放入另一个烤盘上。

3. 在装有8号或12号圆形裱花嘴的裱花袋中填入面糊，可以制作出直径2厘米的小马卡龙，或者直径7厘米的大马卡龙。将马卡龙在烤盘中以间隔3厘米的距离摆放，室温下静置15分钟。

4. 将烤箱预热至140℃。

5. 将小马卡龙放入烤箱烘烤10~12分钟，或者将大马卡龙烘烤18~20分钟，将烤箱门留小缝。烤好后，在烤盘纸下倒一些水，以便马卡龙脱离。之后在烤架上晾凉。

6. 制作巧克力淋酱。在开水中浸泡桃，1分钟后捞出沥干。移除果皮和果核。将桃肉切小块，之后与柠檬汁一起倒入平底深锅中，用小火加热5分钟。

7. 将藏红花丝浸泡在液体法式发酵酸奶油中。

8. 将巧克力用锯齿刀切碎，隔水加热至化开。将桃肉压碎做成细腻的果泥，与法式发酵酸奶油混合。接着将上述混合物倒入融化的巧克力中，从中间开始逐渐向外画圈搅拌，倒入杏丁后拌匀。

9. 将马卡龙倒扣过来，将平整的一面两两叠放，之后摆放在烤盘纸上，覆上保鲜膜。为了能更好地让马卡龙散发香味，最好在冰箱中冷藏两天后再食用。

图片见第231页

茴香酒覆盆子千层派 Mille-feuille aux framboises et à l'anis

准备时间：50分钟　　　静置时间：2小时　　　　制作时间：30分钟　　　分量：6人份

焦糖反千层派皮 400克（详见第21页）
千层派奶油酱 500克（详见第53页）　　茴香酒或茴香利口酒 25毫升
糖粉 25克　　　覆盆子 250克　　　八角 四五颗

1. 制作焦糖反千层派皮。放入烤箱烘烤20分钟，取出后静置放凉1小时。

2. 将千层派奶油酱做好后对入茴香酒或茴香利口酒，放入冰箱冷藏保存。

3. 将茶巾铺在操作台上。将盛放千层派皮的烤盘放在上面。沿着长边用锯齿刀将派皮裁切成3个长方形千层派。

4. 取一块长方形千层派，焦糖的一面朝上，这样做会使千层奶油酱缓慢地润透干层派。

5. 将一半的千层奶油酱用橡皮刮刀涂抹在派上。

6. 在派的整个表面紧密地摆放上覆盆子。

7. 在覆盆子上，按照上述方式摆上第二块长方形千层派，再铺上剩余的奶油酱，之后排列第二层覆盆子。

8. 放上最后一块长方形千层派。

9. 筛撒糖粉，最后放上几颗覆盆子和八角。

秘诀一点通

因为千层派不耐放，所以尽量在食用前一刻组合并立即品尝。此外，也可将千层派裁切成6小块。

图片见第157页

榛子香蕉水果软糖 Pâte de fruits à la banane et aux noisettes

准备时间：20分钟　　　制作时间：15分钟　　　冷藏时间：3小时　　　分量：6~8人份

香蕉 4根　　青苹果 200克　　榛子 100克　　柠檬 1个
苹果汁 150毫升　　　凝胶剂 40克　　　细砂糖 600克
半盐黄油 10克　　　肉豆蔻粉 1撮　　　结晶糖适量

1. 将柠檬榨汁。

2. 将香蕉剥皮后得到250克果肉。

3. 将苹果削皮并去除果核。

4. 将榛子放入烤箱中快速烘烤，或者用平底煎锅干焙，之后用擀面杖擀碎。

5. 用食物加工器或果蔬榨汁机将香蕉和苹果一起搅拌，同时倒入苹果汁和柠檬汁，避免氧化变黑。

6. 将凝胶剂和100克细砂糖倒入容器中。

7. 将半盐黄油放入平底深锅中，加热至化开，之后倒入香蕉苹果果泥，加热至沸腾，持续搅拌。倒入凝胶剂和细砂糖的混合物，小心地拌匀，避免原料黏附锅底。

8. 继续熬煮1分钟，之后倒入一半剩余的细砂糖，再次加热至沸腾，接着倒入剩余的250克细砂糖。持续搅拌至再度沸腾，接着继续熬煮8分钟。

9. 此时放入烘烤并擀碎的榛子和肉豆蔻粉。

10. 在圆形中空模具中放入烤盘纸。将香蕉苹果糊倒入，静置放凉3小时。

11. 待混合物凝结后裁切成方块，之后滚上结晶糖。

图片见第326页

丝滑的惬意 Sensation satine 👨‍🍳👨‍🍳👨‍🍳

准备时间：35分钟　　　　　　制作时间：约5分钟　　　　　　分量：8人份

香橙冻

明胶 2.5片　　　矿泉水 125毫升　　　橙子柑橘酱 250克

柠檬汁 75毫升

酸奶冻

明胶 1.5片　　　保加利亚酸奶 250克

细砂糖 30克　　　柠檬皮 1/2个　　　明胶 3片

百香果冻

百香果 20个　　　矿泉水 120毫升　　　柠檬汁 20克

带果肉的橙汁 50克　　　细砂糖 80克

　　1. 制作香橙果冻。在冷水中将明胶浸软。将矿泉水加热至微温。将明胶上的水分挤干。将明胶放入矿泉水中化开。接着与橙子柑橘酱、柠檬汁一起迅速搅拌均匀。放入冰箱冷藏保存。

　　2. 制作酸奶冻。在冷水中将明胶浸软。将50克酸奶加热至微温。将明胶上的水分挤干。将明胶放入温热的酸奶中化开。接着和剩余的酸奶、细砂糖、柠檬皮一起迅速搅拌均匀。放入冰箱冷藏保存。

　　3. 制作百香果冻。在冷水中将明胶浸软。将百香果对半切开。将百香果肉、果汁和子留出，称量后应为220克。将矿泉水加热至微温。将明胶上的水分挤干。将明胶放入矿泉水中化开。接着与柠檬汁、带果肉的橙汁、细砂糖一起迅速搅拌均匀。放入冰箱冷藏保存。

　　4. 在蛋盒的凹槽中斜插上8个无脚杯。分别在每只杯子中装填香橙冻。室温下胶化。之后将杯子转向另外一边，始终保持倾斜的状态，逐杯填入百香果冻。室温下胶化。

　　5. 待果冻呈凝胶状态后，将杯子直立，填入酸奶冻。放入冰箱冷藏保存。

行家分享

　　准备食用前，逐杯放上半片藏红花杏桃马卡龙（详见第428页）。

图片见第279页

肉桂苹果葡萄干咖喱舒芙蕾 Soufflé à la cannelle, aux pommes, aux raisins et au curry 👨‍🍳👨‍🍳👨‍🍳

准备时间：45分钟　　　制作时间：15分钟+20分钟+30分钟　　　冷藏时间：2小时　　　分量：8人份

青苹果 2个　　　顶部酥面末 150克（详见第27页）

咖喱葡萄干酱

金黄色葡萄干 80克　　　水 300毫升　　　洋槐蜜 30克　　　鲜姜片 3片

盐 1撮　　　胡椒粉适量　　　咖喱粉 3克　　　玉米粉 5克

舒芙蕾面糊

柠檬 1个　　　鸡蛋 6个　　　牛奶 500毫升

玉米淀粉 50克　　　细砂糖 125克　　　肉桂粉 3茶匙

　　1. 制作咖喱葡萄干酱：将葡萄干放入滤器中，用水冲洗干净。接着放入平底深锅中，与水、蜂蜜、姜片、盐和研磨器旋转3圈分量的胡椒粉一起，用小火熬煮约15分钟，直到葡萄干充分膨胀为止。将葡萄干在沙拉盆中沥干，取出姜片后将汁液倒回平底深锅中，与咖喱粉和玉米淀粉一起加热，沸腾后浇在葡萄干上。之后放入冰箱冷藏2小时。

　　2. 将烤箱预热至180℃。

　　3. 制作顶部酥面末：将面屑放在铺有烤盘纸的烤盘中，放入烤箱烘烤18~20分钟。

　　4. 制作舒芙蕾面糊：将柠檬皮擦成碎末，将果肉榨汁。将鸡蛋磕开，分离蛋清和蛋黄。将蛋黄、玉米淀粉、100克细砂糖、肉桂粉和柠檬皮碎末调配成卡仕达奶油酱（详见第56页）。

　　5. 将蛋清、剩余的25克细砂糖以及柠檬汁一起搅打成泡沫状。

　　6. 将奶油酱烧开后，掺入打发的蛋白霜。

　　7. 分别在8个直径10厘米的模具中刷上黄油并撒上糖。在模具中逐一放入烤好的面屑，之后填入舒芙蕾面糊。

　　8. 将8个模具放入180℃的烤箱中烘烤25~30分钟，期间用餐刀测试烘烤程度，刀身抽出后无材料沾附即成。

　　9. 将苹果去皮切丁，淋上柠檬汁后倒入咖喱葡萄干酱中。逐个在舒芙蕾中放入一二大勺咖喱葡萄干苹果丁酱，不要停留，立即食用最佳。

图片见第290页

咖啡塔 Tarte au café 👨‍🍳👨‍🍳👨‍🍳

准备时间： 20分钟+25分钟　　　**制作时间：** 约45分钟　　　**静置时间：** 1小时30分钟　　　**分量：** 6~8人份

甜酥面团300克（详见第17页）

指形蛋糕坯面糊300克（详见第31页；4片，本做法仅需1片）

咖啡鲜奶油香缇

液状法式发酵酸奶油500毫升　　　咖啡粉35克

细砂糖20克　　　明胶1.5片

咖啡巧克力淋酱

液状法式发酵酸奶油220毫升　　　白巧克力300克

咖啡粉20克　　　极浓的浓缩咖啡30毫升

巧克力咖啡豆12颗

1. 制作前夜，先制作咖啡鲜奶油香缇。在冷水中将明胶浸软。将法式发酵酸奶油加热至沸腾后离火，倒入咖啡粉后浸泡2分钟，之后用筛网过滤。挤干明胶的水分，放入奶油酱中至化开，再倒入细砂糖。将混合物放入冰箱冷藏保存。

2. 制作当天，制作指形蛋糕坯面糊（详见第31页）。

3. 将烤箱预热至230℃。

4. 分别在两个长30~40厘米的烤盘中铺上烤盘纸。在两张烤盘纸上各画2个直径为20厘米的圆形。在装有7号圆形裱花嘴的裱花袋中填入面糊，从圆形的中心向外螺旋地挤出面糊。在面糊上筛撒糖粉，5分钟后，继续重复上述同样的步骤。

5. 将烤盘分别放入烤箱中烘烤8~10分钟。取出后放凉备用。

6. 将烤盘纸上的面饼翻转，从烤盘纸上剥离。

7. 将直径22厘米的慕斯模内刷上黄油。将甜酥面团填入模具内，用餐叉在面皮底部扎出小孔。放入冰箱冷藏30分钟。

8. 将烤箱预热至180℃。

9. 将烤盘纸覆盖在面皮上，压上干豆粒，放入烤箱烘烤15分钟。之后抽出烤盘纸，继续烘烤10分钟。取出后在网架上晾凉。

10. 制作咖啡巧克力淋酱。将白巧克力用锯齿刀切碎后隔水加热至化开。将法式发酵酸奶油加热至沸腾后离火，倒入咖啡粉，混合均匀并浸泡2分钟，接着迅速过滤混合物。分3次将咖啡奶油酱倒入融化的白巧克力中，搅打均匀。

11. 不要停止，立即将咖啡巧克力淋酱薄薄地铺在烤好的塔底上。放上圆形蛋糕坯，并将其用蘸取浓缩咖啡的毛刷浸透，将剩余的咖啡巧克力淋酱倒在上面。放入冰箱冷藏1小时。

12. 将咖啡鲜奶油持续打发成鲜奶油香缇后，填入星形裱花嘴的裱花袋中，在塔点表面挤出玫瑰花饰后撒上巧克力咖啡豆。放入冰箱冷藏保存。食用前，提早1小时将咖啡塔取出回温。

图片见第129页

香梨栗子塔 Tarte aux marrons et aux poires 👨‍🍳👨‍🍳👨‍🍳

准备时间：50分钟　　　　　静置时间：1小时　　　　　制作时间：45分钟　　　　　分量：4~6人份

塔底面团 350克（详见第14页）　栗子膏 70克
高脂鲜奶油 50克　　浓奶油 50克　　全脂鲜奶 100毫升
纯麦威士忌 2茶匙　　细砂糖 20克　　鸡蛋 2个
干煮栗子 150克　　完全成熟的香梨 三四个　　柠檬汁 半个
薄脆 3片　　糖粉 20克

1. 制作塔底面团，在阴凉处静置1小时。

2. 制作克拉芙提面糊：将栗子膏在大碗中弄碎。混合高脂鲜奶油、浓奶油和全脂鲜奶，之后一点一点倒入碗中，用打蛋器持续搅拌直到混合物顺滑为止。

3. 之后依次放入纯麦威士忌、细砂糖和鸡蛋。混合均匀后置于阴凉处保存。

4. 将烤箱预热至200℃。

5. 将塔底面团用擀面杖擀成2.5毫米厚，嵌入直径22厘米并提前刷过黄油的模具中。在塔底上覆盖一张烤盘纸并压上干豆粒或杏仁核，防止受热后膨胀变形。

6. 放入烤箱烘烤15分钟。移除烤盘纸和干豆粒。

7. 待塔底冷却后，放入干煮栗子。

8. 将香梨在沙拉盆中去皮、去子后切丁，倒入半颗柠檬榨的汁。将梨丁撒在栗子上面。

9. 将克拉芙提面糊倒在上面，放入180℃的烤箱中烘烤35分钟。

10. 将薄脆片叠放在另一个刷过黄油的塔模中，筛撒上糖粉后，放入250℃的烤箱中烘烤3分钟至表面焦糖化。

11. 待塔点冷却。准备食用前，放上烘烤起皱的薄脆片。

图片见第116页